최종 경고: 6도의 멸종

최종 경고 : 6도의 멸종

초판 1쇄 발행 2022년 1월 24일
　　 9쇄 발행 2024년 5월 15일

지은이 마크 라이너스
옮긴이 김아림
펴낸이 오세인 ｜ 펴낸곳 세종서적㈜

주간 정소연
편집 박수민 ｜ 표지 디자인 co*kkiri ｜ 본문 디자인 김진희
마케팅 유인철 ｜ 경영지원 홍성우
인쇄 한영문화사 ｜ 종이 화인페이퍼

출판등록 1992년 3월 4일 제4-172호
주소　　　서울시 광진구 천호대로132길 15, 세종 SMS 빌딩 3층
전화　　　(02)775-7011 ｜ 팩스 (02)776-4013

홈페이지 www.sejongbooks.co.kr ｜ 네이버 포스트 post.naver.com/sejongbook
페이스북 www.facebook.com/sejongbooks ｜ 원고 모집 sejong.edit@gmail.com

ISBN 978-89-8407-971-7   03450

- 잘못 만들어진 책은 구입하신 곳에서 바꾸어드립니다.
- 값은 뒤표지에 있습니다.
- 이 책에 실린 사진은 셔터스톡에서 제공받았습니다.

Our Final Warning: Six Degrees of Climate Emergency

최종 경고:6도의 멸종

기후변화의 종료, 기후붕괴의 시작

마크 라이너스 지음 | 김아림 옮김

일러두기

• 이 책에서의 기온은 섭씨(celsius)를 기준으로 했다.

• 역주는 단순한 과학적 수치 또는 용어에 관한 것이므로 원주와 구분하지 않고 괄호로 처리했다.

• 단행본은 겹화살괄호(《》)로, 인터넷 매체, 신문, 잡지, 영화 등은 홑화살괄호(〈〉)로 표기했다.

폴 리머와 조앤 리머를
다시 기억하며

차례

CHAPTER 1   **1℃ 상승**

CHAPTER 2 　 2℃ 상승

CHAPTER 3 　 3℃ 상승

CHAPTER 4   4℃ 상승

CHAPTER 5   5℃ 상승

CHAPTER 6　　6℃ 상승

CHAPTER 7　　엔드게임

어떤 면에서, 2021년이라는 시점에 쓰는 글은 기후 문제에 대한 최후의 낙관론일지도 모른다. 상황이 점점 더 빨리 진행되고 있다. 내가 이 책의 자료 조사를 끝냈던 2019년 무렵 세상은 지금과 매우 달랐다. 당시 '탄소 중립'은 아직 낯선 개념이었으며, 재생 에너지는 비쌌다. COVID-19도 없었다.

현재의 포스트-팬데믹 세상에서, 우리는 또 다른 현실을 마주하고 있다. 전 세계 온실가스 배출량의 73퍼센트를 차지하는 131개국은 지금 배출량 순 제로라는 목표를 달성했거나 그 목표를 고려하고 있다. COVID-19 록다운(봉쇄령) 기간 동안 전 세계적으로 탄소 배출량이 약 7퍼센트 감소했다. 기후 활동 추적기의 최근 예측에 따르면, 순 제로라는 목표를 완전히 달성한다면 지구온난화의 상승폭을 2℃까지 낮출 수 있다. 사실 1.5℃ 낮춘다는 목표도 이루기 힘든 수치이기는 하지만 전 세계 사람들이 노력한다면 아직 불가능하지는 않다.

물론 이런 전환이 쉽지는 않을 것이다. 한국의 예를 들어 보자. 나는 몇 년 전 방문한 도시 서울에서 한국이라는 나라의 선진국다운 활력에 감탄했다. 한국의 경제 규모는 세계적으로 손에 꼽히며 전 세계 사람들이 방탄소년단 같은 케이팝 밴드의 음악을 듣는다. 하지만 이런 국가적 성공은 화석 연료에 대한 높은 의존도를 바탕으로 이뤄졌다. 한국은 세계 4위의 석탄 수입국이며 60여 곳의 화력 발전소를 운영하고 있다. 한국이 2015년 파리 협정의 목표를 충분히 달성하려면 이 모든 것을 2029년까지 중단해야 한다.

하지만 그동안 한국은 청정에너지 혁명을 비교적 늦게 받아들였다. 태양열이나 풍력 발전소의 건설은 다른 나라들에 비해 훨씬 뒤처져 있다. 현재 바닷가에 풍력 발전소를 대규모로 증설할 계획이 있다는 건 고무적인 소식이다. 하지만 2050년에 탄소 중립을 달성해야 한다는 목표는 더 이상 미룰 수 없다. 변화는 당장 시작되어야 한다. 그리고 한국은 원자력 발전소를 폐쇄했던 독일의 실수를 반복해서는 안 된다. 비록 원자력 에너지는 대중에게 인기가 없을지 모르지만 이 에너지가 탄소를 배출하지 않는다는 데 아무도 이의를 제기할 수 없다. 배출량 제로인 동력원을 폐쇄하기에는 상황이 너무 급박하다. 원자력 에너지 자체에 대한 논쟁은 일어날 수 있지만 화력 발전소가 사라지는 과정에서는 불가피하다.

　이 책을 위해 자료를 조사하고 집필하기 시작한 이래로 가장 큰 변화는 기후 관련 시민운동일 것이다. '멸종 반대자들Extinction Rebellion'이나 '미래를 위한 금요일Fridays for Future' 같은 운동이 수백만 명의 시민을 거리로 끌어내면서, 각국의 정부는 더 이상 기후 비상사태를 무시할 수 없게 되었다. 나는 이 책을 읽은 한국 독자들이 이런 운동을 통해 정부가 탄소 배출량 제로라는 목표를 위해 즉각 움직이도록 압박하기를 바란다. 지금 캐나다에서는 연이어 폭염 뉴스가 들리고 있으며 캘리포니아 주민들은 다시 산불이 날까 봐 두려움에 떨고 있다. 아무도 지구온난화의 파괴적인 힘으로부터 안전하지 않다. 하지만 그래도 우리가 함께 행동에 나선다면 지구를 구할 수 있다. 바로 지금 시작해야 한다.

마크 라이너스

들어가기 전에

《6도의 멸종 *Six Degrees*》이 처음 출간되었을 때보다 더 비관적인 상황이 되었다.

하지만 모든 것을 잃은 것처럼 보여도 희망의 불씨는 남아 있다.

이 책을 통해 인류의 희망을 제시하고자 한다.

이 책을 쓰기 시작했을 무렵, 나는 우리가 기후변화에서 살아남을 수 있으리라 생각했다. 하지만 지금은 자신이 없다. 여러분이 이 책에서 읽을 내용처럼, 이미 우리는 부모와 조부모가 살았던 세상보다 1℃ 더 뜨거워진 세상에 살고 있다. 가까운 미래에 2℃ 더 뜨거워진다면 인간 사회에 스트레스를 줄 것이고 열대우림과 산호초를 비롯한 수많은 자연 생태계가 파괴될 것이다. 그리고 3℃가 올라가면 인류 문명의 안정성이 심각하게 위태로워질 테고, 4℃가 올라가면 인류 사회가 전 지구적인 붕괴를 겪으며 수천만 년, 심지어는 수억 년의 지구 역사상 최악의 대멸종이 벌어질 가능성이 있다. 5℃가 올라가면 엄청난 양의 되먹임positive feedbacks 작용에 따라 온난화와 기후변화의 영향이 더욱더 극심하게 영향을 끼쳐 지구에서 대부분의 생명체가 살아갈 수 없게 되며 인류는 비좁은 은신처에서 위태롭게 생명을 이어가는 존재로 전락할 것이다. 그리고 6℃가 올라가면 온난화의 영향이 폭주하여 생물권이 완전히 멸종하고, 생명체를 지탱할 지구라는 행성의 능력이 영원히 파괴될 위험이 있다.

2015년에 체결된 유엔 파리 협정에서 세계 정상들은 지구 온도의 상승폭을 1.5℃로 유지하며, 여기에 실패하더라도 최소한 2℃에서 그치게 하겠다고 다짐했다. 하지만 지금까지 이 약속은 전혀 지켜지지 못했다. 상승폭을 1.5℃로 유지한다는 목표를 달성하려면 10년 안에 전 세계 탄소 배출량을 절반 가까이 줄여야 했고, 21세기 중반에는 순배출량을 0에 수렴시켜야 했다. 하지만 배출량은 파리 협정 이후 매년 최고치를 경신하고 있다. 많은 나라에서 '파리 공약'을 제안하기는 했지만 그 약속이 완전히 이행되더라도 탄소 배출량에 미치는 총효과가 너무나 미미하기 때문에, 우리는 기온이 4℃ 상승한 세계로 돌진하듯 끌려가게 될 것이다. 그런 이유로 나는 2007년에 처음 출간된 내 저서 《6도의 멸종》의 전면 개정판을 쓰고 싶었다. 그동안 전 세계 과학자들이 놀라운 일을 해냈기 때문이었다. 지난 20년 동안 과학자들은 많은 연구를 하고 논문을 썼다. 하지만 어찌 된 일인지 이런 과학자들의 활동은 정치 시스템 안으로 완전히 스며들어 정착하지 못했다. 이 책의 각 장은 기온이 1℃씩 연속적으로 올라가는 현상이 인류 사회와 자연 세계에 어떤 의미가 될 것인지를 풍부하고 명확히 밝힌다. 이제 상황이 절박할 만큼 급박해졌고, 독자들 가운데 앞으로 무슨 일이 벌어질지 아는 사람은 아무도 없다.

이 책을 쓰면서도 기후 비상사태는 계속 심각해졌다. 책을 집필하기 시작했을 무렵 호주는 별다른 문제 없는 평범한 나라였다. 하지만 2020년 1월, 파괴적인 산불에 이어 기록적인 고온 현상이 가뭄에 시달리던 이 나라를 강타하면서 더 이상 그렇지 않게 되었다. 1,200만 헥타르의 덤불과 농경지가 대재앙급의 화재로 타버리면서 수백만 명의 호주 사람이 몇 주 동안 뿌연 연기 속에서 생활했다. 지금까지 33명의 인명을 앗아간 것만으로 이 재앙은 충분히 비극적이다. 하지만 여기에 더해 야생동물 10억 마리가 목숨을 잃었다고 추정된다. 이제 결코 정상으로 돌아갈 수 없다는 사실을 기억해야 한다. 앞으로 영원히 말이다.

앞으로 지구온난화가 어느 수준까지 일어날지에 대해서 정확하게 예측할 수는 없다. 그 이유는 과학의 불확실성 때문이 아니라(어느 정도는 그렇지만), 이번 세기 온난화의 진행 속도가 탄소 배출량이 얼마나 빠르고 많이 증가하는지에 달려 있고 그 배출량은 아직 결정되지 않았기 때문이다. 우리가 지금의 통상적인 궤도에 그대로 머물면 2030년대 초반에는 상승폭이 2℃, 이번 세기 중반에는 3℃, 2075년쯤에는 4℃가 될 것이다. 하지만 만약 불행히도 북극의 영구 동토층이 녹거나 열대우림이 파괴되면서 양의 되먹임 작용이 생긴다면(이에 관해서는 이 책의 뒷부분에서 더 자세히 다룬다) 이번 세기말까지 5℃, 심지어는 6℃까지도 상승할 수 있다. 반면에 정치인들이 파리 협정의 목표를 이행하고자 진지하고 단호하게 노력한다면, 그리고 미국이 다시 그러한 노력을 기울이는 일원으로 돌아온다면 이번 세기 후반까지는 상승폭을 2℃에서 멈출 수 있고 3℃ 이상 올라가는 일은 막을 수 있다.

이 두 가지 결과 가운데 무엇이 더 가능성이 높을까? 유감스럽게도 《6도의 멸종》이 처음 출간되었을 때보다 나는 미래에 대해 상당히 더 비관적이다. 당시에 나는 만약 충분히 많은 사람이 기후변화의 현실에 대해 더 잘 안다면 세상이 변화하도록 행동할 것이라 믿었다. 일부 국가에서는 석탄 사용량이 감소하고 저렴한 재생 가능 에너지를 활용하는 등의 긍정적인 변화가 있었던 것도 사실이지만, 탄소 배출량 증가와 기후변화에 대한 부정이라는 걱정스러운 경향 탓에 이런 긍정적인 변화도 대단치 않게 보인다. 트위터에서 지구온난화를 '사기'라고 부를 만큼 어리석은 몇몇 미국 정치인이 노골적으로 기후변화를 부인하는 것만을 의미하지는 않는다. 그리고 단순히 자유민주주의의 가치를 심각하게 위협하고 히틀러의 패배 이후 처음으로 극우 세력이 전 세계 여기저기서 영향을 끼치도록 되돌려 놓은 대중영합적인 백래시만을 의미하는 것도 아니다. (그렇게 보면 2007년 당시는 훨씬 온건한 세상이었다.) 내가 말하고자 하는 것은, 이런 모든 현상에 더해 우리 모두가 수행하고 있는 일종의 '암묵적인 부정'이다. 기후과학자들이 우리에게 명백히 암시하고 있는데도 우리는 기존의 삶을 계속 살아가려 한다. 마치 기후변화에 대해 전혀 믿지 않는다는 듯이 말이다.

결국 지구가 따뜻해지고 있지 않다거나, 변화의 속도가 예외적이지 않으며 온난화가 '자연의 주기'의 일부라고 여기는 것은 여전히 가능하다. 유엔의 기후변화에 관한 정부 간 협의체IPCC조차 이것을 인정한다. IPCC의 전문가들은 2014년 보고서에서 인간의 활동에 따른 대기 중 온실가스 농도 상승이 20세기 중반 이후에 관측된 온난화의 주요 원인일 "가능성이 무척 높다"라고만 언급했다.[1] IPCC에 따르면 "가능성이 무척 높음"이란 95~100퍼센트의 확률이라는 정확한 숫자로 해석된다. 다시 말해 기후변화가 자연적이라거나 현재의 지식으로는 설명할 수 없는 현상일 확률을 5퍼센트 허용하는 것이다. 하지만 2019년에 한 연구팀이 이 확률을 다시 계산했다. 관측된 대기 온도의 데이터 집합 3개를 기후 모델의 산출물과 결합한 결과, 이 연구팀은 현재의 지구온난화가 자연적인 현상일 확률은 350만분의 1에 불과하다고 결론지었다.[2] 다시 말해 미국 공화당의 주장이 옳을 확률은 약 0.00003퍼센트인 셈이다. 연구팀의 유감스러운 결론에 따르면 "인류는 이런 명확한 신호를 무시할 여유가 없다."

나도 여기에 동의한다. 이 책을 쓰게 된 계기 역시 아무도 기후변화 현상을 부인할 평계를 대지 못하도록 과학적 사실을 명료하게 제시하는 것이었다. 나는 오랫동안 잊힌 이해하기 힘든 빙하학 학술지를 샅샅이 뒤지며 많은 시간을 보냈다. 그리고 온종일 작은 글씨로 인쇄된 IPCC 보고서의 인용문을 읽었다. 그 과정에서 나는 수백 편의 과학 논문을 읽었고, 독자 여러분이 그 논문들을 전부 읽을 필요가 없도록 이 책에 정리했다. 그러니 여러분이 기후변화에 대한 진실을 알고 싶다면 이 책을 읽어보라. 낙관론을 펼칠 만큼 충분한 근거가 없지만, 나는 이 책과 함께 희망을 제시하고자 한다. 모든 것을 잃은 것처럼 보여도 희망의 불씨는 남아 있다. 미래를 향한 길을 밝히며, 나는 그 희망을 본다.

CHAPTER 1 1℃ 상승

이산화탄소 농도 그래프인 '킬링 곡선Keeling Curve'은

거침없는 상승 추이를 보이고 있다.

세계 곳곳에서는 홍수에 뒤이어 가뭄이 시작되는 등 이상 현상이 나타난다.

서아프리카와 북아프리카 지역이 점점 건조해지면서

수천만 명이 넘는 주민들의 생계가 위협을 받는다.

세기의 뉴스

그 뉴스는 2015년에 발표되었다. 비록 하루 이틀만 화제에 올랐다가 테러, 정치, 스포츠, 연예계 가십 같은 평상시의 뉴스들이 다시 이어졌지만 말이다. 그런 만큼 여러분이 이번 세기의 가장 중요한 뉴스로 여겨질 만한 그 소식을 듣지 못했다 해도, 충분히 그럴 법한 일이다.

영국 기상청이 여기에 대해 보도 자료를 낸 것은 칭찬할 만한 일이었다. 이 자료에서는 "전 지구적인 지표면 평균 온도가 처음으로 산업화 이전 수준보다 1℃ 올라갔다"라는 사실에 주목했다. ('산업화 이전'이란 1850~1900년대로 정의되었다.) 과학자들의 지적에 따르면 인간의 활동은 이제 자연스러운 기온보다 훨씬 높은 수준으로 지구온난화를 유발할 수 있다. 주된 범인이 누구인지는 비교적 확실했다. 산업혁명이 시작된 이래 주로 화석 연료의 연소를 통해 2조 톤이나 되는 이산화탄소 기체(다시 말해 CO_2)가 지구의 대기에 쏟아졌기 때문이다.

이렇게 이미 1℃가 상승한 상황에서 역사적인 비교 연구가 순서대로 이뤄졌다. 한 세기 조금 넘는 기간 동안 화석 연료를 무분별하게 써댄 끝에 인류는 대기 중 이산화탄소 농도를 약 300만 년 전에서 500만 년 전 플라이오세Pliocene에서 마지막으로 나타났던 수준까지 올려놓았다.[1] 그 결과 전 지구적인 지표면 온도는 앞으로도 오랫동안 상승할 것으로 예측된다. 이런 열적 관성은(수백 년에서 수천 년 동안 심해를 따뜻하게 하고 그린란드와 남극의 거대한 얼음판을 녹이는) 온도 상승에 따른 결과가 온실기체의 증가에 따라 직접 '강제된' 효과보다 한 걸음 뒤처져 나타난다는 것을 의미한다. 앞으로 살펴보겠지만 훨씬 더 많은 일이 남아 있다.

그동안 지구온난화의 대부분은 대양의 열 함량을 증가시키는 데 들어갔다.[2] 2019년에 IPCC가 발표한 최신 추정치에 따르면 매년 6제타줄의 에너지가 해양 상층부에 추가로 쌓이는 중이다. 제타는 무척 큰 단위다. 6 뒤에 0이 21개 붙는 단위이니 6,000,000,000,000,000,000,000줄이다.[3] 비교하자면 인류가 매년 전 지구적으로 소비하는 에너지의 총량은 약 0.5제타줄이다.[4] 히로시마에서 터졌던 원자폭탄에 의해 방출되는 열이라는 단위로 이 에너지를 정량화해 얘기하면 조금 더 생생하게 느껴질지도 모르겠다.[5] 6제타줄이라는 에너지는 1초마다 히로시마

원자폭탄 3개가 바다에서 터지는 에너지와 같다. 세어 보자. 3, 6, 9, 12, 15, 18……

2018년 11월 말에는 세계기상기구WMO가 이 영국 기상청의 예비 진단이 사실이라고 확증했다. WMO의 연간 기후 상태 보고서는 독립적으로 유지되는 지구 온도에 대한 다섯 가지의 데이터 집합을 토대로 2014년에서 2018년 사이 지구의 평균 온도가 산업화 이전보다 1.04℃ 높아졌다고 밝혔다.[6] 다시 말해, 우리가 지금 기온이 1℃ 상승한 세계에 살고 있다는 건 확실하다. 이 결과를 듣는 것은 나에게 특히 중요한 순간이었다. 거의 15년 전에 《6도의 멸종》을 쓸 당시만 해도 '1℃ 상승한 세계'는 여전히 미래에 놓인 가능성이었다. 책의 한 챕터를 앞당긴 셈이다. 한때 미래의 가능성이었던 것이 현실이 되었다. 그리고 만약 우리가 제때 탄소 배출량을 줄이지 못한다면, 우리가 이 책의 후반부에서 자세히 알아볼 2℃, 3℃, 4℃, 또는 그 이상 높아진 세계의 점점 더 무서워지는 영향 또한 언젠가 우리의 현재가 될지 모른다. 이 뉴스는 정말 마지막 경고다.

마우나로아에서 바라본 풍경

하와이 빅아일랜드의 중심부에 자리한 거대한 순상화산 마우나로아는 무척 높아서 꼭대기 부분은 이 섬의 변화무쌍한 기후를 뚫고 돌출되어 있다. 산 동쪽 사면에는 무역풍이 부딪쳐 비탈로 밀려 올라가면서 더위를 식히고 구름을 만들어 열대성 강우를 쏟아낸다. 이런 이유로 섬에서 가장 큰 도시인 힐로는 미국에서 가장 습한 정착지 가운데 하나가 되었다. 하지만 화산의 측면으로 길게 흐르는 유리같이 매끄러운 용암을 따라 운전하다 보면 비구름은 금세 저 뒤편으로 멀어진다. 이곳 꼭대기는 아북극sub-Arctic 지역과 기후가 비슷한데 매년 강수량이 2.5~5센티미터에 불과하고 그 대부분이 눈이다.

올라가다 보면 포장도로는 3,200미터 등고선에서 끝나고, 이곳에는 화산의 잔해 위로 구식 건물들이 여기저기 흩어져 마우나로아 천문대를 이룬다. 이 천문대에서 북쪽으로 40킬로미터 떨어진 4,207미터 높이의 마우나케아 꼭대기에는 태양 망원경이 마치 구름 위에 떠 있는 것처럼 높이 자리해 있다. 하지만 마우나로아 천문대는 지상의 세속적인 관점에서 보면 확실히 더 역사적인 곳이다. 대기 화학자인 찰스 킬링Charles Keeling이 1958년에 직접 설계한 선구적인 감시 장비를 활용해 공식적인 지원이 거의 없는 상황에서 즉흥적으로 대기 중 이산화탄소 샘플을 채취하기 시작한 장소가 바로 이곳이었기 때문이다.[7]

킬링은 고도가 낮은 곳에서 이산화탄소의 농도를 측정하는 것이 무의미하다는 사실을 발견했다. 왜냐하면 자동차 배기가스, 공장 굴뚝, 자라는 식물을 통해 배출되는 양 때문에 이산화탄소 수치가 계속 변했기 때문이었다. 하지만 마우나로아 화산은 무척 높았기에 이런 일상적인 변화의 영향을 받지 않는 곳에 있었다. 이곳에서 킬링은 높은 고도에서 전 지구적인 대기와 혼합된 이산화탄소 농도가 점차 증가한다는 사실을 최초로 측정해 보여주었다. 계절에 따라 톱니 모양으로 상승하는 이산화탄소 농도 그래프는 오늘날 '킬링 곡선'이라 알려져 있으며, 아마도 역사상 가장 유명한 지구온난화 관련 그래프일 것이다. 찰스 킬링은 2005년에 사망했지만 다행히 뒤이어 대기 화학자가 된 아들 랠프가 아버지의 연구를 계속했다.[8] 랠프 킬링Ralph Keeling은 공기 중 산소가 지하에서 나온 탄소와 결합해 이산화탄소 기체를 형성하면서, 공기의 산소 함량이 인류가 소비하는 화석 연료의 양에 비례해 감소하고 있다는 독자적인 후속 발견을 했다.

1958년 찰스 킬링이 측정을 시작했던 당시에 이미 마우나로아 용암원 꼭대기의 희박한 공기는 산업화 이전의 278ppm보다 상당히 높은 315ppm의 이산화탄소를 함유하고 있었다.[9] 그러다가 2013년 5월 10일, 천문대를 관리하는 스크립스 해양연구소에서 역사적인 발표를 했다. 인류 역사상 처음으로 이산화탄소 수치가 400ppm이라는 문턱값에 잠시 도달한 것이다. 랠프 킬링은 슬픈 어조로 말했다. "이제 이산화탄소 수치가 (영구적으로) 400ppm에 도달하는 것을 막을 수 없게 되었다. 이미 끝난 거래다. 하지만 지금부터 일어나는 일 역시 기후에 영향을 끼치고 그것은 우리의 손에 달렸다. 우리가 에너지원으로 화석 연료에 얼마나 의존하고 있는지에 달린 문제다."[10] 하지만 아마 아무도 그 말을 귀 기울이지 않았던 것 같다. 이 글을 쓰는 지금 대기 중 이산화탄소 농도는 408ppm을 기록했기 때문이다. 여러분이 이 책을 읽을 즈음이면 수치는 아마 더 올라갔을 것이다. 트위터의 @Keeling_curve 계정을 보면 킬링 곡선의 거침없는 상승 추이를 실시간으로 살필 수 있다.

킬링 곡선은 기후와 에너지 논쟁의 모든 소음과 혼란을 잠재우는 데 유용한 사실 확인 수단이다. 수치가 측정되는 거대한 화산의 경사면과는 달리, 킬링 곡선은 처음에는 완만했다가 점차 더 가팔라진다. 이것은 대기 중 이산화탄소의 축적률이 예전에는 약 1ppm이었다가 오늘날에는 연간 2ppm으로 꾸준히 증가했기 때문이다. 교토의정서의 시행을 알리는 눈에 띄는 기울기의 둔화나 갑작스러운 하강은 보이지 않는다. 2009년 코펜하겐의 '2℃' 협정이나 역사적인 2015년의 파리 협정 결과 역시 마찬가지다. 웃으면서 악수하는 각국 정상이라든지 밤샘 마라톤협상 끝에 연단에서 포옹하는 외교관들은 실제로 킬링 곡선 위에 눈으로 구별할 만한 차이를 만들어 내지 못했다. 그것만이 지구의 온도에서 유일하게 중요한 요인인데도 말이다. 태양 전지판, 풍력 터빈, 전기 자동차, 리튬 이온 배터리, LED 전구, 원자력 발전소, 바이오가스 소화조, 기자회견, 선언문, 종잇조각, 우리의 모든 외침과 논쟁, 흐느끼거나 행진하기, 보고하고 무시하기, 비난하고 부정하기, 모든 연설, 영화, 웹사이트, 강연, 책, 각종 발표, 탄소 중립적인(이산화탄소를 배출한 만큼 흡수해서 실질 배출량을 0으로 만드는 것) 목표, 기쁨과 절망의 순간들, 지금껏 그 어느 것도 가파르게 올라가는 킬링 곡선에 조금이라도 제동을 걸지 못했다.

물론 이런 흐름이 반드시 우리를 무력한 운명의 포로가 되게 하지는 않는다. 어떤 경향성도 영원히 지속되지는 않으며, 최근의 역사가 한 방향으로 흘렀다고 해서 미래가 꼭 그래야 한다는 의미는 아니다. 배출된 탄소가 외계에서 온 것은 아니다. 우리의 일상에서 나온다. 사실 이 탄소는 현대 문명에서 불가피하게 따라 나오는 일부다. 우리는 연간 전 세계 탄소 프로젝트 보고서를 통해 그 출처와 규모를 파악할 수 있다.[11] 평균적으로 지난 10년 동안 인류는 매년 지하 저장고에 석탄이나 석유, 천연가스의 형태로 묻혔던 이산화탄소 350억 톤을 대기 중으로 끌어냈다. 여기에 더해 삼림 파괴나 새로운 농경지를 만들기 위한 개간 같은 '토지용도 변경' 때문에 60억 톤의 이산화탄소가 더해졌다. 이 새로 방출된 이산화탄소 가운데 90억 톤은 바다에 용해되었고, 120억 톤은 육지의 초목과 토양에 흡수되었다. 그리고 나머지 180억 톤은 대기에 축적되어 킬링 곡선의 거침없는 상승 곡선을 이끌었다. (20억 톤의 차이가 생긴 이유는 불확실성 때문이다.)

　탄소 배출량은 매년 조금씩 바뀌기 때문에 때로는 큰 흥분을 불러일으킨다. 예컨대 2014년, 2015년, 2016년에는 화석 연료 연간 배출량이 거의 또는 전혀 증가하지 않았는데, 처음으로 안정화된 추세를 보였다. 미리 축하의 샴페인을 터뜨려야 할지도 모른다. 하지만 전 세계가 탄소 배출량의 정점에 도달했을까? 그렇지 않았다. 2017년 배출량은 다시 오르기 시작해 368억 톤으로 최고 기록을 세웠다. 2016년 한해에만 161기가와트나 되는 역사상 가장 많은 재생 가능 에너지 발전 시설을 설치했는데도 그랬다. 게다가 2018년 들어서는 배출량이 계속 늘어나 전년도보다 3퍼센트 가까이 증가했고 이산화탄소 배출량이 사상 최고치를 경신했다. 2019년에는 유럽과 미국의 석탄 사용량이 감소하면서 2018년에 비해 배출량이 0.6퍼센트 증가하는 것으로 성장세가 다소 둔화되었다. 하지만 성장세가 완화되는 것만으로는 충분하지 않다. 우리에게 긴급하게 필요한 것은 탄소 배출량의 감소다.

그렇다면 무엇이 잘못된 것일까? 이것은 규모의 문제다. 전 세계는 새로운 에너지를 갈망하고 있다. 가공되기 전의 일차 에너지에 대한 수요는 꾸준히 증가하고 있으며, 그 증가량의 80퍼센트를 새로운 화석 연료가 채운다.[12] 2019년에 전 세계적인 재생 가능 에너지(수력 제외)의 양은 전체 일차 에너지의 4퍼센트에 불과해서, 탄소 배출량 증가 추세에 뚜렷한 영향을 미치기에는 여전히 너무 적은 비율이었다.[13] 그것이 지금껏 태양과 바람에 의해 킬링 곡선이 눈에 띄게 푹 들어가지 못한 이유다. 최근의 추정에 따르면, 화석 연료 사용량의 연간 성장률을 억제하기 위해서는 청정에너지의 설치율이 10배는 증가해야 한다.[14]

한편 천문대에서 실시하는 측정 결과 이산화탄소 배출량이 지속적으로 증가하면서, 마우나로아 화산 자체도 기후온난화의 영향을 경험하는 중이다. 기온이 조금씩 상승하고, 찰스 킬링이 처음 자기 집에서 만든 장비로 기록을 남기기 시작했을 때보다 밤 서리는 드물게 나타난다.[15] 마우나로아 산꼭대기는 높이 솟아 대부분의 일기 현상을 피할 수 있겠지만, 전 세계 모든 지역이 그렇듯 지구온난화를 완전히 피할 수는 없다. 봄에는 눈이 덜 내리고, 내려도 일찍 녹으며, 산비탈의 식생은 매년 변화하고 있다. 일찍이 1958년에 찰스 킬링은 지구 환경의 미묘한 변화를 알아내고자 복잡하고 민감한 장비를 설계했다. 이제 이 변화는 우리 모두가 실감할 수 있을 만큼 뚜렷하다.

다시 미래로

공식적인 평균 기온이 산업화 이전보다 1℃ 이상 높아진 2015년은 역사상 가장 따뜻한 해가 되었다. 하지만 인류가 온도계를 발명하고 기온을 측정하기 훨씬 전에는 어땠을까? 여러분은 아마도 17세기에서 19세기에 걸친 '소빙하기'에 대해 들어 본 적이 있을 것이다. 런던의 얼어붙은 템스강에서 서리 축제가 열렸던 때, 그리고 바이킹족이 그린란드를 식민지로 삼았던 중세의 온난기, 이런 시기는 가끔 기후변화가 과거에도 존재했다는 근거로 기후변화 회의론자들에게 활용된다. 그러니 오늘날의 고온 현상은 인류가 야기한 것이 아니며(여기에는 논리적 오류가 있다. 과거에 기후를 변화시킨 요인이 무엇이든 그것이 꼭 오늘날 기후를 변화시킨 요인과 같다고는 볼 수 없다) 걱정할 바가 아니라는 것이다.

하지만 남극, 호주, 캐나다, 칠레에 이르기까지 전 세계에 걸쳐 수집된 산호와 호수 퇴적물, 빙하 얼음, 조개껍데기, 나무의 온도 기록을 활용한 2019년의 〈네이처Nature〉 논문은 이러한 과거의 기온 상승이 단지 국지적인 현상이었고 전 세계적인 일관성이 없었다는 사실을 설득력 있게 보여준다.[16] 그러니 1600년대에서 1800년대 초까지 템스강에서 서리 축제가 열린 것은 역사적인 사실이지만(이상적인 화이트 크리스마스에 대한 낭만적인 환상도 이 시기부터 시작되었다), 당시 유럽의 겨울이 추웠던 데 비해 북아메리카 서부는 기온이 상승해 서로 균형을 이뤘다. 지금은 아무도 기억하지 못하겠지만 말이다. 바이킹이 그린란드를 점령했거나 로마인들이 영국에서 포도를 재배했던 일이 선사시대 지구온난화의 증거가 아니듯, 서리 축제 당시의 영국이 지구가 전 세계적으로 추워졌다는 증거는 아니었다. 실제로 이런 여러 자료에서 얻은 데이터에 따르면, 오늘날의 온난화는 적어도 지난 2,000년 동안 유례가 없는 사건이다.

하지만 누군가는 겨우 2,000년 동안이 아니냐고 반문할 것이다. 더 오래전에는 어땠을까? 한 연구에 따르면 전 세계 73가지의 데이터 출처에서 자료를 종합한 결과 지금으로부터 1만 년 전에서 5,000년 전 사이의 초기 홀로세Holocene에는 산업화 이전 시기에 비해 겨우 0.5℃ 남짓 따뜻했을 뿐이었다.[17] 2015년 이후로 기온이 산업화 이전보다 1℃ 넘게 높아졌다는 점을 고려하면, 오늘날의 지구는 1만 8,000년 전 마지막 빙하기가 끝난 이후 어느 시점보다도 따뜻하다는 결론을 내리는 것이 타당하다. 실제로 역사상 오늘날의 변칙적인 고온 현상을 비슷하게 보였던 시기를 찾으려면, 마지막 빙하기에서 더 내려가 과학자들이 에미안 간빙기라고 부르는 11만 6,000년 전에서 12만 9,000년 전 사이까지 거슬러 올라가야 한다.

《6도의 멸종》에서 나는 에미안 간빙기의 기후에 대한 연구를 두 번째 장에 포함했는데 이 시기는 대략 2℃의 온난화기에 해당한다. 하지만 보다 최근의 연구에 따르면 에미안 간빙기는 산업화 이전의 홀로세에 비해 고작 1℃ 더 따뜻했을 뿐이다. 다시 말해 이 간빙기의 온도는 오늘날 우리가 이미 경험하고 있는 온도와 거의 비슷했다. 하지만 에미안 간빙기에 지구의 모습은 지금과는 무척 달랐다. 북극의 수목 한계선은 훨씬 더 북쪽에 있었고, 영국 남부의 강에서는 하마가 목욕을 즐겼다.[18] 그리고 인류는 여전히 동굴 거주지에 갇혀 있었으며 대기 중 이산화탄소 농도는 산업화 이전 수준인 270ppm을 유지했다.[19] 당시에는 왜 이렇게 따뜻했을까? 아마도 지구의 궤도가 약간 변화하면서 유입되는 태양 에너지의 분포를 바꾸었던 탓에, 고위도 지역은 따뜻해졌지만 열대지방은 오늘날과 거의 다르지 않거나 심지어 약간 더 서늘했기 때문이었을 것이다. 호수 퇴적물에 보존된 깔따구 사체를 연구한 결과, 그린란드의 일부 지역에서는 여름 기온이 오늘날보다 5~8℃ 높았지만 북극해에는 여전히 해빙이 많았던 것으로 보인다.[20, 21]

어쩌면 에미안 간빙기에 대한 연구에서 얻을 수 있는 가장 불길한 교훈은 당시 이산화탄소 수치가 지금보다 135ppm 낮고 전 세계 기온이 오늘날의 평균치와 거의 비슷한데도 해수면은 지금보다 6~10미터 높았다는 점이다.[22] 에미안 간빙기에서 얻은 증거에 따르면 그린란드의 빙하가 부분적으로 녹아 북동쪽의 큼직한 땅덩어리 잔해로 줄어들면서 5미터가량 해수면이 상승했다.[23] 이것이 시사하는 바는 꽤 분명하다. 결국 오늘날의 기온은 그린란드 빙상의 대부분을 녹여 해수면이 몇 미터 높아지게 할 만큼 충분히 높다는 것이다. 하지만 여러분은 그린란드에 찾아가 한때 꽁꽁 얼었던 황무지가 오늘날 유례없이 급속한 변화를 겪고 있는 모습을 직접 목격하기 전까지는 이 사실을 믿기 힘들지도 모른다.

그린란드의 호수

그린란드가 파랗게 질리고 있다. 여름 몇 달 동안 빠르게 녹는 빙상의 가장자리로 무지갯빛을 반사하는 수많은 푸른 호수가 여기저기 생겼으며, 지구온난화에 의해 얼음이 녹은 구역 역시 파 먹히듯 위쪽이나 안쪽으로 이동하고 있다. 이렇듯 얼음이 점점 더 많이 녹는 데 따르는 직접적인 결과는 극적이었다.[24] 2012년 7월 말에는 빙상의 남서쪽에서 녹은 물이 흘러나오는 바람에 왓슨강의 다리가 떠내려갔다. 이 강은 칸게를루수악 마을 바로 남쪽의 피오르드로 흐른다. 유튜브에 공유된 영상을 보면 마치 쓰나미를 방불케 하는 회갈색의 급류가 몇 분 만에 다리로 이어지는 통로와 다리를 통해 밀려들고 트랙터가 떠내려가는 장면이 나온다.

이 에피소드는 단순한 폭로성 일화 그 이상이다. 왓슨강에 흘러드는 얼음 녹은 물의 양은 최근 몇 년간 꾸준히 증가하고 있으며, 현재 평균적으로 1950년대보다 50퍼센트 가까이 많다.[25] 칸게를루수악에서 계곡 위로 불과 몇 킬로미터 거슬러 올라간 곳에서 너덜너덜하고 잔해로 덮인 거대한 빙상의 가장자리를 볼 수 있다. 빙상 표면에 여기저기 흩어진 수백 개의 푸른 호수 대부분은 여름에 왓슨강으로 흘러드는데, 이 강은 그린란드의 남서부를 가로지르는 1만 2,000제곱킬로미터의 유역에서 물을 공급받는다. 연간 평균치로 보면, 이 강에서 역사상 손에 꼽히게 강물이 많이 배출된 연도는 2010년, 2012년, 2016년이었으며 배출량의 최고점은 2012년 7월이었다. 당시 칸게를루수악 마을의 다리가 어마어마한 홍수에 굴복해 쓸려간 것도 이해가 갈 만하다.

이 시기에 빙하가 녹아 급류가 발생한 이유도 어느 정도 설명이 가능했다. 아직 생존해 있는 사람들의 기억에는 생전 처음으로 해발 3,216미터에 자리한 거대한 빙상의 꼭대기까지 얼음이 녹았다. 이곳 정상은 극지방의 사막으로 분류되는데 먼지처럼 건조한 눈이 내리며 공기가 차갑고 희박해 사람이 거주하기 힘든 곳이다. 하지만 2012년 7월 12일에는 역사상 처음으로 이곳 정상의 기온이 빙점을 넘어섰고, 영구적으로 설치된 자동화된 기상 측정 기구들은 얼음이 녹은 슬러시에 둘러싸였다. 더 아래로 내려가 빙상의 서쪽 사면에 머물던 기후 연구자들은 눈과 얼음 지지대가 녹아 버리는 바람에 캠프를 다시 설치해야 했다.[26] 덴마크 과학자들이 7월 10일에서 15일까지 6일 동안 지표면에서 영상의 온도를 기록했던 그린란드 북부에서도 상황은 비슷했다. 심지어 7월 11일과 13일에는 비가 내렸고, 얼음 녹은 물과 빗물이 과거에 영구적으로 얼어 있던 눈 사이로 스몄다.[27]

2012년 7월 빙상이 녹은 사건에 대한 위성 데이터가 처음 들어왔을 때 과학자들은 측정 도구가 오작동했을 것이라고 여겼다.[28] 하지만 이후에도 데이터에 따르면 전체 빙상이 진한 붉은색으로 표시되었는데, 이것은 물이 스며들며 얼음이 녹는 상황을 나타냈다. 과학자들은 다른 위성의 자료를 통해 이 데이터를 다시 확인했고, 7월 8일에 빙상 표면의 약 40퍼센트에서 온도가 빙점을 넘어섰다는 사실을 발견했다. 7월 12일, 이 수치는 98.6퍼센트가 되었다. 사실상 그린란드 전체가 얼음이 녹는 지역이 되었는데, 거대한 빙상을 연구하던 과학자들은 처음

본 광경이었다.

　장기간의 데이터를 살피면 그린란드에서 얼음이 녹는 사건은 엄청나게 희귀하게 발생한다는 사실을 알 수 있다. 2018년 12월에 발표된 논문은 2012년 당시의 얼음 녹는 속도가 예외적이었으며 "지난 6,800~7,800년 동안 전례가 없는 수준이었다"라는 결론을 내렸다. 같은 논문에 따르면 지난 20년 동안 그린란드 빙하 코어의 용해 강도가 500퍼센트 증가했다. 그리고 최근 데이터를 보면 가장 빠르게 확장되는 용해 지대는 현재 그린란드의 북부인데, 이곳은 원래 북극에 가장 가깝고 가장 기온이 낮은 지역이었다.[29]

　한때 얼음과 눈으로만 이뤄진 세계였던 그린란드는 이제 한겨울에도 눈보다 비가 더 많이 내리기 시작했다.[30] 신선한 눈은 눈부신 흰색을 띠며 태양 복사선의 대부분을 우주로 반사하지만, 얼음이 녹아 형성된 슬러시는 반사력이 떨어지며 눈이 녹은 빙상은 더욱 어두운색을 띤다. 그린란드 전역에서 눈이 아직 녹지 않은 설선은 이제 더 높은 곳까지 후퇴했고, 여름 태양의 열기에 눈이 녹는 바람에 얼음을 그대로 노출시켰다.[31] 빙상의 가장자리가 점차 내륙으로 쭈그러들면서 바위와 빙하 파편이 드러났고, 먼지 폭풍이 거세졌다. 식물은 새로운 구역을 점령하기 시작했고, 지금은 봄철 기온이 오르면서 예년보다 1~2주 더 일찍 잎이 돌아났다.

　그린란드의 기후가 갑작스럽게 이상하게 변할 수 있다는 가능성은 오래전 빙하 코어의 기록을 봐도 분명했다. 지금으로부터 약 1만 1,700년 전, '영거 드라이아스Younger Dryas'라 불리는 보다 추운 기간이 끝날 무렵, 기온은 수십 년에 걸쳐 15℃나 치솟았다.[32] 비슷한 극적 온난화가 1만 4,760년 전에도 일어났는데 이 시기에는 70년도 채 되지 않는 기간에 9℃가 상승했다. 과학자들은 현재 그린란드가 과거와 비슷한 급속한 기후변화의 문턱을 넘고 있을지도 모른다고 우려하는데, 이렇게 되면 수 세기에 걸쳐 빙상 전체가 사라질지도 모른다. 연평균 기온은 이미 수십 년 전보다 3℃나 높다. 게다가 이런 변화는 점진적으로 일어나지 않았다. 1994년 2℃, 2006년 1.1℃가 급작스럽게 점프하듯 올랐다.[33] 만약 수십 년에 걸쳐 이런 속도로 변화가 지속된다면 먼 과거의 주된 기후변화 티핑포인트tipping point(균형이 깨지면서 어떤 현상이 급속하게 퍼지는 것을 일컫는 용어)와 쉽게 맞먹을 것이다.

2019년 역시 획기적인 해였다. 그린란드 전역의 기온이 예년 7월 말의 평균에 비해 12℃나 치솟았고, 2019년 7월 30일에서 31일 사이에는 빙상 꼭대기에서 다시 한 번 얼음이 녹았다.[34] 고도가 가장 높은 점에서 이 시기의 기온은 2012년에 세워진 이전 기록을 넘어섰고, 이후 이틀에 걸쳐 영상을 유지했다. 이런 급속한 변화에 대응해, 일부 과학자는 21세기에 해수면이 예전의 예측보다 더 상승할 것으로 조정해야 할지도 모른다고 경고했다. 한 연구자에 따르면 지금의 용해 속도는 2070년에야 발생할 것이라 여겨졌다.[35] 《6도의 멸종》에서 나는 그린란드가 전 세계 해수면 상승에 기여하는 정도가 연간 약 0.3밀리미터라는 예측값을 실었다. 하지만 2019년의 예비 추정치에 따르면 그 값은 5배 증가한 1.5밀리미터가 될지도 모른다.[36] 이게 티핑포인트가 아니면 대체 무엇인가.

얇은 얼음 위의 북극

기온이 지구 평균치의 2~3배 수준으로 오르고 있는 북극에서는 이제 온난화의 속도가 점점 빨라지는 조짐이 뚜렷하다.[37] 2015년 12월말 북극의 기온은 빙점과 가까웠다. 정상적인 상황이라면 12월 하순의 혹독한 밤에 극지의 기온은 평균 영하 30℃일 것이다. 이 시기에 강력한 저기압의 영향으로 남쪽에서 온 아열대 공기가 퍼지면서 하루 만에 기온이 25℃나 치솟았다.[38] 직접 목격한 사람은 없었지만 당시 한겨울인데도 북극에 잠깐 비까지 내린 것 같다.

이런 극단적인 북극의 온난화는 2015년 12월 29일부터 2016년 2월 6일까지 40일 동안 지속되었으며, 이 기간에 위도 66도 이상 북극 전역의 기온이 평균 4~6℃를 웃돌았다.[39] 과학자들은 이 일이 "전대미문의" 또는 "초극단적인" 사건이라고 표현했지만, 이듬해 12월에도 똑같은 일이 벌어졌다.[40] 〈워싱턴포스트Washington Post〉는 이렇게 보도했다. "북극에서 남쪽으로 약 144.8킬로미터 떨어진 기상 부표에서 이번 목요일에 얼음이 녹는 섭씨 0도를 기록했다. 산타가 올해에는 썰매 대신 수상 스키를 타야 할지도 모른다."[41] 11월과 12월에 북극의 넓은 구역에 걸쳐 기온은 평년보다 20℃ 이상 높았다.[42] 겨울의 추위로 북극해에 얼음이 다시 얼었어야 할 시기에 약 5만 제곱킬로미터의 면적이 더 녹아내렸는데, 이것은 위성 관측 역사상 전례 없는 사건이었다.[43] 당황한 전문가들은 그해 10월과 11월의 북극 기온이 "기존의 차트 밖으로 삐져나올 만큼" 높았다고 말했다.[44]

세계 기후를 연구하는 단체 WWA의 과학자들은 이 사건이 우연이었는지 여부를 시험하기 위해 온도 데이터를 기후 모델에 집어넣었고, 그 결과를 지구온난화가 존재하지 않을 때의 '자연적인' 조건과 비교했다. 그리고 시뮬레이션 결과 인류의 탄소 배출이 없었다면 2016년 같은 북극의 온도 상승이 나타나지 않았으리라는 사실을 알아냈다.[45]

무슨 일이 벌어지고 있던 걸까? 그 해답의 일부는 1978년 인공위성이 측정을 시작한 이후 10년 동안 면적이 13퍼센트 줄어들었던(빙하 면적이 가장 적은 여름철을 기준으로) 북극 빙하의 장기적인 감소 추세에서 찾을 수 있다.[46] 1970년대 후반 이후로 북극 빙하 전체의 절반이 사라졌고, 남은 빙하도 약 85퍼센트 얇아졌다.[47] 얇아지는 추세가 너무 극심해진 나머지 과학자들은 이제 측정 장치를 설치할 만큼 충분히 두꺼운 얼음덩어리를 찾느라 고군분투하고 있다.[48] 이렇게 새로 얼음이 녹아 생겨난 물은 북극 지역의 대기 역학을 변화시켰고, 이전에는 얼음 때문에 온기가 흩어졌을 따뜻하고 습한 바람이 극지방까지 침투하게 되었다.[49]

또 다른 연구자들은 북극해의 얼음이 광범위하게 사라지지 않았다면 2016년의 엄청난 온도 상승은 불가능했으리라는 사실을 알아냈다.[50] 2018년 북극 빙하의 최소 면적은 위성 기록상 여섯 번째로 낮은 수준이었지만, 전체적인 추세는 되돌릴 수 없을 만큼 내리막길을 걷고 있어서 매년 평균적으로 웨일스 면적의 4배에 이르는 8만 2,300제곱킬로미터의 빙하가 사라지고 있다.[51] 이것이 쌓이면 총량은 어마어마하다. 1980년대 이후 여름철에 북극의 빙하가 사라진 면적은 인접한 미국 영토의 40퍼센트는 될 것이다.[52] 그리고 2019년 9월 녹아 없어진 빙하는 415만 제곱킬로미터로 1979년에 위성 관측이 시작된 이래 두 번째로 낮았다. 〈네이처〉에 따르면 북극해 빙하 면적의 최솟값 13개가 지난 13년 동안 기록되었다.[53]

지금은 한때 얼어붙었던 알래스카와 캐나다 북부의 바다에서 여름철에 반사율이 높은 눈이나 얼음 대신 더 어두운색의 바닷물이 생겨났기 때문에, 태양열 흡수량은 1980년대 이후로 5배나 증가했고 북극권에 막대한 양의 에너지가 추가로 들어왔다.[54] 나는 《6도의 멸종》에서 북극의 알베도albedo(태양열이 어두운 표면에 얼마나 많이 흡수되며 밝은 표면에서 얼마나 많이 반사되는지의 차이를 알 수 있다) 되먹임 현상에 대해 쓴 적이 있다. "밝은 흰색의 눈으로 덮인 얼음은 들어오는 태양열의 80퍼센트 이상을 반사하지만, 어두운색의 바닷물은 그 위로 떨어지는 태양복사열의 95퍼센트까지 흡수한다. 그리고 일단 빙하가 녹기 시작하면, 이 과정은 빠르게 스스로 강화된다. 바다 표면이 더 많이 드러나 태양열을 흡수해 온도를 높이고, 다음 해 겨울에도 얼음이 다시 형성되지 못하도록 한다." 이런 알베도의 변화는 이제 인공위성에 의해 직접 측정되고 있으며 그 영향은 극적이다. 전 세계 평균적으로 이 가열 효과는 2,000억 톤의 이산화탄소를 대기 중으로 뿜어내는 것과 맞먹는다.

지구온난화는 우리 모두가 놀랄 만큼 직접적인 방식으로 북극을 극적으로 변화시킨 주범이다. 과학자들은 이산화탄소의 누적 배출량과 9월 얼음의 최소량 사이에 선형 관계가 있다는 사실을 발견했다.[55]

이산화탄소가 1톤 배출될 때마다 북극의 빙하가 3제곱미터씩 계속 녹았던 것이다. 국가 간 배출량의 차이를 따져 보면, 미국인 1명이 매년 평균적으로 50제곱미터에 가까운 빙하를 녹였고, 영국인 1명은 매년 20제곱미터 미만의 빙하를 녹였다. 또 중국인 1명은 매년 22제곱미터를 녹였지만 이에 비해 인도인 1명은 5제곱미터를 녹였고, 화석 연료 소비량이 적은 동아프리카 사람들은 1제곱미터 미만의 빙하를 녹였다. 남극 대륙의 경우에는 이 수치가 더욱 극적이다. 훨씬 더 넓은 남극의 빙원에서는 방출된 이산화탄소 1킬로그램당 2톤씩 얼음이 녹는다.[56]

　북극의 이러한 변화는 극지방의 야생동물에도 심각한 영향을 끼친다. 지구온난화라고 하면 가장 먼저 떠오르는 상징인 북극곰은 빙하 위에서 바다표범을 사냥하는 것으로 먹고 살기 때문에 얼음이 녹으면서 개체수가 감소하고 있다. 얼음이 줄어들면 바다표범이 덜 잡히며, 이는 곧 성체가 될 때까지 생존하는 새끼 북극곰의 수가 줄어드는 것을 의미한다. 그리고 여름에는 몸이 비쩍 여윈 배고픈 성체 북극곰들이 얼음이 녹은 해안에서 죽은 고기를 찾아다닌다.[57] 캐나다 전역에서 매년 200마리의 북극곰을 사냥하는 이누이트족 사냥꾼들이 수집한 곰들의 체지방 샘플을 분석해보면, 빙하의 이용 가능성과 북극곰의 건강 상태 사이에 강한 계절적 상관관계가 있었다. 북극곰 생태학자 앤드루 데로셔Andrew Derocher는 이렇게 말한다. "생태계 전체가 재구성되고 있습니다. 북극의 해빙은 숲의 흙과 같죠. 빙하가 없어도 생태계가 존재하기는 할 테지만 북극곰을 포함한 여러 종은 설 자리를 잃을 겁니다."[58]

　북극곰을 구하기에 아직 늦지 않았다. 과학자들은 탄소 배출량을 급격히 줄이고 이산화탄소 수치를 450ppm으로 안정화하면 북극곰이 야생에서 멸종되는 것을 막을 만큼 여름철 빙하를 충분히 유지할 수 있다고 주장한다.[59] 해빙에 많이 의존하는 종이 북극곰만은 아니다. 바다코끼리, 턱수염바다물범, 고리무늬물범, 북극고래, 흰고래, 일각돌고래 모두 생활의 일부, 또는 전부를 위해 빙하가 필요하다. 그뿐만 아니라 북극 생태계의 변화는 또 다른 새로운 위협을 가져온다. 새로 문을 연 북방 통로를 가로지르는 선박이 증가하면서, 빙하가 사라지는 상황에서 살아남은 해양 포유류들이 배의 프로펠러에 몸이 빨려들어

잘려 나가고 있다.[60] 급속한 온난화는 바닷속에도 영향을 미친다. 대서양과 태평양의 회유(물고기가 일정한 시기에 한곳에서 다른 곳으로 떼지어 헤엄쳐 다니는 일) 물고기들이 이동하면서 북극에 원래 살던 물고기 종들은 더 북극에 가까운 지역으로 후퇴하는 중이다.[61]

이러한 생태학적 변화는 비극적인 영향을 미친다. 예컨대 여름철 빙하의 가장자리가 알래스카 북쪽 해안에서 조금 떨어진 쿠퍼섬에 있는 흰죽지바다비둘기black guillemot의 보금자리에서 400킬로미터 더 멀리까지 후퇴했다.[62] 흰죽지바다비둘기의 주된 먹이였던 북극대구 역시 얼음과 함께 멀어지면서 현재 수많은 바다오리 새끼들이 굶어 죽어간다.[63] 베링해에서는 빙하가 줄어들면서 바닷새들이 죽는다고도 기록되었다.[64] 따뜻해진 대기에 많은 습기가 담기면서 폭설 또한 문제가 되었다. 2018년 여름에는 북극권 지역에 무척 많은 눈이 쌓이면서 그린란드 북동부의 먹이 그물이 거의 궤멸되었다. 식물은 계절이 다 가도록 꽃을 피우지 못했고, 바닷가의 철새들은 알을 일부만 부화시켰을 뿐이었다. 깃털이 난 어린 새들도 남쪽으로 이주하는 동안 살아남으려면 제때 성체로 자라나야 하지만 시간이 충분하지 못했다. 몇몇 바닷가 새는 굶어 죽기까지 했다. 북극여우나 사향소 새끼도 보이지 않았다. 과학자들에 따르면 당시의 모습은 "지난 20년 동안 육상 생태계에서 관찰된 것 가운데 가장 완전한 생식 실패"였다.[65]

현재 진행되고 있는 북극 시스템의 재편성은 북반구 전역의 날씨 패턴에도 연쇄 효과를 나타내기 시작했다. 예를 들어 캘리포니아에서 발생한 기록적인 산불은 북극해 빙하의 소멸에 따른 대기 순환의 변화와 관련된다.[66] 이런 변화는 미국 남서부의 여러 지역을 무척 건조한 기후로 만들어 산불이 매우 쉽게 일어나게 했던 여러 해에 걸친 파괴적인 가뭄의 원인 가운데 하나다. 가뭄은 미국에서 농작물 수확량의 감소로 이어졌다.[67] 북극해의 빙하가 녹아 없어지면서 수천 킬로미터 떨어진 곳의 식량 생산량이 감소한 것이다. 2019년 5월에 발표된 한 연구는 허드슨만의 해빙 감소와 미국 남부 평야 지대에 더욱 빈번해진 폭염 사이에 연관이 있다는 의견을 추가로 제안했다.[68] 또 다른 논문에 따르면 2005년 바렌츠해에서 빙하가 존재하지 않는 환경으로 "체제 전환"이 일어났는데, 이 상황은 "지난 10여 년간 유럽 전역에서 점점 더 많이 벌어진 극단적인 기후 관련 사건들"에 기여했을 가능성이 있다.[69]

또 여러 연구에 따르면 '행성파'에 북극 지방이 증폭된 지문이 있어 여름철 폭염과 홍수, 심지어 겨울철 추위에 이르는 파괴적인 극단적 사건을 일으킬 수도 있다. 행성파란 북반구의 제트 기류 속에서 오랜 기간 거의 멀리 이동하지 않고 구불구불 움직이는 대규모의 파동이다. 비록 일부 전문가는 비난의 대상을 찾는 데만 신경을 쓰고 있지만, 여러 연구에 따르면 이 행성파는 2003년 유럽의 폭염, 2010년 러시아의 폭염과 파키스탄의 홍수, 2011년 텍사스의 가뭄, 그리고 캘리포니아의 지속적인 강수량 부족 같은 다양한 사건과 관련되어 있다.[70, 71, 72] 이에 대한 증거는 오늘날 기후 모델에 의해 뒷받침된다.[73] 이러한 '가로막힌' 날씨 패턴은 최근 몇 년간 유라시아 대륙과 북아메리카 대륙에도 기록적인 극한 기후가 발생하는 데 기여했다. 북극해의 온난화는 극도로 춥고 고기압인 '극지방 소용돌이'를 약화시키고 이동하는 데 영향을 주어 유라시아와 북아메리카 전역에 혹독한 겨울을 일으켰을 수 있다.[74, 75] 이런 소용돌이의 이동과 북극의 변화 사이의 연결 고리가 점차 강해지고 있다는 증거도 존재한다. 한 연구에 따르면 북극해의 빙하가 사라진 바렌츠-카라해의 예년과 다른 온기와 동아시아의 혹한은 확실히 연결되어 있었다.[76] 그뿐만 아니라 북아메리카의 혹한과 알래스카 북부 추크치해의 이상 고온 현상과도 연관성을 보였다. 또 다른 기상학자들은 2014년에서 2015년으로 넘어가는 겨울에 북아메리카 일부 지역을 강타한 기록적인 추위와 눈보라에 관해 연구한 결과, 북극해의 빙하가 줄어들면서 "제트 기류의 변칙적인 움직임"을 일으켰고 그에 따라 혹한이 초래되었을 가능성을 발견했다.[77]

그 외 다른 요소들의 상대적인 기여도를 찬찬히 살피는 과정은 믿을 수 없을 만큼 복잡하지만 한 가지는 분명하다. 수천 년 동안 확립된 북극의 순환이 무너지고 있으며, 이에 따라 더욱 먼 곳도 영향을 받을 것이다. 유니버시티 칼리지 런던에서 기후과학을 가르치는 크리스 라플리Chris Rapley는 〈가디언Guardian〉에 다음과 같은 글을 실었다.[78]

북극에서 일어나는 일이 북극에만 머물지는 않는다. 우리는 지구라는 행성의 에너지 균형을 깨뜨려 적도와 극 사이의 온도 기울기를 변화시키고 있다. 그에 따라 대기와 해양이 흐르는 패턴이 크게 재편성되는 움직임이 형성된다. 지금 우리 앞에 모습을 드러내는 그 결과들은 파괴적이며 훨씬 심각할 가능성이 높다.

2019년 여름, 북극은 심지어 불타올랐다. 6월 중순에 알래스카, 시베리아, 캐나다를 가로지른 북극권에 100건 이상의 산불이 발생했다.[79] 게다가 그린란드에서도 이례적인 심한 더위에 소택지沼澤池(하천, 연못, 늪으로 둘러싸인 습하고 낮은 땅)에서 산불이 분출하듯 번졌다.[80] 하지만 그보다 심각했던 산불은 러시아에서 발생했다. 이곳의 산불은 나무를 태우는 데서 그치지 않고, 예전에 영구 동토층에 묻혀 있었던 마른 토탄까지 불태웠다. 7월 말까지 이 산불은 사상 최고 기록인 1억 2,000만 톤이 넘는 이산화탄소를 배출했는데 그 양은 벨기에의 연간 총배출량보다 많았다.[81] 그리고 이 모든 여분의 탄소가 할 수 있는 일은 오직 한 가지뿐이었다. 바로 대기에 축적되어 더 많은 온난화를 일으키는 것이다. 이것은 단순한 산불이 아니라 북극의 온난화가 통제 불가한 상황까지 우리를 위협하고 있다는 양의 되먹임 역할을 했다.

멕시코 만류의 붕괴

최근 몇 년에 걸친 겨울 눈보라는 1만 2,000년 전 유럽을 강타했던 영거 드라이아스 시기에 비하면 아무것도 아니다. 빙하기로 돌아갔던 이 짧은 기간 동안 영국과 북유럽의 여러 지역에서는 갑자기 빙하가 다시 녹기 시작했다.[82] 당시의 흔적은 오늘날 빙하가 사라진 영국의 언덕과 봉우리 주변에서 볼 수 있다. 예컨대 레이크 디스트릭트와 스코틀랜드 산악지대, 스노도니아 같은 지역에는 풀로 뒤덮인 빙퇴석으로 이뤄진 언덕이 있어 오래전에 사라진 작은 빙하의 마지막 모습을 보여준다. 갑작스레 한파가 닥친 원인이 무엇이었는지에 대해서는 논쟁의 여지가 있지만, 아마 멕시코 만류라는 이름으로 널리 알려진 대서양에서 무척 중요한 해류의 위력이 변화하며 한파를 추동했을 것이다. 더욱 오래전, 빙산이 함대처럼 대서양 북부에 둥둥 떠 있던 마지막 빙하기의 한복판에서 갑자기 닥친 혹한 역시 이 거대한 해류에 변화를 일으킨 범인이라고 여겨진다.[83]

오늘날 '대서양 자오선 역전 순환류AMOC(여기서 멕시코 만류는 작은 일부에 불과하다)'는 유럽의 기후에 계속해서 크나큰 영향을 주고 있다. 유럽 북서부가 북아메리카 태평양 연안의 같은 해상 위도 지역보다 약 6℃ 따뜻한 것도 AMOC 때문이다. 이 강력한 해류는 멕시코 만류를 통해 영국과 스칸디나비아로 아열대성 지표수를 북쪽으로 실어 나르며, 그 지표수의 양은 전 세계 모든 강에 흐르는 물의 부피에 맞먹는다.[84] AMOC는 무척 커서 스베드럽Sv이라는 자체적인 수송량 측정 단위를 쓰는데, 1스베드럽은 1초에 100만 세제곱미터의 물을 1미터 옮기는 양을 뜻한다. AMOC는 북대서양에서 평균적으로 약 17스베드럽만큼의 위력을 가진다.[85] 여기에 비하면 세계 최대의 강인 아마존강은 고작 0.2스베드럽밖에 되지 않는다. AMOC는 약 50만 개의 원자력 발전소가 내는 출력과 비슷한 0.9페타와트의 열을 열대지방에서 고위도 지역으로 운송한다.[86] 이 흐름 덕분에 남쪽 바다에서 적도를 가로질러 북대서양으로 열기가 수송되기 때문에, 북반구가 전체적으로 남반구보다 따뜻하다.[87] 2004년 영화 〈투모로우The Day After Tomorrow〉에서는 AMOC가 멈추면 어떤 일이 벌어질지 묘사했다. 뉴욕을 강타한 거대한 쓰나미 때문에 일이 조금 복잡해질지도 모르지만, AMOC가 전체적으로 붕괴하면 유럽의 겨울이 다시 영하로 떨어지고 전 세계의 기상이 불안정해질 수 있다는 점은 널리 받아들여진다.

현재 AMOC가 약해지고 있는지, 만약 그렇다면 지구온난화의 탓인지 아닌지가 연구자들 사이에 격렬한 논쟁거리다. AMOC를 일으키는 원동력은 겨우내 그린란드, 아이슬란드, 스칸디나비아, 캐나다 북극 지역 앞바다에 형성되는 무척 짜고 차가운 바닷물이다. 이 물은 따뜻하고 신선한 지표수에 비해 밀도가 높아 바다 밑바닥으로 가라앉고, 그곳에서 거대한 열 컨베이어벨트처럼 남쪽을 향한 긴 여정을 다시 시작한다. 비록 매년 상당히 변동성이 있기는 해도, 최근 해양 감지기에서 얻은 데이터를 보면 AMOC의 강도는 이미 20세기 중반 이후 15퍼센트나 약해져서 지금은 지난 1,500년 이래 가장 약화되었으리라 짐작된다.[88, 89]

해양 감지 어레이로 수집된 데이터를 기반으로 한 연구에 따르면, 2007년부터 2011년까지 AMOC의 강도는 연간 0.6스베드럽(아마존강 3개에 해당하는 수송량)이나 감소했으며, 이러한 약세는 지금도 계속되고 있다.[90] 물론 이후의 연구 결과에서 알 수 있듯 이것이 더 장기적인 관점에서 자연적인 변동의 일부일 가능성도 있다.[91] 하지만 AMOC의 약화가 사실 매년 여름 그린란드의 빙하 사이로 세차게 흐르며 얼음을 녹이는 엄청난 양의 민물과 관련되어 있다는 우려의 목소리가 높다. 증가한 강수량과 함께, 이 용해수는 북대서양의 바닷물을 희석시켜 염도를 떨어뜨리고 있다. 물의 염도가 떨어지면 밀도가 낮거나 무겁지 않아서 바다에서 깊이 가라앉지 않고 해류의 움직임을 유도한다.[92]

기후 모델 역시 AMOC가 붕괴할 것인지 여부와 함께 어떻게 붕괴할 것인지에 대해 서로 의견이 엇갈린다. 그래서 이 문제는 기후 논쟁에서 고전적인 '알려진 미지수'로 여겨지며 전 세계적인 기후 불안정성을 통해 우리에게 큰 영향을 미칠 잠재적 변화로 간주된다.[93] 현재의 약세가 지속될지는 무척 불확실하다. 하지만 우리가 아는 한 가지가 있다면, 과거에 AMOC 붕괴가 일어났으며 그 결과 북반구 전체의 기후가 급격하게 영향을 받았다는 것이다. 이 해류가 멈추는 기간이 길어지면 오늘날에도 똑같은 재앙이 닥칠 것이다.

남극의 빙산

사람들은 그것을 B-46이라 불렀다. 이것은 새로운 폭격기나 군사용 장비의 암호명이 아니라, 그것보다 훨씬 더 잠재적인 의미가 있다. 2018년 11월 남극의 가장 큰 빙하 가운데 하나인 파인섬 빙하PIG에서 비롯한 빙산 B-46은 면적이 300제곱킬로미터에 달할 정도로 거대하다. B-46은 2015년 같은 남극 빙하에서 떠내려온 500제곱킬로미터 넘는 거대빙산에 비하면 꽤 작은 편이었다.[94, 95] 이들 거대빙산을 낳은 모함인 파인섬 빙하는 남극 서부 빙상WAIS을 배출하는 큰 빙하 가운데 하나로, 그 결과 최근 몇 년 동안 집중적으로 연구되었다. 이 파인섬 빙하에 큰일이 벌어지고 있다. 1974년부터 2010년까지 이 빙하는 매년 75퍼센트씩 가속해 1년에 4킬로미터씩 나아가고 있었다. 이 속도라면 빙하의 가장자리에 서 있는 관찰자는 얼음이 갈려 나가는 거대한 흐름을 거의 맨눈으로 볼 수 있을 것이다. 같은 기간에 연간 빙하 손실률은 60억 톤에서 460억 톤으로 750퍼센트나 증가했다. 이제 용해 속도가 빨라지면서 파인섬 빙하는 전 세계 해수면 상승에 가장 크게 기여하는 주범이 되었다. 이 빙하 하나만으로 매년 해수면 높이가 10분의 1밀리미터씩 높아지고 있다.[96]

문제는 이 빙하의 윗부분은 바다에 떠 있지만, 해저와 맞닿은 빙하의 밑바닥인 지반선은 1992년 이후 내륙 쪽으로 30킬로미터 후퇴했다는 것이다. 덩치가 더 큰 이웃 스웨이츠 빙하와 마찬가지로 파인섬 빙하는 서부 남극 빙하의 중심을 향해 아래쪽으로 경사져 있으며, 해수면 1,500미터 넘는 아래에 닻을 내리고 있다. 많은 과학자가 앞으로 수 세기 동안 따뜻한 물에 취약한 빙상의 중심을 파고들며 양의 되먹임 과정을 통해 이미 얼음이 계속 녹는 붕괴가 돌이킬 수 없이 촉발되었을까 봐 우려한다.[97]

남극 서부 빙상은 전체적으로 전 세계 해수면을 3미터 이상 올릴 수 있을 만큼의 얼음을 갖고 있다.[98] 하지만 하루아침에 엄청난 양의 얼음 녹은 물이 방출되지는 않을 것이다. 현재 남극 서부 빙상 전체는 지구 해수면을 연간 약 0.3밀리미터 높이고 있지만, 바다가 따뜻해지면서 거대 빙하에서 점점 많은 덩어리가 떨어져 나오며 이 속도는 빨라지고 있다.[99] 2019년 5월 남극에서 연구하는 과학자들이 발표한 최신 데이터에 따르면 스웨이츠와 파인섬 빙하 모두 군데군데 122미터까지 얇아졌으며 1992년 조사가 시작된 이후로 빙하 손실률은 5배나 증가했다. 이 과학자들은 현재 서부 남극 빙하의 거의 4분의 1이 '구조적 불균형' 상태에 놓였다고 결론지었다.[100] 과학자들은 남극의 가장 취약한 빙하 가운데 일부에 '두께가 얇아지는 파동'이 빠르게 확산되어 지구 전체의 해수면을 상승시킬까 봐 우려한다.[101]

　남극의 다른 곳에서도 급격한 변화가 일어나고 있다. 현재 남쪽에서는 여름철에 난센 빙붕氷棚(얼음이 바다를 만나 평평하게 얼어붙은 거대한 얼음 덩어리) 가장자리에서 얼음 녹은 물이 100미터 높이의 거대한 폭포를 이루며 바다로 쏟아져 나온다. 초기 탐험가들도 남극 대륙에서 개울이나 물웅덩이를 발견해 기록했던 만큼, 이곳에서 빙하가 녹는 현상이 새롭지는 않지만 연구자들은 이제 용해의 흐름이 그린란드에 조금씩 더 가까워지지 않을까 예상하고 있다.[102, 103] 실제로 2019년 9월에 연구자들은 남극 동부의 가장자리 전체에서 6만 5,000개 이상의 호수를 발견했는데, 이 지역의 상당수는 예전에 여름철에도 얼음이 녹기에는 너무 기온이 낮다고 여겨지던 곳이었다. 새로 생긴 호수 가운데 하나는 폭이 60킬로미터가 넘었으며 녹은 물웅덩이는 광활한 빙상의 500킬로미터 안쪽까지, 그리고 위로는 고도 1,500미터인 곳에서까지 발견되었다.[104]

　2015년 3월, 남극반도의 끄트머리는 이 대륙에서 기록된 온도 가운데 가장 높은 17.5℃에 이르렀다.[105] '극단적인 남극 폭염'으로 분류되는 이 사건은 근처의 빙붕에서 더욱 많은 용해를 유발했다. 일부 빙붕은 죽음처럼 혹독한 남극의 겨울에도 상당한 용해를 겪었다.[106] 이제 이전에는 얼음으로 보호받던 빙하의 앞면에 파도가 직접 닿았고, 빙하를 더욱 빠르게 해체했다.[107] 라센 C 빙붕도 1995년 라센 A, 2002년 라센 B, 2009년 윌킨스 빙붕에 이어 무너질지도 모른다. 라센 C 빙붕은 파인섬 빙하에서 떨어져 나온 빙산 가운데 가장 큰 5,000제곱킬로미터 면적의 거대한 빙산 하나가 분리되어 나온 이후로 2017년에 크기가 10퍼센트 줄었는데, 이는 미국 로드아일랜드주보다 크다.[108]

2019년 〈미국국립과학원회보PNAS〉에 발표된 최근의 조사 결과를 보면, 전체적으로 대륙의 빙하 손실률이 지난 40년 동안 연간 400억 톤에서 2,520억 톤으로 6배 증가했음을 알 수 있다.[109] 비록 대부분의 빙하 용해는 당장 취약한 서부 남극 빙상에서 비롯되지만, 동부 남극 대륙도 이제 '대량 빙하 손실의 주요 기여자'로 발돋움했다. 이 점은 주목할 만한데, 남극 대륙 빙하의 대부분이 동부에 있는 데다 이전에는 빙하가 의미 있을 만큼 많이 녹기에는 온도가 너무 낮다고 여겨졌기 때문이다. 1979년 이후로 이 지역의 빙하 용해 때문에 전 세계 해수면이 약 14밀리미터 상승했는데, 만약 기온이 더 올라 눈이 많이 내리고 추운 내륙에 눈이 더 많이 쌓이지만 않았어도 해수면 상승폭은 더 컸을 것이다.[110] 캘리포니아 대학교 어바인 캠퍼스와 NASA에서 일하는 지구 시스템 분야의 과학자 에릭 리그노트Eric Rignot는 〈워싱턴포스트〉와의 인터뷰에서 이렇게 말했다. "나는 불필요한 경보를 하고 싶지 않다. 하지만 남극에서 일어나는 변화는 단지 몇몇 장소에만 국한되지 않는다. 우리가 예전에 생각했던 것보다 더 광범위하게 일어나고 있다. 내가 보기에 이 점은 염려할 만하다."[111]

현재 남극 대륙이 녹고 있다니 엄청나게 들릴지 모르지만, 리그노트에 따르면 "이것은 빙산의 일각일 뿐이다." 미래에는 훨씬 큰일이 닥칠 것이다. "남극의 빙상이 계속해서 녹으면, 앞으로 수 세기 안에 이 대륙에서 얼음이 녹은 물로 전 세계 해수면이 수 미터 상승하리라 예상된다." 전문가들이 오래전부터 우려했던 것처럼 전 세계 대륙 곳곳에서 빙하와 바다가 만나는 지반선이 후퇴하고 있다.[112] 비록 빙하 모델에 따르면 용해 속도는 비교적 느리지만, 최근의 연구 결과 따뜻해진 바닷물과 접촉하는 빙하는 이런 예측보다 훨씬 더 빠르게 녹을 수도 있다. 단지 2~3배 증가하는 데 그치지 않을 것이다. 전문가들의 보고에 따르면 "관측된 용해 속도는 이론에 의해 예측된 수치보다 최대 두 자릿수, 다시 말해 100배는 더 큰 규모"다.[113] 만약 남극 해안 지대의 빙하가 전부 지금까지 예측된 속도보다 100배 더 빨리 녹는다면, 전 세계 해안선에 훨씬 더 빠르게 영향을 미칠 것으로 예측된다.

녹아 없어지는 빙산

"2015년 파스토루리 빙하가 여기 있었다"라는 표지판이 보인다. 주위에는 온통 바위뿐이고 뒤로 멀어져가는 얼음덩어리의 맨 앞부분은 지금 수백 미터 떨어져 있다. 페루의 후아스카란 국립공원 코르디예라 블랑카산맥에 자리한 눈이 빠르게 녹아드는 유명한 기후변화의 현장에 온 것을 환영한다. 한때 얼음 동굴로 유명했으며 사람들이 쉽게 접근할 수 있던 이 빙하는 지금 둘로 갈라져 대부분이 호수로 변했다. 관광객들은 얼음 위에 올라가거나 얼음 조각을 떼어내지 말라고 요청받는다. 한때 이곳에서는 페루 고등학생들이 비닐봉지 썰매를 타고 미끄러져 내려왔지만, 지금은 남아 있는 빙하의 대부분이 더 이상의 손상을 막기 위해 밧줄로 묶여 있다.

코르디예라 블랑카산맥의 얼음으로 뒤덮인 산봉우리는 내게 신성한 장소다. 나는 첫 저서의 한 챕터에서 1980년대 이곳을 탐사했던 아버지 지질 조사팀의 발자취를 되짚어보고, 와리라는 작은 도시 위쪽 동부의 외딴 빙하로 가는 내 여정을 자세히 묘사했다. 그곳을 방문했던 2002년 당시, 내가 찾던 빙하는 사라진 채였다. 벼랑 아래로 금방이라도 무너질 것 같은 거대한 얼음 쐐기와 호수에 뜬 빙산은 더 이상 보이지 않았다. 그 이후로 이곳을 다시 찾지는 않았지만, 구글 어스를 통해 살펴보면 어미 빙하는 이제 사면 꼭대기에서 많이 후퇴했고 더 이상 2002년에 내가 바라봤던 호숫가 풍경을 볼 수 없게 되었다. 당시 탐험에서 내가 가장 좋아하는 사진은 북쪽 산등성이 높은 곳에 설치한 우리 야영지를 찍은 것이었는데, 이곳은 빙하 상층부에서 귀엽게 둥근 혀처럼 튀어나온 얼음 위였다. 하지만 여기 역시 지금은 사라진 듯하다. 산등성이가 전체가 완전히 헐벗은 것처럼 보인다.

이 산봉우리의 얼음은 나 같은 등산가들이 상실을 슬퍼하는 감상적인 가치 그 이상의 의미를 가진다. 이곳 현지인에게 높은 산은 잉카족 정령의 거주지일 뿐 아니라 신선한 민물의 수원이라는 무척 실용적인 의미로 신성시된다. 이곳에서 대부분의 지역사회는 생활에 필요한 물의 상당 부분을 빙하가 녹은 물에 의존하며, 빙하라는 자원이 감소하면서 정착민들 사이에 갈등이 촉발되고 있다. 페루에서 가장 높은 봉우리가 자리한 이 지방의 주요 도시인 와라즈 주민들은 가뭄이 닥친 몇 달 동안 필요한 물의 90퍼센트를 빙하 녹은 물에 의존한다.[114] 코르디예라 블랑카산맥의 서쪽 사면에 있는 빙하에서 비롯한 물은 강을 따라 무척 건조한 해안 평야를 통해 태평양에 이른다. (동쪽 사면의 빙하 녹은 물은 아마존까지 흐른다.) 이 담수가 없다면 물을 농지에 공급하는 관개를 할 수 없어 페루의 농업 생산량의 대부분은 물론 수력 발전도 사라질 것이다. 무질서하게 개발된 페루의 수도 리마 역시 산에서 흘러나오는 담수에 의존하는데 그중 일부는 빙하에서 비롯한다. 인접국인 볼리비아에서도 고지대의 수도 라파스는 주변의 산악 빙하에서 연간 평균 물 공급량의 약 15퍼센트를 얻지만, 건조한 시기에는 무려 그 비중이 85퍼센트까지 증가한다.

페루의 빙하는 현재 완전히 사라질 절체절명의 위기에 처했다. 코르디예라 블랑카산맥에서는 최근 수십 년 동안 빙하 3분의 1을 잃었고, 그 밖의 산맥들 역시 안데스산맥의 다른 지역과 마찬가지로 비슷한 규모의 손실을 겪고 있다.[115] 전체적으로 남아메리카 안데스산맥에서 2000년 이후로 거의 230억 톤의 얼음이 녹아 사라졌고 그 결과 히말라야산맥보다도 전 세계 해수면 상승에 크게 기여했다.[116] 오늘날 전 세계적으로 산악 빙하의 용해 속도가 너무 빠른 나머지, 총 3,350억 톤의 얼음이 녹은 것으로 추정된다.[117] 그에 따라 매년 그린란드 전체의 빙하와 맞먹을 만큼 해수면이 상승하고 있다.

빙하학자들은 보통 지나치게 감정적인 언어로 의사소통을 하지는 않지만, 최근의 여러 출판물을 보면 이들마저도 공황 상태에 빠지기 시작한 듯하다. 세계 빙하 감시 서비스의 연구팀은 최근 〈빙하학 저널Journal of Glaciology〉에 이렇게 밝혔다. "21세기 초의 엄청난 빙하 손실 속도는 인류가 관측한 기간 동안은 물론이고, 이제껏 남아 있는 역사적 기록을 봐도 전례가 없다."[118] 짧은 기간에 걸친 몇몇 예외적인 지역을 제외하면, 전 세계의 모든 주요 산맥이 빠른 속도로 빙하를 잃고 있다.

게다가 사라지는 건 빙하 얼음만이 아니다. 쌓인 눈도 없어지고 있다. 미국에서 가장 인구가 많고 전 세계에서 6위의 경제력을 자랑하며 미국 전체 농산물의 4분의 1을 생산하는 캘리포니아주는 담수의 30퍼센트를 시에라네바다산맥의 겨울철 눈 더미 녹은 물에 의존한다.[119] 그 이유는 캘리포니아주의 강수량이 대부분 겨울에 내려서 높은 산에 눈이 깊이 쌓이기 때문이다. 이 눈 더미는 건조한 봄과 여름철에 조금씩 녹아 강으로 흐르며, 캘리포니아의 지중해 기후에서 풍성하게 자라는 채소와 과일 작물에 수분을 공급한다. 하지만 지금은 겨울 강수량이 눈보다 비로 내리기 때문에 눈이 쌓여 강물로 흐르는 양이 점점 줄어들고 있다. 예컨대 2015년 4월 1일, 기록적인 가뭄이 4년 동안 이어지다 끝난 뒤로 과학자들은 시에라네바다산맥의 눈 더미가 역사적으로 기록된 평균적인 양의 5퍼센트에 불과하다는 계산 결과를 내놓았다.[120] "지난 500년 동안 한 번도 없었던 낮은 수치"라고 선언할 만큼 낮은 수치였다.

최종 경고: 6도의 멸종

다른 산맥들 역시 겨울철의 이상 기후로 어려움을 겪었다. 유럽의 알프스산맥에서도 급작스러운 온난화 현상이 점점 흔하게 나타났다. 예컨대 2015년 12월에는 알프스 동부를 강타한 유례없는 '겨울 열기' 때문에 고도가 2,500미터나 되는 곳에서도 기온이 빙점 위로 올라가 쌓였던 눈이 사라졌고 그 아래 빙하까지 녹았다.[121] 그동안 겨울에는 절대 벌어지지 않았던 일이었다. 2018년 1월, 알프스산맥의 고온 현상은 다시 폭우를 몰고 와 쌓인 눈이 녹으면서 프랑스와 스위스 고산 지대의 계곡에 산사태가 발생하고 토사가 흘렀다.[122] 산비탈 위로 5미터 넘게 눈이 쌓이면서 대규모의 눈사태가 도로와 마을을 덮칠 위험이 커졌고, 주요 스키 리조트에 들른 손님들의 발이 묶였다.

한편, 2018년 〈지구물리학 리서치 레터 Geophysical Research Letters〉에 실린 한 논문에 따르면 유럽 전역의 저지대에서는 쌓인 눈의 양이 이제 "극적으로 감소하고 있다."[123] 이 논문의 저자들은 유럽에서 쌓인 눈의 깊이가 1950년대 이후 평균적으로 10년마다 12퍼센트 이상 감소했으며, 이런 추세가 1980년대 이후 가속되었다는 사실을 발견했다. 그런데 기억에 남을 만한 혹한은 이런 장기적인 추세를 모호하게 흐린다. 내가 영국에 본거지를 두고 생활했던 2017~2018년 겨울에는 '동쪽에서 오는 야수'라 불리는 북극의 강한 바람이 부는 동안 폭설이 내리고 기온이 한동안 영하로 떨어졌다. 하지만 이듬해 겨울에는 기온이 사상 최고치를 기록해서 2월 중순에는 20℃에 달했다.[124] 이 사건은 몇 주에 걸친 눈보라보다 역사적인 맥락에서 훨씬 더 이례적인데도 순식간에 사람들의 기억 저편으로 사라졌다.

하지만 2019년 여름에 찾아온 폭염은 그리 쉽게 잊히지 않을 것이다. 프랑스에서는 유럽보다는 북아프리카라고 해도 믿을 만큼 낮 기온이 치솟아 사상 최고치를 경신했다. 그에 따라 프랑스의 알프스산맥에서는 몽블랑 단층지괴의 멋진 산봉우리인 당뒤제앙 아래로 빙하가 녹아 호수가 새로 생겼다.[125] 등산가인 브라이언 메스트레Bryan Mestre는 3,500미터 높이에서 발견한 온통 얼음으로 둘러싸인 청록색 연못을 찍어 인스타그램에 올렸고 이 사진은 순식간에 입소문을 탔다. 정작 메스트레 스스로는 "예전에 6월, 7월, 8월에도 많이 올랐던 산인데 당시에는 이런 물웅덩이를 본 적이 없었다"라며 당혹스러워했다. 메스트레는 자기 사진을 주변 산맥에서 찍은 비슷한 빙하 녹은 웅덩이 사진과 비교했을지도 모른다. 심지어 히말라야산맥과 안데스산맥도 마찬가지였다. 페루의 코르디예라 블랑카산맥 역시 관광객들이 찍은 사진을 보면 한때 유명했던 파스토루리 빙하의 잔존물 대신 더욱 커진 호수가 자리하고 있었다.

변덕스러운 홍수

기온이 1℃ 상승한 세계에서 일어나는 모든 기후변화가 알프스나 안데스산맥의 빙하가 녹는 것처럼 뚜렷하지는 않다. 이런 변화는 홍수라는 골치 아픈 문제를 동반한다. IPCC에서 가장 최근에 발표한 이 현상에 대한 요약문은 학술적인 얼버무림의 걸작이다. 여러 출처를 검토한 뒤, 이 글은 다음과 같은 결론을 내린다. "요컨대 1950년대 이후 전 세계의 가장 큰 강들 대부분에서 하천의 흐름에 대한 통계적으로 유의미한 결론은 없다. 다만 일부 지역에서는 홍수의 빈도가 증가하고 하천 유속이 극단적으로 빨라졌다."[126] 또 2012년에 IPCC는 극단적인 기후 현상에 대한 특별 보고서를 발표했는데, 이 보고서는 기후 재앙이 사회에 어떤 영향을 미치며 그런 영향이 어떻게 완화될 수 있는지를 살폈다. 그리고 폭우의 빈도가 증가했지만 그에 따라 홍수가 일어났는지에 대해서는 '신뢰도가 낮다'라고 지적했다. 그로부터 1년 뒤인 2013년 IPCC의 5차 평가 보고서 또한 상황에 대해 비슷하게 평가하면서, 홍수의 증가 가능성에 대한 신뢰도가 여전히 '낮다'라고 인정했다.

IPCC의 경고는 충분한 근거가 있었다. 2016년에 발표된 전 세계 하천 흐름 동향에 대한 가장 포괄적인 최근의 검토서는 세계적으로 손꼽히는 200개 대규모 하천에서 50년 동안 벌어진 변화를 조사했다.[127] 그 결과 이들 하천 가운데 유속이 줄어든 곳이(29개) 늘어난 곳(26개)보다 약간 많았다. 아마존강, 콩고강, 오리노코강, 장강, 브라마푸트라강, 미시시피강, 예니세이강, 파라나강, 레나강, 메콩강, 토칸칭스강, 오비강을 비롯한 전 세계에서 가장 큰 강들은 자연적인 기후 변동성에 따라 예측할 수 있듯 이 기간 동안 유속이 올라갔다 내려갔다 했다. 하지만 이들 강 가운데 유속이 확실히 증가하거나 심각한 홍수를 겪는 곳은 없었다. 실제로 200곳 가운데 145곳에 해당하는 대부분의 경우, 장기간(1948~2012년)에 걸친 유속의 추세는 통계적으로 유의미하지 않았다. 그리고 2017년에 발간한 2차 연구에서는 9,213개 하천 관측소에서 유속 변화를 조사한 결과 '증가 추세보다는 현저한 감소 추세를 보이는 관측소가 많아' 2016년의 분석 결과를 재확인했다.[128]

기후변화에 따른 전 세계 홍수 재해에 대한 언론 보도가 잦은 만큼, 이런 상황은 언뜻 당혹스럽게 느껴질 수 있다. 게다가 이 모든 보고서가 인정하듯이, 지구온난화 때문에 전 세계적으로 강수량이 더욱 심하게 증가하는 일이 빈번해지고 있다는 명백한 증거가 있다. 이렇게 세계의 여러 지역에서 관측된 강수량의 증가는 기후 물리학적 증거와 완전히 일치한다. 따뜻한 공기는 더 많은 물을 담을 수 있으므로 기후변화가 가속화되면서 따뜻한 대기에서 더 많은 수증기가 구름으로 응축되어 비, 우박, 눈으로 떨어질 가능성이 있다.[129]

그래서 강수량이 많은 경우 IPCC는 모호한 표현을 사용하지 않는다. IPCC는 2018년에 "관측된 기록에 따르면 연간 최대 1일 강수량과 연속 5일 강수량의 형태로 표현되는 강수량이 심각하게 증가했다고 밝혔다."[130] 단기적으로 비구름에서 폭발적으로 내리는 비라든지 장기적인 폭우가 둘 다 심해진 것이다. 최근의 한 평가에 따르면 전 지구적으로 육지의 4분의 1에서 폭우가 확연히 증가했다.[131] 이런 극단적인 폭우는 평균치보다 훨씬 빠르게 증가하며 기록적인 강수량이 쏟아지는 사건도 뚜렷이 늘고 있다.[132, 133]

이런 증거는 전 세계 각지에서 쌓이고 있다. 2019년의 한 연구에서는 미국 남서부에서 폭풍우에 따른 강우량이 증가했다는 사실을 확인했고,[134] 2017년 〈네이처 커뮤니케이션즈Nature Communications〉에 실린 한 논문에 따르면 "1950~2015년 사이 인도 중부 지역에서 광범위하고 극단적인 강우량 증가 사건이 3배로 늘었다."[135] 반직관적이기는 하지만 건조한 지역이 습한 지역과 마찬가지로 이런 극단적인 강우량 증가의 영향을 받는다.[136] 예컨대 한 연구에 따르면 1980년대 이후 서아프리카의 건조한 사헬 지역에서 심한 폭풍우가 발생하는 빈도가 3배로 증가했다.[137, 138] 게다가 급작스럽게 닥친 홍수에 뒤이어 급작스러운 가뭄이 이어지는 경우가 많다. 갑자기 무더위를 동반한 극심한 건조 기후가 닥치는 것이다. 지난 60년 동안 남아프리카에서는 이런 사건의 발생률이 3배로 증가했다.

그뿐만 아니라 연구진들은 2016년과 2017년 중국 우한을 강타한 폭우가 오늘날 기온이 1℃ 상승한 세계에서는 10배 더 많이 발생할 가능성이 있다는 사실을 밝혔다. 이 폭풍우에서 1미터 넘는 강우량이 발생했고, 심각한 홍수와 237명의 인명 손실, 220억 달러의 경제적 피해를 입혀 역사상 두 번째로 큰 피해를 남긴 기후 재앙으로 기록되었다.[139] 미국에서는 몹시 강력한 유형의 대형 폭풍우가 점점 잦아지고 더 오래 지속되고 있다. 파괴적인 토네이도와 큰 우박을 자주 발생시키는 '중간 규모 대류계'에서 비롯한 폭풍우다.[140] 더 심해진 폭우가 어떤 결과를 불러일으킬지에 관한 결과는 아직 나오지 않았다.[141]

그렇다면 어째서 이런 폭우가 오늘날 확연히 관찰되는 홍수의 증가와 연계되어 해석되지 않을까? 이 문제를 조사한 2018년의 연구는 더 심해진 폭우와 '그에 따른 홍수의 증가 부족'은 서로 '격리'되어 있다는 사실을 인정했다.[142] 폭우의 발생 빈도가 증가해 실제로 홍수가 심해지는가에 대해서는 많은 교란 요인이 영향을 미친다. 예컨대 전 세계 많은 지역에서 눈 녹은 물은 강 유역의 수문학적 분석에서 중요하며, 온난화에 따라 겨우내 눈이 쌓이는 양이 줄어들고 봄에 갑자기 녹는 사례가 증가한다. 그러면 이른 계절에 발생하는 홍수가 줄어든다. 오늘날에는 여러 강의 흐름이 댐에 가로막히고 있는데, 이것은 흐르는 강물이 인간 관리자에 의해 직접 통제를 받는다는 의미다. 다른 강들 역시 최근 수십 년 동안 준설浚渫(하천 바닥에 쌓인 흙이나 암석을 파헤쳐 바닥을 깊게 하는 것), 수로 건설, 방향 우회 등으로 변화를 겪었으며, 토지 이용이나 도시화, 숲의 변화로 땅에 흐르는 빗물의 양도 영향을 받았다. 여기에 더해 관개를 하거나 사람들이 직접 사용하기 위해 대량의 물을 저수지로 끌어들이거나 펌프질로 뽑아낸다. 콜로라도강이나 황하 같은 몇몇 강은 농업과 산업용으로 강물을 너무 많이 뽑아낸 나머지 바다까지 도달하지 못하는 경우도 있다. 그러니 기후가 어떻게 변하든 최근 수십 년 동안 연간 유입, 유출량이 증가할 것 같지는 않다.

하지만 강우량 변화의 규모가 너무 커진 나머지 홍수에 미치는 영향이 훨씬 명백해진 사건이 하나 있다. 그 결과 전 지역이 즉각적으로 침하되어 재앙에 가까운 경제적 피해와 비극적인 인명 손실이 발생했다. 이 폭풍은 따뜻한 바닷물 위에서 형성되며 열대와 아열대 지역 전체에 걸쳐 바다 가까이 사는 주민들에게 공포를 불러일으킨다. 무엇에 대한 얘기냐고? 물론 허리케인이다.

휴스턴의 허리케인

'나가지 않으면 죽어요!'

전부 대문자로 적힌 이 경고 문구는 직접적이었지만 효과적이었다. 2017년 8월 29일 허리케인 하비가 텍사스 상공에 모습을 드러냈을 때 타일러 카운티의 판사 자크 블란쳇Jacques Blanchette이 작성했던 메시지도 그랬다. "이 지시에 주의를 기울이지 않은 사람은 구조를 기대할 수 없으며, 신원을 밝힐 수 있도록 팔에 지워지지 않는 마커로 사회보장번호를 적어야 한다. 분명 인명과 재산이 손실될 것이다."[143]

판사의 경고는 과장이 아니었다. 일주일 가까이 계속된 집중호우가 그치고 넘쳤던 물이 빠지면서 휴스턴 대교 위로 휩쓸려온 승합차에서 어린이 4명을 포함한 가족 6명의 시신이 발견되었다.[144] 재난 현장의 한복판에서 물에 잠긴 어머니의 시신에 바싹 붙어 떨고 있는 세 살짜리 여자아이가 발견되기도 했다.[145] 허리케인 하비의 영향에 따른 사망자는 최소 68명이었는데, 이것은 1919년 이래로 텍사스주에서 열대성 저기압으로 발생한 직접적인 사망자 수 통계 가운데 가장 많았다.[146] 사망자 가운데는 휴스턴의 베테랑 경찰관도 포함되었는데, 직장에 가는 길에 물에 잠긴 지하도로를 지나다 차 안에서 익사했다.[147]

경험 많은 기상학자들조차 대규모 홍수의 규모와 강도에 당황했다. 국립 기상청 휴스턴 지부의 보고에 따르면 이 도시 남부 교외의 한 역에서 겨우 90분 동안 250밀리미터에 가까운 비가 내렸다.[148] 허리케인 하비는 110일 동안 나이아가라 폭포의 유량에 해당하는 총 22세제곱킬로미터의 빗물을 미국 남동부 해안 전역에 뿌렸다.[149] 과학자들은 이 빗물의 무게가 비가 내린 해당 지역에서 지각을 2센티미터 누르기에 충분하다고 계산했다. 이 여분의 물이 전부 바다로 흘러들어 빠지고 육지 표면이 점차 회복되는 데 5주가 걸렸다.[150]

허리케인 하비는 미국 역사상 가장 많은 비를 뿌렸으며 여러 지역에서 총 1,300~1,500밀리미터의 강우량을 기록했다. 강우량의 총량이 너무 높은 나머지 미국 국립 기상청은 지도에 보라색의 새로운 색조 두 종류를 추가해야 했다.[151] 〈워싱턴포스트〉의 보도에 따르면 "4일에 걸쳐 127센티미터 이상 비가 내린 뒤 휴스턴은 도시보다는 군도에 가까워졌다. 진흙투성이의 갈색 바다에 떠 있는 도시화된 섬의 연속이었다.[152] 여기저기서 바닥이 편평한 보트와 헬리콥터가 지붕 위의 희생자들을 빼내고 있었고, 넘쳐흐르는 저수지와 불어난 강물에서는 아직도 물이 쏟아져 들어왔다." 이 지역에서 약 30만 채의 건물과 50만 대의 자동차가 물에 잠겼다. 미국 연방재난관리청에 따르면 이 허리케인이 일으킨 재앙에 가까운 폭우로 3만 건의 구조 작업이 이뤄졌다.[153]

이 폭풍이 상륙하기 전부터 재난이 예측되었고, 여기서 기후변화가 어떤 역할을 했는지 추측이 돌았다. 기후 전문가 크리스 무니Chris Mooney는 8월 25일 〈워싱턴포스트〉에 "기후변화와 허리케인 하비에 대해 말할 수 있는 것과 말할 수 없는 것"이라는 제목의 헤드라인 기사를 발표했다. (허리케인은 그날 저녁에 닥쳤다.) 8월 28일에 홍수가 최고조에 달하자 CNN은 "기후변화가 허리케인 하비에 영향을 주었는가?"라고 물었다. 그리고 〈뉴욕 매거진New York Magazine〉은 이렇게 제안했다. "허리케인 하비에 기후변화의 망령이 감돌고 있다." 같은 날 발행된 〈시드니 모닝 헤럴드Sydney Morning Herald〉는 보다 도덕주의적인 어조로 "휴스턴시에 지금 닥친 골칫거리의 일부는 시가 자초한 것"이라는 헤드라인을 달았다. 글쓴이는 "석유와 가스 산업의 전 세계 수도"라고 자칭하는 지역 주민의 안녕을 기원한 다음, "온실가스 상승과 오늘날의 극한적인 기후 사이에 연관성이 있으며, 이곳 주민 가운데 일부는 수십 년 동안 이 사실을 알면서 관여해 왔다"라고 주장했다.[154]

대서양의 반대편 수백 킬로미터 떨어진 곳에서 재난이 펼쳐지는 모습을 지켜보는 것은 내게 묘한 경험이었다. 내가 예전 저서 《6도의 멸종》에서 묘사했던 괴물 같은 대형 허리케인이 휴스턴을 강타하는 장면과 무섭도록 비슷했기 때문이었다. 나는 상상 속 장면에서 이렇게 묘사했다. "허리케인의 첫 강우대가 어둠을 따라 전진하며, 남쪽 코퍼스크리스티에서 루이지애나주 경계에 이르기까지 텍사스 해안을 따라 집중호우를 쏟아붓는다. 폭풍우는 엄청나고, 휴스턴은 예상 경로의 한 가운데에 있다.… 급류는 이제 강을 거슬러 오르고, 휴스턴 동쪽 변두리의 건물들에 물이 흘러넘치는 광경이 처음으로 눈 앞에 펼쳐진다. 이제 해리스 카운티 전역에 몇 시간 동안 앞이 보이지 않을 정도의 맹렬한 폭우가 강타했고, 오랫동안 길든 듯 잔잔했던 휴스턴시의 버펄로 바이유강이 야생으로 돌아간다. 가장 먼저 홍수가 난 곳은 지하 주차장과 쇼핑몰이다. 빗물 배수관에서 갑자기 물이 펑펑 흐르기 시작한다. 맨홀 뚜껑이 아무런 경고 없이 날아가며 5미터 높이의 분수를 뿜는다. 버려진 차량들은 바람에 날렸다가 홍수에 휩쓸려온 거리의 잔해와 함께 수위가 높아지는 강물을 따라 빠르게 떠내려간다."

이 모든 장면은 내가 2045년 8월에 벌어지리라 상상했던 미래가 아니라 2017년 8월 휴스턴에서 실제로 펼쳐진 장면과 기묘할 만큼 흡사했다. 나는 이 장면을 '기온이 3℃ 상승한 세계'를 다룬 챕터에 포함시켰다. 당시에는 허리케인이 관측할 수 있을 만큼 강해지고 있는지에 대한 과학적 증거가 명확하지 않다고 느꼈기 때문이었다. 하지만 기온이 3℃ 상승한 세계에서는 "대기가 예전보다 에너지가 넘치는 잔혹한 현실 속에서 지구온난화가 더 강력한 허리케인이 발생하는 데 연관되어 있다는 사실을 의심하지 않게 될 것이다." 이런 의미에서 허리케인 하비는 내 생각보다 30년 일찍 왔다. 많은 컴퓨터 기후 모델이 그렇듯, 현실 세계에서 발생하는 사건들을 보면 나는 지나치게 보수적이었다.

폭우가 발생하자 얼마 되지 않아 기후온난화가 재난에 기여했을 가능성을 분석하는 과학 논문이 엄청나게 쏟아졌다. 그 가운데 허리케인 전문가 케리 이매뉴얼Kerry Emanuel이 2017년 11월 〈PNAS〉에 발표한 논문은 허리케인 하비가 강우량의 규모 자체만으로도 휴스턴 지역에서 2,000년에 한 번꼴로 발생하는 사건이라고 결론 내렸다. "1981~2000년 사이 평균적인 기후를 기준으로 생각하면, 허리케인 하비 때 휴스턴에 내린 강우량은 구약성서가 쓰인 이후 한 번 발생했을까 말까 한 사건이었다는 점에서 '성경적'이었다."[155] 그리고 이매뉴얼은 관측 결과와 기후 모델을 둘 다 활용해, 허리케인 하비가 나타날 연간 확률은 "20세기 후반 이후 6배 증가"했다고 계산했다. 또 한 달 뒤 〈환경연구회보Environmental Research Letters〉에 발표한 후속 논문에서는 베이타운에서 3일에 걸쳐 기록된 강수량의 총량이 1미터를 조금 넘었는데, 이것은 무려 9,000년에 한 번 있을 법한 놀라운 양이며, 지구 온난화 때문에 비가 약 15퍼센트 더 집중적으로 내리고 폭풍우는 전반적으로 3배 더 많이 발생하게 되었다고 결론지었다.[156]

허리케인은 따뜻한 바다의 열기로부터 연료를 공급받아 발생하는데, 2017년 멕시코만의 해양 열 함량은 사상 최고여서 허리케인 하비가 강풍과 거센 비바람을 몰고 오는 데 도움이 되었다.[157] 게다가 폭풍이 휴스턴 상공에 머무르며 오랜 기간에 걸쳐 한 곳에 엄청난 양의 비가 내렸기 때문에, 허리케인 하비는 특히 큰 피해를 주었다. 여기에도 기후변화의 책임이 있을 수 있다. 2018년 〈네이처〉에 실린 논문에 따르면 열대성 사이클론은 앞으로 나아가는 이동 속도가 지난 반세기 동안 10퍼센트 느려졌고, 그에 따라 이전에는 더 넓은 지역에 퍼졌을 강우량이 국지적으로 집중되는 경우가 많아졌다.[158]

이와 비슷하게 강력한 허리케인의 진행이 지연되는 일은 또 있었다. 2019년 9월 허리케인 도리안이 바하마를 덮쳐 파괴적인 홍수를 몰고 왔던 것이다. 이번에는 괴물처럼 무서운 폭풍이 하루도 넘게 재난에 취약한 섬들 상공에 머무르며 거의 1,000밀리미터의 강우가 섬에 쏟아졌고 수 미터 높이의 폭풍 해일이 닥쳤다. 〈사이언티픽 아메리칸Scientific American〉에 따르면 "허리케인 도리안은 느리게 움직이면서도 위력은 엄청났고, 바하마는 역사상 사람이 사는 지역에 닥친 대서양 허리케인에 의한 피해 가운데 가장 격렬하고 장기적인 타격을 입었다."[159] 사이클론이 마침내 북동쪽으로 빠져나갈 무렵, 아바코제도와 그랜드바하마섬은 엉망진창으로 파괴되었다. 시속 298킬로미터의 바람이 지속되고 시속 354킬로미터의 돌풍을 동반한 허리케인 도리안은 "정말 이례적인 위력을 자랑했다. 만약 이런 정도의 풍속이라면 도리안은 초강력 6등급 폭풍이라 해야 할 정도다."

이런 무서운 허리케인 도리안이 덮쳤는데도, 2019년은 2017년에 비해 전체적으로 대서양 허리케인이 많이 도달한 해가 아니었다. 2017년에는 이름이 붙여진 폭풍이 17개(원래 평균적으로는 12개 정도다), 허리케인 10개, 대규모 허리케인 6개가 발생했다. 여기에는 카리브해 전역의 섬을 황폐화시킨 허리케인 이르마와 마리아가 포함되었다.[160] 허리케인 마리아를 조사한 2019년의 한 연구에 따르면, 1956년부터 신뢰할 만한 기록이 시작된 이래 푸에르토리코를 강타한 129회의 폭풍 가운데 2017년에 닥친 폭풍들이야말로 평균 강우량이 많았다.[161] 그리고 최근의 기후변화 탓에 이런 극심한 강우량이 기록되는 일이 훨씬 더 많아졌다. 폭풍은 서로 결합했으며 열대 북대서양의 따뜻해진 해수 온도 때문에 평소보다 245퍼센트 높은 '축적된 사이클론 에너지'를 생성했다.[162] 허리케인 마리아는 지난 10년 남짓한 기간 동안 발생한 대서양 허리케인 가운데 가장 치명적이어서, 직간접적으로 거의 3,000명의 사망자를 발생시켰다. 여기에 더해 푸에르토리코의 기반시설은 초토화되었고 거의 모든 송전선과 여러 건물, 80퍼센트의 농작물이 파괴되었다.[163]

과학자들은 이제 허리케인 기후학에서 영구적으로 변화한 것이 무엇인지 궁금해하기 시작했다. 노스캐롤라이나주 해안에서는 1999년 이후 세 차례에 걸쳐 열대성 사이클론이 덮치면서 홍수를 겪었고, 전문가들은 해당 지역이 영구적으로 허리케인에 따른 홍수 위험이 더욱 높아진 '체제 변환'을 목격하고 있는 게 아닌지 우려했다.[164] 한편 기후 모델을 보면 2005년 뉴올리언스주를 물에 잠기게 했던 카트리나를 비롯해 이르마, 마리아 같은 허리케인에 의해 야기된 재해가 온실가스 배출이 쌓여 변화를 겪지 않은 산업화 이전 기후에서는 그렇게 파괴적이지 않았을 것이라 시사하는 듯하다.[165] 바꿔 말하면 이런 파괴적인 폭풍은 기온이 1℃ 상승한 세계에서 기대할 수 있는 아예 다른 존재들이다.

몇몇 연구는 일부 열대성 사이클론이 급속하게 세력을 불리며 최고 풍속을 올리는 과정에서 인류의 기후변화 지문을 감지했다. 허리케인 마리아와 이르마 둘 다 육지에 상륙하기 전 열대 대서양에서 급속하게 강화되었다. 그중 이르마는 5등급에 올랐고 신뢰할 만한 기록이 시작된 이래로 전 세계 어느 폭풍보다도 오랫동안 그 최고 등급을 유지했다.[166] 과학자들은 오늘날 적어도 대서양에서는 지구온난화에 따른 열대성 사이클론의 강화 속도가 '탐지 가능한 증가'를 겪는다는 사실을 발견했다.[167, 168] 2015년에 허리케인 패트리샤는 동부 태평양 상공에서 그동안 서반구에 형성된 열대성 사이클론 가운데 가장 강력한 위력이라는 기록을 세웠다. 이 허리케인의 지속 가능한 최고 풍속은 185노트로 추정되었는데, 이것은 시속 341킬로미터라는 엄청난 속도에 해당한다.[169] 허리케인 패트리샤는 약한 열대성 폭풍에서 겨우 48시간 만에 강력한 5등급 허리케인으로 폭발적으로 강화되었는데, 그렇게 빠르게 엄청난 규모로 강해진 사례는 현대 이전에는 관찰된 적이 없었을 것이다.

이 모든 변화의 밑바탕에는 지구온난화에 따라 해양의 열기가 엄청나게 증가한 현상이 자리한다. 기상학자들에 따르면 지난 수십 년에 걸쳐 북태평양 서쪽의 중국 동부, 대만, 한국, 일본에 영향을 미치는 4등급, 5등급 태풍의 수는 2배, 또는 심지어 3배나 증가했다.[170] 열대성 사이클론은 전체 숫자가 그렇게 많이 달라지지 않았지만 점점 더 강력한 형태로 변하고 있다.[171]

열대성 사이클론의 영향을 받는 지표면의 양이 늘어나고 있다는 증거도 있다. 관련 연구에 따르면 지난 30년 동안 주요 사이클론 발생 지역은 지구온난화에 따른 대기 순환의 광범위한 변화와 맞물리면서 양쪽 반구에서 극 방향으로 이동했다. 이 과정은 계속될 것 같다. 예컨대 2017년 대서양 동부에서 기록된 허리케인 가운데 가장 규모가 컸던 오필리아는 아일랜드 해안까지 도달해 강풍과 폭우를 가져왔으며 해안 침식을 일으켰다.[172]

이런 현상은 앞으로 수십 년 안에 허리케인이 발생하는 시기에 대비해야 하는 사람들이 대만이나 노스캐롤라이나주 같은 지역의 해안 거주민에 그치지 않으리라는 사실을 뜻한다. 2017년 오필리아가 남서쪽에 어렴풋이 등장해 강력한 바람과 열대지방의 열기, 독특한 노란 하늘을 가져왔다는 사실을 아일랜드 사람들이 알게 되면서, 이전에는 너무 추워서 열대성 사이클론이 상륙할 위험이 없다고 여겨졌던 이 지역은 점차 공격받는 위치에 포함되었다. 이 변화에 대한 전조 현상이라도 되듯, 2019년 9월 말과 10월 초에는 허리케인 로렌조가 대서양에서 힘을 키웠고 지금껏 기록된 허리케인 가운데 가장 북동쪽에서 발생한 5등급 폭풍이라는 기록을 세웠다. 포르투갈 해양 대기 연구소의 소장 미구엘 미란다Miguel Miranda는 이렇게 말했다. "이런 허리케인은 이런 유형의 환경에서는 나타날 법하지 않은 특이한 존재입니다. 허리케인 로렌조는 정상적이지 않죠." 다행히도 이 허리케인은 영국을 강타하기 전에 대부분 소멸되었지만 앞으로도 이런 '비정상적인' 허리케인은 더 많이 발생할 것이다.

해수면의 상승

해수면이 상승하면 허리케인의 위험성은 더욱 커진다. 내가 2004년에 첫 저서인 《지구의 미래로 떠난 여행High Tide》을 쓴 이후로 해수면은 거의 6센티미터나 상승했다.[173] 책의 제목은 해수면의 상승으로 위기를 겪고 있는 태평양에 위치한 섬나라 투발루에서 보냈던 경험을 반영해 지었다. 나는 참치잡이 배에서 맥주 마시기, 영업시간이 끝난 수도 푸나푸티의 지저분한 술집에서 벌어지는 싸움 피하기 같은 섬 생활의 낮과 밤 활동의 리듬에 푹 빠졌다. 대부분의 주민은 청바지에 티셔츠 차림이었지만 그래도 섬의 전통은 지속되었다. 대다수의 나이 든 남성은 여전히 색이 화려한 스커트를 둘렀고, 우리는 저녁이면 마네파라는 벽이 트인 공동 주택에서 전통춤을 추면서 생선과 타로 요리를 나눠 먹었다. 하지만 푸나푸티의 해수면 상승은 이미 지역사회에 영향을 미치고 있었다. 사람들의 사유지로 파도가 밀려들었고, '대왕 파도' 때문에 섬 한복판까지 거품이 이는 물이 들어찼다. 이후로도 상황은 나빠지기만 해서, 투발루의 해수면 상승률은 전 세계 평균치의 3배에 다다랐다.[174]

투발루를 비롯한 작은 섬나라의 지도자들은 생존이 위협받는 만큼 단지 침묵을 지키며 고통받지는 않고 있다. 유엔 회의와 기후변화 회의에서 '작은 섬 국가 연합AOSIS'의 대표들은 자국이 바닷물에 잠기지 않도록 온실가스 배출량에 대한 빠르고 지속 가능한 대처를 요구하며, 다른 나라들에게 그들의 어려움을 알리고자 최선을 다한다. 나는 수백 개의 작은 섬으로 이뤄진 환초 국가로 해수면 상승에 가장 취약한 나라 가운데 하나인 몰디브 나시드 대통령의 기후 정책 조언자로 몇 년 동안 AOSIS에서 일했던 적이 있다. 몰디브에서 민주적으로 선출된 최초의 대통령이었던 나시드는 집권 초기에 해수면 상승에 의한 위협을 설명하기 위해 장관들과 함께 스쿠버 장비를 착용하고 수중 각료회의를 열며 화제가 되었다. 2009년에 발표된 정책 공약에 따르면 나시드는 몰디브를 세계 최초의 탄소 중립 국가로 만들고 더욱 환경친화적인 경제를 이끌 계획이었고, 나는 그와 함께 일했다. 하지만 이후로 순항만이 있는 것은 아니었다. 2012년에 쿠데타가 일어나 나시드는 권좌에서 쫓겨나고, 독재자인 새 대통령에 의해 수개월 감옥살이를 해야 했다. 그래도 다행히 2018년 나시드가 속한 몰디브 민주당이 선거에서 승리한 이후로 민주주의가 돌아왔다.

내가 몰디브를 비롯한 작은 섬나라를 위해 일하는 동안, 미국은 종종 적인 것처럼 보였다. 유엔에서 기후변화 정책의 진보를 가로막거나 국제적인 조약을 체결하려는 시도를 거부했기 때문이었다. 하지만 이제 미국은 AOSIS에 합류하는 것을 고려할 필요가 있을 정도다. 미국의 동해안은 해수면 상승 속도가 전 세계에서 가장 빠른데, 전 세계 평균치보다 서너 배는 된다. 조수 변화와 육지 침하가 결합되어 노스캐롤라이나주의 해터러스곶 북쪽에 자리한 1,000킬로미터 길이의 인구 밀도가 몹시 높은 이 해안은 해수면 상승의 '핫 스폿'이 되고 있다.[175] 해안을 따라 하구 퇴적지와 야생 구역에서 수십 년 넘게 서 있던 나무들이 짠 바닷물의 침범으로 죽어서 몇십 제곱킬로미터의 '유령 숲'이 생길 것이다.[176] 1850년대의 옛 지도와 현대의 해안을 비교한 과학자들은 체서피크만 가장자리에서만 400제곱킬로미터의 해안 숲이 죽어 없어질 수 있다고 예측한다. 기후 관련 단체 클라이미트 센트럴에 따르면 "죽은 숲의 상당 부분은 이제 습지대로 대체되었고, 전에 습지대였던 곳은 이제 탁 트인 물이 되었다."[177]

해안 지역사회는 이제 해풍이 많이 불지 않는 맑은 날씨에도 도로와 공원이 바닷물에 침수되는 '화창한 날의 홍수'라는 새로운 위협을 경험하고 있다.

미국 국립해양대기국NOAA에 따르면 매사추세츠주 보스턴, 뉴저지주 애틀랜틱시티 두 곳 모두 2017년에 22일에 걸쳐 홍수를 경험했고, 텍사스주 갤버스턴은 18일에 걸쳐 각각 바닷물이 도로를 침범했다. 2015년 9월 27일 마이애미주에서도 '화창한 날' 바닷물이 0.57미터 범람해 해안 지역사회를 침수시켰다. 비록 이것이 여섯 번째로 높은 수위이기는 했지만,[178] 이전의 5회에 걸친 침수 사건은 전부 허리케인의 상륙과 연관이 있었다. NOAA의 보고서에 따르면 미국 해안선에서 만조에 의해 바닷물이 흘러넘치는 빈도가 지난 30년 동안 2배 증가했다.[179]

하지만 이것은 아직 시작에 불과하다. 해수면의 상승 속도는 1990년 이전에는 1년에 1.4밀리미터였지만 최근 IPCC의 보고에 따르면 1년에 3.6밀리미터로 가속화되었다. 오늘날 그 영향이 전 세계 저지대 지역에서 속속 보고되는 중이다. 서태평양 솔로몬제도를 조사한 결과, 초목이 자라는 암초 섬 스무 곳 가운데 다섯 곳이 "최근 수십 년 동안 완전히 침식되었다." 여기에 더해 6개 섬이 해안선 침식을 겪고 있는데, 이 침식 현상 때문에 두 곳에서는 적어도 1935년부터 존재했던 마을이 파괴되어 주민들이 이주해야 했다.[180] 태평양 남서부의 뉴칼레도니아에서 이뤄진 한 연구에서는 여러 섬이 '심각한 상황'에 놓였으며 불과 몇 년 안에 자취를 감출 가능성이 있는 것으로 나타났다.[181] 하지만 상황이 단순하지는 않다. 전 세계적인 연구 결과를 취합하면, 사람들이 거주하는 대부분의 섬은 아직 육지 면적을 잃지 않았으며, 더 큰 섬들은 해수면 상승에 직면해 놀랄 만큼 회복력을 지닌다.[182] 그래도 내가 일했던 몰디브를 포함한 작은 환초 섬나라들은 특히 취약하다.

전 세계적으로 7억 명의 사람들이 저지대에서 생활하며 2억 명은 이미 해수면이 극도로 상승하는 지역에 거주한다. 플로리다주 남부에는 현재 높은 해수면 수위에 따른 고조 경보가 내려졌으며, 침수된 도로에는 오도 가도 못하는 물고기들이 팔딱이는 일이 잦다. 매년 해수면이 상승할 때마다 주민들은 엔지니어링 프로젝트를 비롯한 적응 조치를 통해 일시적으로 맞서 싸울 수 있지만, 궁극적으로는 바다가 승리를 거둘 것이다.

실낙원

"마치 지옥의 문이 열린 것만 같다." 〈USA 투데이USA Today〉는 이렇게 보도했다. 그곳은 지옥이 아닌 건 물론이고 낙원이라는 뜻을 지닌 파라다이스란 이름의 도시였다. 하지만 지금은 불길 앞에 놓여 있다. 이 신문은 2018년 11월 8일 천국 같은 이름을 가진 이 캘리포니아 소도시를 강타한 산불 참사가 어떻게 전개되었는지 보도했다. "오후 내내 연기가 대기를 꽉 막았고 이윽고 제대로 어둠이 내리자 주민들은 구불구불한 언덕길의 2차선 도로로 몰려들었다. 목격자들에 따르면 정전이 된 데다 연기가 너무 짙어 앞이 잘 보이지 않았다.[183] 운전자들은 서로 충돌하거나 제방에서 벗어나고, 표지판과 나무에 부딪혔으며, 불씨가 비 오듯 내리면서 나무와 집, 자동차에 불이 붙었다." 화재의 열기는 너무 강력해서 창문이 깨지고 불타는 차량에서 알루미늄이 녹아 도로로 흘러내렸다. 교통 체증에 갇힌 사람들은 주변에서 불길이 맹위를 떨치는 동안 차 안에서 산 채로 불에 타 죽었다. 당시 피난민이던 존 예이츠John Yates는 이렇게 말했다. "단테의 〈지옥편〉 같았어요. 눈앞에 보이는 거라곤 온통 검은색, 붉은색뿐이었죠."

열흘 뒤 마침내 산불이 진압될 즈음, 파라다이스에는 몇몇 새까맣게 그을린 건물 토대 빼고는 아무것도 남지 않았다. 원래 이곳에 살던 주민 생존자 2만 7,000명은 대피소로 흩어졌다. 1세기 동안 미국에서 가장 치명적인 인명 피해를 낸 이번 산불의 공식 사망자 수는 85명까지 치솟았다. 정신적 충격을 받은 한 주민은 CNN에 이렇게 인터뷰했다. "마을 전체가 8시간 만에 지구 표면에서 휩쓸려 사라진 셈이에요."[184] 타다 남은 건물 잔해로 돌아가기 시작한 생존자들은 제시간에 탈출하지 못한 주민들의 뼛조각이 남아 있지 않나 살피라는 이야기를 들었다. 몇몇 피난민과 그 친척들은 유해의 신원을 확인할 수 있도록 DNA 샘플을 제공했다.[185]

불이 꺼진 뒤, 사람들은 기후변화가 이 사태에서 잠재적으로 도맡았을 역할에 주목했다. 미국 로스앤젤레스 캘리포니아 대학교의 기후과학자인 대니얼 스웨인Daniel Swain은 트위터에서 이렇게 설명했다. "만약 올해 캘리포니아 북부에 평년 가을 강수량의 비가 내렸다면(산불이 발생한 부근에서는 10~12센티미터) 이곳 파라다이스에서 폭발적인 화재나 엄청난 비극은 일어나지 않았으리라는 점이 거의 확실하다."[186] 로이터통신은 이렇게 보도했다. "파라다이스에는 지난 211일 동안 큰 비가 내리지 않았다. 시에라네바다산맥 기슭의 산등성이에 자리한 이 소도시는 5년간 이어진 가뭄이 2017년에 비로소 끝나면서 마른 나무나 죽은 나무 같은 잠재적인 모닥불 거리들로 둘러싸여 있었다."[187] 스웨인의 자체 연구 결과 캘리포니아주의 연간 강수량은 겨울철에 더 많아졌으며, 화재가 발생하기 쉬운 여름과 가을에는 더 건조해지는 추세였다.[188]

이후의 과학적인 연구는 이런 예비 결론들을 재확인했다. 연구에 따르면 1972년에서 2018년 사이에 캘리포니아주에서는 산불이 난 지역의 면적이 5배나 증가했다.[189] 그리고 이후 매년 새로운 기록을 경신하는 것처럼 보인다. 2017년의 주 기록에 따르면 가장 큰 규모의 산불은 1,140제곱킬로미터에 걸친 토머스 산불이었고, 5,636곳이라는 가장 많은 건물을 파괴한 산불은 22명의 사망자를 낸 텁스 산불이었다. 하지만 이 두 기록 모두 2018년에 깨졌다. 이 해에 멘도시노 복합 화재가 일어나 1,858제곱킬로미터를 잿더미로 만들며 개별 산불의 규모로는 신기록을 세웠다. 또 파라다이스를 휩쓴 치명적인 화재는 1만 8,804개의 건물을 파괴했고, 불탄 면적으로도 6,763제곱킬로미터라는 새로운 기록을 세웠다. 여기에 따른 비용은 엄청났다. 이 2년 동안 캘리포니아주는 화재 진압에 15억 달러 이상을 썼는데, 그 자체도 신기록이었다. 2019년 7월에 발표된 분석 결과에 따르면 여름철 산불이 증가한 주요 원인은 캘리포니아주에서 1970년대 이후로 기온이 1.4℃ 상승하면서 건조해졌기 때문이었다.[190] 도시화라든가 자연적인 산불 억제(연소되지 않은 목재가 쌓일 수 있음) 같은 인간 활동의 직접적인 영향은 잠재적인 요인이지만, 기후변화는 큰 요인이다.

이러한 여름철 건조 추세는 1979년 이래 미국 서부 산림의 상당 부분에서 기록되었으며, 다른 지역에서도 화재 발생과 밀접한 관련이 있었다. 대형 화재의 빈도수는 증가하고 있다.[191] 최근 연구에 따르면 지난 25년 동안 미국 서부 지역에서는 매년 평균적으로 7건의 대형 화재가 발생했고 불에 탄 면적은 355제곱킬로미터로 늘었다.[192] 논문의 저자들은 이렇게 밝혔다. "연구 대상 가운데 상당수의 지역에 걸쳐 지리적으로 광범위하고 일관성 있게 나타나는 화재와 기후의 경향성은 미국 서부 지역 화재를 이끈 주요 원인이 기후라는 사실을 암시한다." 2016년 〈PNAS〉에 발표된 또 다른 논문 또한 인간이 일으킨 기후변화가 미국 서부 전역의 숲을 건조시켜 화재가 발생할 위험이 높은 기간을 평균 9일 연장시키고 있다는 결론을 내렸다. 1984년에서 2015년 사이의 기후변화는 화재의 영향을 받는 숲의 면적을 2배로 늘렸고, 그에 따라 추가로 42,000제곱킬로미터가 불탔다.[193]

캐나다에서도 파괴적인 화재가 증가하는 추세다. 2016년 봄에 발생한 앨버타 화재는 포트 맥머레이시의 5분의 1을 휩쓸며 두 달 내내 타오르다가 7월 5일에야 비로소 진화되었다. 그때까지 2,400여 채의 건물이 소실되고 5,900제곱킬로미터의 땅이 불탔다. 이 화재로 9만 명의 주민이 피해를 입었으며 이 주에서 산불로 인한 사상 최대 규모의 대피를 일으켰다.[194] 다행히 목숨을 잃은 사람은 없었지만, 앨버타 화재는 47억 달러라는 캐나다 역사상 가장 큰 경제적 손실을 입힌 재앙이었다. 역설적이게도 화재의 원인 가운데 하나는 앨버타주 북부에서 원유를 포함한 사암인 오일샌드의 생산이 중단되면서 최소 며칠 동안 가장 탄소 집약적이고 환경을 파괴하는 액체 화석 연료의 공급원이 가로막힌 것이었다. 1년 뒤에는 인접한 브리티시컬럼비아주에도 웨일스 면적의 4분의 3인 15,000제곱킬로미터가 불탔고 6만 5,000명의 이재민이 발생하는 사상 최악의 산불이 발생했다. 캐나다 과학자들의 연구에 따르면 기후변화 때문에 2017년의 재난은 그 발생 가능성이 2배에서 4배

더 높아졌으며, 그에 따라 불탄 면적도 7배에서 11배 증가했다.[195]

산불은 전 세계 곳곳에서 빈번하게 발생하고 파괴력도 더 커지는 것처럼 보인다. 2017년에는 칠레, 지중해 지역, 러시아, 미국, 캐나다에서 광범위하고 심각한 산불이 발생했고 심지어 그린란드에서도 서부 해안 툰드라에서 산불이 목격되었다.[196] 과학자들은 전 세계적으로 산불이 발생하는 기간이 지난 15년 동안 거의 5분의 1 길어졌고, 지구 전체적으로 식물로 뒤덮인 면적의 절반에서 화재가 발생할 가능성이 높아졌다는 사실을 발견했다.[197] 캘리포니아주 파라다이스의 주민들이 불행히도 2018년의 재난을 통해 발견했듯이, 산불은 전례 없는 강력하고 치명적인 속도로 번질 수 있다. 이 산불은 어느 순간 초마다 축구장 하나를 덮칠 정도로 번졌다.[198]

《6도의 멸종》 초판에서 나는 단테의 〈지옥편〉의 이미지를 활용해 1℃씩 온도가 올라갈 때마다 지옥의 동심원 가운데 하나로 내려가는 것처럼 묘사했다. 물론 이것은 비유일 뿐이었다. 하지만 캘리포니아에서 캐나다까지 산불의 연기가 피어오르는 모습을 보면 말 그대로 지옥으로 들어가는 것 같다.

폭염 난민

어느 때보다도 높은 농도의 온실가스가 지표면에서 열을 가두면서, 온도는 어디에서나 상승하고 있다. 내가 2000년대 초반에 기후변화에 대해 글을 쓰기 시작할 무렵에는, 극도로 더운 여름은 1세기에 두 번 정도 찾아올 것이라 예상되었다. 하지만 이제는 10년에 두 번꼴로 닥칠 것으로 예측된다.[199] 내가 사는 온대 기후의 영국에서도 산업화 이전 시기 이래로 폭염이 2~3배 길어지는 데다 일주일은 지속되는 무더위 기간이 매년 심해지는 등 변화가 뚜렷하다.[200] 2019년 7월 25일에는 케임브리지 대학교 식물원에서 영국 역대 최고 기온인 38.7℃가 기록되었다.[201] 2003년에 세워진 이전 기록인 38.5℃를 제친 수치였다. 하지만 이 정도는 프랑스의 기준으로는 쾌적하고 시원한 날씨였다. 한 달 전인 2019년 6월, 서유럽의 여러 지역이 이례적인 폭염으로 구워지는 가운데, 프랑스의 남부 도시인 갈라르그 르 몽퇴는 45.9℃라는 놀라운 온도를 기록하면서 최고 기록을 세웠다. 2019년에 닥친 프랑스의 폭염에 대한 이후의 연구 결과에 따르면 기후변화 때문에 이런 현상이 발생할 가능성은 5배 더 높아졌다.[202]

전 지구적으로 기온이 1℃ 상승한 세계는 바로 이런 모습이다. 바로 전 해인 2018년 여름, 북반구 전체의 기온이 급격하게 상승했으며 유럽, 북아메리카, 아시아, 북아프리카는 극심한 폭염을 경험했다. 오만의 해안 도시 쿠리야트에는 24시간 내내 기온이 42.6℃ 아래로 떨어지지 않았는데 이 기록은 그동안 지구상 관측된 야간 기온의 최고치로 기록될 가능성이 높다.[203] 알제리의 사하라에서는 7월 5일에 51.3℃라는 최고 기온이 측정되었는데, 이것은 아프리카 대륙의 역대 최고 기록일 것이다.[204] 스칸디나비아 북극 지방이 스페인 남부와 다를 바 없이 무더운 순간도 있었다. 일본 또한 도쿄에서 65킬로미터 떨어진 구마가야 시의 기온이 41.1℃로 측정되는 등 새로운 최고 기온 기록을 수립했다. 전 세계적으로 최고 기온 기록이 도미노처럼 와르르 무너 졌다.

2019년 6월에 발표된 한 논문은 인류가 유발한 기후변화가 없었다 면, 2018년 북반구의 폭염은 발생하지 않았을 것이 '사실상 확실하다' 라는 결론을 내렸다. 당시의 폭염은 당시 북반구 중위도 지역에서 사람 이 거주하거나 농작물을 키우는 면적의 5분의 1에 동시에 영향을 주었 다.[205] '사실상 확실하다'라는 표현은 IPCC식 어법에서 99~100퍼센 트의 확률을 의미하며, 어떤 과학적 발견에 대해 이렇게 확실하게 선 언하는 경우는 극히 드물다. 또 저자들은 2018년의 폭염이 '2010년 이 전까지는 전례가 없는 일'이라고 밝혔다. 오늘날의 기온 상승 현상에 서 인류의 흔적은 무척 뚜렷해졌다. 한 모델링 연구는 2014년, 2015년, 2016년에 기록된 기온 변화가 지구의 자연적인 변동 때문에 발생했을 가능성은 100만 분의 1에 불과하다는 사실을 보여주었다.[206]

고온 현상은 비록 홍수나 폭풍처럼 즉각적으로 눈에 보이게 사람 에게 해를 끼치지는 않아도 비슷하게 치명적일 수 있다. 유럽에서는 2003년 8월의 극심한 무더위 기간에 7만 명의 사망자가 발생했는데, 이들은 주로 노인이거나 가장 취약한 환경에 놓인 사람들이었다.[207] 2018년 저명한 의학 학술지 〈랜싯 The Lancet〉에 게재된 건강 관련 리뷰 에 따르면, 1990년 이후 전 세계 모든 지역에서 극한의 무더위에 대한 취약성이 꾸준히 증가해 2017년에는 2000년에 비해 1억 5,700만 명 이 더 폭염에 노출되었다.[208] 2018년과 2019년에 발생한 폭염으로 인한 사망자 수는 아직 정확히 집계되지 않았지만 수천 명에 이를 것으로 보인다. 예컨대 스웨덴 북부에서 2018년의 폭염은 635명의 추가 사망자와 연관된다.[209] 일본에서는 2018년 당시 3만 4,000여 건의 폭염 관련 긴급 이송 사례가 보고되었고, 응급 의료 서비스가 도착하기 전까지 100명 가까운 사람이 사망 진단을 받았다.[210]

하지만 폭염이 사람을 죽이는 데는 또 다른 더욱 미묘한 방식이 있다. 기온 상승은 가뭄의 위험성을 높이고, 전 세계의 가난한 지역에서는 가뭄이 식량 부족과 생계 손실로 이어져 갈등이 악화된다. 열대 지역이 확장되면서 아열대 지방에서 특히 가뭄의 위험성이 증가하고 있다.[211] 열대 지역의 확장은 오랫동안 예측되었고 오늘날 온난화의 특징으로 관측되는 현상이다. 예컨대 사하라 사막이 남북으로 확장되면서 서아프리카와 북아프리카 지역이 점점 건조해지고 여기에 사는 수천만 명이 넘는 주민들의 생계가 위협을 받고 있다.[212] 과학자들은 남유럽의 지중해 부근 전역에서 기후변화가 95퍼센트 이상 가뭄이 일어날 확률을 높였을 것이라 계산했다.[213] 팔레스타인, 이스라엘, 레바논, 시리아에 이르는 레반트 지역 역시 1998년부터 2012년까지 15년 동안 가뭄을 겪었는데, 지구온난화에 따른 아열대성 건조한 대기가 확장되면서 다시 한 번 가뭄이 들었다. 과학자들은 과거에 이런 가뭄이 얼마나 자주 발생했는지 추정하고자 이 지역의 나무 나이테 자료를 살폈다. 그 결과 최근 10년 사이가 지난 900년 동안의 비교 가능한 어떤 기간보다도 더 건조했다는 사실을 발견했다.[214]

이런 기후변화가 지역 주민들에게 미치는 영향은 완전히 파괴적이었다. 2009년 이래 최악의 가뭄을 겪으면서 시리아 농촌에서는 농작물 수확에 실패하고 가축이 갈증과 기아로 죽어 나가면서 150만 명이 이재민으로 내몰렸다. 그 결과 식량 가격은 2배로 뛰었고, 아이들이 영양실조를 겪는 사례도 무척 많아졌다. 〈PNAS〉에 따르면 "시리아에서는 도시 변두리 지역이 급격하게 성장하면서 불법 정착과 과밀화, 열악한 인프라, 실업, 범죄가 늘었지만, 아사드 정권이 이런 문제를 방치했기 때문에 이곳은 소요 사태의 중심지가 되었다."[215] 이러한 소요 사태는 나중에 전면적인 내전으로 비화되었다. 아사드 독재정권이 애초에 농업 위기를 해결하지 못한 데 더해, 도시 주변부의 끔찍한 환경에서 수백만 실향민과 난민들이 겪었던 참혹한 상황은 2011년부터 시작된 시리아 민중봉기의 주요 원인이었다. 그렇다고 해서 민간인들에게 급조한 폭탄과 독가스를 투하하기로 한 아사드 정권의 결정이 기후변화 때문인 것은 아니다. 비록 피를 먹고 자란 시리아 독재자를 지지했던 러시아나 이란 정부도 문제가 있기는 하지만, 시리아 독재정권의 전쟁 범죄는 그들 자신의 책임으로 남아 있다.

하지만 기후 재앙이 인종적으로 가장 분리된 국가들에서 나타나는 무력 충돌과 연관이 있다는 증거는 존재한다. 최근의 한 논문에 따르면, "인종적으로 고도로 세분화된 국가에서 발생하는 분쟁의 약 23퍼센트는 기후 재해와 꽤 강하게 관련되어 있다."[216] 이것이 단순한 인과관계는 아니지만, 민족적으로 분리된 국가들이 온난화로 인해 겪는 붕괴는 '특별히 비극적인' 모습이다. 그에 따르는 분쟁은 훨씬 먼 곳까지 영향을 미칠 수 있는데, 예컨대 시리아의 경우 수백만 명이 이웃 국가로 피난을 갔다.

기후변화에 따른 도덕적 과제가 난민들의 운명에 크게 작용하고 있다. 부유한 나라들이 지구온난화를 더 많이 일으켰다는 사실을 고려하면, 이들은 시리아처럼 가뭄과 관련해 고난을 겪고 있는 사람들을 도와야 할 책임이 특히 크다. 내가 살면서 가장 자부심을 느끼는 순간 가운데 하나가 2015년 옥스퍼드에서 열린 '난민 환영' 모임에서 2,000명의 청중에게 연설한 것이다. 우리를 행동하게 하고 많은 사람을 이 자리에 모이게 만든 계기는 시리아의 유아 알란 쿠르디스가 터키의 해변에서 물에 빠져 죽은 사진이었다. 기후와 내전, 냉담함의 희생양이 된 쿠르디스는, 유럽의 지도자들이 국경을 폐쇄하고 곤경에 처한 수백만 명에게 원조하는 것을 거부하면서 가족과 함께 갑판이 없는 작은 배를 타고 그리스를 야간에 횡단하는 위험한 시도를 해야만 했다. 우리는 모두 한 인류이다. 기후변화가 앞으로 수십 년 동안 가속화할수록 이 책을 읽는 독자들도 언젠가 피난민이 될지 모른다. 나는 우리가 분열보다는 상호 연대의 정신으로 미래의 기후변화를 다루려는 의지를 불태우기를 희망한다. 그렇지 않으면, 앞으로 몇 년 동안 알란 쿠르디스가 몇 명 더 전 세계 바닷가에 떠밀려 올지 모른다.

자연을 거스르다

계속되는 기후 파괴로 고통을 받는 것은 비단 인간뿐만이 아니다.

최종 경고: 6도의 멸종

지구온난화에 따라 야생동물이 사라지고 있으며, 기후대가 바뀌면서 서식지를 잃어 몇몇 동식물종은 아예 멸종되기도 한다. IPCC에 따르면 "온난화에 대응하여 지난 수십 년 동안 여러 지상 및 담수 동식물종이 서식하는 지리적 범위가 이동했다.[217] 동식물의 서식지는 10년 동안 극지 방향으로 약 17킬로미터 이동했고 고도가 11미터 상승했다." 서식지는 1년에 1.7킬로미터 이동하는 셈이며, 하루에 거의 5미터씩 이동하기 때문에 생물 종들은 이 1℃ 세계의 기온 상승에 발맞춰 서식지를 옮겨야 한다. 하지만 이것은 평균치일 뿐이다. 많은 곳에서 기후대는 훨씬 더 빠르게 이동하고 있다.

땅에 뿌리를 내리고 있는 식물들은 일반적으로 이렇게 가속되는 '기후 속도'를 따라잡기 힘들 게 분명하다. 하지만 사실은 식물은 물론이고 날개를 가진 종들조차도 뒤처져 있다. 최근의 한 연구에 따르면 조류와 나비는 기후변화의 진행 속도에 각각 212킬로미터, 135킬로미터 뒤처졌고 이런 '기후 부채climate debts'가 점차 증가하고 있다.[218] 나비들이 먼 거리를 이동할 때 적당한 기후를 찾아 머물지만 그곳에서 애벌레가 살아갈 숙주 식물이 새로운 지역으로 퍼지는 속도가 늦다면 애벌레를 키우기에는 먹이가 충분하지 못할 수 있다. 그러면 새들은 새끼들을 먹일 곤충 애벌레를 찾을 수 없어 새끼들을 굶길 것이다. 한 가지 사례는 베어드도요다. 이 새는 곤충이 가장 많아지는 짧은 툰드라의 여름철에 시기를 정확히 맞추기 위해 북극권 지역에서 이주한다. 하지만 이제 봄철에도 곤충들이 더 일찍 출현하고 있는데, 이것은 나중에 굶주린 베어드도요 새끼가 먹을 식량이 줄어든다는 의미다.[219]

또 다른 철새인 알락딱새는 아프리카에서 네덜란드로 도착하는 시기가 애벌레가 가장 많이 공급될 시기보다 늦는 바람에 개체수가 급감했다. 또 다른 연구에 의하면 영국 참나무 숲에서 애벌레의 공급량과 푸른박새, 박새, 알락딱새 둥지의 수요가 서로 들어맞지 않는 경우가 많아졌다.[220, 221] 기온이 상승하면서 전 세계적으로 먹이사슬이 흐트러지는 현실도 한몫했다.

산지의 동식물은 기온이 상승하면서 서식할 수 있는 지대가 산 정상까지 올라가는 방향으로 점점 줄어들기 때문에 특히 더 취약하다. '멸종의 에스컬레이터'라고도 불리는 이런 지형적 효과는 열대지방의 산지에서 특히 우려를 자아낸다. 이 종들이 현재 열대 고원과 비슷한 더욱 시원한 서식지를 찾으려면 수천 킬로미터 더 높은 위도로 이동해야 하기 때문이다.

그리고 이런 일이 이미 벌어지고 있다는 증거가 있다. 2017년에 한 생물학자팀이 세로 데 판티아콜라라는 숲이 우거진 페루의 산등성이를 방문해, 1985년에 새들을 조사했던 구역을 다시 찾았다.[222] 그 사이에 기온이 거의 0.5℃ 가까이 상승하면서, 과학자들은 조류 종들이 기온이 같은 지역에 머물기 위해 서식지를 보다 위쪽으로 옮겼을 것이라 예상했다. 하지만 결과는 예측보다 훨씬 심했다. 과학자들의 보고에 따르면 "보다 높은 고도에서 살았던 여러 종은 사라진 듯 보였고, 버티고 있는 종들은 대부분 더 위쪽 사면으로 서식지를 옮겨 지금은 수가 더욱 적어진 채 좁은 구역에서 분포했다." 그리고 과학자들은 이렇게 결론지었다. "세로 데 판티아콜라의 높은 고도에서 사는 조류들은 사실상 멸종으로 향하는 에스컬레이터에 올랐다."

걱정스러운 것은 기온 변화뿐만이 아니다. 캘리포니아의 모하비 사막 연구자들은 20세기 초 이후로 여기 서식하는 조류 종의 수가 '붕괴하듯' 크게 줄어들었다는 사실을 발견했다.[223] 관측된 강수량이 40퍼센트 감소한 것이 유력한 원인으로 거론되었다. 전 세계 976종을 조사한 2016년의 연구에서는 기후변화에 따른 국지적 멸종이 이미 절반 가까이 발생했다는 사실을 밝혀냈다.[224] 피해자 명단에는 어류, 곤충, 조류, 포유류가 포함됐으며, 열대종이 가장 많은 고통을 받고 있다. 총 460종이 기온 상승에 따라 기존 서식지에서 쫓겨났다.

종들이 이미 위협을 받고 있고 서식지가 매우 좁은 지역으로 제한된다면, 단 한 번의 재난으로도 전 세계 개체수가 멸종될 수 있다. 세계 최초로 기록된 기후 관련 포유류의 멸종은 호주 토레스 해협의 섬한 곳에만 서식지가 제한된 작은 설치류 브램블 케이 멜로미스의 경우였다. 해수면 상승에 따라 조류가 극심하게 높아져 섬이 침수되고 식물이 죽으면서 이 설치류는 서식지의 97퍼센트를 잃었다.[225] 2009년에 한 어부가 이 설치류의 마지막 남은 개체를 목격했으며, 2019년에는 호주 정부가 이 동물이 공식적으로 멸종했다고 인정했다.[226] 비영리 단체인 와일더니스 소사이어티는 〈시드니 모닝 헤럴드Sydney Morning Herald〉에 이렇게 기고했다. "브램블 케이 멜로미스는 작은 갈색 쥐였을 뿐이다. 하지만 이 동물은 우리의 갈색 쥐였고 계속 살아가게 하는 것이 우리의 책임이었다. 그리고 우리는 실패했다."[227]

기후변화는 전 세계적으로 생물 다양성 손실이 전염병처럼 지속되도록 하는 여러 요인 가운데 하나일 뿐이다. 브램블 케이 멜로미스는 2009년에서 2014년 사이에 멸종된 것으로 알려진 호주의 척추동물 3종 가운데 하나다.[228] 나머지 종 가운데 하나는 역시 포유류인 크리스마스섬 집박쥐였는데, 이 박쥐는 크리스마스섬에 살던 숲스킨크도마뱀과 함께 자취를 감췄다. 숲스킨크도마뱀의 마지막 개체는 검프라는 별명을 가진 암컷으로 2014년 5월 31일에 포획되어 죽었다. 이 종의 직접적인 멸종 원인은 확실하지 않지만, 고양이나 뱀처럼 외부에서 도입된 종들에게 잡아먹혀서일 가능성이 있다.

섬에 침입한 외부 종 때문이든, 아니면 아프리카의 야생동물 사냥이나 열대우림 파괴, 산업적인 물고기 남획 때문이든, 현재 진행 중인 멸종의 흐름은 지구상 거의 모든 생명체를 괴롭히고 있다. 야생의 초식성 포유동물의 경우 60퍼센트가 멸종 위기에 처해 있을 정도다.[229] 이들 가운데는 이제 야생에서 겨우 950마리만 남아 있는 박트리아낙타, 프르제발스키말(개체수 310마리), 피그미하마(2,500마리), 우리의 가까운 친척인 동부고릴라(5,900마리), 산맥(2,500마리)이 있다. 또 자바코뿔소는 50마리, 수마트라코뿔소는 280마리밖에 남지 않았다.[230]

이 암울한 수치에서 알 수 있듯, 몇몇 개체가 남아 있어서 그 동물이 아예 지구상에서 사라진 것은 아니라 해도 생태학적으로는 사멸했을 수 있다. 해양생물학자들은 현재 '텅 빈 암초', '텅 빈 강어귀', '텅 빈 만'이 확산되는 모습을 지켜보고 있다.[231] 이런 야생동물의 급격한 감소는 '동물상의 제거defaunation'라 불린다. 최근 수십 년 동안 포유류의 40퍼센트와 전체 척추동물의 32퍼센트가 심각한 개체수 감소를 경험했다. 2017년 7월 〈PNAS〉에 기고한 과학자들은 이 현상을 '생물학적인 전멸'이라 표현했는데, 이것은 지구 역사상 '여섯 번째 대멸종'이 될 것이다.[232]

통계 수치는 거의 감각이 없어질 만큼 압도적이다. 예컨대 2019년 9월 한 생물학자팀은 〈사이언스Science〉에 1970년대 이후 미국과 캐나다에서 조류의 개체수가 거의 3분의 1로 줄었다고 보고했다.[233] 이러한 개체수 감소는 멸종 위기에 처한 희귀한 종만 겪는 것이 아니라, 북아메리카 대륙 전역에 나타나는 친숙한 뒷마당의 새들 역시 마찬가지다. 참새, 휘파람새, 되새, 제비를 포함한 여러 종에서 새들의 개체수가 총 30억 마리 감소했는데, 자연 보호 단체인 버드라이프에 따르면 이들 종은 "식물의 씨앗을 퍼뜨리거나 해충을 잡아먹는 등 먹이 그물과 생태계가 제 기능을 하는 데 필수적인 역할을 하는 흔하고 널리 퍼진 새들이다."[234]

한때 흔했던 조류 종의 감소를 이끄는 가장 큰 요인 가운데 하나는 곤충 개체수가 근본적으로 줄어들었다는 것이다. 오늘날 미디어에서는 전 세계적으로 나타나는 곤충 수의 급격한 감소세를 나타내기 위해 '곤충 아마겟돈'이라는 용어를 사용한다. 이런 현상은 인류에게 직접적으로 영향을 받지 않는 지역에서도 일어나는 듯 보인다. 독일의 자연보호구역에서 이뤄진 한 연구에 따르면 27년 동안 '비행 곤충의 총 생물량이' 75퍼센트 감소했으며, 다른 연구팀에 따르면 상대적으로 인류의 간섭을 덜 받은 푸에르토리코 열대우림에서도 1970년대에서 오늘날에 이르기까지 곤충의 생물량이 10배에서 60배 감소했다.[235, 236] 그리고 놀랄 것도 없이, 곤충을 잡아먹는 도마뱀과 개구리, 새의 개체군 역시 여기에 대응해서 감소했다. 2019년의 한 논문에 따르면 오늘날 전 세계 곤충 종의 40퍼센트가 향후 40년 이내에 멸종할 수 있을 정도로 극단적인 감소세가 나타난다.[237] 또 미국 중서부를 대상으로 한 또 다른 최근 연구는 지난 20년 동안 나비 종의 3분의 1이 사라졌다는 사실을 발견했다.[238]

서식지 손실을 일으키는 요인으로 연구자들이 가장 우려하는 것은 농경이며, 비료나 살충제로 인한 오염, 외래종의 침입이 그 뒤를 잇는다. 하지만 기후변화가 일어나면 생태학적 지역이 바뀌고 먹이사슬이 풀어지기 때문에 곤충을 멸종시키는 중대한 원인이 될 것이다. 온난화는 곤충의 번식에 직접 영향을 끼칠 수도 있다. 2018년의 한 연구는 실험실에서 폭염 상황을 시뮬레이션한 결과 딱정벌레의 정자 생산에 피해를 준다는 사실을 밝혔다.[239] "폭염 조건에서 수컷이 입은 생식적인 손상은 지구온난화에 따른 생물 다양성 감소와 수축의 배후에서 한 가지의 잠재적 동인動因(행동을 촉발시키는 내적 원인의 총칭)을 제공한다"라고 시사한 것이다. 연구자들에 따르면 한 번의 폭염(5일 동안 기온이 5~7℃ 상승하는 것으로 정의되는) 때문에 딱정벌레의 생식력이 절반으로 뚝 떨어졌고, 두 번째 폭염이 닥치자 딱정벌레는 거의 불임이 되었다.

기후변화는 질병과도 상호작용한다. 양서류 가운데 특히 개구리와 도롱뇽은 병꼴균류가 일으킨 전염성 피부병이 국제적으로 급속히 퍼지면서 최근 수십 년 동안 재앙에 가까울 만큼 개체군이 줄었다. 최소한 501종의 양서류가 야생에서 멸종된 것으로 확인되었거나 추정되며, 여기에 더해 124종의 양서류가 90퍼센트 이상 개체수 감소를 겪었다.[240] 전 세계적인 양서류 거래가 이 질병이 급속하게 확산되는 데 도움이 되었을지 모르지만, 인류의 직접적인 교란과는 거리가 먼 자연보호 구역에도 질병은 퍼졌으며 기온 상승도 한 요인이 될 수 있다.[241] 파나마 중심부의 운무림雲霧林에서 태어난 멸종 위기의 파나마황금개구리를 조사한 한 연구에 따르면, 병꼴균류는 높은 기온과 결합했을때 개구리 개체들을 더욱 많이 죽음에 이르게 한다.[242]

만약 여러분이 오늘 파나마 정글에서 트래킹을 한다면 황금개구리를 발견할 수는 없을 것이다. 살아 있는 황금개구리의 유일한 표본은 포획 사육 프로그램을 운영하는 동물원과 보존 센터 안에 있다. 이 표본 개구리는 유리와 플라스틱 벽으로 보호되며 엄격한 생물 안전 규약에 따라 외부 환경으로부터 격리된다. 매년 파나마에서는 궁지에 몰린 국가 상징 동물인 황금개구리를 위해 축제와 퍼레이드, 후원 달리기 행사, 몇 안 되는 포획된 개구리를 보러 오는 여행이 열린다. 나중에 기후가 안정되어 오늘날 멸종의 물결이 지나가면 언젠가 황금개구리가 다시 돌아올 것이라는 희망에 이전 서식지의 상당 부분은 보호를 받는다. 하지만 한때 휘파람을 부는 듯한 황금개구리의 독특한 짝짓기 음성이 메아리쳤던 파나마의 숲은 지금 조용하다.

말라 죽는 나무들

채프먼의 바오바브나무는 갑자기 최후를 맞았다. 2016년 1월 7일, 쩍 갈라지는 커다란 소리에 이어 신음하는 듯한 소리가 칼라하리 전역에 울려 퍼졌다. 세계적으로 가장 크고 오래된 나무 가운데 하나였던 이 튼튼한 나무의 일곱 줄기가 모두 갑자기 쪼개지더니 마치 전쟁터의 시체처럼 각자 다른 방향으로 벌어져 쓰러졌다. 분명 아무런 예고 없이 발생한 재난이었지만 이것은 보츠와나가 역사상 가장 높은 기온을 기록한 이후, 그리고 2년에 걸친 가혹한 가뭄 이후에 벌어진 일이었다. 보츠와나에서 가장 유명한 명물 가운데 하나였던 이 거대한 나무는 말라 죽고 말았다.

오래되고 위풍당당한 바오바브나무는 수천 년 동안 남아프리카의 평야에 보초병처럼 우뚝 서 있었다. '생명의 나무'로 알려진 바오바브나무는 줄기가 뭉툭하고 아래쪽은 속이 빈 경우가 많아 멀리서도 금방 알아볼 수 있다. 몇몇 바오바브나무 개체는 나이가 2,000살도 넘는 것으로 추정된다. 하지만 지구상에서 가장 오래된 속씨식물(꽃을 피우는 식물)인 이 오래된 바오바브나무 표본들은 어느샌가 한 그루씩 쓰러져 죽기 시작했다. 2018년에 바오바브나무 전문가인 루마니아의 생태학자 에이드리언 패트루트Adrian Patrut가 이끄는 연구팀은 가장 나이가 많은 바오바브나무 13그루 가운데 9그루가, 그리고 가장 큰 6그루 가운데 5그루가 지난 12년 동안 죽었거나 쓰러지기 시작했다는 사실을 발견했다.[243] 그중에는 로마제국 말기부터 서 있다가 2005년 1월 1일에 쓰러진, 호마시라고 불리는 나미비아의 큰 바오바브나무도 있었다.[244] 이들 나무 가운데 상당수는 역사적인 의미가 엄청났다. 예컨대 채프먼의 바오바브나무 껍질에는 19세기의 탐험가 데이비드 리빙스턴David Livingstone이 새긴 이름 이니셜이 있었다.[245] 가장 오래된 나무는 짐바브웨 마타벨랜드의 외딴 지역에 있는 신성한 바오바브나무인 판케였다. 파트루트와 그의 연구팀이 2010년 나무가 쓰러진 뒤 줄기에서 탄소 연대 측정 샘플을 채취한 결과 나이가 2,400년이라는 놀라운 결과를 얻었다. 이 정도면 사람들이 신성하게 여길 만하다.

파트루트의 연구팀은 학술지 〈네이처 플랜트Nature Plants〉에 이렇게 기고했다. "지난 12년 동안 전례 없는 규모로 가장 오래되고 큰 아프리카 바오바브나무의 대다수가 죽음을 맞았다." 이들이 확실히 밝힌 바에 따르면 전염병의 흔적은 없었다. 그런데도 수많은 성숙한 바오바브나무가 짧은 기간에 갑자기 죽은 것을 보면 유력한 용의자는 기후변화인 셈이었다. 다른 전문가들은 더 직설적으로 이야기한다. 산림 생태학자 빌 로렌스Bill Laurance는 환경 저술가 존 비달John Vidal에게 이렇게 말했다. "이런 거대한 나무들은 평생 수많은 기후변화를 견뎠겠죠. 하지만 기후가 변화하는 세계에서 그렇게 큰 몸뚱이는 저주입니다. 이 나무들은 관다발계에 위험한 색전증을 겪지 않으면서도 잎까지 물을 끌어 올리려고 안간힘을 쓰죠. 이런 상황에서 가뭄은 치명적일 수 있습니다. 가뭄이 더 심해지고 기온이 높아진 세계에서 이 나무들은 더욱 손쉽게 벼랑 끝으로 내몰립니다."[246]

피해를 입은 나무가 아프리카의 바오바브나무뿐만은 아니다. 오늘날 스페인에서 뉴멕시코까지, 그리고 아르헨티나에서 호주까지 가뭄이나 이상 고온과 관련되어 대규모로 산림이 죽어간 사례가 꽤 많다.[247] 알제리에서는 청록색의 위풍당당한 아틀라스삼나무가 말라 죽기 시작했으며, 호주에서는 넓은 지역에 걸쳐 아카시아가 잎마름병에 걸렸다. 뉴질랜드와 파타고니아에서는 노토파구스속(남부너도밤나무) 하나만 피해를 입었지만, 인도 서부의 전역에서는 건조한 열대우림에서 수많은 나무 종이 급격한 속도로 죽었다. 유럽에서는 폭염과 가뭄의 여파로 가문비나무, 너도밤나무, 참나무, 소나무들이 빠르게 말라 죽어갔다.[248]

최종 경고: 6도의 멸종

게다가 미국 서부의 기후는 오늘날 무척 건조해서 산불이 진정된 이후에도 폰데로사소나무와 더글러스전나무의 묘목이 다시 자리 잡기 힘들 것이라는 우려를 낳고 있다. 이 지역의 상징적인 숲이 결국 완전히 사라질 위기에 놓인 것이다.[249] 산림 전문가들은 가뭄과 더위로 광범위한 지역에 걸쳐 나무가 죽어가는 현상이, 오늘날 기온이 1℃ 상승한 세계에서 직접적인 원인을 찾을 수 있는 전 세계적인 현상일지도 모른다고 걱정한다.

2012년부터 2015년까지 캘리포니아주가 엄청난 가뭄을 겪는 동안 나무가 죽어가는 속도는 10배 증가해서 1제곱킬로미터당 수십 그루에서 수백 그루가 죽었는데, 가뭄 4년 차에는 죽은 나무 숫자가 급격하게 증가했다.[250, 251] 2019년 7월에 발표된 한 연구에 따르면 시에라네바다산맥 남부 전역에 걸친 침엽수 지대에서는 뿌리가 도달할 수 있는 깊이보다 훨씬 낮은 15미터 아래까지 땅속 수분이 고갈되었다.[252] 수분 부족으로 인한 직접적인 죽음뿐 아니라, 가뭄 때문에 나무들은 나무좀이나 산불에도 취약해졌다. 캘리포니아는 이전에도 가뭄을 경험했지만, 최근 들어 기록적인 강수량 부족에 높은 기온이 더해지면서 수백만 그루의 나무들은 최후의 결정타를 맞았다.

이렇듯 전 세계의 숲이 위협을 받는 상황에서 과학자들은 차세대 기후 모델을 다시 손봐야 할지도 모른다. 과학자들이 오랫동안 예측한 바에 따르면 대기 중 이산화탄소 농도가 상승하면서 전 세계 식물은 비료화 효과를 경험하고, 그에 따라 육지 생물권은 21세기 말까지 계속해서 탄소를 더욱 많이 빨아들이게 될 것이다. 이산화탄소 비료화 효과는 분명 존재한다. 일부 토마토 재배자가 생산량을 늘리려고 온실에 이산화탄소 폐기물을 펌프질하는 이유도 바로 이것이다. 이산화탄소 농도의 상승이 부분적인 이유가 되어, 오랜 기간에 걸쳐 지표면의 넓은 지역에 식물이 더 많아지기도 했다.[253] 이 현상은 10년 전 기후변화 부정론자들에 의해 거론되곤 했고 오늘날 사라진 '지구 녹화 소사이어티'라는 석탄 산업계의 전선 단체에서도 부주의한 사람들에게 '이산화탄소 비료화를 통해 식물이 얻는 이점'을 강조하는 데 이용되었다. 하지만 이제는 상황이 바뀌었다. 2016년 8월에 발표된 가장 최근의 위성 자료를 보면 1999년에 문턱값을 넘은 이후로 여러 지역에서 녹색화 추세가 역전되었다. 2000년 이후로 대기의 상대습도가 떨어진 현상이 주범으로, 그에 따라 전 세계 해양에서 증발되고 있는 물의 양보다 더 빠른 속도로 숲이 말라 죽는 중이다.[254] 수증기 부족이 심해지면서 지구는 초록색이 되는 대신 갈색으로 말라갔다.

만약 이산화탄소 비료화 효과가 기후 모델에서 지나치게 과대평가되었다면, 그것은 대기 중에 더 많은 탄소가 남아 있다는 의미이다. 그러면 이산화탄소는 식물에 흡수되기보다는 지구온난화를 일으킬 것이다. 더욱이 세계 곳곳에서 갑작스레 숲이 말라 죽는 일이 계속된다면 생물 다양성 위기가 가속될 뿐 아니라 생태계가 붕괴하면서 탄소가 새로 생겨날 수도 있다. 최악의 경우에 육지 생물권은 탄소를 내보내는 새로운 원천이 될 것이다. 그렇게 된다면 2016년 1월 7일 아침 칼라하리의 건조한 평원에 총성이 울려 퍼지는 소리를 내며 쓰러졌던 채프먼의 바오바브나무는 훨씬 더 큰 전쟁의 서막을 알리는 포문이 될지도 모른다.

뜨거워지는 바다

이산화탄소 농도의 상승은 해양에도 큰 영향을 미친다. 이산화탄소가 바닷물에 용해되면서 탄산을 형성하며, 가장 직접적으로 해양 산성화를 일으킨다. 산업화 이전 시기 이래로 해양 표면의 pH는 0.1 정도 감소했는데, 이 변화는 이미 산호에서 플랑크톤에 이르기까지 껍데기를 만드는 데 탄산칼슘을 이용하는 유기체들에게 해를 끼쳤다. 이 정도 pH의 감소는 별것 아닌 것처럼 들릴지 모르지만, 수억 년 동안 자연에서 일어난 어떤 사건보다 더 빠르게 일어나는 것으로 추정된다.[255] 오늘날 인간이 만들어 낸 너무나 많은 이산화탄소가 바다에 유입되어, 심지어는 세계 여러 곳에서 해저가 용해되기 시작하고 있다. 최근 〈PNAS〉에 발표된 한 논문의 저자들이 지적했듯이 이런 '화학적 소실'은 심해의 지질학적 기록에 변화를 가져왔으며, 해양 산성화가 가속화되면서 "앞으로 수십, 수백 년 동안 광대한 해저 구역으로 더 심화되어 확산될 것"이라 추정된다.[256]

게다가 이산화탄소는 온난화 또한 일으키며, 물리학 법칙에 따르면 따뜻해진 물은 산소를 덜 용해시킨다. 그리고 온난화에 의해 해양 순환의 흐름이 둔화되면서 해수면의 산소가 심해까지 운반되는 양이 줄어든다. 따라서 지구온난화는 사실상 모든 형태의 생명체가 살아가는 데 필수적인 용존산소dissolved oxygen를 바닷물에서 고갈시켜 바다에서 산소를 제거하고 있다. 지난 반세기 동안 바다에서는 산소 함량의 2퍼센트를 잃었는데, 그에 따라 770억 톤의 산소가 손실되었다.[257] 육지와 인접하지 않은 대양에서는 이른바 '산소 극소 대역oxygen-minimum zones(산소량이 최소인 수역)'이 유럽연합 전체의 넓이와 맞먹는 450만 제곱킬로미터로 확대되었으며, 산호가 전혀 없는 완전 무산화수의 부피는 4배로 늘었다.[258] 게다가 현재 전 세계 해안에서 500곳 이상의 죽은 수역이 계속 나타나고 있다. 비록 해안에서 조그만 죽은 수역이 발생하는 이유는 주로 농업 유출수와 하수로 인한 영양오염 때문이지만, 전 세계적으로 해양에서 산소가 사라지는 현상은 분명 지구온난화의 흔적이다.

해양 온난화는 종과 생태계에 직접적이며 때로는 파괴적인 영향을 미친다. 2014년에서 2015년 사이 북아메리카 태평양 연안을 강타해 바닷새들의 떼죽음을 초래한 '해양 열파'가 그 비극적인 예다. 몸집이 개똥지빠귀만 한 아메리카바다쇠오리의 개체수는 특히 심한 타격을 받았다. 미국의 어류 및 야생동물국은 오리건 해변의 한 구간에서 이 바닷새 250마리의 사체를 거두었지만 그만큼의 사체가 더 남아 있었다. 한 생물학자는 당시 상황을 이렇게 회상했다. "조류에 해초와 잔해가 떠밀려와서 줄지어 쌓인 그 위로 바닷새들의 사체가 쌓여 있었죠. 대부분의 사체는 부패하고 있었지만 이따금 바닷물에서 뭔가 살아 있다는 흔적이 보이면서 목숨을 겨우 부지하고 있는 새가 발견되기도 했어요. 그 새들은 바싹 말라서 뼈밖에 없었죠."[259] 2015년 4월까지 캘리포니아주에서 워싱턴주까지 해변에서 바닷새 9,000마리 이상의 사체가 발견되었다. 워싱턴주의 해변을 순찰하며 죽거나 고립된 바닷새를 찾아다녔던 한 자원봉사자는 이렇게 말했다. "너무 괴로웠습니다. 어딜 가나 죽은 새들이 보였어요. 10야드를 갈 때마다 이 귀여운 새들의 사체가 10구는 더 발견되었죠." 과학자들은 사체가 바싹 말라 있다는 사실을 발견했고, 그래서 이 작은 새들이 유독성 화학물질의 오염이나 기름 유출 때문이 아니라 굶어 죽었다고 결론 내렸다.

이 대량 살상 사건은 태평양 북동부 연안의 드넓은 해역에서 바닷물의 온도가 평소보다 더 높았던 구역과 거의 비슷한 곳에서 일어났다. 워싱턴주의 기후학자인 니컬러스 본드Nicholas Bond는 온도가 높아진 바다에 '블롭(물방울)'이라는 별명을 붙여서 유명해졌다.[260] 높아진 기온 때문에 아메리카바다쇠오리의 주식인 요각류라는 작은 무척추동물의 수가 급격히 줄었고, 그 결과 수천 마리나 되는 이 새들은 굶주렸다. 아메리카바다쇠오리는 이미 장기간의 개체수 감소 때문에 보존할 필요가 있는 종으로 등록된 상태였는데, 과학자들은 2014~2015년 태평양 북동부에서 발생한 해양 열파 때문에 이 취약한 바닷새들이 "전 지구적인 개체군 절벽"을 겪을 수 있다고 경고한다. 오리건주 어류 및 야생동물 부서에서 근무하는 데이비드 누줌David Nuzum은 〈내셔널지오그래픽National Geographic〉에서 이렇게 말했다. "제가 1985년부터 이 지역을 지켜봤는데, 정말 처음 보는 상황입니다."[261]

하지만 이 상황은 바닷새에만 국한되지 않았다. '블롭'은 브리티시컬럼비아와 알래스카 해안선에서 46마리의 고래 사체가 발견된 고래

목의 '이례적 사망 사고UME'에도 영향을 끼쳤다.[262] 희생양은 대부분 참고래와 흑등고래였다. 그뿐만 아니라 물개와 캘리포니아바다사자에 대해서도 UME가 선포되었으며, 2015년 1월부터는 영양실조를 겪거나 굶주린 동물과 동물의 사체가 캘리포니아주 해안 전체를 따라 떠밀려왔다.[263] 사람들은 살릴 수 있는 동물들을 영양과 수분이 공급되는 재활센터로 보내 상태가 호전된 뒤 다시 야생에 풀어 놓기로 했다. 그뿐만 아니라 어업도 영향을 받았으며, 유해한 녹조 때문에 워싱턴, 오리건, 캘리포니아 해안의 조개가 오염되었다. 이런 현상을 종합해서 〈네이처 기후변화Nature Climate Change〉에 기고한 과학자들은 "2014~2015년 태평양 북동부의 이상 고온 현상은 역사상 생태학적, 경제적으로 가장 중대한 해양 열파였다"라고 결론 내렸다.[264]

다른 해안 지역도 각자의 '블롭' 현상으로 타격을 받았다. 2017년 남아메리카 대서양 연안에서는 해양 열파로 사상 최고로 높은 해수 온도를 기록하는 바람에 우루과이의 수도에서 불과 몇 킬로미터 떨어진 해안에서 물고기의 떼죽음과 독성 녹조가 발생했다.[265] 2010년에서 2011년 사이 호주 서부 해안에서 발생한 해양 열파는 생태학적으로 중요한 해초지의 광대한 넓이를 손상시켰고 큰돌고래 개체수의 장기적인 감소를 이끌었다.[266, 267] 2018년 〈네이처 기후변화〉에 실린 논문은 해양 열파가 "지난 수십 년 동안 더욱 오래 지속되고 빈번해졌으며, 보다 넓은 지역에 걸쳐 강력해졌다"라고 결론을 내렸다. 그리고 1982년에서 2016년까지 해양 열파 현상이 나타난 기간이 2배 증가했음을 보여주는 자료를 증거로 제시했다. 2018년 〈네이처 커뮤니케이션즈〉에 실린 또 다른 논문은 "1925년에서 2016년까지 전 세계의 평균적인 해양 열파 발생 빈도와 지속시간이 각각 34퍼센트, 17퍼센트 증가해 전 세계적으로 연간 해양 열파 일수가 54퍼센트 늘어났다"라고 밝혔다.[268] 그 이유는 간단했다. 해양의 평균 온도가 상승했기 때문이었다. 다시 말해 범인은 지구온난화였다.

더 최근인 2019년 3월에 발표된 논문은 해양 열파 일수가 최근 수십 년 동안 20세기 전반과 비교해 50퍼센트 증가했다는 결론을 내렸다.[269] 논문의 주요 저자인 댄 스메일Dan Smale은 해양의 고온 현상이 생태계에 미치는 영향을 육지의 산불에 비유했다. 스메일은 〈가디언〉에 이렇게 기고했다. "오늘날 폭염으로 인해 산불이 발생해 광범위한 숲 지대를 휩쓸고 있지만, 바다에서도 비슷한 일이 벌어지고 있다. 눈 앞에서 켈프를 비롯한 해초가 죽어가는 모습이 보인다. 몇 주, 또는 몇 달에 걸쳐 해초는 수백 킬로미터의 해안선에서 사라진다."[270]

산호의 백화 현상

해양 생태계에서 해양 열파 때문에 가장 심각한 위기를 겪고 있는 곳은 열대 산호초다. 산호초는 어느 때보다도 따뜻해진 물에 휩쓸리면서 백화 현상을 겪고 있다. 2016년과 2017년에 호주의 그레이트배리어리프에서는 대규모 백화 현상이 연달아 이어지면서 2,300킬로미터 이어지는 생태계의 광대한 구역이 거의 파괴되었다. 세계적인 산호 전문가인 테리 휴즈Terry Hughes는 2016년 백화 현상이 일어난 직후 산호초를 이루는 900여 곳을 공중에서 조사했다. 그리고 2016년 4월 19일 트위터에 다음과 같은 글을 올렸다. "나는 그레이트배리어리프의 백화 현상에 대한 항공 조사 결과를 학생들에게 보여줬다. 우리는 다 같이 눈물을 흘렸다."

뒤이어 휴즈와 동료들은 〈네이처〉에 "파푸아뉴기니에서 남쪽으로 최대 1,000킬로미터 이어지는 전례 없는 생태계의 붕괴"를 상세히 보고하는 논문을 발표했다. 열에 가장 많이 노출되어 타격이 컸던 산호초의 북부 700킬로미터 구간에서는 8개월 만에 산호초의 윗부분 50퍼센트가 유실되었다. 사슴뿔산호와 상판산호가 '재앙에 가까운 사멸'을 겪으면서, 세계 최대 산호초계를 구성하는 3,863개의 암초 가운데 거의 3분의 1이 부피나 생태학적 기능 면에서 변화를 겪었다.[271] 대규모 백화 현상은 공중에서 쉽게 포착할 수 있었으며, 산호초의 상당 부분이 하얗게 죽은 모습이 깨끗한 바닷물을 통해 보였다. 산호초의 남쪽 부분은 순전히 운이 좋아 같은 운명에 처하지 않았다. 당시 지나가는 열대성 폭풍에서 불어오는 바람과 잔뜩 뒤덮은 구름, 차가운 비 덕분에 산호초의 다른 구역과는 달리 이곳은 온도가 올라도 무사했다.[272]

산호초의 장기적인 운명에 대해서는 전혀 낙관할 수 없다. 1980년대 중반 이전에는 전 세계 대양에서 산호 백화 현상이 사실상 알려지지 않았다.[273] 이것은 산호가 높아지는 온도로부터 스스로를 보호하도록 어느 정도 진화해 주변에 적응하거나 생태학적 회복 속도를 높였다는 의미다. 하지만 1998년의 백화 현상은 퀸즐랜드 해안 근처의 오르페우스섬을 둘러싸고 광범위하게 분포했던 사슴뿔산호를 죽였다.[274] 하지만 18년이 지난 지금 이곳의 사진을 찍어 보면 여전히 진흙과 섞인 잔해로 뒤덮여 있으며 회복될 기미가 보이지 않는다. 심지어 생태학적인 반등이 일어나 상황이 좋아져도 백화 현상이 이제 너무 자주 나타난 나머지 산호초들은 이전의 다양성을 회복하기 어려워졌다. 최근의 연구에 따르면 이제 해양 열파는 백화 현상을 아예 건너뛰고 산호를 직접 죽일 만큼 강력해졌다.[275] 산호충이 죽어 비워진 채 노출된 산호초는 며칠 안에 녹조층으로 덮이고 나중에는 녹기 시작한다.

이후에 과학자들이 〈네이처〉에 보고한 바에 따르면 2016년의 전 세계적인 백화 현상과 그레이트배리어리프의 파괴는 홍해와 인도양 중앙, 태평양과 카리브해 전역에도 '재앙에 가까운 영향'을 끼쳤다.[276] 몇몇 지역에서는 해수면 아래 90미터의 훨씬 온도가 낮은 구역까지도 산호의 백화 현상이 나타났다.[277] 산호가 어느 정도 따뜻한 바닷물에 익숙하다고 여겨졌던 페르시아만에서도, 350킬로미터 이상에 걸쳐 분포하는 남쪽 분지의 산호초들은 2주 넘게 치명적이고 극심한 고온 현상을 겪었다. 대규모 백화 현상이 뒤따랐고, 산호의 3분의 2가 완전히 죽었다. 다음 해에는 원래의 산호 윗부분 가운데 7.5퍼센트만이 남아 있었다. 산호를 연구하는 과학자들은 이 손실의 규모에 충격을 받았다. 왜냐하면 이 만의 산호들은 높은 온도에 익숙해진 터라 백화 현상에 대한 저항력이 높으리라 예상되었기 때문이다.[278] 하지만 그래도 산호들은 죽었다.

과학자들의 보고서에 따르면 이 산호들이 죽으면서 한때 번성했던 산호초가 '강한 몇 종만 살아남은 더욱 악화된 시스템'으로 변화했다.[279] 수많은 산호 전문가가 절망에 빠진 것도 당연했다. 〈네이처〉에 실린 최근의 특집 기사는 그레이트배리어리프를 연구하는 많은 해양 생물학자가 세계에서 가장 아름답고 가치 있는, 그들이 평생 사랑했고 내내 연구했던 생태계의 실시간 붕괴를 목격하면서 '생태학적인 슬픔'을 경험하고 있다고 보고했다.[280] 또한 연구자들은 잃어버린 것이 무엇인지에 대한 무게와 함께, 아이들은 그들 자신이 기억하는 자연 그대로 번성하는 산호초를 즐기지 못할 것이라는 현실을 느꼈다.

그러는 동안 멸종을 알리는 시계는 똑딱거리며 돌아가고 있다. 많은 과학자가 예상하는 것보다 산호초의 종말은 더 빨리 올지도 모른다. 백화 현상의 증가나 열 스트레스 때문만이 아니라, 산호가 번식하지 못하기 때문이다. 연구자들은 성장하기 위해 해저에 단단한 닻을 내려야 하는 어린 산호들이 조류와 진흙으로 덮인 돌무더기 위에 새로운 군락을 이루지 못한다는 사실을 발견했다.[281] 비록 새로운 산호 군락들이 온도를 견딜 수 있는 수역 안에 머무르고자 필사적으로 노력해 극지방으로 이동하는 중이지만, 관련 논문에 따르면 1970년대 이후 전 세계적으로 산호의 번식 성공률은 80퍼센트 이상 감소했다.[282] 그레이트배리어리프에 대한 최근 연구를 보면 산호의 생식 능력이 90퍼센트 감소하기는 했지만 광범위한 구역에 걸쳐 성적으로 성숙한 성체 대부분이 이미 죽었기 때문에 그렇게 놀라운 일도 아니다.[283]

산호의 번식은 한때 전 세계를 통틀어 엄청난 불가사의 가운데 하나였다. 산호들은 직접적으로 의사소통할 수 없는데도 어떻게든 하룻 밤에 수백 킬로미터 이상의 거리를 넘나들며 동시에 산란할 수 있다. 이런 기적적인 동기화는 환경적인 단서와 달의 위상을 복잡하게 조합해 조정한 결과였다. 난자와 정자는 물속에서 몇 시간 동안만 생존할 수 있기 때문에, 수정에 성공하려면 산호 군락에서 성적인 물질을 동시에 방출하는 것이 결정적으로 중요하다. 하지만 2019년 9월 〈사이언스〉에 실린 연구는 홍해에서 수백만 년에 걸쳐 진화한 이 시스템이 기록적인 해수 온도 탓에 붕괴되고 있음을 시사했다.[284] 산호는 산란의 '동시성'을 잃고 있었다. 다시 말해 군락에서 각자 다른 날 밤에 서로 불규칙하게 산란하거나, 아예 산란하지 못하는 등 서로 불협화음이 발생했다. 이런 동시성의 붕괴는 수정이 성공할 확률을 급격히 감소시키며, 결국 어린 산호의 수를 감소시켜 '점차 노화된 개체군을 멸종으로 몰아넣을' 수 있다.

연구자들이 홍해에서 산란 중인 산호들의 어떤 모습을 보고 눈물을 흘렸는지는 알 수 없다. 하지만 수십억 개의 산호 난자가 아무런 수확도 거두지 못하고 따뜻한 바다로 흩어지는 모습을 보며 '생태학적인 슬픔'을 느끼는 건 당연할 것이다. 이 멋진 산호들의 후손을 볼 전망을 잃었다는 생각 때문이다. 이런 도난당한 미래는 열대지방의 산호에 그치지 않고 궁극적으로는 아메리카바다쇠오리나 황금개구리에도 해당한다. 그뿐만 아니라 우리가 어렸을 때 즐겼던 놀랍고 멋진 세상을 결코 알지 못할 우리 후손 세대 역시 마찬가지다. 이미 우리 지구는 어느 정도 쇠약해지고 몰락했다. 그동안 우리가 무슨 짓을 저질렀는지를 생각하며 다들 눈물을 흘릴지도 모른다.

CHAPTER 2 2℃ 상승

북극해 얼음의 소멸로 인해 전 세계의 기후가 혼란에 빠진다.

기온 상승의 결과로 뎅기열이 확산되어 사망자가 증가한다.

10대 농작물의 수확량이 감소하며 가난한 국가에서

영양 부족으로 인한 사망자가 증가한다.

가장 격렬한 기후변화의 현장인 아프리카 대륙에서는 메마른 땅에

생계를 꾸리기 위해 고군분투하는 수백만 명이 가뭄으로 인해

심각한 어려움에 직면한다.

북극의 데이 제로

정확히 언제가 될지는 모르지만, 기온이 2℃ 상승한 세계가 지속되다 보면 우리는 북극해의 얼음이 완전히 사라져 지난 300만 년 동안 처음으로 얼음이 없는 북극의 풍경을 목격하게 될 것이다.[1] 오늘날 생존해 있는 중년이나 그보다 어린 사람들은 대부분 역사적인 이정표가 될 이 사건을 지켜볼 가능성이 높다. 인류 역사상 어떤 인간도 만년설과 마주하지 않은 채 북극을 배로 횡단할 수는 없었다. 그린란드의 빙상이 훨씬 더 작았고 북쪽 지방까지 숲이 확장되었으며 사하라 사막에 호수와 습지가 가득했던, 빙하기 사이의 따뜻한 기간인 이전의 간빙기

동안에도 북극에는 녹지 않는 얼음이 있었다. 이 얼음이 사라지는 날인 '북극의 데이 제로'는 다른 것들 못지않게 지구온난화의 표지가 될 것이다.

과학자들은 이제 북극에 얼음이 얼지 않는 여름이 도래할 문턱이 기온이 2℃ 올라간 세계의 어딘가에 있다고 확신한다. 북극 전체가 녹아야만 '얼음이 없다'고 분류되는 것은 아니다. 엘즈미어섬이나 그린란드 북부의 해안에는 약간의 얼음이 여러 해 동안 남아 있는 가운데 나머지 넓은 북극해는 탁 트인 바닷물이 될지도 모른다. '얼음 없는'에 대한 일반적으로 받아들여지는 정의는 늦여름인 9월의 해빙 면적이 100만 제곱킬로미터 미만으로 떨어지는 첫해의 상황이다. 2017년 학술지 〈네이처 기후변화〉에 실린 한 논문은 "파리 협정의 목표인 기온 상승치 1.5℃를 달성하면 북극에서 여름철에 얼음이 사라지는 일은 분명 피할 수 있다"라고 결론을 내렸지만, 상승치가 2℃가 되면 얼음 없는 북극을 피할 확률은 3분의 1로 떨어진다.[2]

하지만 연구 모델에 따라 산출되는 추정치는 차이가 있다. 〈네이처 기후변화〉에 발표된 2018년의 논문에 따르면 기온이 2℃ 상승한 세계에서는 2053년까지 북극에서 얼음이 사라지는 상황이 적어도 한 번 이상 발생할 것이 확실하다.[3] 얼음이 얼지 않는 첫해가 정확히 언제인지는 마치 복권처럼 운에 달렸다. 매년 혼란스러울 정도로 변화하는 일기와 날씨 패턴에 의존하기 때문이다. 하지만 분명한 사실은 온난화가 길어질수록 그 상황이 닥칠 확률은 올라가고 있다는 점이다. 2018년에 발표된 또 다른 연구에 따르면 2℃의 기온이 상승하면 여름철 북극

해에서 언젠가 얼음이 사라질 가능성이 99퍼센트 이상이며, 그렇게 될 평균적인 지구온난화의 최종 문턱값은 1.5~1.9℃일 것이다.[4] 다른 '지구 시스템' 모델을 활용한 네 번째 연구에서는 1.5℃ 상승의 시나리오에서 얼음 없는 북극의 9월은 40년 동안 한 번 올 정도의 비교적 드문 사건이지만, 기온이 2℃ 상승할 경우 3년마다 한 번은 얼음 없는 상황이 올 것이라 시뮬레이션되었다.[5]

하지만 불행히도 이런 모델 예측은 지나치게 낙관적일 수도 있다. 모델 예측의 바탕이 된 24개 이상의 모델 가운데 대다수는 북극을 모니터링하는 과학자들이 이미 관찰하고 있는 급격한 빙하 소멸 속도를 정확하게 시뮬레이션하지 못하고 있다.[6] 왜 이 모델들이 이렇게 보수적인지에 대해서는 논의 대상이지만, 북극의 얼음이 모델에서 예측하는 것보다 더 빠르게 녹는다면 미래에 대한 예측에서도 얼음이 얼마나 빨리 사라질지를 과소평가했을 것이다.[7] 실제로 이미 관찰된 여름철 얼음의 감소를 시작점으로 삼아 모델을 변경하면, 모델은 '2037년 9월에는 북극에 얼음이 거의 사라질 것'이며 이르면 2020년대 후반에 얼음이 없는 해가 처음 올 것이라 예측하기 시작한다.[8] 또한 업데이트가 이뤄진 최신 기후 모델은 2030년대에 북극에 얼음이 거의 없을 것이라 예측하는데, 이런 모델은 오늘날 나타나는 급속한 얼음 소멸을 시작점으로 잡도록 조정을 거쳤다.[9]

얼음이 없는 북극에 대한 예측이 컴퓨터 시뮬레이션에만 근거한 것은 아니다. 그동안 해양 시추 탐사는 당시 존재하는 다양한 해양 플랑크톤이 사용한 탄소 분자의 균형을 통해 그 지역의 장기적인 기후

역사를 분석하는 것을 목적으로, 북극 해저 능선에서 침전물 코어를 찾아냈다. 그 결과 500만 년 전에서 1,000만 년 전 후기 마이오세에 Miocene epoch는 대기 중 이산화탄소 농도가 약 450ppm이었을 때 여름철 북극 얼음이 존재하지 않았다는 사실이 밝혀졌다.[10] 이 책을 쓰고 있는 2019년 현재, 이산화탄소 농도는 약 408ppm이고 매년 2~3ppm씩 상승하는 중이다. 그러니 현재의 배출량 증가 속도가 지속된다면 2034년에는 농도가 450ppm이 되어 북극에 얼음이 사라질 것이다. 다른 요인들이 동일하게 유지되어 이산화탄소 농도만이 극지방 온도 상승의 주동자가 된다고 가정한다면 그렇다. 마이오세와의 비교가 정확하지는 않다. 왜냐하면 마이오세 동안 지구의 기후는 장기간 평형 상태에 있었던 반면, 오늘날의 지구는 보다 더운 새로운 기후 상태로 전환하면서 더욱 빠르게 바뀌고 있기 때문이다.

북극해 얼음의 소멸은 역사적으로 한 시대를 구분한다는 의미 말고도 여러 이유에서 중요하다. 우선 전 세계의 기후가 혼란에 빠질 수 있다. 앞 장에서 살폈듯이, 현재 진행 중인 북극 해빙의 급격한 감소는 이미 대기 순환에 영향을 미치고 있으며, 북반구 전역에서 일어나는 극단적인 기후변화에 기여하고 있다는 증거가 있다. 계절에 따라 북극에 얼음이 사라지는 단계로 전환하면서 이 과정은 더욱 심해질 수밖에 없다. 해빙이 바다 위를 덮지 않으면 이 지역 전체가 훨씬 따뜻해져 극지방 상층 대기의 압력 역학이 변화한다. 북부 대륙은 훨씬 빠른 속도로 따뜻해지며, 태평양의 열대 강우대는 남쪽으로 이동하며 강화된다.[11] 훨씬 따뜻해진 극지방과 중위도 사이에서 온도 차이가 감소하면서 북반구의 제트기류가 약해지며, 폭풍의 경로가 달라진다. 그리고 여름에는 극심한 폭염이, 겨울에는 한파가 발생하면서 보다 '꽉 막힌' 기후가 이어질 것이다.[12] 여러 기후 모델은 북극 얼음이 사라진 현상이 전 세계 수문학적인 주기의 강화(홍수나 가뭄, 극단적인 강우가 발생하는 것)나 적도 강우대의 이동과 관련이 있다고 만장일치로 암시한다.[13] 이렇게 변화한 기후는 튀는 공처럼 전 지구에 영향을 미치며 심지어 남극까지 영향을 준다.[14] 더 따뜻해진 세계에서는 북극권 자체의 강수량이 크게 늘고, 눈보다는 비 위주의 시스템으로 바뀌면서 주변 풍경과 생태계를 변화시킨다.[15]

북극의 온난화는 생태계를 직접적으로 손상시킬 수 있으며, 야생 동식물에게 여러 영향을 미칠 것이다. 눈 위에 비가 내리면서 순록이나 사향소 같은 가축을 방목하는 데 특히 어려움이 생긴다.[16] 땅에 얼음막이 생기면 동물들이 눈 층을 파고 그 아래 식물을 먹지 못하기 때문이다. 2017년 거의 50마리의 순록이 굶어 죽는 등의 대량 사멸 사건도 이런 현상과 관련이 있는데, 순록들은 땅이 녹는 봄철 누나부트의 외진 곳에서 말라죽은 채 발견되었다.[17] 과학자들이 '거대한 규모로 눈 위에 비가 내렸다'라고 묘사하는 2003년 가을의 캐나다 북부 뱅크스 섬 근처에서는 무려 2만 마리의 사향소가 굶어 죽었다.[18] 스발바르에서 이뤄진 한 연구에 따르면 추운 겨울에 비가 내리는 것을 포함한 극단적인 이상 기후를 겪은 이후로 순록, 뇌조, 들쥐의 개체수가 동시에 감소했다.[19] 더 극적인 것은 2011년 2월 14일 알래스카 서부 해안에서 눈보라를 피해 숨었던 50마리의 사향소 떼가 겪은 불행한 운명이었다.

바람에 일어난 조수가 밀려들면서 '얼음 쓰나미'가 발생해 사향소 떼들은 말 그대로 산 채로 파묻혔다. 연구자들이 헬리콥터를 타고 이 지역을 방문했을 때 현장에서 보이는 것이라고는 얼음 위에 돌출된 몇몇 동물의 뿔과 털뿐이었다.

그뿐만 아니라 여름에도 상황이 나빠질 수 있다. 2019년 6월 사흘간의 무더위가 계속되면서 알래스카 주민들은 사향소 떼가 더위를 피해 언덕에 마지막으로 남은 눈밭을 향해 헐떡이며 이동하는 모습을 목격했다. 〈뉴욕타임스〉는 알래스카의 도시인 놈 연안에서 이주하는 수염고래들이 '얼음이 녹는 시기와 규모가 달라지면서 수척해진 모습으로 나타나는 경우가 잦았다'라고 보도했다. 봄철에 물고기들이 도달하는 시기가 바뀌고 플랑크톤이 많이 나타났기 때문이었다.[20] 이 녹조는 점점 독성이 강한 종류로 변하면서 지역 주민들이 식량원으로 의존하는 조개류를 오염시키고 수천 마리의 바닷새들을 중독시켰다.

그뿐 아니라 북극은 북극곰의 서식지로 유명하지만 주된 서식지가 얼음 위인 북극곰은 지구온난화의 상징적인 희생양이 되었다. 해빙이 줄어들다가 완전히 사라지면 북극곰은 어떻게 될까? 오늘날 북극에는 약 2만 6,000마리의 북극곰이 다양한 하위 개체군 속에 흩어져 있는 것으로 추정된다. 해빙은 북극곰이 빙하의 구멍으로 숨을 쉬려고 올라오는 고리무늬물범과 턱수염바다물범 같은 주된 먹이를 사냥하는 데 필수적인 장이다. 일부 북극곰은 일 년 내내 얼음 위에 머물지만, 더 남쪽 지방에 사는 북극곰들은 여름철을 육지에서 보낼 수밖에 없는데 이 동물들은 가을에 얼음이 얼면서 해빙으로 돌아갈 때까지 굶는다.

굶주려 바싹 마른 북극곰들의 사진은 전 세계적인 우려를 자아냈다.[21] 비록 북극곰 개체들의 상태를 악화시킨 구체적인 이유를 확실히 꼽을 수는 없지만, 과학자들은 북극곰 새끼의 절반 이상이 180일 이상 육지에 고립된 끝에 굶어 죽을 것으로 추정했다.[22] 알래스카 북부 해빙의 감소는 북극곰들의 몸 상태가 나빠지고 새끼들의 생존율이 낮아지는 현상과 관련이 있다.[23] 북극곰이 야생에서 멸종될지, 그 시점이 언제일지는 확실히 단정 지을 수 없다. 기온이 2℃ 상승한 세계라 해도 북극에서는 겨울철에 짧은 기간이나마 해빙이 존재할 것이다. 하지만 관련 연구에 따르면 북극곰들이 이 얼어붙은 해양 서식지를 이용할 수 있는 시기가 매년 줄어들면서 개체수가 심각하게 감소할 것이다.[24]

북극 해빙의 용해는 인류에게도 직접적인 영향을 미칠 것이다. 2000년에 《지구의 미래로 떠난 여행》을 저술하기 위한 자료 조사차 알래스카를 방문했을 때, 나는 온난화된 기후와 함께 얼음이 녹는 지역이 점차 북쪽으로 이동하면서 영구 동토층이 녹아 알래스카주의 기간 시설에 영향을 미치고 있다는 사실에 놀랐다. 이 지역에는 땅속 얼음 덩어리가 녹으면서 구멍이 생겨 나무들이 주저앉는 '술 취한 숲'도 있었다. 페어뱅크스에서는 거리의 건물들이 서로 다른 방향으로 뒤틀어지며 뒤죽박죽이 되었고, 땅이 내려앉으면서 도로와 오솔길이 울퉁불퉁했다. 이 현상을 조사하는 전문가 가운데 페어뱅크스에 자리한 알래스카 대학교의 과학자 블라디미르 로마노프스키Vladimir Romanovsky가 나에게 도움을 주었는데, 나는 그와 함께 용해되는 영구 동토층의 노출된 부분에 얇은 렌즈 모양으로 형성된 얼음층인 아이스 렌즈를 연구하는 탐사 팀에 참가했다.

로마노프스키는 그동안 이 분야에 지속적으로 관심을 보였다. 그가 2018년 공동 저자로 참여한 〈네이처 커뮤니케이션즈〉의 논문에 따르면 기온이 2℃ 상승한 세계에서는 400만 명에 가까운 사람과 현재 구축된 기간시설의 70퍼센트가 자리하는 영구 동토층이 녹게 될 것이다.[25] 2050년에는 고위도와 고도가 높은 지역에서 3만 6,000여 채의 건물과 1만 3,000킬로미터의 도로, 100여 개의 공항이 '가장 위험한' 구역에 포함될 것이다. 현재 계속해서 영구 동토층인 지역에 10만 명 이상의 주민이 거주하는 러시아의 도시 3곳이 건설되어 있다.[26] 이것은 영구 동토층이 녹으면 철도, 도로, 송유관이 휘어지며 공항 활주로에 금이 가고 지반이 무너지면서 주택을 비롯한 건물 벽이 갈라져 수백억 달러 규모의 경제적 피해가 발생할 수 있다는 것을 의미한다.

아마도 영구 동토층의 해빙이 일으키는 가장 큰 위협은 전 세계 기후 붕괴를 더욱 가속화한다는 것이다. 연구 결과에 따르면 기온이 2℃ 상승한 세계에서는 북극의 영구 동토층이 녹아서 600억~700억 톤의 탄소를 추가로 대기 중에 방출할 것으로 예측된다.[27] 그런데 여기에는 상당한 불확실성이 존재한다. 또 다른 두 번째 연구에 따르면 2100년까지 기온이 2℃ 상승한 세계에서 220억~410억 톤의 더 적은 양의 탄소가 방출되겠지만, 이후 수 세기에 걸쳐 수천억 톤의 탄소가 더 방출될 것으로 예측된다. 방출되는 것 전부가 이산화탄소인 것은 아니다.[28] 절반가량은 훨씬 더 강력한 온실기체인 메탄일 수도 있다.[29] 1.5℃ 따뜻한 세상에서 영구 동토층이 녹는 면적은 2℃ 따뜻한 세상과는 상당한 차이가 있다. 전자의 시나리오에서는 영구 동토층이 약 480만 제곱킬로미터 소실되는 반면, 온난화가 2℃ 진행된 세계에서는 북극권의 영구 동토층 전체 면적의 40퍼센트가 사라지는 것을 포함해 총 660만 제곱킬로미터의 손실이 발생할 것이다.[30]

새로 얼음이 녹는 지역에서 이산화탄소와 메탄이 정확하게 얼마나 쏟아져 나오든 상관없이 인류가 파리 협정의 목표치를 지킬 가능성은 더욱 낮아지고 있다. 또 다른 연구에 따르면 영구 동토층이 녹으면서 추가로 방출되는 탄소 때문에 기온이 2℃ 상승한 세계에서 허용 가능한 탄소 예산이 300억~500억 톤까지 감소할지도 모른다.[31] 하지만 또 다른 연구 결과에 따르면 우리가 온도 상승폭을 2℃로 안정화하는데 성공한다고 해도 결국 영구 동토층이 녹으면서 3,450억 톤의 탄소가 방출될지도 모른다.[32] 인류가 어떻게든 방출량을 마이너스로 돌리는 마법 지팡이를 흔들지 못한다면, 즉 북극이 녹기 시작하면 우리가 기온이 2℃ 상승한 세계에 영구적으로 머무를 가능성은 높지 않다. 물론 영구 동토층이 녹으면서 나타나는 추가적인 온실기체 방출이 즉각적으로 일어나지는 않을 것이다. 아마도 방출되는 데는 수십 년이 걸릴 것이다. 하지만 그 궁극적인 종착지는 분명하다. 탄소 감축을 통해 방출이 억제되지 않는 한, 북극의 영구 동토층에서 발생하는 탄소 방출 되먹임은 3℃ 세계로 가는 지름길을 제공한다.

남극의 티핑포인트

이 모든 현상은 북극에만 국한되지 않는다. 2019년 7월 〈PNAS〉에 발표된 논문에 따르면 과학자들은 남극의 해빙이 '가파르게' 감소하고 있다는 사실을 알아냈는데, 그 감소 속도는 "북극에 비해 훨씬 빠르다"고 한다.[33] 이 현상은 지난 40년 동안 위성으로 추적했던 남극 해빙의 점진적인 증가세를 역전시킨 만큼 특히 주목할 만했다.

보통은 조심스러운 IPCC조차 기온이 2℃ 상승한 세계에서는 잠재적으로 재앙을 초래할 수 있는 남극의 티핑포인트에 대해 경고했다. 1.5℃ 세계에 대한 IPCC의 2018년 보고서는 "남극 서부 빙상에 되돌릴 수 없는 손실과 해양 빙상 불안정MISI을 일으킬 수 있는 기온 상승의 임계치는 1.5℃에서 2℃ 사이일 것으로 추정된다"라고 밝혔다.[34] 특히 남극 서부 빙상은 지반이 대부분 해수면 훨씬 아래에 있어 해수가 지반선을 넘기면 붕괴가 자체적으로 지속될 수 있다는 점에서 특히 우려된다. 그러면 따뜻한 바닷물이 남극 내륙으로 수백 킬로미터까지 침투해 대륙 전체의 빙상을 조각내고, 궁극적으로는 남극 동부나 그린란드와 마찬가지로 5미터 이상 해수면 상승이 발생할 것이다. 오늘날 런던, 자카르타, 뉴욕, 상하이를 비롯한 바닷가의 어떤 거대 도시도 전 세계적인 엄청난 해수면 상승에서 살아남을 수 없다. 해안 보호 조치는 그렇게 많은 일을 해내지 못한다. 기껏해야 1~2미터의 상승까지는 보호할 수 있지만, 5미터 상승하면 10억 명 넘는 인구를 대규모로 내륙으로 피신시켜야 할 것이다.

　서부에 비해 훨씬 더 넓은 남극 동부 빙상EAIS 역시 유사한 취약성을 지닌다. 남극 서부와 마찬가지로 동쪽 빙상의 일부 구간은 따뜻해지는 남빙양과 직접 맞닿아 있으며, 이곳의 지반선은 대륙 안쪽 해발 1,500미터 깊이의 골까지 역경사를 통해 내륙으로 이어진다. 만약 이러한 빙하의 유출구를 보호하는 부유식 빙붕이 붕괴하고, 거대한 빙하 밑으로 해수가 남극의 심장부로 바로 침투하기 시작하면 그 결과는 재앙이 될 수 있으며 전 세계 해수면이 무려 20미터는 더 올라갈 것이다.[35]

　그린란드 또한 훨씬 따뜻한 바다와 접촉하기 때문에 빙하가 내륙

쪽으로 빠르게 후퇴하고 있다. 그린란드의 수많은 거대 빙하는 최근 몇 년 동안 기후가 따뜻해지면서 빙상을 배출하는 속도가 높아졌으며 두께가 얇아지고 보다 내륙으로 후퇴했다.[36] 앞 장에서 살폈듯이 표면의 용해 속도 또한 기후 모델이 예측한 것보다 훨씬 앞서 크게 증가했다. 최신의 과학적 연구 결과에 따르면 그린란드 역시 완전한 용해가 시작되는 문턱값을 갖는다. 2018년 〈네이처 기후변화〉에 실린 논문에 따르면 그 값을 넘어서면 "그린란드의 빙상이 돌이킬 수 없는 질량 손실 상태로 들어가 완전한 용해가 시작될 것이다."[37] 도저히 막을 수 없는 이런 용해로 이어지는 양의 되먹임 메커니즘은 한 가지가 아니라 두 가지다. 첫 번째는 빙상이 줄어들면 빙하의 고도가 낮아져서 보다 높은 기온에 노출된다는 점이다. 두 번째는 눈이 쌓인 표면이 녹으면서 색깔이 어두워지고 보다 많은 태양 방사선을 흡수하게 되는 '용해–알베도 되먹임'이다. 게다가 빙상의 표면 또한 눈이 쌓인 표면보다 어둡기 때문에 설선이 후퇴해 빙상 표면이 태양 광선에 완전히 노출되면 용해 속도가 높아지는 양의 되먹임으로 작용한다.

그렇다면 이 운명적인 임계값은 어디에 놓여 있을까? 전문가들은 관측과 모델 시뮬레이션을 결합한 결과, 그린란드 지역의 여름철 기온 상승이 1.8℃에 이를 것으로 추정했다. 전반적인 북극의 온난화가 지구의 온도 상승보다 훨씬 더 빠르게 일어나고 있다는 사실을 고려하면, 이 1.8℃라는 더 이상 뒤로 물러설 수 없는 지점은 2℃ 세계에 진입하는 시작점이다. 사실 앞 장에서 제안했듯 우리가 이미 이 선을 넘어섰을 가능성도 충분히 있다. 빙하 전체가 녹아서 해수면이 추가로 7미터 상승하기까지는 수천 년이 걸리겠지만, 그린란드 빙상의 점진적인 손실은 앞으로 수 세기 동안 우리 후손들이 불가역적으로 해수면이 상승하는 바다를 직면하게 된다는 것을 의미한다.

한편 11만 6,000년 전에서 12만 9,000년 전 에미안 간빙기에는 그린란드와 남극 서부의 빙하가 전부 붕괴했다는 증거가 있다. 앞 장에서 살폈듯이 이 간빙기는 기온이 오늘날과 거의 비슷한 반면 이산화탄소 농도는 훨씬 낮기 때문에 기온이 2℃ 상승한 세계에 대한 보수적인 관점의 유사체라 할 수 있다. 하지만 당시의 적당한 온도로 인해 지금보다 해수면이 6~9미터 높아졌다.[38] 이렇게 해수면이 극적으로 높아지려면 극지방의 얼음이 손실되어야만 가능하다. 이것은 적당한 수준의 지구온난화가 결국 장기적으로는 그린란드와 남극의 빙상 둘 다 크게 감소시키기에 충분하다는 사실을 알려준다. 이제 문제는 두 극지방 빙상의 취약성에 대한 최신 연구를 고려했을 때, 기온이 2℃ 상승한 세계에서 해수면이 얼마나 상승할 것으로 예측되는지에 관한 것이다.

해양과 빙권에 대해 IPCC가 2019년 9월 발표한 보고서에 따르면 연간 총 2,400억 톤에 달하는 그린란드의 얼음 손실은 적어도 지난 350년 동안 전례 없는 양이며, 이런 빠른 용해 속도는 산업화 이전에 비해 2배에서 5배까지 증가했다. 또한 IPCC는 남극의 서부와 동부 모두 "빙하 유량의 가속화에 의한 급속한 질량 손실"로 빙상의 "즉각적인 후퇴"로 이어질 불안정성이 시작될 수 있다고 경고했다. 그리고 이 보고서는 두 빙상이 전 세계 해수면 상승에 기여하는 분량이 1992년에서 2001년까지 무려 700퍼센트 증가했다고 덧붙였다.[39]

IPCC는 해수면 상승에 대한 매우 온건한 추정치를 사용하더라도 기온이 2℃ 상승한 세계를 유지하면 7,900만 명의 홍수 이재민이 발생할 것으로 전망하고 있다. (반면에 기온 상승폭을 1.5℃ 이하로 유지하면 1,000만 명의 이재민이 발생한다.)[40] 방글라데시에서는 바닷물이 넘쳐 100만 명 이상의 시민이 영구적으로 집에서 쫓겨나게 될 것이다.[41] 심지어 2050년에는 그동안 전 세계 해안의 여러 지역에서 1세기에 한 번 있을 정도였던 홍수를 매년 경험하게 될 것이다.[42] IPCC는 장기적으로 상승폭이 1.5℃로 안정화된 시나리오에서도 해수면 상승에 노출된 넓은 지역의 인구 5,000만 명 이상의 나라에는 중국, 방글라데시, 이집트, 인도, 인도네시아, 일본, 필리핀, 미국, 베트남이 포함된다고 지적한다.[43] 적어도 136곳의 거대 도시는 기온이 2℃ 상승하는 시나리오에서 최소한 부분적으로 침수될 위험에 처하며, 이번 세기가 끝날 때까지 홍수 피해액은 연간 총 1조 4,000억 달러에 달할 것이다.[44]

공격적인 해안 보호 조치를 통해 이 피해액을 줄일 수는 있어도 그에 따르는 비용은 천문학적일 것이다. 최근의 한 보고서는 미국만 계산하더라도 향후 20년 동안 4,000억 달러 이상의 해안 보호 비용을 들여야 하며, 보다 소규모 지역사회에 사는 주민들은 1인당 100만 달러나 되는 장기적인 비용이 든다고 계산했다.[45] 내 생각에 사람들은 그렇게 막대한 비용을 들여 방파제를 설치하려 하지 않을 것이며, 가장 취약하고 가난한 지역사회는 그대로 버려질 것이다. 이렇게 버려지는 지역은 조금씩 증가할 테고, 버려진 지역의 목록에는 중국이나 미국 같은 큰 국가들의 해안 지역만 포함되지는 않을 것이다. 이번 세기말까지 국가 전체가 물에 가라앉거나 침식될 위기에 놓인 몰디브나 투발루 같은 작은 섬나라가 가장 먼저 손에 꼽힌다. 이 과정은 우리가 예상하는 것보다 훨씬 더 빨리 시작될 수 있다. 2018년 〈사이언스 어드밴시스Science Advances〉에 실린 연구에 따르면, 앞으로 빠르면 30년 안에 많은 섬이 매년 파도에 휩쓸려 잠길 예정이다.[46] 이런 일이 일어나면 지하수에 소금기가 배어들고 식물이 죽으며 건물이 계속 파손되어 섬의 장기적인 거주 적합도가 치명적으로 훼손된다. 이곳의 주민들은 결국 전 세계 수백만 명의 기후 난민과 함께 새 보금자리를 찾아 나서야 할 것이다.

치명적인 뎅기열

물론 해수면 상승이 장기적인 위협임이 분명하지만, 몰디브에 사는 많은 주민은 더 즉각적인 걱정거리를 갖고 있다. 섬의 거의 모든 곳에 모기가 들끓는다는 점이다. 모기들은 거의 경고 없이 갑자기 발병하는 질병인 뎅기열을 옮길 수 있다. 내 친구의 아들인, 금발에 생기 있는 미소를 가진 활기찬 8살 소년에게도 그런 일이 벌어졌다. 어느 날 이 아이는 바아 환초에 자리한 에이다푸시섬에 있는 자기 집에서 뛰놀며 달콤한 간식을 먹고 있었다. 하지만 곧 아이는 열이 났고, 3일 후 병원에 입원해 검사해 보니 혈소판 수치가 매우 낮았다. 아이의 병이 계속 악화되자 절박해진 의사들은 수혈을 했다. 뎅기열이 계속 진행되면 내부 출혈을 일으킬 수 있는데 소년의 발에도 처음으로 멍이 보이기 시작했다. 이 상황에서 뇌 속에 출혈이 발생하면 치명적일 수 있다. 뎅기열은 바이러스에 의해 발생하므로 항생제는 소용이 없었다. 소년의 어머니도 의료 전문가였지만 할 수 있는 것이라고는 기도뿐이었다. 소년은 이 가족에서 몇 달 만에 같은 증세를 보인 네 번째 구성원이었다.

다행히 이 소년은 나중에 완쾌되었지만, 일부 몰디브 사람은 그렇게 운이 좋지는 않았다. 2019년 7월에는 9살짜리 소년이 뎅기열 증세를 보여 북부 쿨후드후푸시섬에서 몰디브의 수도인 말레의 큰 병원으로 긴급 이송되었지만 사망했다. 이 병은 남녀노소를 불문하고 발병할 수 있다. 2016년에 발생한 사망자는 7개월 된 아기와 61세의 여성이었다. 뎅기열은 2018년에서 2019년 사이에 200퍼센트 증가했고, 2019년 4월 한 달 동안 506건이 보고되는 등 발병률도 높아지는 것으로 보인다.[47] 전 세계적으로도 비슷한 추세가 나타나고 있다. 이 병은 1970년대에 고작 9개국에서 발생했지만, 지금은 열대와 아열대 지역 전체에 걸친 100개국 이상에서 풍토병이 되었다.[48] 매년 전 세계적으로 3억 9,000만 명의 새로운 뎅기열 감염자가 발생할 수 있으며, 그에 따라 어린아이들을 중심으로 약 1만 2,000명이 사망할 것으로 추산된다.[49]

뎅기열과 기후변화 사이에는 분명한 연관성이 있다. 왜냐하면 뎅기열을 전염시키는 2종의 모기인 흰줄숲모기와 이집트숲모기는 따뜻한 온도를 좋아하기에 기온이 상승하면서 잠재적인 서식 범위가 넓어지기 때문이다. IPCC가 지적하듯이 "뎅기열이 유행하면 일반적으로 모기의 수가 증가하며 온도 상승폭이 1.5℃ 증가한 지역보다 2℃ 증가한 지역이 더 넓어질 것이라 결론지을 수 있다. 또한 온난화가 심해지면 이 질병의 위험성이 더욱 높아진다."[50] 구체적인 예측은 꽤 걱정을 자아낼 수 있다. 뎅기열은 멕시코에 널리 퍼져 있고 현재 이 병을 옮기는 흰줄숲모기의 서식 범위는 미국 남부 주를 포함한다. 하지만 한 연구에 따르면 이 모기는 캐나다 중부와 동부에 이르기까지 1,000킬로미터 더 북쪽으로 이동할 것이라 예상된다.[51] 멕시코에서는 특히 강우량이 많은 지역에서 최저 기온이 상승하면서 뎅기열 발생률이 40퍼센트까지 상승할 수 있다.[52] 또한 뎅기열은 북아프리카를 거쳐 유럽으로 퍼져 스페인, 프랑스, 이탈리아를 포함한 지중해 북부에 감염이 잘 일어나는 잠재적인 거점을 구축하고, 심지어 영국 남동부까지 도달할 것으로 예상된다.[53] 다만 아프리카의 일부 지역은 모기가 성공적으로 번식하기에는 너무 덥고 건조하기 때문에 병이 유행하지 않을 것이다.[54]

작은 기온 변화가 질병의 전염성에 큰 차이를 만들 수 있다. 2018년 〈PNAS〉에 발표된 한 논문에 따르면 전 세계 기온 상승폭을 1.5℃로 제한하면 상승폭이 2℃일 경우보다 이번 세기말까지 라틴아메리카에서 뎅기열 감염이 50만 건 덜 발생할 것으로 추정된다.[55] 물론 '아무런 정책도 취하지 않아' 기온이 3.7℃ 상승하는 시나리오보다는 상승폭이 2℃인 경우가 훨씬 낫다. 기온이 약 4℃ 상승하는 세계에 비해 라틴아메리카에서 뎅기열 추가 발생 건수가 280만 건 줄어들기 때문이다. 다만 더 나은 의료 시스템은 이러한 추가 발생 건수를 상쇄하는 데 도움이 된다. 국경을 사이에 둔 미국과 멕시코에서의 뎅기열 발병률 차이가 좋은 사례다.[56] 미국 남부 전역에 걸쳐 흰줄숲모기와 이집트숲모기가 번식하지만, 이곳에서 뎅기열은 드물게 발생하며 최근에 이 질병이 퍼진 세계 일부 지역을 여행한 미국 시민들이 감염되었을 뿐이다.[57] 반면에 텍사스와 인접한 멕시코의 도시들은 텍사스에 비해 뎅기열 발생률이 훨씬 높은데, 그 이유는 모기가 국경을 넘지 못하기 때문이 아니라 텍사스의 주민들이 보통 에어컨이 갖춰진 집에 살며 더 나은 의료 서비스를 받고 생활 수준이 높은 경향이 있기 때문이다.

기후변화와 무관한 전략이 있다면 모기의 수를 직접 조절하는 것이다. 예컨대 모기장을 설치하거나 맨살을 가려 모기에 물릴 확률을 줄이는 간단한 방식이 가능하다. 모기는 고인 물에서 번식하며 때로는 버려진 병뚜껑처럼 작은 부피의 물에서도 번식하기 때문에, 빗물이 고이는 용기를 제거하고 플라스틱 쓰레기를 줍는 게 좋다. 살충제를 뿌려도 모기가 죽지만, 내성이 증가해 문제가 되고 있으며 다른 생물 종에 영향을 끼쳐 더 넓은 주변 환경을 해칠 수 있다. 옥시텍이라는 영국 회사에서 실험 중인 좀 더 환경친화적인 선택지는, 유전 공학을 활용해 불임의 수컷을 키워 내(수컷 모기는 물지 않는다) 야생에서 암컷과 짝을 짓도록 방출하는 것이다. 그러면 생존 가능한 자손을 생산하지 못하므로 모기의 개체수가 감소하고 질병 전염률도 떨어진다. 브라질 등지에서는 이 실험이 성공을 거뒀지만, 유전 공학을 활용한다는 점이 광범위한 의심을 불러일으켰으며 이 전략을 실행하지 못하도록 방해하는 행동주의자 단체의 적대감을 샀다.[58] 보다 나은 선택지는 백신일지도 모르지만, 현재 시점에서 뎅기열 백신은 이 질병에 대한 신뢰할 만한 수준의 보호를 제공하지 못한다.

하지만 뎅기열은 기온 상승의 결과로 확산될 수 있는 여러 곤충 매개 질병 가운데 하나일 뿐이다. 숲모기속의 모기는 치쿤구니야병, 황열병, 지카열 또한 퍼뜨리며, 또 다른 모기 무리인 아노펠레스속은 말라리아의 주요 매개체다. 아프리카에서는 한때 질병이 발생하기에는 너무 추웠던 고지대에서 말라리아가 발생하기 시작했다. 말라리아는 전 세계적으로 2분마다 1명의 어린이를 죽음에 이르게 하며, 2015년에는 전체 사망자가 50만 명에 육박했다.[59] 오늘날 말라리아를 박멸하기 위한 국제적인 노력이 진행 중이며 최근 몇 년 동안 발병률이 감소하는 추세지만, 온난화로 인해 이 문제가 복잡해질 가능성이 있다. 웨스트나일열, 리프트계곡열을 비롯해 진드기가 매개하는 라임병 역시 우려되는 질병인데, 이 병들은 전부 기후와 관련된다.

하지만 기온이 2℃ 상승하는 세계에서 인류에게 닥칠 가장 큰 건강 관련 위협은 전염병이 아니다. 이 위험은 전염병에 비해 좀 더 평범하고 친숙하지만 그만큼 더 시급한 문제다. 수억 명, 심지어는 수십억 명에게 닥칠 식량 부족이 그것이다.

식량 생산에 미치는 위협

결코 이런 일이 일어나서는 안 되지만, 기후변화는 이미 기온이 1℃ 상승한 세계에서 식량 생산에 해를 끼치고 있다. 최근까지만 해도 2℃나 3℃까지 기온이 적당히 따뜻해지는 것은 전 지구적인 농업에 대체로 도움이 된다는 의견이 지배적이었다. 하지만 이제 이런 장밋빛 기대는 위험할 만큼 순진해 보인다. 2019년에 발표된 한 연구에서 전 세계적으로 가장 중요한 10대 농작물인 보리, 카사바, 옥수수, 야자, 유채, 쌀, 수수, 콩, 사탕수수, 밀의 수확량에 현재의 기후변화가 미치는 영향을 조사한 결과 광범위한 지역에 걸쳐 부정적인 효과가 뚜렷하게 발견되었다. 온난화 때문에 이 농작물들은 생산성이 대체로 증가하는 대신, 전체적으로 생산량이 1퍼센트 떨어졌으며 전 세계적으로 식량 안보가 취약한, 거의 절반에 이르는 국가에서 섭취할 수 있는 칼로리를 감소시켰다.[60] 비록 일부 작물은 온난화로 생산량이 늘기도 했지만, 전 세계적으로 쌀 수확량이 160만 톤 감소한 데다 유럽, 호주, 사하라 이남 아프리카 전역에서 밀 생산량이 500만 톤 감소한 것을 생각하면 전체적으로는 상쇄되었다기보다는 피해가 더 크다. 실제로 아프리카에서는 10대 작물의 피해를 전부 합치면 식품에서 얻는 칼로리가 1.4퍼센트 감소했다. 피해가 그렇게 크지 않다고 느낄 수도 있지만, 아프리카 대륙에서는 대부분 생계를 겨우 이어가는 농부 수억 명이 살고 있으며, 이들은 이미 식량 부족과 그로 인한 영양실조로 고통받는 중이라는 점을 염두에 둬야 한다. 기후와 관련된 영양 부족 때문에 이전부터 수확량 감소가 진행되었던 가난한 국가에서 사망자가 발생하고 있는 건 분명하다.

하지만 기온이 2℃ 상승한 세계에서는 사망자가 더 많을 것이다. 의학 학술지 〈랜싯〉에 실린 최근 논문에 따르면 지구의 온도가 약 2℃ 올라가면(이번 세기 중반까지 예상되는 기온), 온난화가 존재하지 않는 시나리오와 비교할 때 "2050년에 1인당 구할 수 있는 식량이 99칼로리 감소하는 상대적인 식량 부족"으로 이어질 것이다.[61] 그 결과 수십만 명이 저체중과 영양실조에 시달릴 테고, 가난한 나라에서는 더욱 그렇다(이런 국가들에만 한정되는 것은 아니지만). 기후 모델에 따르면 기온이 2℃ 상승한다는 시나리오가 진행되면 2050년까지 전 세계적으로 식량 부족에 따른 사망자가 52만 9,000명으로, 같은 해 기후에 따른 다른 건강 문제 때문에 사망하는 사람 수보다 훨씬 많아진다. 꽤나 정신이 번쩍 들게 하는 결론이다. 기온이 2℃ 상승한 세계에서는 적어도 50만 명이 기후변화에 따른 영양실조로 목숨을 잃는다니 말이다.

그렇지만 어쩌면 50만 명의 사망자 수는 실제보다 꽤 과소평가되었을지도 모른다. 전체적인 모델의 산출 결과보다 개별 작물에 대해 연구하는 과학자들은, 오늘날 곡창지대인 넓은 지역이 나중에는 너무 더워져 오늘날의 수확량을 유지하지 못할 테고, 그래서 전체적인 농업 생산량이 하향세를 그릴까 봐 두려워하고 있다. 여기서 문제는 평균 기온을 변화시키는 것이 아니라, 여러 재배종이 견딜 수 있는 온도를 초과하는 극단적인 기온이 발생하는 빈도가 높아진다는 것이다. 예컨대 옥수수는 전 세계적으로 가장 중요한 주식이지만, 가뭄과 열 스트레스에 특히 민감하다. 나는 케냐와 탄자니아에서 소작농들이 뜨겁고 건조한 환경에서 가능한 한 많은 양의 수확물을 얻고자 애쓰는 모습을 직접 본 적이 있다. 이 농부들이 가진 것은 열기에 오그라든 작물밭 1~2에이커가 전부일 것이다. 그래서 이들은 몹시 가난할 테고, 누더기를 입은 영양 부족에 시달리는 아이들을 키우며 상황이 더 나아질 희망은 거의 없다. 사하라 사막 이남의 아프리카에서는 이미 옥수수 수확량이 심각하게 줄었으며, 기온이 상승하고 가뭄이 잦아지면서 전망이 더 악화될 수밖에 없다. 옥수수는 열매를 맺을 때 임계온도가 약 32℃로, 이 온도를 넘어서면 광합성을 줄이며 잎에서 손실되는 수분의 양이 증가한다.

앞서 언급했듯이 기온이 1℃ 상승한 오늘날의 기후에서도 아프리카는 영향을 받고 있다. 2011년 논문에 발표된 역사적 자료에 따르면 30℃를 상회하는 날의 수가 많아질수록 작물 수확량은 1퍼센트 감소하며 가뭄 때는 감소량이 2퍼센트에 가까웠다.[62] 다시 말해, 3주간의 폭염은 수확량을 4분의 1까지 뚝 떨어뜨릴 수 있다. 전문가들은 온난화와 작물 수확량의 관계가 비선형적이라는 데 동의한다. 온도가 임계 수준을 넘어서면 수확량은 기존의 예상보다 훨씬 빠르게 감소할 것이다. 하지만 아프리카의 농부들에게는 이런 상황에 적응할 선택권이 거의 없다. 관개에 필요한 물은 거의 구하기 힘든 데다, 비료 같은 첨가물도 부족하거나 지나치게 비싸다. 최근 몇 년 동안 농작물 재배업자들이 가뭄에 강한 옥수수 종자를 개발하기는 했지만, 그래도 이것을 재배하려면 약간의 비가 필요했으며 더 발전한 종자는 유전 공학을 반대하는 환경 운동가들에게 가로막혔다.[63]

옥수수를 둘러싼 전 세계적인 전망은 그다지 좋지 않다. 2019년 2월 〈지구의 미래Earth's Future〉에 발표된 최근 연구에 따르면 2020년대 중반 이후 기온이 1.5℃ 상승한 세계부터는 열 스트레스와 가뭄 같은 10년에 한 번 등장하는 기후 사건이 '새로운 정상'이 될 것으로 예측된다.[64]

그리고 2030년대까지 지구온난화로 2℃가 상승하는 시나리오에서 "옥수수 재배 지역은 이전에 경험하지 못했던 열 스트레스와 가뭄의 영향으로 수확량에 크고 작은 차질을 빚을 것이다." 이런 상황에 대해 가장 염려하는 국가는 전 세계에서 옥수수를 가장 많이 생산하는 미국으로, 이미 콘벨트(미국 중서부에 형성된 세계 최대 옥수수 재배 지역) 전체에 걸쳐 점점 더 많은 열 스트레스를 겪고 있다. 기온이 2℃ 상승한 세계에서는 전 세계적으로 옥수수 생산량이 무려 1억 톤이나 감소해 옥수수 교역량의 대부분이 사라질 것이다. 이런 변화는 멕시코나 일본 같은 옥수수 수입국에 재앙이다. 게다가 동물 사료에 옥수수가 중요한 재료이기 때문에 전 세계적인 옥수수 공급량이 감소하면 세계 식량 시장 전반에 걸쳐 연쇄적인 영향을 끼칠 것이다. 〈지구의 미래〉에 실린 논문 저자들은 기존 옥수수 재배국인 미국, 중국, 아르헨티나, 브라질 등이 폭염과 가뭄에 심각한 영향을 받을 가능성이 있으므로 앞으로 옥수수 재배에 적합한 새로운 지역을 찾기 위한 노력을 기울여야 한다고 제안한다.

다른 연구들 또한 전 세계 주요 농경지대에서 옥수수에 대한 암울한 예측을 뒷받침했다. 2017년 〈PNAS〉에 실린 한 논문은 전 세계 기온이 1℃ 상승할 때마다 미국의 옥수수 수확량이 10퍼센트 감소하며 중국은 8퍼센트, 브라질과 인도는 5퍼센트 감소할 것으로 예측했다.[65] 위기에 처한 것은 옥수수뿐만이 아니었다. 이 논문은 지구온난화로 1℃ 상승할 때마다 전 세계 밀 수확량이 6퍼센트, 쌀은 3퍼센트 감소할 것이라 예상한다.[66] 전 세계에서 콩을 가장 많이 생산하는 미국은 기온이 1℃ 상승할 때마다 무척 중요한 단백질원인 콩 수확량이 거의 7퍼센트 감소하리라 예측된다. 이런 걱정스러운 예측치는 온도가 1℃ 오를 때마다 전 세계 밀 생산량이 6퍼센트 떨어진다는 다른 연구들과도 일치한다.

그리고 지구온난화는 더위와 가뭄 말고도 다른 나쁜 것들을 더 몰고 온다. 과학자들은 기온이 상승하면서 농작물의 해충이 엄청나게 증식해 쌀이나 옥수수, 밀 수확에 심각한 악영향을 줄 것으로 예측한다. 마치 성경에 등장하는 이집트의 10가지 재앙을 연상시키는 경고다. 곤충이 작물을 더 많이 공격하면서 온도가 1℃ 오를 때마다 수확량이 25퍼센트까지 감소할 수 있다.[67] 이산화탄소의 양이 증가하면서 비료화 효과가 약간 생길 수 있지만, 이전에 예상하지 못했던 또 다른 영향에 의해 상쇄된다. 이산화탄소 수치가 증가하면 작물에 포함된 영양분이 떨어진다. 2018년 과학자들이 〈네이처 기후변화〉에 발표한 바에 따르면, 대기 중 이산화탄소 농도가 550ppm이면 우리가 섭취하는 여러 작물의 단백질, 아연, 철분 함량은 현재보다 3~17퍼센트 감소하리라 예측된다.[68] 그러면 사람들에게 미치는 영향은 심각할 것이다. 과학자들은 "이산화탄소 수치가 상승하면 1억 7,200만 명이 아연 부족 증상을 겪고 1억 2,200만 명은 단백질 결핍을 겪을 수 있다"라고 경고한다. 그러면 〈랜싯〉이 기온이 2℃ 상승한 세계에서 발생하리라 예측한 피해자 수에 수억 명이 추가될 것이다.

그뿐만 아니라 전 세계 식량 생산량에 대한 예측은 인구 증가라는 '방 안의 코끼리'(모두 알고 있지만 그 누구도 먼저 이야기를 꺼내지 못하는 크고 무거운 문제를 비유하는 표현)'를 고려해야 한다. 전문가들은 기후변화를 고려하지 않더라도, 열대우림을 파헤치거나 지구의 마지막 야생 지역을 파괴하지 않은 채 지금보다 훨씬 많은 95억에서 100억 명의 인구를 먹여 살리는 일은 거의 불가능하다고 여긴다. 2050년까지 인구의 증가와 변화하는 생활방식에 대처하려면 전 세계 식량 생산량이 70퍼센트 이상 증가해야 한다는 것이 주류 전망이다.[69] 가뭄이 계속 이어지고 전 세계 주요 곡창지대에서 온난화에 따라 수확량이 크게 감소하고 있는 상황에서 이런 목표가 달성될 수 있을지는 불투명하다. 물론 인구가 증가하면 끔찍한 기근이 닥치리라는 예측은 과거에 빗나간 적이 있다. 예컨대 파울 에를리히Paul Ehrlich는 1968년 저서 《인구 폭탄 The Population Bomb》에서 인구 과잉으로 인해 1970년대에서 1980년대 사이에 수억 명이 굶어 죽을 것이라는 악명 높은 예측을 했지만 다행히 현실이 되지는 않았다. 하지만 운이 좋아서 우연히 그렇게 된 것은 아니었다. 녹색 혁명을 통해 극적으로 수확량이 증대하면서 수억 명의 생명을 구할 수 있었다. 이런 성과를 거둔 세계 최고의 작물 사육자 가운데 한 사람인 밀 연구자 노먼 볼로그Norman Borlaug는 당연히 노벨 평화상을 수상했다.

그렇다면 우리는 무엇을 할 수 있을까? 볼로그를 통해 얻을 수 있는 교훈은 전 세계적으로 더 나은 작물을 재배하고 농업 생산성을 향상하기 위한 수십 년의 노력을 기울이면 예측된 기근을 피할 수 있다는 것이다. 그리고 2℃가 우리가 얻을 수 있는 최선의 기온 상승폭이라는 점을 고려하면, 발만 동동 구르다가 2030년대나 2040년대에 수억 명이 굶어 죽게 내버려 둘 수는 없다. 확실히 노먼 볼로그는 인구 증가를 부인한 사람이 아니었다. 볼로그는 미래에 전 세계 인구가 증가하기 때문에 농작물 재배자들과 농학자들은 끊임없이 효율성을 개선해야 한다고 평생 반복해서 경고했다. 물론 그것은 지구온난화가 이슈로 부각되기 전이었다. 미래 세대를 먹여 살리는 일은 이전보다 훨씬 더 어려워졌다.

열사병의 위험

2℃의 기온 상승은 그렇게 대단해 보이지 않을 수 있다. 우리 주변에서 온도가 2℃쯤 변해도 거의 느낄 수 없으니 말이다. 그렇다면 왜 그렇게 난리인 걸까? 2019년 7월, 스위스에 기반을 둔 한 연구팀은 사람들이 단순히 2℃ 정도의 온도 변화를 체감하지 못할 것이라는 위험성을 인식한 상태로 각 도시에서 현재와 2050년대에 예상되는 기후를 서로 비교하는 혁신적인 연구를 발표했다. 그 결과에 따르면 마드리드의 기후는 1세기 반쯤 지나면 모로코 마라케시의 현재 기후와 비슷해질 것이고, 북아메리카에서는 워싱턴주의 시애틀이 2개 주를 남하해 오늘날의 캘리포니아주 샌프란시스코와 비슷해질 것이다. 아이슬란드의 수도 레이캬비크는 스코틀랜드의 에든버러처럼 되고, 에든버러는 프랑스 북부 릴처럼 될 것이다. 그리고 런던은 바르셀로나와, 스톡홀름은 부다페스트와, 모스크바는 소피아와, 도쿄는 중국 남부 창사와

비슷해질 것이다.

연구자들은 북반구의 도시들이 평균적으로 남쪽으로 1,000킬로미터 떨어진 더 따뜻한 지역의 현재 기후와 비슷해지면서 "모든 도시가 아열대 기후로 이동하는 경향이 생긴다"라고 지적했다. 연평균 약 20킬로미터의 '기후 속도'로 이동하는 것이다. 다시 말해 여러분이 북반구 중위도의 어딘가에 거주하고 있다면 1년에 20킬로미터, 즉 하루에 약 54미터, 또는 시간당 2.25미터의 속도로 남쪽으로 이동하는 셈이다. 초속으로 환산하면 1초에 0.5밀리미터가 조금 넘으니 육안으로도 감지할 만한 이동 속도다. 마치 런던, 모스크바, 스톡홀름 같은 전 세계 주요 도시가 느리게 움직이는 거대한 컨베이어벨트에 실려 손목시계의 초침과 비슷한 속도로 아열대 지역을 향해 이동하는 것과 같다. 이러한 기온 변화는 주로 열이 증가해 더워진다는 측면에서 느껴지겠지만, 이렇게 도시의 '정상적인' 포락선 밖으로 기후가 이동하면 주변 지역의 생물 종 구성이나 상수도 공급 측면에서도 변화가 이어질 것이다.

물론 이것은 상상의 결과물이다. 실제로 변하는 대상은 도시라기보다는 기후대이다. 하지만 이것은 온갖 종류의 진짜 질문들이 제기되도록 자극한다. 예컨대 바르셀로나에는 주변 지중해 기후 때문에 짧은 기간 동안 작은 규모의 물길이 지난다. 그러면 런던의 공원과 거리에도 오늘날의 바르셀로나처럼 야자수가 줄지어 서게 될까? 2050년에 템스강은 말라붙을까? 그러는 동안 바르셀로나 자체는 북아프리카 기후로 바뀌어, 산맥 하나를 사이에 두고 세계에서 가장 큰 사막과 맞닿아 있는 더욱 뜨거운 반건조성 기후가 될 것이다. (모로코 마라케시에서 아틀라스산맥을 건너면 사하라 사막의 북쪽 가장자리가 나온다.)

진짜 중요한 요인은 기온이다. 2017년 〈PNAS〉에 발표된 한 논문에 따르면 2℃라는 기온 상승치를 실감하는 또 다른 방법은 현재의 도시를 남쪽의 더 더운 도시로 이동시키는 대신 최근의 가장 치명적인 폭염이 앞으로 얼마나 더 자주 닥칠지 예측해 보는 것이다.[70] 예컨대 2015년 파키스탄의 카라치를 강타한 폭염에 대한 보수적인 추정치에 따르면 약 1,200명의 열 관련 사망자가 발생했다. 지구온난화가 2℃ 진행되면 카라치는 매년 이러한 극한 상황을 겪게 될 것이다. 또 기온이 1.5℃ 상승하면 전 세계 거대 도시 44곳 가운데 40퍼센트 이상이 매년 위험할 정도의 고온 현상을 보일 테고, 2050년에는 3억 5,000만 명의 도시 거주민이 '죽을 듯한 더위'에 노출될 것이다. 이런 다가오는 위협에 대응하여 국제 적십자사와 적신월사(이슬람 국가에서 적십자와 같은 일을 하는 단체)에서는 시 공무원들이 폭염에 대처하고 온열 관련 사망률을 낮추기 위한 98쪽짜리 안내서를 제작했다.[71]

치명적인 폭염은 보다 고위도 지역을 강타하기도 했다. 2010년 여름 러시아의 폭염은 미래의 무더위가 어떤 모습일지 살짝 엿보는 기회가 되었다. 당시 두 달 가까이 '메가 열파'가 전국을 강타하면서 심각한 화재가 발생했고 모스크바는 연기에 뒤덮였다.[72] 시립 영안실에는 시체가 쌓였고 도로의 아스팔트가 녹지 않도록 탱크트럭이 돌아다니며 물을 뿌렸다.[73] 당황한 러시아의 기상학자들은 천년의 역사 이래 최악의 폭염을 선포했으며 기상청 직원들은 '이런 폭염은 우리 세대나 조상 세대에서 전혀 관측된 적이 없으며 완전히 독특한 사건이다'라고 발표했고, 전국에서 500여 건의 화재가 발생했다.[74] 이 시기에 러시아의 논밭에 산불이 나서 곡물의 5분의 1이 불타거나 더위와 가뭄으로 바싹 말랐고, 밀 수출은 금지되었다.[75] 전체적으로 약 10,000제곱킬로미터의 국토가 불에 탔으며 최종 사망자 수는 최대 5만 5,000명에 달할 것으로 추정되었다.[76]

그해 7월에서 8월 사이에 모스크바의 기온이 38.2℃에 도달하는 동안 더 남쪽의 볼고그라드(옛 스탈린그라드)는 41.1℃에 이르렀고, 아시쿨은 44℃를 기록했다.[77, 78] 확실히 생명을 위협할 만한 더위였다. 미국 국립기상청은 기온이 40.5℃(105°F) 이상 올라가면 폭염 경보를 내린다.[79] "기온이 과도하게 높아지거나 체감온도가 40℃(104°F) 이상 올라가면 사망률이 기하급수적으로 증가하기 때문"이다. (체감온도에는 습도가 포함되기 때문에 주변 온도는 체감온도보다 상당히 낮을 수 있다.) 40℃ 이하에서도 인체가 체온을 빨리 식히지 못해 건강을 유지하기 힘들어지는 온열 질환의 발생률이 치솟을 수 있다. 온열 질환 가운데 일사병과 열사병은 증상이 정반대여서 혼란을 유발한다. 일사병 환자는 어지러움, 많은 땀, 축축한 피부와 빠르고 약한 맥박 등의 증상을 보이는 반면, 열사병 환자들은 뜨겁고 건조한 피부, 빠르고 강한 맥박을 보일 가능성이 높다. 열사병은 심각한 응급사태로 간주된다. 미국 국립기상청은 열사병 환자가 발생하면 911에 전화하거나 병원에 즉시 이송하도록 하는데, '대처가 늦어지면 목숨을 앗아갈 수 있기 때문이다.'[80]

2010년 러시아에서 발생한 폭염은 심지어 3만 5,000명에서 7만 명

사이의 사망자를 낸 2003년의 유럽 폭염보다도 규모 면에서 심각했다. 현재의 기후와 비교하면 둘 다 굉장히 심각했고 최소한 지난 500년 동안(어쩌면 훨씬 더 오랫동안) 대륙에서 나타났던 기후보다 더 뜨거웠다.[81] 하지만 앞으로 이와 같은 초대형 열파가 훨씬 더 자주 찾아올 것이라는 전망이 나오고 있다.[82] 사실 그 예측은 이미 실현된 것처럼 보인다. 2017년에도 유럽 전역에서 초대형 열파가 다시 발생했으며, 2018년에는 북반구 전체가 기록적인 고온을 보였다.[83] 최신 기후 모델에 따르면 온난화 상승폭이 1.5℃만 되어도 2003년과 2017년 수준의 폭염은 그저 평범한 유럽의 여름철 날씨가 될지도 모른다. 그리고 0.5℃가 더 올라가 기온이 2℃ 상승한 세계가 되면, 유럽의 평균적인 여름 날씨는 모스크바가 구워지듯 덥고 러시아가 불타올랐던 2010년 7월만큼이나 더울 것이다.[84] 기온이 1.5℃ 올라간 세계에서는 유럽에서 9,000만 명이 역사적으로 유례없는 여름 폭염에 노출될 것이다. 그리고 2℃ 상승한 세계에서는 이 피해자의 수가 독일 인구의 2배인 1억 6,300만 명으로 증가한다.[85] 또 다른 기후 모델은 2003년의 치명적인 폭염과 같은 사람들에게 큰 피해를 입히는 극한 기후가 "2℃ 상승한 세계에서는 대부분의 해에 발생할 것"이라는 사실을 알려준다.[86] 한 논문은 유럽연합EU 회원국에서 2030년대까지 매년 3만 명의 온열 관련 사망자가 발생하며, 이번 세기말에는 사망자 수가 훨씬 증가할 것으로 추정했다.[87]

남반구에서도 더위가 기승을 부리고 있다. 2012년에서 2013년의 '화난 여름' 기간 동안 호주에서는 평균 기온이 40.3℃였다. 1월 7일에는 사상 최고의 기온이 기록되었고, 같은 달 동안 3개 주의 기상 관측소에서는 기온이 49℃까지 올라갔다.[88] 연구자들이 나중에 계산한 바에 따르면 인간이 기후에 미친 영향 때문에 이런 기록적인 여름 폭염은 최소한 5배 이상 더 발생하게 되었다.[89] 기온이 2℃ 상승한 세계에서는 오늘날과 비교해 '화난 여름'이 최소한 50퍼센트 더 빈번하게 발생할 테고, 미래의 호주에서는 이런 치명적인 폭염이 흔해질 것이다.[90] 게다가 과학자들은 전 세계의 기온 상승이 선형적인 패턴이 아니라고 거듭 강조한다. 온난화 상승폭이 2℃라고 해서 극한적인 고온 기록이 2℃만큼만 더 올라가는 것은 아니다. 극단적인 고온 기록은 전 세계 평균 기온보다 훨씬 빠르게 치솟을 가능성이 높다. 호주에서는 2℃ 상승한 세계에서 폭염 기간의 기온이 평균적인 기온 상승폭보다 최소한 2배 더 높아질 것으로 예측된다.[91] 이 나라는 유럽 대륙에서 그동안 결코 경험하지 못했던 최고 기온을 기록하는 현장이 될 것이다.

중국도 2013년에 기록적인 폭염을 겪었고, 그로 인해 여러 도시에서는 특히 노인 사망자 수가 증가했다.[92] 그 뒤로 2016년, 2017년, 2018년에도 폭염이 다시 돌아왔다. 기후 모델에 따르면 2℃ 상승한 세계에서는 거의 매년 수은주가 2013년에 경험했던 극한 수준을 넘어서면서 당시 중국의 여름은 시원한 편으로 간주될 것으로 여겨지기도 한다. 현재는 극심한 더위를 피하고 있는 중국의 몇몇 지역도 2℃ 상승한 세계에서는 처음으로 폭염이 시작되어 고온에 노출되는 인구가 25~50퍼센트 증가할 것으로 보인다.[93] 중국은 무척 큰 나라이기 때문에, 이것은 수억 명의 사람이 과거의 경험과는 사뭇 다른 극심한 더위에 노출된다는 뜻이다. 그러면 인구가 수천만인 도시 전체가 열기에서 보호받아야 하고, 농부들이 여러 작물의 온열 한계치를 넘어선 더위에 맞서느라 고군분투하는 동안 작물 생산량은 떨어질 것이다.

2018년 7월에는 일본이 극심한 더위를 경험할 차례였다. 구마가 야 시에서 41.1℃라는 역대 일본 최고 온도가 기록되었고, 온열 질환으로 1,000명이 숨지고 수만 명이 입원하면서 정부는 '자연재해'를 선포했다.[94] 이후 2019년 5월에 발표된 한 연구는 인류가 초래한 지구온난화가 없었다면 이런 사건은 결코 일어나지 않았을 것이라 결론지었으며, "앞으로 수십 년 뒤 온난화 상승폭이 1.5℃에서 2℃가 된 세계에서는 이 같은 폭염이 일상적인 상황이 될 것"이라고 경고했다.[95] 전 세계적으로 폭염의 영향을 받는 인구는 무척 많다. 최근의 가장 포괄적인 연구에 따르면 2℃ 상승한 세계에서는 앞으로 적어도 20년에 한 번은 20억 명 이상의 사람이 극도의 폭염에 노출될 전망이다.[96] 하지만 기온 상승폭이 0.5℃만 떨어져도 차이는 커진다. 지구온난화 폭이 1.5℃로 제한되면 심한 폭염에 노출되는 인구가 17억 명, 극한적인 열파에 노출되는 인구는 4억 2,000만 명, '유례없는' 열파에 노출되는 인구는 6,500만 명 감소한다.[97] 폭풍우도 별 도움이 되지 않을 것이다. 2019년의 한 연구가 경고한 바에 따르면 해안에 거주하는 수백만 명의 인구가 2℃ 상승한 세계에서 열대성 사이클론에 극한적인 무더위가 더해지는 상황에 직면할 것이다.[98]

열대성 사이클론이 일으키는 이러한 위협은 특히 심각하다. 강한 폭풍은 전기 공급을 차단하며, 그에 따라 폭염 피해자들은 식수를 비롯한 중요한 물품의 부족으로 고통받는 데 더해 에어컨도 켤 수 없게 된다. 이러한 우려는 냉방 서비스의 접근성에 대한 전 세계적인 불평등에 더욱 광범위하게 적용된다. 현대식 에어컨이 설치된 호주 애들레이드의 교외 주택에서 40℃의 폭염을 경험하는 것과 비록 열대성 폭풍은 없더라도 인도 뭄바이 변두리의 양철 지붕 판잣집에서 비슷한 더위를 이겨내야 하는 상황은 전혀 다르다. 인도는 2016년 계절풍인 몬순의 영향을 받기 전인 5월 라자스탄에서 51℃라는 사상 최고의 기온을 기록했으며, 현재 인도의 전반적인 기후에 비해 30배 이상 심한 폭염이 예상돼 극한의 더위에 노출되는 인구가 최고 92배까지 증가할 것으로 추정된다.[99, 100] 인도가 국민이 에어컨을 쉽게 구할 수 있을 만큼 부유한 나라가 되지 않는다면, 여름철 평균적으로 수만 명이 더위로 사망할 것이며 야외나 도로, 건축 부지에서 일하는 사람들은 특히 더 큰 영향을 받을 것이다.

한 연구에 따르면 아프리카의 개발도상국들은 2℃ 상승한 세계의 폭염에서 살아남기 위해 수백억 달러를 에어컨에 쓸 수 있다.[101] 국제에너지기구IEA는 2050년까지 이런 국가의 냉방 비용으로 미국, EU, 일본의 총 발전 용량과 맞먹는 추가 전력 공급이 필요할 것이라 추산하고 있다.[102] 내가 보기에 이것은 일종의 양의 되먹임 현상이다. 극단적인 더위가 닥치면 인류는 냉각을 위해 더 많은 에너지를 소비해야 하고, 그에 따라 이산화탄소 배출량이 증가해 더 많은 열을 발생시킨다. 일단 이 러닝머신 위에 올라가면, 벗어날 길이 없다. 인류는 계속해서 더욱 빠르게 달려야 한다.

건조해진 대륙, 아프리카

기후변화를 가장 적게 일으킨 사람이 그 부작용을 가장 많이 경험하는 경우가 많다는 것은 우리 시대의 가장 큰 부당함 가운데 하나다. 그리고 이런 부당함을 가장 제대로 겪는 지역은 아마 아프리카일 것이다. 사하라 사막 이남의 아프리카에서, 1인당 탄소 배출량은 보통 부유한 선진국의 10분의 1 수준이다. 사하라 사막 이남 아프리카의 1인당 이산화탄소 배출량은 0.8톤으로, 미국의 16톤, 호주의 15톤, EU의 6톤에 비하면 훨씬 적다.[103] 하지만 아프리카인들은 지구온난화에 거의 기여하지 않았는데도 지구온난화의 부작용과 영향을 피해갈 수 없다. 사실 지구상 가장 격렬한 기후변화의 현장 가운데 일부가 아프리카 대륙에 자리한다. 그 사실은 기후 모델을 활용해 2℃ 상승한 세계의 가뭄 위험성을 조사한 2017년 〈지구물리학 리서치 레터〉에 실린 한 논문을 통해 쉽게 살필 수 있다.[104] 이 논문에는 세계 지도 안에 파란색, 노란색, 주황색, 빨간색에 이르는 다양한 색상으로 각 대륙을 음영 처리했는데 이것은 온난화된 세계에서 예상되는 강수량의 변화를 나타낸다. 빨간색으로 갈수록 건조한 지역이고 파란색으로 갈수록 습하다. 아프리카 대륙의 경우 남쪽의 케이프타운에서 북쪽의 짐바브웨와 콩고 국경에 이르기까지 강렬한 빨간색의 음영으로 표시되어 있으며, 건조한 가뭄 지역은 나미비아에서 동쪽으로 퍼져 사실상 마다가스카르섬 전체를 뒤덮는다. 색깔의 진하기로 미루어 보면, 이 지역은 전 세계 다른 가뭄 지역에 비해 강수량이 감소한 정도가 훨씬 크다. 이 모델이 옳다면, 메마른 땅에서 생계를 꾸리기 위해 고군분투하는 수백만 명의 주민에게 이미 심각한 어려움이 닥쳤다는 사실을 알 수 있다.

이 가뭄의 중심에는 아프리카 남부의 국가 보츠와나가 자리한다. 나는 이전 저서인《6도의 멸종》에서 보츠와나에 대한 내용을 실은 적이 있다. 이전 세대의 기후 모델에 따르면 이 지역이 상당한 건조 기후를 겪게 될 것이라 예상되었기 때문이었다. 2007년 이 책의 '3℃ 상승' 장에서 나는 이 사례 연구 결과를 다소 보수적으로 해석했는데, 그 내용은 무척 단기적인 기후 모델의 예측을 포함했다. 나는 이렇게 기술했다. "빠르면 2010년부터 남아프리카는 지속적으로 건조한 기후를 유지해서 결국 기존 강수량에서 10~20퍼센트가 감소할 것이라 예상된다." 그렇다면 지금 상황은 실제로 어떨까? 보츠와나의 수도인 가보로네 주민들은 가뭄이 특히 심하던 2015년, 수도꼭지에서 몇 주 동안 물이 나오지 않는 상황에 처했다. 저널리스트들이 낙관적인 의미로 '오래된 친구'라 부르는 가보로네 댐이 이런 상황을 만든 범인이었다. 이 댐의 저수지 수위는 도심에서 네온사인을 통해 중계될 정도로 이곳에서 지속적인 관심의 대상이었다.

현지 일간지인 〈음메기Mmegi〉의 기자는 당시 현장을 이렇게 전했다.[105]

가보로네 댐이 역사상 처음으로 죽어가고 있다. 한때 우리의 자랑이었던 1억 4,100만 세제곱미터의 물이 토사 바닥에서 겨우 4미터 높은 지점에서 말라가고 있다. 댐에서 물을 빼는 7개의 지점 가운데 6곳이 바깥에 노출되고 마지막 지점은 물에 반쯤 잠겨 있다. 수위가 이 마지막 지점 아래에 도달하면, 가보로네 댐은 50만 명의 가보로네 주민과 회사들이 그동안 일차적으로 의존했던 전통적인 수원을 제공할 수 없다.… 눈에 보이는 저 멀리까지 바위투성이이고, 한때 물이 차 있던 곳이 진흙땅이 되었으며, 멀리 보이는 얼마 되지 않는 소떼는 풀잎을 잡아 뜯느라 진흙탕에 갇혀 있다.

〈음메기〉의 뉴스 제작진은 언론의 중립성을 버린 채 이곳이 메마른 도시가 되지 않도록 댐에서 묵묵히 기도했다. 하지만 두 달 뒤 보츠와나의 국영 수도 회사는 댐의 용량이 1.4퍼센트에 불과해 사실상 제 역할을 하지 못하게 되었다고 선언했다.

게다가 보츠와나의 미래는 현재보다 더 암울해 보인다. 최신의 기후 모델에 따르면 이곳에서는 강수량이 심각하게 줄어들 것이라 예상되며, 2℃ 상승한 세계에서는 기존의 물이 10퍼센트 이상 사라지고 건기가 평균적으로 15~19일 더 지속될 것이다. 어느 지역에서 최악의 가뭄이 발생할지에 대해 모든 기후 모델의 예측이 일치하지는 않지만, 광범위한 추세는 분명하다. 그리고 또 다른 두 번째 논문은 인도 아대륙 중앙의 대부분과 남아프리카 서부, 모잠비크 북부에서 평균 강우량이 10~20퍼센트 감소할 것으로 예측했다.[106] 여기에 80일 동안의 더위가 이어지면 이런 강우량의 감소는 재앙으로 이어질 것이다.

보츠와나는 이미 보다 덥고 건조해질 미래의 기후에 적응하고 있다. 그 대책 가운데 하나는 보츠와나 역사상 최대 규모의 엔지니어링 프로젝트인 360킬로미터 길이의 수도관 건설이 포함되어 있다. 북동쪽의 레티보고 댐에서 물이 부족한 수도 가보로네까지 물을 운송하기 위한 관이다. 두 번째 수도관은 이미 가동되고 있는데, 이 관은 보다 큰 규모의 디카트롱 댐에서 물을 운반하며 문제가 되었던 가보로네 댐에 비해 용량이 3배가 넘고 현재 평균적으로 가보로네시에서 필요한 물의 절반에 가까운 양을 공급하고 있다.[107] 이 조치만으로도 충분하지 않을지 몰라 이곳 사람들은 북쪽 국경의 잠베지강에서 남쪽의 가보로네에 이르는, 사실상 국토를 완전히 가로지르는 거리만큼 물을 실어 나르기 위한 500킬로미터 길이의 수도관을 건설하겠다는 논의를 하고 있다. 가뭄은 결코 영원히 지속되지는 않을 것이다. 앞에서 설명한 기후 모델에 따른 예측은 보츠와나 사람들이 경험할 하루하루의 날씨라기보다는 광범위한 평균적 강수 패턴의 변화를 나타낸다.

오늘날 '망가진' 가보로네 댐 이야기는 해피엔딩을 맞았다. 2017년 2월, 3주에 걸쳐 폭우가 내린 끝에 댐은 100퍼센트 채워졌으며 넘치는 물은 배수로로 흘렀다. 현지 기자들은 다시 이곳에 몰려들어 "가보로네 댐에 물이 가득 넘치는 모습을 보며 심장이 멈추는 듯한 흥분"을 느꼈다고 전했다. 〈보츠와나 데일리 뉴스Botswana Daily News〉의 발레셍 바틀로틀렝Baleseng Batlotleng 기자는 다음과 같이 선언했다.[108]

토요일 오후, 마침내 웅장한 가보로네 댐에 물이 100퍼센트 채워진 뒤 수많은 바츠와나(보츠와나 사람)들은 희망을 되찾았다. 잦은 가뭄 탓에 몇 년 동안 좌절을 겪었지만, 가보로네 지역사회는 이제 수도 공급에 어려움을 겪었던 어두운 시간이 이제 과거의 일이 될 것이라는 진정한 희망의 가장자리에 있다.

하지만 어쩌면 이것은 헛된 희망일지도 모른다. 좋은 시기는 몇 년 동안만 지속되다가 다음번에는 더 큰 가뭄이 이곳을 덮칠 것이다.

하지만 보츠와나 사람들은 또 다른 어려운 선택을 했다. 이 나라의 주요 수출품은 다이아몬드인데, 정부는 이 단일 품목에만 의존해 외화를 벌어들이기보다는 경제를 다각화하기를 바란다. 개발 대상의 맨 앞에는 2,000억 톤에 달하는 엄청난 석탄이 있다. 이 석탄은 전 세계에서 가장 큰 미개발 자원이다. 2019년 7월 보츠와나에서 처음으로 민간 소유가 된 한 노천 탄광은 남아프리카의 전력 시장과 새로운 화력 발전소에 공급하는 것을 목표로 생산에 돌입했다. 〈뉴 사이언티스트 New Scientist〉는 보츠와나의 석탄 생산이 탄소 배출량에 어느 정도 영향을 미치는지 전문가에게 계산을 의뢰했다. 결과는 놀라웠다. 전 세계가 온난화 상승치 1.5℃라는 목표를 지키기 위해 태울 수 있는 연료의 총량 가운데 4분의 1을 보츠와나가 가진 연료 비축량만으로 소모할 수 있었다.

그렇다면 보츠와나는 다가오는 불행한 기후변화에 대한 책임이 있다고 비난받아야 할까? 부유한 국가들이 그동안 화석 연료에 힘입어 산업화를 진행했던 상황에서, 아프리카의 가난한 나라들이 오늘날의 기회를 빼앗기는 것은 일단 공평해 보이지 않는다. 지금까지 아프리카 대륙은 대기 중에 존재하는 탄소 가운데 극히 일부분만을 배출했다.

최종 경고: 6도의 멸종

하지만 이것은 상호확증파괴(적이 핵 공격을 하면 미사일이 도달하기 전이나 후에 아직 보존된 핵무기를 이용해 상대편도 전멸시키는 전략)의 논리일 뿐이다. 현실적으로 아프리카 대륙은 수십 년 전에는 개발되지 않았던 청정에너지 기술을 사용해 경제적 번영을 이룩하는 또 다른 길을 추구할 수밖에 없다.

사라지는 빙하

아프리카에서 가장 상징적인 지형지물 가운데 하나는 케냐와 탄자니아의 경계에 있는, 거대한 얼음으로 뒤덮인 화산인 킬리만자로산이다. 이 화산은 반짝이는 신기루처럼 먼지가 덮인 주변의 건조한 평원 위로 불쑥 솟아 있다. 하지만 기온이 오르고 강설량이 증가하면서 킬리만자로의 빙원은 꾸준하게 사라지는 추세다. 한때 산의 맨 꼭대기 고원에 펼쳐졌고 산자락으로도 흘러내려 온 거대한 얼음덩어리는 지난 세기 동안 질량의 85퍼센트가 사라졌고 대부분은 쩍쩍 갈라지기 시작했다. 예전에 웅장해 보이던 빙하들은 이제 어두운 화산재의 바다에 갇힌 채 혹독한 적도의 태양 아래 천천히 시들어 가는 황량한 삼각형 쐐기일 뿐이다. 최근의 예측에 따르면, 단순히 현재의 손실 속도를 추정하는 것만으로도 2040년까지 고원과 남쪽 경사면에 남아 있는 얼음 밭이 사라지리라는 것을 알 수 있다.[109] 게다가 지구온난화 속도가 전혀 빨라지지 않는다고 하더라도 "2060년 이후로 킬리만자로산에 얼음이 조금이라도 남아 있을 가능성은 매우 희박하다." '반짝이는 산'이라는 뜻을 지닌 킬리만자로산은 기온이 2℃ 상승한 세계에서는 흰색이아닌 갈색을 띨 것이다.

멀리 북서쪽에 떨어진 케냐산에 남아 있는 가장 큰 얼음덩어리인루이스 빙하는 지난 10년 동안 절반의 질량을 잃었다.[110] 그뿐만 아니라 두 부분으로 쪼개져 빠른 속도로 줄어들고 있다. 만약 이런 속도로 계속 작아진다면 2030년까지 이 빙하는 완전히 사라질 테고, 그동안 열대 지역에서 가장 오래되었던 빙하 모니터링 기록도 종료될 것이다. (이 빙하는 1899년에 처음 기록되었다.) 전 세계 열대 지역의 다른 곳들도 사정은 비슷하다. 콜롬비아의 안데스산맥에서는 8개의 빙하가 이미 사라졌으며, 남아 있는 6개의 빙하도 이번 세기 중반을 넘길 것 같지 않다.[111] 2℃ 상승한 온난화 때문에 페루 안데스산맥에서 빙하의 높이가 약 230미터 상승하고, 작은 빙원 대부분은 완전히 사라지며 남아 있는 빙원의 범위도 축소될 것이다.[112] 이미 기후변화의 희생양으로 알려진 페루 코르디예라 블랑카산맥의 유명한 파스토루리 빙하 역시 완전히 자취를 감출 것으로 예상된다.

지구촌의 전반적인 상황은 그야말로 비참하다. 현재의 빙하 손실 속도가 계속된다면 코카서스, 유럽 알프스, 열대 지역, 북아메리카, 뉴질랜드 빙하의 대부분은 이번 세기 후반에 사라질 것이다.[113] 앞으로 10년이나 20년 뒤에 그렇게 될 가능성이 무척 높지만, 온난화가 불과 1.5℃에 그친다 해도 '아시아의 고산지대(히말라야산맥, 카라코람산맥, 파미르고원, 힌두쿠시산맥, 텐산산맥)'에서는 기존 얼음의 3분의 1이 녹을 것이다.[114] 산악 빙하는 현재의 기후에서도 이미 크게 균형에서 벗어난 상태이기 때문에, 탄소 배출량이 대폭 줄어든다 해도 21세기 동안 용해 속도는 거의 감소하지 않을 것이다.[115]

이 산악 빙하는 엄청난 양의 물을 포함하고 있다. 이런 빙하의 급속한 용해는 매년 지구 해수면에 3,350억 톤의 물을 더했을 것이라 추정되며 그에 따라 해수면이 매년 거의 1밀리미터씩 높아졌을 것이다. 부피 측면에서 보면 이 녹은 물의 대부분은 열대 지역이 아니라 알래스카나 안데스산맥 남부의 거대한 빙하, 그리고 러시아와 캐나다 북극 지역의 빙하에서 온 것인데, 이곳은 모두 지구의 평균치보다 훨씬 빠른 온난화 속도를 보이고 있다. 비록 이들 지역에는 물 부족이 발생하지 않지만, 열대지방의 빙하 강 유역에서는 건조한 계절에 강물을 계속 흐르게 하는 빙하가 줄어들어 결국 사라지면서 이번 세기 동안 물 부족 현상에 시달릴 것으로 예측된다. 특히 심각한 타격을 입게 될 곳은 아랄해나 타림분지 같은 중앙아시아의 강 유역이며, 이곳은 빙하가 줄어들면 늦여름에 상당한 양의 물을 잃게 될 것이다.[116] 안데스산맥 높은 곳에서 건조한 해안 지대를 통해 흘러나오는 남아메리카의 강들 역시 마찬가지다.

하지만 가장 크게 우려되는 곳은 남아시아다. 이 지역에서는 인더스강, 갠지스강, 브라마푸트라강이 공급하는 수역에 약 9억 명의 인구가 의존하고 있으며 이 세 강 모두 카라코람산맥과 히말라야산맥의 높은 지대에서 솟아난다. 비록 갠지스강과 브라마푸트라강은 둘 다 장마철에 내리는 빗물을 통해 상당한 수량을 공급받지만, 몬순 이전에 빙하가 녹은 물은 유량의 중요한 일부다. 파키스탄의 인더스강에서는 상황이 더욱 명확하다. 인더스강이 흐르는 지역은 대부분 극도로 건조해서 일 년 내내 빙하가 녹아 산맥에서 강으로 흐른다. 2019년 7월에 연구자들은 이 세 곳의 강이 운반하는 빙하 녹은 물에 식수와 식량 생산을 직접 의존하는 사람의 수가 얼마나 될지 정량화했다.[117] 그 결과 남아시아 지역에서 1억 2,900만 명이 "상류의 빙하 녹은 물에 실질적으로 의존하고 있다"라고 계산되었다. 5,200만 명이 먹을 쌀과 6,400만 명이 먹을 밀이 근처 평야에서 이 빙하 녹은 물로 생산되었다. 또한 "인더스강과 갠지스강, 브라마푸트라강에 의존해서 생활하는 4,800만 명의 농부들 말고도 수많은 농부가 지역 빙하와 눈 녹은 물에 의존해서 살아간다."

　중앙아시아 북부의 상황은 더욱 심각하다. 2019년 5월 〈네이처〉에 발표된 한 논문에 따르면 계절에 따른 빙하 녹은 물이 2억 2,100만 명의 기본적인 필요를 만족시키며 파키스탄, 아프가니스탄, 타지키스탄, 투르크메니스탄, 우즈베키스탄, 키르기스스탄의 도시와 산업적 수요의 대부분을 충당한다.[118] 이 국가들은 특히 가뭄 기간에 취약해진다. 이 기간에는 산악 빙하의 용해수가 비나 눈이 오지 않아 생긴 부족분을 메우는 중요한 역할을 한다. 연구자들은 물 부족에 의해 "사회적 불안, 갈등, 갑작스러운 이주"가 촉발되면 이미 전쟁으로 피폐해지고 빈곤한 이 지역의 문제를 악화시킬 수 있다고 경고한다. 게다가 이 지역의 일부는 이번 세기의 남은 기간에 빙하가 급격히 줄어들어 없어지면서, 빠르면 2020년대에 '수량의 정점'을 경험할 것으로 예측된다. 최근의 한 논문은 '빙하에 의존하는 중앙아시아의 저수량이 풍요로웠던 시대는 곧 끝날 것이다'라는 불길한 제목을 붙이기도 했다.[119]

산악 빙하의 손실은 오늘날 전 세계 자연 유산을 위협하는 주요 요인으로 여겨진다. 2019년의 한 논문은 2℃ 상승한 세계가 지속된다면 이번 세기말까지 페루의 와스카란 국립공원, 뉴질랜드의 테와히포우나무 국립공원, 스위스 알프스의 융프라우 알레치를 비롯한 유네스코 세계문화유산에서 빙하량의 3분의 1이 사라질 것으로 전망했다. 이렇게 자연 유산이 손실을 입으면 귀중한 유적지 가운데 '위험' 등급을 받게 될 곳이 점점 늘어날 것이다.[120]

우리 모두는 콜롬비아, 아프리카 동부, 스위스, 페루에서 빙하가 사라지면서 세계적인 유산이 없어지는 것에 대해 애도해야 한다. 물론 물의 이동 측면에서 보면 빙하의 기능 가운데 일부는 댐과 저수지로 대체될 수 있는 것이 사실이다. 하지만 '세계 유산'이라는 지위가 암시하듯이, 우리가 세계적으로 높은 산에서 눈과 얼음이 사라지는 것을 안타까워하는 데는 단지 실용적인 이유 이상이 있다. 페루 안데스산맥에서는 많은 사람이 '아푸스'라는 산신이 눈과 얼음 속 가장 높은 곳에 산다고 믿는다. 전통적으로 아푸스는 외딴 마을과 고원 지대의 수호자이지만, 오늘날 산이 반짝이는 흰색에서 먼지투성이의 갈색으로 바뀌면서 아푸스는 자기가 살던 집을 파괴한 데 대해 우리에게 벌을 줄 것이다. 우리는 응당 그런 벌을 받아야 한다.

미래의 홍수

남아시아에서는 빙하가 사라지는 것이 주된 관심사지만, 일 년 중 특정 시기에는 대륙의 상당 부분에서 물이 부족하기보다는 흘러넘쳐서 문제다. 사상 최악의 홍수를 겪었던 2010년 파키스탄의 사례에서 우리는 물이 지나치게 많이 흘러넘칠 미래의 모습을 엿볼 수 있다. 7월과 8월 두 달 동안 상상할 수 없는 양의 물이 원래 건조했던 인더스강 계곡을 휩쓰는 바람에 파키스탄 전체 국토의 5분의 1이 물에 잠겼고 2,000명에 달하는 사망자가 발생했다.[121] 당시 유엔 사무총장이었던 반기문은 "피난처, 식량, 응급 처치가 필요한 이재민이 2,000만 명은 된다"라며 국제 원조를 요청했다.[122] 이 이재민 수는 인도양 쓰나미, 카슈미르 지진, 사이클론 나르기스, 아이티 지진을 합친 것보다 더 많았다. 인간 사망자도 많았지만 그와 함께 2만 마리의 소가 익사하고 관개시설이 파괴되었으며, 5억 달러어치의 농작물이 수많은 보와 다리, 도로와 함께 떠내려갔다.[123] BBC의 저널리스트 질 맥기버링Jill McGivering은 길가에서 갓 태어난 아픈 아기의 어머니를 발견하고는 자신이 직면한 도덕적 딜레마에 대한 마음을 움직이는 글을 썼다.[124] "재해를 취재할 때 기자들은 도움을 줘야 할지, 거리를 유지해야 할지에 대한 윤리적 문제에 부딪힐 수 있다. 목숨을 잃을 수도 있는 약한 아기를 기자로서 도와야 할까?"(결국 맥기버링은 가까운 병원의 의사를 찾아 도움을 주었고 아기는 살아남았다.)

파키스탄의 홍수는 특히 심각했다. 원래 극심한 폭우에 시달리지 않았던 무척 건조한 지역을 강타했기 때문이었다. 남아시아의 몬순은 보통 동쪽 멀리까지 가장 많은 비를 내리며 인도 북동부와 방글라데시의 산과 습지대에서 그 강도는 가장 거세진다. ('세계에서 가장 비가 많이 내리는 곳'으로 불리는 인도 북동부 메갈라야주의 마우싱람은 매년 12미터나 되는 놀라운 강우량을 기록한다.) 하지만 기온이 2℃ 상승할 미래에서는 남아시아뿐만 아니라 전 세계의 다른 몬순 역시 광범위하게 강도가 높아질 것으로 예측된다. 중국 과학자들이 2018년 〈네이처 커뮤니케이션즈〉에 발표한 연구에 따르면 "남아시아 몬순 지역의 극한적인 강수량은 온난화에 가장 민감하다." 기온이 1℃ 상승할 때마다 몬순의 강도가 약 10퍼센트씩 높아졌기 때문이었다.[125] 과학자들은 전 세계 몬순 지역에서 온난화 상승치가 2℃ 이상 지속되면 146퍼센트 더 많은 땅과 149퍼센트 더 많은 사람이 5일 동안 극심한 폭우에 시달릴 것으로 예측한다.

2017년에는 남아시아 대륙의 나머지 지역에서도 강우량이 많아질 미래를 엿볼 기회가 있었다. 인도, 네팔, 방글라데시에서 심각한 홍수가 발생해 1,200명이 사망하고 방글라데시에서만 이 기간에 600만 명이 영향을 받았다. 연구자들은 2017년 홍수 이후 하천의 방류량 데이터를 홍수 모델에 도입한 결과, 2℃ 상승한 세계에서는 이런 현상이 더욱 극심해질 것이라는 사실을 밝혔다.[126] 그뿐만 아니라 브라마푸트라강의 상류에서 빙하와 눈이 녹으면 홍수가 증가할 것이라고 언급했다. 영국 기상청이 주도한 또 다른 주요 연구에 따르면 2℃ 상승한 세계에서는 갠지스강의 수량이 30~110퍼센트까지 증가할 수 있다.[127] 강물의 수량이 급증하는 이유는 부분적으로는 100년에 1번 내리는 가장 극단적인 폭우의 발생률이 25퍼센트 증가했기 때문으로, 이것은 브라마푸트라강에서도 볼 수 없었던 증가율이다.[128, 129] 과학자들은 "아시아의 몬순 지역이 인간과 자연계에 파괴적인 영향을 받으면서 폭우는 더욱 빈번하고 거세질 것"이라고 예견한다.[130] 마침 때맞추어 2019년에는 인도 전역에서 지난 25년 동안 가장 거센 장마로 1,600명이 사망했다.[131]

지구 시스템에 더 많은 에너지가 존재하는 상황에서, 수자원의 순환이 강화되는 현상은 전 세계 거의 모든 곳에서 심각한 홍수가 발생할 가능성이 높아졌음을 뜻한다. 중국 과학자들의 2018년 연구에 따르면, 2℃ 상승한 온난화는 중국에서 역사적으로 한 세기 동안 한 번 정도 발생했던 홍수가 나타날 가능성을 2.4배, 다시 말해 곱절 이상 늘릴 것이다.[132] 유럽에서도 앞으로 20년 정도 지난 약 2040년대에는 이런 한 세기에 한 번쯤 발생할 법한 홍수가 2배로 증가할 것이라 예상된다.[133] 이때 가장 큰 위험 가운데 하나는 홍수가 심해지면서 댐이 붕괴될 가능성이 높아진다는 것이다. 예컨대 2017년 2월 캘리포니아주를 휩쓴 홍수 때문에 오로빌 댐의 배수로가 망가지면서 하류에 사는 주민 20만 명이 대피해야 했다. 후속 연구에 따르면 온도가 더 높아질 미래 세계에서는 캘리포니아주에 있는 주요 댐 대부분은 붕괴할 위험성이 커진다.[134] 2019년 8월 영국 더비셔에서도 여름철 폭우 때문에 댐이 일부 붕괴되면서 인근 마을인 웨일리브리지의 주민 1,000여 명이 급히 대피하는 소동이 벌어졌다. 대규모 대피가 이뤄지자 영국 공군은 치누크 헬기를 투입해 수백 톤의 돌무더기를 댐에 투하했다.

다른 나라들도 비슷한 위험에 직면해 있다. 2018년의 한 대규모 연구에 따르면 2℃ 상승한 세계에서 전 세계 육지 면적의 5분의 1은 일주일 동안 심각한 홍수를 겪는 일이 늘어날 테고, 저소득 국가들이 가장 심각한 영향을 받을 것이다.[135] 온난화가 2℃ 진행되어 강우량이 증가하면 북반구 전역의 하천과 강의 평균 수량은 50퍼센트까지 증가할 것이다.[136] IPCC의 2018년 보고서에 따르면 "산업화 이전 기간보다 기온이 2℃ 이상 상승하는 지구온난화가 발생하면 홍수라는 재난의 영향을 받는 지역뿐 아니라 땅에 빗물 유출량이 증가하는 지역이 보다 확대될 것이다."[137]

하지만 많은 기후 재난이 그렇듯이, 우리가 대비를 강화하면 사상자를 줄일 수 있다. 만약 여러분이 강이나 수로 근처에 산다면, 원래 건조했던 지역이라 해도 과거에 최대 침수 높이가 어느 정도였는지를 주의 깊게 살펴야 한다. 2℃ 상승한 세계에서는 그동안 역사적으로 발생하지 않았던 급작스러운 홍수가 발생하고, 이전에 한 세기에 한 번꼴이었던 심각한 홍수가 훨씬 더 빈번하게 나타나리라는 점을 기억하라. 만약 여러분의 지역에서 가뭄을 겪었다면 위험성은 더욱 증폭된다. 식물이 자라지 않아 단단하게 굳고 헐벗은 흙과 산비탈에서는 물이 더 빨리 흐르기 때문이다. 여러분이 위험 지역에 있다고 여겨진다면, 기상 경보를 주의 깊게 듣고 대피할 준비를 하라. 영구적으로 주거지를 옮기는 가능성을 심각하게 고려하라. 이주하기에 가장 좋은 시기는 하늘에 구멍이 뚫려 한 세기에 한 번꼴의 홍수가 발생한 다음이 아니라 그 이전이다.

기후붕괴

2017년 허리케인 하비가 휴스턴 지역을 강타했을 때 알 수 있었듯이, 열대성 사이클론이 육지를 강타하면 최악의 홍수가 발생한다. 2019년 모잠비크에서는 두 차례 연속으로 사이클론을 겪었다. 보통 말라붙어 있던 강을 따라 홍수로 넘친 물이 흘러내리며 수백 곳의 지역사회가 외부와 단절되었다. UN의 정보공유 웹사이트인 릴리프웹 Reliefweb에 따르면 당시 180만 명의 이재민이 발생했고 600명 이상이 사망했으며, 24만 채의 가옥이 파괴되었다. 게다가 7만 명이 임시 숙소에 머무르는 가운데 말라리아와 콜레라가 발생해 영향을 받는 사람은 수천 명 더 늘었다.[138] 하지만 구호 노력이 효과가 있었다는 사실도 중요하다. 모잠비크 비상사태 당시에 110만 명이 식량을 배급받고 90만 명이 신선한 식수를 제공받았다. 어린아이들을 대상으로 한 구강 백신 복용 캠페인에 힘입어 콜레라 환자 수는 빠르게 정점에 달했다가 급속히 떨어졌다. 낯선 사람들의 친절 덕분에 수천 명이 목숨을 구했다. 만약 이 책을 읽는 독자 여러분이 그 일원이었다면 경의를 표한다.

하지만 어떤 사람들에게 나쁜 소식이 다른 사람들에게는 좋은 소식이 될 수도 있다. 앞서 언급했듯이 2017년에 모잠비크에 큰 피해를 입혔던 열대성 사이클론의 잔해 덕분에 보츠와나 사람들은 수도의 가보로네 댐에 물이 가득 차 기뻐했다.[139] 그렇기에 모잠비크 사람들과는 달리 보츠와나 사람들은 기온이 2℃ 상승하면서 남아프리카 대륙에 상륙하는 열대성 사이클론이 감소할 것이라는 소식이 그렇게 달갑지 않을 것이다. 2018년 학술지 〈환경연구회보〉에 발표된 연구에 따르면 사이클론이 줄어들면 아프리카 동부와 남부 내륙의 강우량 감소로 이어져 예전부터 건조했던 지역의 농업 생산량에 악영향을 끼칠 가능성이 높다.[140]

열대성 사이클론이 줄어든다는 이러한 전망은 비단 아프리카 남부뿐만 아니라 열대 기후와 아열대 기후 지역 전체에 적용된다. 열대성 사이클론은 2℃ 상승한 세계에서 현저하게 감소할 것으로 예측된다. 이것은 아마도 더운 지역에서 허리케인이나 열대성 폭풍이 증가하리라 예상하는 많은 사람에게는 반직관적인 예측일 것이다. 하지만 사이클론이 발생하는 데는 따뜻한 바닷물 외의 다른 요소들도 중요하다. 예컨대 기온이 높고 상층 대기에서 바람이 잔잔해야 한다. (높은 곳에서 풍속과 풍향이 갑자기 바뀌는 돌풍이 수직 방향으로 일면 발달하는 중인 사이클론의 소용돌이가 반으로 찢길 수 있다.) 다만 기후 모델의 시뮬레이션은 열대성 사이클론을 완벽하게 표현하지는 못하기 때문에 IPCC는 이 결론의 "신뢰성이 낮다"라고 말한다.[141] 그런데도 이 기관은 "지구온난화 상승치 1.5℃에 비해 상승치 2℃인 세계에서는 열대성 사이클론의 빈도수가 더 낮아질 것"이라고 예측한다.

하지만 이 장기간에 걸친 일기예보에는 맹점이 하나 있다. 열대성 사이클론의 전체적인 개수는 감소할 수 있지만, 가장 강력하고 큰 피해를 입히는 4급과 5급 폭풍의 수는 증가할 것으로 예상되기 때문이다. IPCC는 "이러한 아주 강한 폭풍은 온난화가 1.5℃일 때보다 2℃인 경우에 최대 풍속이 더 높아지고 중심 기압은 더 낮아질 것"이라 경고

한다. 그뿐만 아니라 이러한 강력한 허리케인은 "추가적인 폭우의 증가"를 동반할 것이며, 그에 따라 사상자를 낳는 홍수가 발생할 가능성이 더 높아질 것이다. IPCC가 이 결론을 얻는 데 주로 참고한 2018년의 논문에 따르면 열대성 사이클론이 추가로 발생할 실제 횟수는 적을지도 모르며 전 세계적으로 매년 몇 차례 추가되는 데 그칠 것이다.[142] 하지만 그렇다 해도 허리케인이 들이닥칠 최전선인 해안선은 막대한 피해를 입을 것이다. 예컨대 온난화 상승치가 1.5℃인 시나리오에서 카리브해 연안이 허리케인으로 입을 경제적 손실은 지금의 거의 2배인 14억 달러일 것이라 예측된다.[143] 경제 성장률이 높고 해안 지대의 인구밀도 역시 높은 중국은 상승치 1.5℃의 시나리오에서 현재보다 피해액이 4배 증가할 것이며, 2℃ 세계에서는 무려 7배나 증가할 것이다.[144] 경제 성장률이나 기타 요인에 따라 피해액을 정규화하면 경제적 손실은 연간 최대 650억 달러에 이른다. 그러면 전 세계적으로 연간 피해액은 수천억 달러에 달할 수 있다.

이러한 변화는 지구의 순환 패턴이 오늘날과 다르게 점점 변하면서 기상 시스템이 더욱 혼란스럽게 예측할 수 없는 상태로 이동하기 시작한다는 징후다. 그에 따라 익숙한 기후 패턴들이 무너지면서 상당히 다른 종류의 순환으로 변하는 만큼, 최근 들어 유행하는 '기후붕괴'라는 용어는 그런 점에서 적절하다. 이러한 변화는 1.5℃나 2℃ 상승한 세계에서는 여전히 미묘하며 구체적인 변화는 기후 모델에 따라 상당히 다르다. 하지만 광범위한 관점에서 어느 정도 평가는 가능하다. 중위도 지역을 가로지르는 고기압과 폭풍의 방향을 좌우하는 대기권 높

　　　　　최종 경고: 6도의 멸종

은 곳에서 빠르게 움직이는 공기 띠인 제트기류는 점차 현재의 위치에서 벗어나 북태평양과 남태평양의 적도 쪽으로 이동하거나 북대서양에서 극지방으로 이동한다.[145] 남반구의 폭풍이 점차 심해지는 동안 북대서양의 폭풍은 동쪽으로 이동해서 점점 더 많은 비를 뿌리고, 영국과 스칸디나비아의 북서쪽 해안에 보다 심한 바람과 폭풍을 몰고 온다.[146] 하지만 대조적으로 남유럽은 기상학적인 침체에 빠져 있어서 겨울철 폭풍은 이 지역에 필요한 만큼 비를 내리지도 않고, 오늘날 스페인에서 북아프리카, 그리스에 이르는 지중해의 모든 지역을 괴롭히고 있는 건조 기후 추세를 보다 악화시키고 있다.[147] 2019년 〈네이처 기후변화〉에 실린 논문에 따르면 2℃ 상승한 세계에서는 제트기류가 보다 종잡을 수 없이 나아가며 그에 따라 습한 기후와 더운 날씨 둘 다 기간이 길고 빈번해질 것이다.[148] 이것은 여름철 폭염이 길어진다는 것을 의미한다. 중위도 전체에서 비를 동반하는 저기압이 오랜 기간 머물기 때문에 홍수가 날 위험이 높아진다는 의미이기도 하다.

특히 걱정되는 것은 적도 열대의 태평양을 가로지르는 기온과 풍향의 주기적인 변화인 엘니뇨의 예후다. 엘니뇨는 건조한 지역에는 홍수를 일으키고, 원래 습했던 지역에서는 가뭄을 장기화하는 등 전 세계적으로 도미노 효과에 따른 혼란스러운 기상 현상을 자주 촉발한다. 2017년 〈네이처 기후변화〉에 실린 논문에 따르면 온난화 상승치가 1.5℃인 세계에서 극단적인 엘니뇨의 발생 빈도는 2배가 된다.[149] 그에 따라 발생할 잠재적인 영향은 1950년 이후로 가장 강력한 3대 사건 가운데 하나인 2014~2015년의 엘니뇨를 통해 미루어 짐작할 수 있다.[150] 이런 엘니뇨가 발생하면 브라질에서 중앙아메리카로 뻗은 호에서 극심한 가뭄이 일어날 수 있으며, 남아프리카, 인도, 동아시아, 호주에 건조 기후가 발생한다. 또한 미국 남부, 스페인, 아르헨티나, 중국의 해안 지역에 많은 비가 내리고 태평양 전역에 열대성 사이클론이 추가로 발생하게 된다. 인도양에서 엘니뇨의 등가물인 '인도양 쌍극자'는 극한적인 엘니뇨에 앞서 발생하는 경우가 많고 더 심해질 가능성이 있다. 지구온난화가 1.5℃에 도달하면 극단적인 엘니뇨는 2배로 증가하는데, 그동안 역사적인 기록으로 보면 15년마다 한 번 발생하던 것이 앞으로는 7년마다 한 번 발생할 것이다.[151] 그러면 동아프리카에서 홍수가 발생하는 데 더해 인도네시아나 말레이시아에서 산불과 가뭄이 일어날 것이다. 후자의 재앙은 수억 명이 거주하는 지역에 희부연 연기와 연무를 퍼뜨리고 남아 있는 아시아 열대우림을 빠르게 파괴할 것이다.

하지만 아마도 가장 큰 위험은 가뭄일 것이다. 여러 기후 모델을 비교한 2018년의 한 논문은 "북아시아를 제외한 전 세계 거의 모든 육지가 더 건조해질 것"이라고 경고했다. 이 연구에 따르면 2℃ 상승한 세계에서는 사실상 아프리카 대륙 전체, 호주, 중동, 인도 서부, 중국, 동남아시아, 남아메리카의 대부분과 북아메리카의 서쪽 절반에 걸쳐 가뭄의 지속 기간과 빈도가 증가해 결국 전 세계적으로 가뭄이 20퍼센트 증가할 것으로 예측된다.[152] 전형적인 가뭄 기간은 2.9개월에서 3.2개월로 늘어나는데, 이것은 평균적인 가뭄이 진행되는 동안 3주 더 비가 오지 않게 되었다는 뜻이다. 2℃ 상승한 세계에서는 전 세계적으로 4억 1,000만 명이 심각한 가뭄에 더 노출될 것이다.[153] 이들은 미래에 물탱크 앞에 늘어선 긴 줄, 말라붙은 강과 개울, 호수, 우물, 그리고 농작물의 수확 실패를 겪을 것이다. 가뭄 기간에 기온이 높아질수록, 남은 물은 더 빨리 증발해 육지는 이전보다 건조해지며 식물은 죽음에 이를 것이다. 미래에는 기후가 붕괴되는 데서 더 나아가 지구가 아예 불에 그을려버릴지도 모른다.

아마존의 운명

아마도 사람들이 가장 걱정하는 가뭄의 피해지역은 아프리카가 아닐 것이다. 유럽이나 중동 역시 강우량이 감소하면서 수백만 명의 사람들이 재앙을 맞겠지만 이 지역 역시 가장 심각하지는 않다. 전 지구적으로 가뭄이 가장 심각하고 장기화된 지역은, 비록 인구는 띄엄띄엄 분포하지만 세계에서 가장 큰 강과 가장 중요한 육지 생태계를 포함하는 아마존 열대우림이다.

이 거대하고 웅장한 열대우림은 넓이가 530만 제곱킬로미터에 이르며 브라질, 페루, 볼리비아, 콜롬비아, 베네수엘라, 가이아나를 가로지른다. 이 열대우림의 이름을 따온 아마존강은 초당 약 20만 세제곱미터의 물을 대서양에 쏟아붓는데, 이것은 전 세계적으로 바다에 유입되는 담수의 약 15퍼센트다.[154] 그리고 이 모든 것이 위기에 빠질 것이다. 과학자들은 2℃ 상승한 세계의 강수량 변화를 연구하고자 열한 가지의 서로 다른 기후 모델을 활용했다.[155] 세계 지도에 그려진 모델이 산출한 결과에 따르면, 지중해와 호주, 남부 아프리카를 가로지르는 붉은 띠가 보인다. 하지만 강수량이 현저히 줄었다는 것을 나타내는 가장 어두운 빨간색 구역은 브라질과 주변 나라들의 대부분을 포함하는 남아메리카의 상부에 자리하며, 이곳은 사실상 아마존 열대우림 전체를 덮고 있다. 2017년 미국 연구진이 발표한 2℃ 상승한 세계에 대한 논문 역시 같은 결론에 도달했다.[156] 이 논문의 예측에 따르면 전 세계적으로 유례없는 심한 가뭄으로 아마존 우림은 안데스산맥 동부에 이르기까지 자취를 감출 것이다.

그동안 기후 모델들은 기온이 높아진 세상에서 아마존에 닥칠 운명에 대해 오랫동안 적신호를 보냈다. 아마존 열대우림은 바이오매스와 토양에 약 1,500억~2,000억 톤의 탄소를 저장하고 있을 뿐 아니라, 나무만 하더라도 6,000~1만 6,000여 종을 포함하고 있어서 생물다양성을 보존하는 중요한 저장고 역할을 한다.[157, 158] 지구에서 우리가 싸워서 지킬 만한 무언가가 있다면 바로 아마존 열대우림이다. 그런만큼 열대우림의 기후에 닥칠 불안정성에 대한 예측은 면밀히 연구할만한 가치가 있다.

지난 2000년, 영국 해들리 센터의 전문가들이 작성한 획기적인 보고서는 아마존 열대우림의 생태계가 붕괴되어 건조한 사바나 또는 사막으로 바뀌면서 대기에 많은 양의 탄소가 방출될 미래의 티핑포인트가 존재할 수 있다고 보았다.[159] 나는 당시의 예측에 따라 이 시나리오를 이 책의 2007년 판 '3℃ 상승' 장에 넣었다. 이후 모델들은 이렇듯 예상되는 위험의 정도를 다소 감소시켜, 티핑포인트가 발생 가능한 임계값이 온난화 상승치 4℃로 이동하는 것처럼 보였다. IPCC는 2014년에 발간한 제5차 평가 보고서에서 하나의 절 전체를 '아마존 분지에 발생할 티핑포인트의 가능성'에 할애했다. 결론은 "모델링 연구 결과는 2100년까지 기후에 의한 열대우림의 소멸 가능성이 이전의 예측보다 낮다는 사실을 보여준다"는 것이었다. 이 보고서는 당시의 광범위한 과학적 합의를 대변하며, "현재의 기후변화만으로는 2100년까지 대규모 산림 손실을 초래하지 않을 것이라는 데 중간 정도의 신뢰도로 예측한다"라고 덧붙였다.[160] 비록 아마존 동부에서 발생한 화재와 가뭄으로 산림이 점차 건조해질 것이라 경고했지만 말이다.

하지만 흔히 그렇듯이, 예측 가능한 미래에 아마존이 안전할 것이라는 환상은 현실 세계에서 빠르게 변화하는 사건들에 의해 산산조각이 났다. 극심한 가뭄과 홍수가 빠르게 이어지며 기온이 지난 수십 년 동안 거의 전 세계 평균치의 2배로 상승하는 가운데 이 지역의 기후는 점차 극단화되는 중으로 보인다.[161,162,163] 2010년에는 아마존강의 지류인 네그루강의 수위가 반세기 만에 가장 낮은 수준으로 떨어졌을 만큼 열대우림은 극심한 가뭄을 겪었다.[164, 165] 그리고 뒤이어 2012년에는 한 세기에 한 번 일어날 법한 홍수로 네그루강이 범람하고 브라질의 아마조나스 지역 대부분이 비상사태를 겪었다. (불과 3년 전인 2009년에 '세기의 홍수'가 이미 발생했다는 점에 주목하자.[166]) 그리고 2015년에 또 다른 가뭄이 발생했는데, 이번에는 전 세계 여기저기에서 고온 기록을 갈아치우게 한 태평양의 괴물 엘니뇨와 관계가 있었다.

이 사건을 조사 중인 과학자들은 "2015년 8월에서 2016년 7월까지 발생한 가뭄은 1901년 이후로 가장 심각한 기상학적 가뭄"이라고 보고했다. 물 부족은 숲에 심각한 영향을 끼쳤는데 그에 따라 물이 잘 공급되는 보통 해에 비해 숲은 10억 톤의 탄소를 덜 흡수했다.[167, 168] 장기간의 연구에 따르면 이 지역은 전체적으로 건조한 기후 체제로의 전환을 시작하고 있으며, 현재 열대 상록수림의 3분의 2 이상이 2000년 이후 강수량 감소를 겪는 중이다.[169, 170] 아쉽게도 IPCC 보고서에 포함되기에는 너무 늦게 발표된 2014년의 한 연구는 "아마존 남동부 숲 전체에 걸쳐 광범위하게 나무가 죽고 산림이 훼손된 현상"을 발견했다. 2011년 가뭄 때는 숲 한 구역이 실험적으로 불에 탔고 빠르게 사바나로 전환되었다.[171] 매년 탄소를 덜 흡수하는 회복력이 떨어지는 숲으로 나아가는 이러한 건조 추세는 오늘날 광대한 지역에서 벌어지는 것처럼 보인다. 아마존 열대우림 전역에 흩어진 300여 곳의 구역을 연구한 결과, 극단적인 가뭄과 홍수가 반복되면서 죽어가는 나무와 죽은 나무가 늘어나 대기에서 탄소를 흡수하는 숲의 능력이 줄어들고 있다는 사실이 드러났다.[172] 논문 저자들은 "탄소 싱크대 역할을 하는 아마존의 능력이 약화되는 현상 역시 모델에 근거한 기대와 어긋났다"는 점에 주목했다.

그 뒤로 2019년의 재난에 가까운 '불타는 계절'이 찾아왔다. 〈가디언〉은 브라질 론도니아주에서 이렇게 보도했다.[173] "멀리서 보면 그 광경은 토네이도 같았고, 거대한 회색 기둥이 지붕 모양으로 우거진 숲의 캐노피에서 아마존의 하늘 수천 피트 상공으로 치솟았다. 가까이서 보면 지옥이나 다름없었다. 맹렬한 대화재가 세계 최대의 열대우림을 다시 한 번 덮쳤다." 1년 사이 84퍼센트나 번진 2019년의 아마존 화재는 엄청난 연기를 발생시켜 NASA의 인공위성이 태평양까지 퍼진 일산화탄소를 추적해 발견할 만큼 종말론적이었고, 멀리 떨어진 상파울루도 한낮의 어둠에 빠져들었다. 〈워싱턴포스트〉는 "낮이 한창일 때 갑자기 하늘이 검어졌고 상파울루에서는 낮이 밤이 되었다"라고 보도했다. 에마뉘엘 마크롱Emmanuel Macron 프랑스 대통령이 브라질 대통령인 자이르 보우소나루Jair Bolsonaro에게 동시에 발생한 수천 건의 화재를 진압하기 위한 국제 원조를 받아들이라고 압력을 가할 만큼 전 세계 지도자들도 이 사태에 관여했다. 하지만 보우소나루 대통령은 이런 압박에 휘둘리지 않았는데, 소 목장 주인이나 콩을 재배하는 농부, 금 캐는 업자들에게 아마존 지역을 자유롭게 개발하도록 허락하겠다고 약속하며 권력을 잡은 정치인이었기에 놀라운 일도 아니었다. 실제로 브라질 국립우주연구소의 소장이 삼림 벌채가 급격하게 증가했음을 보여주는 수치를 발표하자 그는 무자비하게 해고당했다.[174]

아마도 돌이켜보면 전문가들이 지난 수년 동안 여러 기후 모델이 뱉어내는 수치의 정확성에만 집중한 것은 실수였을 것이다. 그러는 동안 인간 행위자들은 숲의 가까운 미래에 직접 관여하고 있었다. 브라질의 대표적인 기후 및 아마존 전문가인 카를로스 노브레Carlos Nobre에 따르면, 삼림 벌채는 원래 산림 면적의 20~25퍼센트를 초과해서는 안 되며, 그렇지 않으면 남아 있는 열대우림의 대부분이 불가피하게 무더운 사바나로 전환되는 문턱을 넘을 수 있다. 우리가 현재 아마존 유역 전체 삼림을 15~17퍼센트 벌채했다는 사실을 고려하면, 이 문턱은 이미 위험할 정도로 가까이 있다.[175] 대형 댐도 산림에 큰 위협이 되고 있다. 이 지역에는 이미 154개의 수력 발전 댐이 가동 중이며, 21개가 건설 중이고 277개가 추가로 건설될 예정이다. 이 댐이 전부 건설되면 아마존으로 흘러가는 지류는 3개만이 온전히 남게 된다.[176]

노브레도 잘 알겠지만, 브라질의 정치 체제는 이제 벌목꾼, 목장주, 댐 건설업자들이 삼림을 더 많이 파괴해 최대의 보상을 얻도록 하는 데 초점을 맞추고 있다. 특히 '캡틴 벌목 톱'이라는 별명을 가진 대통령이 책임자인 상황에서 미래는 암울하다. 폭염과 가뭄이 그들 국가를 황폐화하는 동안에도 기후변화 부정론자들의 목소리가 커지고 영향력이 커지는 것처럼, 아마존을 파괴해 이익을 얻는 사람들은 남아 있는 열대우림이 파괴에 더 취약해지더라도 맹공격을 가할 각오가 되어 있는 듯하다. 이런 상황에서 중요한 것은 대기 물리학이 아니다. 어쩌면 기후 모델에는 인간의 어리석음을 반영하는 방정식이 포함되어야 할지도 모른다.

자연의 위험

수십 년 동안 지속된 아마존 대화재로 아마 250억 톤에서 550억 톤의 탄소가 대기 중으로 방출될 것이다.[177] 이것은 단지 나무와 다른 식생에서 바이오매스를 잃는 과정이 아니다. 전 세계의 다른 열대림과

최종 경고: 6도의 멸종

마찬가지로, 아마존 열대우림 역시 포화 토양에 엄청난 양의 토탄을 담고 있으며, 그 토양의 상당 부분은 땅이 마르고 불에 타면서 이산화탄소를 방출할 수 있다.[178] 군데군데 두께가 최대 7미터에 이르는 이 토탄층은 수천 년 동안 거대한 열대우림 나무의 근계 아래 서서히 축적되어 왔다. 일단 나무가 쓰러지면 부패하거나 산불에 소각되도록 노출될 것이다. 어느 쪽이든 탄소가 대기 중으로 유입되며 지구온난화를 더욱 가속시킨다. 만약 우리가 아마존 열대우림을 보호한다면 전 세계의 기후를 안정시키고 수만 종의 고유종을 보호할 수 있을 것이다. 하지만 열대우림을 그대로 불태운다면 추가로 발생한 탄소가 2℃ 상승한 온난화라는 난간을 넘어 보다 뜨거운 미래로 우리를 밀어 넣을 것이다.

이미 벌채된 삼림의 바닷속 섬 같은 보호구역에 살고 있는 원주민에게 아마존 열대우림의 손실은 인간에 의해 자행된 비극이다. 침략한 목장주와 벌목꾼들에게 땅을 빼앗긴 부족의 구성원들은 이제 고속도로 옆에서 방수포를 깔고 살 수밖에 없다. 오늘날 브라질에는 약 305개의 부족이 있고 구성원은 약 90만 명인데, 문명과 닿지 않은 100여 개의 미접촉 부족이 열대우림의 외진 지역에 여전히 살고 있으리라 추정된다.[179] 브라질의 극우파 대통령이 원주민 보호구역에 사냥 허가를 내주면서, 연구자들은 부패한 지방 관리들이 선동하는 원주민에 대한 강력 범죄는 거의 처벌받지 않는다는 인식 아래 무장한 침략자들에 의한 폭력적인 공격과 살인 사건이 증가할 것으로 예측한다. 1500년대에 유럽인이 처음 도착했을 때 브라질에는 약 1,100만 명의 원주민이 살고 있었다. 하지만 그 가운데 최소한 90퍼센트가 질병, 노예 제도, 대학

살에 의해 100년 안에 전부 사망했다. 오늘날 숲의 운명을 논의하면서 이 역사를 증언하고 살아남은 원주민들의 이익을 옹호하는 것이 중요하다. 아마존 열대우림은 단지 나뭇잎과 탄소 그 이상이다. 수백 년의 역사와 문화를 지닌 수십만 명의 사람에게 이곳은 고향이다.

또한 열대우림은 오늘날 이 광대하고 귀중한 생태계에 서식하는 수많은 야생동물의 집이기도 하다.[180] 여기에는 마코앵무, 올빼미, 독수리, 물총새를 포함한 약 1,000종의 새가 포함된다. 포유류 가운데는 재규어, 카피바라, 민물에 사는 돌고래, 나무늘보, 아르마딜로, 테이퍼가 있다. 하지만 다른 여러 생물군계와는 달리 열대우림 생태계는 산불에 익숙하지 않다는 점에 주목해야 한다. 브라질 마나우스에 자리한 국립 아마존 연구소의 한 연구자는 이렇게 설명한다. "아마존은 기본적으로 수십, 수백만 년 동안 산불이 없었습니다. 그래서 이곳에서는 어떤 것도 불에 적응하지 못했죠."[181] 몇몇 새나 퓨마, 재규어처럼 빠르게 움직이거나 덩치가 큰 동물들은 점점 번지는 산불에서 벗어날 수 있을지 모르지만, 나무늘보나 개미핥기를 비롯해 개구리, 도마뱀, 다른 파충류들은 빠르게 안전한 장소로 이동하지 못할 수도 있다. 새로 발견된 몇몇 종은 이미 위협을 받고 있다. 예컨대 밀턴티티원숭이는 이마에 회색 줄무늬가 있고 황토색 구레나룻을 가진 작은 긴꼬리원숭이로 2011년에야 발견되었는데, 이 동물의 서식지는 2019년 대화재의 중심부에 있었다. 〈내셔널지오그래픽〉의 2019년 8월 기사에 따르면 최근에 발견된 또 다른 원숭이인 무라새들백타마린 역시 "점점 다가오는 산불 때문에 위협을 받고 있다." 초기의 화염을 피해 도망친 동물들도 오래 살아남지는 못할 것이다. 일단 열대우림이 사라지면 생물 종의 99퍼센트가 사라진다.

열대우림의 대화재 속에서 사라진 종들은 2℃ 상승한 세계에 슬프게도 지구 곳곳에서 고갈된 생물 다양성의 희생자 목록에 더해질 것이다. 기후대가 매년 몇 킬로미터씩 극지방으로 이동하면서, 지구상의 모든 생물 종들은 변화하는 기후에 보조를 맞추기 위해 서식지를 옮겨야 한다. 과학자들은 그동안 특정 서식지의 변화를 모델링하고자 노력했고, 생물 종들이 얼마나 많은 서식지를 잃을지 계산했다. 최근에 실시된 종합적인 연구 결과 2℃ 온난화 시나리오에서는 2100년까지 곤충의 18퍼센트가 서식하는 기후 범위의 50퍼센트 이상을 잃으며, 식물은 16퍼센트, 포유류와 조류는 각각 8퍼센트와 6퍼센트를 잃는 것으로 나타났다.[182]

사실 이것은 낙관적인 시나리오다. 왜냐하면 이 종들이 방해받지 않고 서식지를 이동할 수 있다고 가정하기 때문이다. 하지만 실제로는 도로나 도시, 농경 불모지와 강, 산맥, 사막 등 인간이 만든 장벽과 자연적인 장벽에 의해 이동이 차단될 가능성이 높다. 섬에 기반을 둔 종들은 바닷물이 장애물 역할을 하기에 특히 멸종에 취약하다. 이렇듯 생물들이 확산하지 못하는 시나리오에서는 이번 세기말까지 곤충의 26퍼센트, 양서류의 19퍼센트, 파충류 14퍼센트, 포유류 12퍼센트, 조류 11퍼센트가 서식지를 절반 이상 잃게 된다. 이들의 전체적인 지리적 서식지를 볼 때 2℃ 상승한 세계에서 식물과 곤충, 양서류는 서식지의 약 3분의 1을, 포유류, 조류, 파충류는 약 4분의 1을 잃을 것이다. 이런 기후변화의 압력은 농경이라든지 사냥, 침입종, 그 밖의 수많은 직접적인 인간의 압력에 따른 기존의 요인에 더해 생물 다양성에 더욱 많은 손실을 일으킬 것이다.

그렇다면 우리는 이 모든 종이 멸종을 향해 몽롱하게 나아가는 걸 지켜봐야만 할까? 우리는 지구온난화 상승치를 1.5℃로 제한할 수 있다. 그렇게 하면 멸종 관련 수치는 상당히 감소한다. 하지만 상승치 1.5℃에 머무르기 위해서는 탄소 배출량 감축 속도가 무척 빨라야 한다. 전 세계 여러 국가가 반대 방향의 정책을 펴고 있는 상황에서 말이다. 이렇듯 1.5℃의 탄소 예산을 유지하기 위해서는 비현실적인 속도로 배출량을 감축해야 할 뿐만 아니라 대기 중에 이미 축적된 이산화탄소 수십억 톤을 직접 제거해야 한다. 그렇게 하려면 광대한 구역에 빠르게 자라는 나무를 단일 재배해서 발전소에서 태운 다음 그 결과 발생한 이산화탄소를 지하에 격리시키는 기술을 활용해야 할지도 모른다. 이런 기술을 '바이오매스 이산화탄소 포집 기술BECCS'이라고 한다.[183] 하지만 한 연구에서는 BECCS를 활용해서 격리한 탄소를 일상적으로 배출하도록 허용하려면 '사실상 모든 자연 생태계를 제거해야' 하며, 만약 이 기술의 목표가 지구의 기존 생물 다양성을 보존하는 것이라면 전체 활동이 다소 무의미해진다는 사실을 발견했다. 저배출 시나리오에서도 BECCS를 사용해 온난화 상승치를 2.5℃로 제한하려면 지구상에서 가장 생산성이 높은 농경지 1,100만 제곱킬로미터(인도 전체 면적의 3배)를 조림지로 전환하거나 현재 천연림의 절반 이상을 제거해야 한다. 소설《캐치-22Catch-22》에 등장할 법한 딜레마다. 생물 다양성을 보호하기 위해 이산화탄소를 제거하려면 지구온난화를 제한해야 하고, 그러기 위해서는 생물 다양성이 크게 사라져야 하기 때문이다.

하지만 다행히도 다른 선택지가 존재한다. 이를 위해서는 가능한 한 빨리 탄소 배출량을 줄이면서 복원된 자연 생태계가 스스로 여분의 탄소를 흡수하도록 해야 한다. '자연적 기후 해결책'이라 불리는 이 접근법은 지구의 온도가 2℃ 이상 상승하지 못하도록 탄소를 상당량 감소시킬 수 있다.[184] 이것은 꽤 큰 기회다. 지구 생태계를 복원한다는 단조로운 방식은 어떤 사람들에게는 거대하게 늘어선 탄소 세척 기계나 공중에 설치한 커다란 태양 가림막 같은 판타지에 가까운 기술보다 매력적이지 않을지 모른다. 하지만 생태계 복원은 생물 다양성을 보호하는 동시에 기후변화를 완화할 수 있는 유일한 선택이다. '자연적 기후 해결책'은 이제 전 세계 작가, 환경 운동가, 정치 지도자들의 지원을 받는 캠페인의 대상이 되었다. 조지 몬비오George Monbiot와 공동 저자들은 〈가디언〉에 보낸 서한에서 다음과 같이 선언했다.[185] "우리가 산림, 이탄지, 맹그로브 숲, 해수 소택지, 천연 해저를 비롯한 중요한 생태계를 지키고 복원하며 다시 일으켜 세우면 대기에서 매우 많은 양의 탄소를 제거해 포집할 수 있습니다. 동시에 이런 생태계의 보호와 복원은 기후 재해에 대한 주민들의 복원력을 높이는 한편, 여섯 번째 대멸종을 최소화하는 데 도움이 됩니다. 생태계를 보호하는 일과 기후를 보호하는 일은 많은 경우에 동일합니다."

'자연적 기후 해결책'이 그 일부로 포함되는 가장 유망한 접근법은 '대규모로 야생에 돌려보내기'이다. 이것은 넓은 지역에 걸쳐 숲과 관목지의 자연 재생을 허용하고, 지속적인 인간 개입을 최소로 한 상태에서 사라진 종들을 복원된 서식지에 다시 살도록 하는 것이다. 기후 온난화와 함께 회복된 생태계는 끊임없이 변화할 테지만, 넓은 반야생 서식지를 재생시킴으로써 적어도 위협받는 종들을 구할 기회를 제공한다. 먹이 그물을 온전하게 유지하기 위해서는 여러 종이 한꺼번에 움직여야 한다. 예컨대 나비는 먹이 식물과 함께 이동하고, 애벌레를 잡아먹는 새들도 먹이와 함께 움직여야 한다. 대부분의 경우에는 불가능할 것이다. 하지만 가능한지 여부와 상관없이 인간이 조작하는 것보다 자연이 그 과정을 관리하도록 내버려 두는 것이 낫다. 또 자연을 야생으로 돌려보내는 데 성공하면 광범위한 토지를 농경에 사용하지 않도록 절약할 수 있다. 이것은 지속 가능한 방식으로 농업 생산성을 향상시키고, 음식물 쓰레기를 줄이며, 사람들이 육류보다는 낙농 집약적인 보다 건강한 식단을 채택하도록 설득할 수 있어야만 가능한 일이다.[186]

내 생각에 '야생으로 돌려보내기'는 미래에 대해 낙관할 이유가 별로 없는 이 시대에 긍정적인 전망을 제시한다. 각 생물 종의 서식지를 계속 없애고 궁극적으로 멸종에 이르도록 기후대를 변화시키는 대신, 이 방식은 더 자연스럽고 덜 파편화된 풍경과 그 주변에 서식하는 다양한 식물, 새, 나비, 포식자를 비롯한 동물들이 함께 사는 장면을 상상하게 한다. 물론 그것은 새로운 생태계가 될 것이고 오랜 옛날 사라진 에덴동산과는 별로 닮지 않았을 것이다. 하지만 우리의 임무는 가능한 한 많은 생태계를 온난화의 영향으로부터 보호하는 것이지, 이미 영원히 사라진 것을 되살리고자 하는 것이 아니다. 야생으로 돌아간 세계는 결점이 많겠지만, 여전히 다양한 색깔과 새소리, 곤충 우는 소리가 존재하는 살아 있는 세계일 것이다.

텅 빈 바다

불행히도 지구상에서 생물 다양성이 가장 풍부하고 중요한 생태계는 기온이 2℃ 상승한 세계에서 온전히 살아남지 못할 것이다. 앞서 설명한 바와 같이 산호초와 지구온난화에 대한 과학적 연구에 따라 전 세계 열대 해안선 주변의 기온이 급격히 상승하면서 산호초의 파괴가 가속화된다는 사실이 알려졌고 최근 몇 년 동안 사람들은 꾸준히 경각심을 갖게 되었다. 2018년 IPCC는 "열대 산호가 2014년의 평가에서 나타난 것보다 기후변화에 훨씬 더 취약할 수 있다"라는 사실을 인정해야 했다.[187] 해양 생물학자들은 호주의 그레이트배리어리프가 2016년과 2017년에 표백 현상을 겪으면서 산호 덮개의 절반 이상을 잃을지도 모른다는 두려움에 휩싸였다. 2℃ 상승한 세계에 대한 IPCC의 최근 예측은 처참하다. 온난화 상승치가 1.5℃ 이하로 유지되더라도 산호초를 만들어 내는 산호의 70~90퍼센트는 사라질 것이라고 예상되기 때문이다. 기온이 2℃ 상승하면 산호는 99퍼센트 없어질 것이다.

이보다 더 뚜렷한 사형선고는 없다. IPCC에 따르면 많은 지역에서 산호가 완전히 사라지고, 죽어가는 산호초가 해저 전역에 퍼지면서 온난화가 1.2℃만 진행되더라도 산호가 대규모로 죽을 수 있다고 한다. 2025년이라는 비교적 이른 시일 내에 지구 기온이 1.2℃만큼 오를 수 있다는 점을 생각해 보면, 전 세계 산호초가 매우 가까운 미래에 심각한 멸종 위기에 처할 것임은 분명하다.[188] 실제로 최근의 예측에 따르면 전 세계 산호초의 3분의 2가 지금으로부터 10년 이내에 사라질 수 있다. 열대지방의 산호초는 해조류로 덮인 납작한 잔해가 될 것이며, 어디서든 산호초들이 실질적으로 살아남을 가능성은 0에 수렴할 것이다. 게다가 이것만으로는 충분하지 않다는 듯 해양 산성화로 인해 남아 있는 산호초 구조물이 이번 세기 중반까지 전 세계에 걸쳐 계속 용해될 것이다.[189]

IPCC에 따르면 "산호가 사라지면서 물고기를 비롯해 산호초에 의존해 살아가는 여러 생물 종도 사라진다." 수백만 년 동안 해양 생물 다양성의 4분의 1에 해당하는 엄청난 수의 생물 종에 서식지를 제공했던 생태계 전체가 앞으로 수십 년 안에 사라질 것이다. 산호라는 유기체가 완전히 소멸되는 것은 아닐지도 모른다. 일부 산호들은 더 차가운 물로 이주할 수 있고, 더 작고 보잘것없는 산호초를 다시 만들어 이임시 피난처에 매달려 살아갈 수도 있다. 해수면의 열파에 대한 민감성이 덜한 깊은 바다에서 살아남을 수도 있다. 또 어떤 산호들은 다른 산호에 비해 열에 보다 잘 견디는 것처럼 보인다. 그에 따라 산호초를 만드는 산호의 대다수가 죽어 없어지더라도 적응력이 좋은 몇몇 종이 그 자리를 넘겨받을 수 있을 것이다. 화석으로 남은 산호를 비롯해 멸종 위기에 놓인 지중해의 종에서 나온 증거에 따르면, 산호 폴립은 죽어가는 큰 산호초를 버릴 수도 있고 난민처럼 비쩍 마른 채 좋은 상황이 돌아오기를 오랜 기간 기다릴 수도 있다.[190]

산호를 연구하는 과학자들은 하와이에서 홍콩, 플로리다에서 몰디브까지 전 세계를 누비며 어떤 적응 메커니즘이 존재할 수 있는지, 산호들이 더 높은 온도에서 살아남도록 진화를 가속할 수 있는지 알아보기 위해 미친 듯이 노력하고 있다. 열에 더 오래 견디는 산호 게놈을 개발하고자 유전 공학을 연구하는 과학자들도 있다. 한편 사라질 위험이 가장 높은 산호들은 잠재적 회복력을 얻고 자연환경에서 완전히 멸종되지 않도록 육상 탱크에 보존되고 있다. 산호가 부착될 더 나은 구조물을 만들고자 3D 프린팅 기법을 활용하는 연구자도 있고, 산호초의 다양한 외관을 어느 정도 살려 두기 위한 '산호초 가드닝'을 시도하는 연구자도 있다. 하지만 이것들은 전부 고육지책일 뿐이며, 우리가 이전에 알고 있던 모습으로 산호초를 완전히 되돌릴 방법은 없다. 산호초의 전성기는 막을 내릴 테고, 적어도 우리가 살아 있는 동안에는 절대 돌아오지 않을 것이다.

게다가 위협받는 해양 생태계는 산호초에서 멈추지 않는다. IPCC의 경고에 따르면 "현재 맹그로브 숲의 기후변화로 인한 피해도 과소평가되었을 가능성이 있다."[191] 최근 들어 맹그로브 숲은 더욱 극심해진 엘니뇨에 따른 가뭄과 고온 현상으로 대규모 사멸을 겪었다. 2015년에서 2016년 사이에는 호주 북부의 로퍼강에서 퀸즐랜드주 카룸바에 이르는 광대한 해안 지역에서 맹그로브가 줄기마름병에 걸렸다. 해안선을 따라 1,000킬로미터에 걸쳐 있는 이 지역은 거의 사람이 살지 않는 자연 그대로의 환경이었다. 항공사진을 보면 원래 활기찬 초록빛을 띠었던 맹그로브 숲 지대에 죽은 나무들의 갈색 얼룩이 흉터처럼 길게 뻗어 있다.[192] 이 염분에 내성을 가진 조밀한 나무 네트워크는 새를 비롯한 수많은 생물 종에게 서식지를 제공할 뿐 아니라 물고기들이 성장하는 데 필수적인 공간이기도 하다. 그뿐만 아니라 맹그로브 생태계는 지상의 식생을 비롯해 유기 퇴적물이 풍부해서 상당량의 탄소를 저장한다.

얕은 바닷가에서 해초지는 무척 중요한 또 다른 해양 생물 서식지다. 이곳의 퇴적물에도 수백억 톤의 탄소가 저장된다. 열 지대가 온난화된 대양을 통과하면서 해초는 수백 킬로미터 넘게 극지방으로 이동하게 될 것이다. 그러면 기존의 넓은 해초지가 소멸하고, 새로운 해초지가 자리 잡는 데 수십 년이 걸린다.[193] 넓은 대양에서는 고래, 바다표범, 물고기, 펭귄, 바닷새들의 먹이인 크릴새우 같은 먹이사슬에서 매우 중요한 종도 잠재적으로 위협을 받고 있다. IPCC의 지적에 따르면, "남극에서 기록적인 수준의 해빙 손실이 크릴새우의 서식지 감소로 이어져 개체수를 줄이며, 이 새우를 먹고 사는 바닷새와 고래에게도 부정적인 영향을 준다." 게다가 바다가 산성화되면 크릴새우, 플랑크톤을 비롯해 바닷물에 떠다니는 작은 바다 달팽이인 익족류는 껍질이 부드러워지기 시작하고 결국에는 몸이 완전히 녹아 버릴 것이다.

이러한 끔찍한 결과가 예측된다고 해서 우리가 바다를 보호하기 위해 실시했던 기존의 조치나 추가적인 노력을 포기해야 하는 것은 아니다. 해양 생태계가 플라스틱 쓰레기로 뒤덮이고 영양분 유출로 오염되며 트롤 어업과 남획으로 피해를 입으면, 기후변화에 따른 추가적인 스트레스에 대한 복원력이 떨어지기 때문이다. 육지에 기반을 둔 생태계와 마찬가지로, 우리가 시도할 수 있는 최선의 방안은 가능한 한 많은 바다를 야생으로 되돌리는 것이며, 어업이나 채굴 활동이 영구적으로 금지되는 대규모 해양 보존 지역을 시급히 지정하는 것이다. (장기적으로는 포획 어업에서 완전히 벗어나 지속 가능한 양식 시스템으로 전환해 어류에 대한 사람들의 수요를 뒷받침해야 한다.) 육지보다 해양에서는 생물 종이 확산될 장벽이 적은 데다, 해양 생태계가 인간에 의해 과도하게 파괴되지 않는 한 적어도 어느 정도 적응할 기회가 있다.

하지만 우리가 취할 수 있는 가장 중요한 보존 조치는 온실가스의 배출을 줄이고 지구의 온도가 더 이상 상승하지 않도록 막는 것이다. 기온 상승치가 2℃이면 많은 생태계가 한계점에 도달하겠지만, 상승치가 3℃가 되면 그야말로 광범위한 대멸종이 닥칠 것이다.

이 장에서 살핀 것처럼 인간 사회는 현재 상태와 비슷한 모습으로 2℃ 상승한 세계에서 살아남는 것을 목표로 삼을 수 있다. 하지만 여기에 1℃가 더 상승하면 우리의 문명은 붕괴 단계에 들어갈 것이다. 그리고 만약 우리가 3℃ 상승한 세계로 들어서기로 선택했다면(아직 선택의 여지가 있다) 눈을 뜨고 정신을 차린 채 벼랑 끝에서 우리를 기다리고 있는 것이 무엇인지 피하지 않고 똑바로 바라보아야 한다. 그렇게 해야 한다.

3℃ 상승

해안 도시에 거주하는 사람들은 성난 파도를 막아 줄

거대한 바리케이드 뒤에 갇힌다.

사람의 목숨을 앗아가는 극심한 폭염은 2년에 한 번씩 발생한다.

비는 아주 예외적인 경우에만 내린다.

기온이 치솟고 강우량이 줄어들면서 경작이 실패한다.

전 세계적인 식량 부족은 대규모 문명 붕괴를 일으킨다.

또한 많은 종의 동물이 멸종된다.

역사상 가장 무더운

기온이 3℃ 상승한 세계로 진입한다는 것은, 우리가 인류 전체의 역사를 통틀어 경험했던 어떤 것보다 뜨거운 기후 속에 살게 된다는 뜻이다. 지구 기온이 20세기 초보다 평균 2~3℃ 높은 세계를 만나려면 약 300만 년 전 플라이오세로 지질학적 시계를 뒤로 돌려야 한다. 다시 말해 지금껏 존재했던 모든 빙하기보다 더 이른 시기로 거슬러 올라가야 한다. 호모속이 지구상에 확실히 출현하기 전, 우리의 대형 유인원 조상들이 사바나 속을 어슬렁거렸지만 아직 아프리카 밖으로 발을 떼지는 않았던 그 시절로 말이다.

고릴라와 침팬지의 조상은 이미 플라이오세에 살던 대형 유인원의 진화 계통수에서 갈라져 나왔지만, 여러분이 400만 년 전으로 거슬러 올라가 그중 하나를 만났다면, 그들이 인류의 조상이라는 사실을 알아보기가 힘들었을 것이다. 예컨대 1994년에 오늘날의 케냐에 자리한 투르카나 분지에서 화석이 발견된 오스트랄로피테쿠스 아나멘시스와 마주쳤다면 말이다.[1] 오스트랄로피테쿠스 아나멘시스는 막 두 발로 걷기 시작했지만, 과학자들은 화석으로 남은 뼈의 모양을 보고 이 종이 여전히 나무에서 꽤나 많은 시간을 보냈다고 결론지었다. 당연히 이들은 대부분 나뭇잎을 먹었고 인간이라기보다는 침팬지처럼 보였을 것이다.[2] 호모속이 플라이오세에 나타났으리라는 추측은 꽤 그럴듯하다. 예컨대 2013년 에티오피아 아파르에서 발견된 한 개의 부러진 아래턱뼈는 약 280만 년 전 플라이오세 후기의 것이며, 오스트랄로피테쿠스속과 호모속의 '잃어버린 고리'일지도 모른다.[3]

플라이오세의 세계는 다른 여러 면에서도 낯설었다. 비록 당시의 대륙은 오늘날의 위치와 비슷했지만, 파나마 지협은 플라이오세가 끝날 무렵인 270만 년 전에서야 오늘날의 위치에 가까워졌다. 이 지협은 남북 아메리카를 통합하고 북쪽 생물 종이 대규모로 침입하고 남아메리카의 독특한 거대 유대류가 멸종되도록 이끌었다. 플라이오세가 시작될 무렵인 약 530만 년 전에는 지브롤터 해협이 닫히면서 지중해의 말라붙은 해저는 거대한 염전이 되었다. 결국 대서양 바닷물이 장벽을 뚫고 '잔클레 홍수'로 알려진 놀라운 사건을 통해 지중해 분지 전체를 다시 채웠다.[4] 대부분의 바닷물이 불과 몇 달 만에 아마존강 유속의

1,000배 속도로 해협을 통해 밀려들었다. 만약 우리의 오스트랄로피테쿠스 조상들이 당시 케냐에서 북아프리카 해안에 도달했다면, 놀라운 속도로 해수면이 대략 하루에 10미터씩 상승하는 빠르게 밀려드는 조수를 마주했을 것이다.

플라이오세의 기후는 지금보다 3℃ 온난했기 때문에 식생이 지금과는 무척 다르게 분포했다. 2000년대 초 엘즈미어섬을 방문했던 고생물학자들은 플라이오세의 기후가 지금과 얼마나 달랐는지를 보여주는 흥미로운 발견을 했다. 400만 년 전의 연못에서 비버들이 댐을 건설하기 위해 사용했던 갉은 나무와 막대기가 보존된 흔적을 발견한 것이다. 꽃가루를 분석한 결과 낙엽송, 가문비나무, 소나무, 오리나무, 자작나무를 비롯한 다양한 나무 종이 울창하게 이 연못을 둘러쌌다는 사실이 알려졌고, 동물 뼈를 살펴보니 오랜 옛날의 토끼, 뾰족뒤쥐, 울버린, 곰, 말, 사슴이 근처에 살았다는 사실을 알 수 있었다. 엘즈미어 섬이 그린란드와 캐나다 북극 지역 사이에 있다는 점을 제외하면 모든 것이 정상으로 보일 수도 있다. 플라이오세의 비버 연못은 오늘날 수목한계선에서 북쪽으로 2,000킬로미터 이상 떨어진 곳에 고립되어 있다.[5] 오늘날 이곳의 겨울 기온은 평균 영하 40℃ 정도여서 섬의 많은 부분이 만년설, 빙하, 맨 바위로 덮인 상태다. 당연하지만 지금은 여기 연못에서 장난치는 비버는 없다. 세균과 나이테, 식물 화석을 분석한 후속 연구자들에 따르면, 북극에 속한 이 지역은 예전에 오늘날보다 무려 19℃나 높았다.[6] 플라이오세 북극에서 식물 성장기의 평균 기온은 오늘날 영국 북부와 비슷한 14℃로 쾌적하게 따뜻했다.[7] 북극해

가 계절적으로 얼음이 얼지 않는 일은 없었지만 말이다.[8]

지구 반대편 남극에도 플라이오세로 거슬러 올라가는 숲 화석이 있는데, 이곳 역시 분석해 보면 당시 기후가 오늘날과는 무척 다르다. 비어드모어 빙하 위의 황량한 바위투성이 산인 올리버 블러프스의 바깥쪽에는 작은 너도밤나무를 비롯한 툰드라 관목의 화석이 있다.[9] 이 식물들은 남극에서 불과 480킬로미터 떨어진 곳에서 자랐다. 오늘날 이 지역은 단순히 춥다는 표현만으로는 모자란다. 기온이 평균적으로 영하 26℃이기 때문이다. 하지만 플라이오세에는 여름철 기온이 아마 5℃까지 올라가 어느 정도 따뜻했을 것이다. 비록 이 남극의 너도밤나무 화석이 과학계에 알려진 것은 1990년대 중반이었지만, 이 화석은 매혹적인 역사적 기원을 가졌다. 1912년에 남극탐험가였던 로버트 스콧Robert Scott이 불운했던 극지 탐험 과정에서 이 중요한 플라이오세의 화석을 발견했을 가능성이 매우 높기 때문이다.[10]

스콧 일행은 당시 남극에서 돌아오는 길에 비어드모어 빙하를 횡단하는 중이었다. 비록 생명을 위협할 정도로 춥고 물자가 부족하기는 했지만 탐험대의 과학자였던 에드워드 윌슨Edward Wilson은 빙하 표면의 지질학 표본을 채취하고자 걸음을 멈췄다. 이 바위에 박혀 있는 나뭇잎 화석은 대략 3억 년 전 페름기Permian Period에서 유래된 훨씬 더 오래된 지질학적 시대의 것이었지만, 윌슨은 이와는 무척 다른 몇몇 흔적도 발견했다. 윌슨은 일기에 이런 글을 남겼다. "큰 나뭇잎은 대부분 모양과 잎맥이 너도밤나무와 비슷했다. 크기로 보면 영국너도밤나무 잎보다는 약간 작았지만 잎맥은 훨씬 풍성하고 섬세했다. 그래도 어쨌든 너도밤나무 잎의 특징을 가졌다." 6주 뒤 윌슨과 스콧, 그리고 나머지 탐험대는 로스 빙붕의 구호물자 창고에서 겨우 18킬로미터 떨어진 곳에서 얼어 죽었다. 이들은 최후까지 의연하게 그들이 발견했던 지질학적 표본이 실린 썰매를 마지막 쉼터까지 끌고 갔다. 이 표본들은 몇 달 뒤 노트, 일기, 마지막 편지와 함께 수색대에 의해 전부 회수되었다. 비록 그 가운데 플라이오세의 너도밤나무 화석은 없었지만, 스콧과 윌슨이 남긴 페름기 나뭇잎 화석은 나중에 과학자들이 남극이 남아메리카, 아프리카, 호주와 함께 초대륙 곤드와나로 연결되었을 당시에 숲으로 덮여 있었다는 사실을 알아내는 데 도움을 주었다.

이러한 남극의 너도밤나무 관목은 플라이오세에만 자랄 수 있었다. 기온이 계속해서 따뜻해지는 동안 거대한 남극 동부의 빙상이 일정한 속도로 대륙 내부로 후퇴했기 때문이었다. 아델리 랜드 인근 남극 연안에서 서쪽으로 더 들어간 구역의 해저 시추 프로젝트는 당시 얼음이 얼마나 녹았는지, 그리고 그 녹은 물이 플라이오세에 여러 곳에서 해수면을 극적으로 높이는 데 얼마나 기여했는지를 흥미롭게 드러냈다. 남극 동부 빙상의 일부는 윌크스 빙하 밑 분지에서 몇몇 빙붕을 통해 바다로 유출되지만, 해저 퇴적물에 보존된 증거는 따뜻했던 플라이오세 당시 빙하가 수백 킬로미터 내륙으로 후퇴하며 오늘날 수천 미터 깊이 얼음 속에 묻힌 지역이 드러났다는 사실을 알려준다. 이 유례없는 변화 자체만으로도 전 세계 해수면을 3미터에서 10미터 상승시켰을 가능성이 있다.[11] 남극의 일부인 이곳은 우리가 예전에 생각했던 것보다 기온이 3℃ 상승한 세계에 더욱 민감할지도 모른다.[12]

게다가 더 작은 규모의 남극 서부 빙상이 플라이오세 동안 거의 존재하지 않았다는 증거가 점점 늘어나고 있다. 이 주제를 다뤘던 기념비적인 연구인 2009년의 〈네이처〉 논문에 따르면, 플라이오세 동안 남극 서부 빙상은 "주기적으로 붕괴되어 지구의 온도가 오늘날보다 약 3℃ 더 따뜻했던 당시 지면의 얼음, 즉 빙붕은 녹아서 로스만의 물이 되었다."[13] 그린란드의 빙상은 완전히 녹지는 않았어도 얼음의 양이 늘었다가 줄기를 반복했다.[14] 즉 오늘날과 비슷한 모습이었다가도 육지 동쪽에 고립되어 남은 얼음 잔해의 모습이 되곤 했다. 연구자들은 오늘날 존재하는 빙하의 가장 높은 곳을 관통해 구멍을 뚫은 결과, 놀랍게도 270만 년 전 빙상이 형성되기 전에 깔린 얼어붙은 툰드라 지대의 흙으로 구성된 '3,000미터 얼음 아래에 놓인 고대의 풍경'을 발견했다.[15] 이것은 그린란드가 최소한 플라이오세 초기에는 대부분 얼음에 뒤덮이지 않았다는 보다 강력한 증거다.

이렇듯 남극 서부 빙상과 그린란드의 빙하, 그리고 상당히 줄어든 남극 동부 빙상에서 흘러나온 물은 어디론가 가야 했고, 이 엄청난 양의 용해수 때문에 플라이오세 동안 해수면은 오늘날에 비해 22미터나 높았다.[16] 플라이오세에 해수면이 상승하면서 어떻게 내륙 쪽으로 바닷물이 범람했는지를 뒷받침하는 증거는 무척 많다.[17] 재구성된 모델을 비롯해 남아프리카에서 호주, 미국 남동부까지 오늘날의 해안 가장자리에서 내륙으로 수십 킬로미터 떨어진 곳에 자리한 바닷가 비슷한 산비탈이 그런 증거다. 지구 표면의 물과 얼음덩어리의 재분배는 대륙 해안선의 상승이나 하강과 마찬가지로 상대적인 해수면에 영향을 미치기 때문에 추정은 복잡하다. 2019년 3월에 발표된 최근의 계산에 따르면 플라이오세의 해수면 추정치가 오늘날의 조석점보다 8～14미터 높은 것으로 하향 조정되었지만, 그렇다 해도 이것은 300만 년 전 극지방에서 빙상이 극적으로 줄어든 상태였음을 뜻한다.[18]

그렇다면 플라이오세는 어째서 기후가 따뜻했을까? 오늘날 기후학자들은 주요 온실기체인 이산화탄소가 지구 표면의 기온을 높이는 큰 원동력이라는 점에 동의한다. 플라이오세 동안 대기 중 탄소의 정확한 평균 농도는 다소 불확실하지만, 재현과 모델에 따르면 오늘날보다 약간 낮은 약 400ppm이라는 수치로 수렴된다.[19] 빙하학자들이 그린란드의 빙하가 녹는 현상은 이제 돌이킬 수 없으며, 현재와 비슷한 수준의 이산화탄소 농도로는 빙하가 전혀 형성될 수 없으리라고 주장한 것은 놀랍지 않다.[20, 21] 연구자들은 지금의 탄소 배출량 추세가 2030년까지 이어지면 지구는 다시 플라이오세로 돌아갈 것이라 이야기한다.[22] 이것이 지구에 어떤 영향을 끼칠지 우리가 보기 원한다면 그 답은 전 세계의 바위에 쓰여 있다. 해수면의 상승과 사라진 빙하, 그리고 생태계의 급격한 변화가 그것이다.

무너지는 빙하, 높아지는 해수면

빙상이 급격하게 줄어드는 플라이오세로의 복귀는 이미 착착 진행되고 있다.

앞 장에서 언급했듯이, 해수면을 몇 미터까지 끌어올릴 수 있을 만큼 많은 얼음을 포함하는 남극 서부 빙상의 많은 부분은 현재의 해수면보다 수백 미터, 심지어 수천 미터 아래에 자리한 암반 위에 놓여 있다. 남극 서부 빙상은 로스해의 로스 빙붕이나 웨델해의 론 빙붕 같은 거대한 부유 빙붕에 의해 안정화된다. 이들 빙붕이 라센 B 빙붕과 같은 운명을 맞이한다면, 남극 서부 빙상은 그 아래 바닷물이 낮게 깔린 남극 서부 분지로 침투하면서 붕괴에 취약해진다. 전문가들은 따뜻해진 바다가 파인섬과 스웨이츠 빙하처럼 남극 서부에서 가장 큰 얼음의 흐름을 막는 빙붕의 밑 부분을 조금씩 갉아먹고 있다는 사실을 이미 지적해 왔다.[23]

나는 이전 저작인 《6도의 멸종》에서 남극 서부의 붕괴를 '4℃ 상승' 장에 포함시켰다. 지구온난화가 빠르게 지속적으로 일어나지 않으면 그런 붕괴가 나타날 것 같지 않았기 때문이었다. 하지만 이제 앞 장에서 언급했던 것처럼 남극 빙하의 붕괴는 기온이 2℃ 상승한 세계에서도 일어날 수 있다. 그리고 3℃ 세계에서는 사실상 남극 서부 빙상이 완전히 붕괴할 것이라 여겨진다. 라센 B에 닥쳤던 운명을 생각해 보면 그 이유를 알 수 있다. 빙붕의 표면에 수천 개의 작은 호수가 생기면서 대규모 용해가 발생했고, 이 사건이 전조가 되어 빙하는 완전히 부서졌다.[24] 빙하의 일부가 크레바스를 통해 아래쪽 바다로 흘러들기 시작하면서, 빙붕의 중심부에서 무게 변화에 의한 스트레스가 생겼고 그에 따라 돌이킬 수 없는 연쇄 붕괴 반응이 발생하며 빙하가 부서졌다.[25] 얼음 녹은 물이 빙붕의 아래쪽에 균열을 만들면서 (이 과정을 '수압파쇄'라

부른다) 빙산이 하나씩 부서져 나왔고, 거대한 힘으로 엎어져 뒤집히며 약간의 쓰나미를 유발하거나 빙상 앞부분이 마구 붕괴되었다.[26]

과학자들은 이 과정이 미래의 어느 시점에 두께가 수백 미터에서 1킬로미터에 달하는 거대한 로스 빙붕과 론 빙붕에서 발생할 수 있다고 염려한다. 비록 이 빙붕들은 라센 B보다 훨씬 더 남쪽에 있기에 남극보다 가깝고 더 기온이 낮지만, 이미 여름철에 이따금 표면이 녹곤 했다. 빙하학자들이 2016년에 경고했듯이, "상당수의 빙붕은 여름철 기온이 0℃에 가까이 다가가거나 0℃를 넘을 것이며, 해수면 근처의 평평한 표면에서는 대기 온난화가 조금만 더 진행되더라도 겉이 용해되거나 여름 강우량이 극적으로 증가할 것이다."[27] 이렇듯 여름철에 광범위하게 빙붕이 용해되면 결국 라센 B처럼 더 북쪽에 자리한 것과 다를 바 없이 두 거대한 빙붕은 급격하게 무너져 붕괴할 수 있다.

그렇다면 온난화가 얼마나 진행되어야 이 붕괴 과정을 촉발할 수 있는가? 연구자들에 따르면 3℃의 지속적인 지구온난화로 남극 서부 빙상 전체를 없애기에 충분하며, 결과적으로 해수면이 5미터 상승할 것이라 한다. 이들의 모델에 따르면 탄소 배출량이 중간 정도인 시나리오에서 "스웨이트 빙하가 남극 서부 빙상 내륙 깊은 곳까지 후퇴하면서 향후 500년 이내에 남극 서부 빙상이 거의 완전히 붕괴될 것"이라 예견된다. (배출량이 높은 시나리오에서는 약 250년 안에 붕괴가 발생한다.) 훨씬 더 큰 남극 동부 빙상 또한 감소하기 시작하며, 우리의 후손들은 적어도 서기 5000년까지 해수면의 지속적인 상승을 경험할 것이다.[28] 다만 남극 동부 빙상은 3℃ 상승 시나리오에서 완전히 사라지지는 않을 것이다. 2018년 〈네이처〉에 발표된 논문은 남극 대륙이 최소한 800만 년 동안 일부가 얼음 밑에 덮여 있었다는 것을 암시한다.[29] 그렇다면 적당히 따뜻했던 플라이오세 동안에도 남극 대륙에는 상당량의 얼음이 있었을 것이다.

하지만 걱정되는 것은 남극뿐만이 아니다. 그린란드는 기온이 3℃ 상승한 세계에서 지속적이고 극적인 빙하 용해를 겪을 것이다. 최근의 계산에 따르면 그린란드 빙상의 4분의 1에서 2분의 1 사이가 3℃ 세계에서 녹을 것이며, 그에 따라 다음 1,000년 동안 전 세계 해수면이 2미터에서 4미터 높아질 것이다.[30] 빙하는 섬 내륙 쪽을 향해 줄어들며 가장 따뜻한 남서 사분면에서 벗어나 보다 추운 북북쪽 해안에서도 멀리 후퇴한다. 남극 서부 빙상과 마찬가지로 그린란드 중부에도 현재의 해수면보다 낮은 지역이 있어 따뜻해진 바닷물이 내륙을 관통할 수도 있다.

그러면 해수면이 여러 세기에 걸쳐 수 미터 상승하는 불가피한 결과가 발생하며, 전 지구적으로 해수면이 플라이오세의 수준으로 되돌아가게 될 것이다. 시대 변화에 따라 이와 비슷하게 정책적인 함의를 갖는 사건도 드물지만, 비슷하게 도덕적인 의미를 갖는 사건도 찾기 힘들다. 다시 말해 지금 얼마나 많은 석탄과 석유, 가스를 태우는지에 대해 우리가 이번 세기에 내린 결정은 다음, 다음, 다음, 다음, 다음 세대의 후손들에게 영향을 끼친다. 어쩌면 미래의 후손들은 더 이상 안정된 해안선이 존재하지 않고, 내륙 안쪽으로 도시들을 계속해서 다시 세워야 한다는 사실에 우리를 원망할지도 모른다. (뉴 뉴 뉴욕이 생길지도 모른다.)

어쩌면 한때 런던, 워싱턴 D.C., 방콕이었지만 이제 바다의 물결 아래 잠긴 환상적인 신화 속 수도들에 대한 아틀란티스 설화가 생길지도 모른다. 아니면 오늘날의 대규모 해안 도시들에 여전히 사람이 거주한다 해도 성난 파도를 막아 줄 거대한 바리케이드 뒤에 갇힐 수도 있다. 그러는 동안 주민들은 폭풍우가 닥칠 때마다 건물 지붕 위에서 공포에 떨며 대격변을 일으킬 또 한 번의 잔클레 홍수를 두려워할 것이다.

이번 세기만 보면, 최근 밝혀진 과학적 지식은 해수면 상승에 대한 예측치를 상당히 상향 조정했다. 특히 IPCC가 2013년 보고서에서 수량화하기에는 너무 불확실하다고 여겼던 남극의 대량 해빙에서 오는 영향이 더해져 3℃ 상승 시나리오에서 2100년 해수면 상승 추정치가 크게 높아졌다. 그 결과 몇 가지 새로운 예측치가 나왔다. 이번 세기말까지 해수면이 1미터 넘게 상승할 확률은 50퍼센트이며, 해수면의 상승치가 177센티미터에 이를 확률은 5퍼센트이다.[31] 2100년까지 해수면 상승치가 0.5미터로 제한된다 해도 오늘날 5,000만 명이 살고 있는 육지가 물에 잠긴다.[32] 더 비관적인 전망이 옳다면, 그래서 그린란드와 남극 서부 둘 다 이번 세기 동안 상당 부분 빙하 용해를 겪는다면 수억 명이 다른 곳으로 이주해야 할 것이다.

해수면 상승이 완만하고 점진적인 과정이 아니라는 사실을 분명히 깨닫는 것이 중요하다. 해수면이 높아지면 극심한 고조 현상에 폭풍 해일이 결합되어 이전의 위험 지대보다 훨씬 높은 곳에 자리하는 새로운 지역을 갑자기 범람시킬 수도 있다. 극단적인 사건도 훨씬 더 자주 발생할 것이다. 2018년의 한 연구에 따르면 온난화 상승치가 2.5℃인 세계에서 뉴욕은 매년 세 차례의 홍수 피해를 볼 수 있다고 한다.[33] 다시 말해 매년 허리케인 샌디 3개가 발생한다는 것인데, 이 허리케인은 200억 달러에 가까운 피해를 입혔고 해안의 넓은 지역이 침수되면서 뉴욕 시민 43명의 목숨을 빼앗은 재난이었다는 점에서 무척 우려되는 예측이다.[34] 캘리포니아에서는 주 GDP의 6퍼센트가 넘는 1,500억 달러 이상의 재산과 60만 명의 주민이 이번 세기말까지 극단적인 해수면 상승의 영향을 받을 수 있다.[35] 비교적 온건한 추정치를 활용하더라도 3℃ 상승 시나리오에서는 방글라데시의 약 2,500제곱킬로미터가 침수돼 현재 수천만 명이 거주하고 있는 인구가 밀집되고 취약성이 높은 해안에 영향을 미칠 것으로 보인다.[36] 더 강한 사이클론과 계절성 홍수를 계산에 넣는다면, 국가 전체의 상당 부분이 고위험 지역에 들어갈 것이다.

비록 그린란드와 남극 빙상을 안정시키기 위한 실용적인 직접적 조치는 없지만 생명을 구하기 위해 할 수 있는 일은 많다. 방글라데시에서는 열대성 사이클론 기간에 홍수 위험이 있는 구역이 대폭 확장되어 최소한 320개의 대피소를 새로 지어야 한다.[37] 이와 같은 기후 대책은 폭풍이 저지대 해안을 위협할 때 각 가정에 피난처를 제공해 이번 세기 동안 수만, 수십만 명의 생명을 구할 수 있다. 방글라데시에서 도로와 철도를 더 높게 만들고, 제방을 건설하고 침식 방지 대책을 세우며, 배수 시설을 개량하는 데 수십억 달러가 더 소요될 것이다.[38] 부유한 선진국이 이렇듯 중대한 피해를 줄이기 위한 조치에 드는 비용을 부담해야 한다는 것이 기후 정의다. 방글라데시는 자국의 해안 지대에 영향을 미치기 시작하는 대기 중 이산화탄소 비축량에 대한 기여분이 적기 때문이다. '오염자 지불' 원칙에 따라 기후 정의가 실현되려면 방글라데시 정부는 유럽과 미국에 청구서를 보내야 한다.

하지만 동시에 미국은 상당한 액수의 돈을 자국에 써야 한다. 2019년 3월 뉴욕 시장 빌 드 블라시오Bill de Blasio는 허리케인 샌디 때문에 이 도시의 132제곱킬로미터가 물에 잠겼다는 사실을 언급하며 향후의 슈퍼 폭풍에서 도시를 보호하기 위한 주요 프로그램으로 해안 요새화를 제안했다. 드 블라시오 시장은 다음과 같이 이 계획을 소개했다. "뉴욕 시에서는 이제 지구온난화에 대해 논쟁하지 않습니다. 더 이상은 말이죠. 유일한 문제는 해수면 상승과 다음번에 발생할 피할 수 없는 허리케인으로부터 우리를 보호하기 위한 장벽을 어디에 쌓아야 하는지, 그리고 얼마나 빨리 쌓을 수 있는지 알아내는 것입니다." 이 계획에 따르면 맨해튼섬의 가장자리를 이스트강 쪽으로 수백 미터 인위적으로 밀어 올려 지하철 노선, 하수도를 비롯한 중요 도시 기반시설과 로어 맨해튼의 금융지구를 보호할 수 있다. 드 블라시오 시장은 "100억 달러가 들 수도 있는 이 해안 확장이 완공되면, 2100년까지 로어 맨하탄은 해수면 상승으로부터 안전해질 것"이라고 주장했다.

하지만 이것은 지나치게 낙관적인 주장일 수도 있다. 〈사이언티픽 아메리칸〉에 따르면 허리케인 카트리나가 재난을 일으킨 이후 뉴올리언스 주변에 제방과 방파제를 개선하는 140억 달러짜리 프로그램이 시행되었지만, 불과 4년이면 시설이 구식이 될 수 있다.[39] 이 계획은 전 세계 역사상 손에 꼽힐 만큼 대규모의 공공사업이었다. 한 추정치에 따르면 미국 해안 지대에서 해수면 상승과 맞서 싸우기 위해서는 향후 20년 동안 최소 4,000억 달러가 필요하며, 이번 세기 동안 수조 달러가 추가로 지출되어야 한다.[40] 이것은 엄청난 돈이지만, 해수면 상승에 대응하기 위한 어떠한 시도도 하지 않아 발생할 피해액보다는 훨씬 적은 게 분명하다. 해안선 주변의 도시들이 해가 갈수록 증가하는 피해 비용을 언제까지나 계속 부담할 수는 없다. 제대로 대응하지 않으면 결국 이 도시들은 버려지고 말 것이다.

이때 누가 비용을 부담할 것인지의 문제가 다시 한 번 발생한다. 기후 보전 센터에서 작성한 해수면 상승에 따른 보호 비용 보고서의 서문에서는 비용 부담자가 오염 물질을 생산한 회사여야 한다고 암시한다.[41]

적어도 50년 전부터 석유와 가스 회사를 비롯한 오염원에서는 그들의 생산물이 기후변화를 일으킨다는 사실을 알았지만, 이후 30년 동안 교묘하게 지구온난화 부정론 캠페인을 주도했으며 자기들이 일으킨 비용을 전혀 지불하지 않고 있다.… 여러분의 정치적 신념이나 에너지 정책과 기후변화에 대한 견해와는 상관없이, 이들이 자기 회사의 생산물이 전 세계 기후를 되돌릴 수 없게 급진적으로 변화시켰다는 사실을 알지만 그 사실을 부인하면서 그 생산물을 만들고 홍보하고 있다. 전 세계가 이 상황을 해결하도록 그들 몫의 비용을 마땅히 지불해야 한다는 결론은 불가피하다. 오염을 일으키는 업체가 이 기본적인 책임을 지도록 하지 않으면 수많은 지역사회를 고의로 무너뜨리는 결과를 낳을 것이다. 이 지역사회들은 천천히 그리고 가차 없이 바다에 삼켜지고 있기 때문이다.

21세기에 해수면 상승의 사회적 비용은 단지 경제적인 지출 이상이 될 것이다. 인류는 대체할 수 없는 문화적 · 자연적 유산의 일부를 잃을 것이기 때문이다. 2014년의 한 연구에 따르면 3℃ 상승한 지구온난화는 유네스코 세계 유산 목록에 오른 136개의 유적지를 위험에 빠뜨릴 예정이라고 한다.[42] 여기에는 카르타고의 고대 유적, 베네치아와 이 지역의 석호, 이스터섬의 조각상, 헤르쿨라네움의 로마 유적, 티레의 옛 도시, 런던 탑, 에드워드 1세가 웨일스에 지은 성들이 포함된다.[43] 게다가 자유의 여신상과 시드니의 오페라하우스와 같은 보다 최근의 세계문화유산도 예외가 아니다. 이 장소들이 반드시 2100년까지 침식되거나 침수될 것이라 예상되는 것은 아니다. 이 연구가 대상으로 하는 기간은 2,000년으로 이 시기에 해수면이 거의 7미터 상승할 수 있다. 하지만 이러한 영향이 극단적으로 우리와 멀리 떨어져 있다고 간주해서는 안 된다. 목록에 오른 많은 문화유산이 이미 2,000년 이상 된 것이기 때문이다. 프랑스 마르세유 근처의 코스케 동굴에 남아 있는 고대의 말 벽화가 지니는 가치를 생각해 보자.[44] 이 벽화는 1만 8,500년 전의 것으로, 마지막 빙하기 이후 자연적인 해수면 상승으로 이미 일부가 물에 잠겼다. 미래의 해수면 상승은 이 유적을 완전히 파괴할지도 모른다.

어떤 경우에도 긴 시간 지평은 우리에게 교훈을 준다. 최근의 한 연구에 따르면 2100년까지는 "인류 문명의 어느 때보다도 해수면이 빠르게 상승할 것이다."[45] 그에 따라 한 개인이 그동안 경험하지 못했던 새로운 세계가 등장하며, 조수가 높아지고 계속해서 해안선이 침식되며 재앙에 가까운 폭풍 해일이 발생하는 데다 현재의 해안선에서 더 멀리 떨어진 광대한 지역이 물에 잠긴다. 이런 모습은 우리 조상들이 누렸던 안정적이고 비교적 무해했던, 그리고 인류 문명이 발달하고 번성했던 홀로세의 세계가 아니다. 그 세계는 사라졌고 다시는 돌아오지 않는다. 우리의 일생은 물론이고, 심지어 아주 먼 후손들의 삶에서도 마찬가지다. 물론 그 후손들이 살아남는다면 말이다.

지옥불보다 더 뜨거운

"델리가 불타고 있다. 상상도 못 할 더위다. 밖으로 발을 내딛는 순간 온몸이 용광로가 된다."[46]

인도의 한 통신원은 2019년 6월 11일의 날씨를 이렇게 묘사했다. 같은 날 〈타임스 오브 인디아Times of India〉는 델리가 48℃라는 역대 최고 기온을 기록하면서 2014년 6월에 세운 종전 최고 기록인 47.8℃를 경신했다고 보도했다. 전날 인도 기상청은 수도뿐 아니라 인근의 광범위한 여러 주에 걸쳐 폭염이 예상된다며 이례적으로 폭염 적색경보를 발령했다.[47] 하리아나주, 우타르 프라데시주, 마디아 프라데시주, 사우라슈트라주와 찬디가르시가 그 대상이었다. 이 시기에는 '보통의 여름날'에 비해 열사병 환자가 50퍼센트 증가했으며 의사들은 델리 주민들에게 옅은 색 옷을 입고 양산을 들고 다니며 하루에 3~4리터의 물을 마시라고 주의를 주었다.[48] 하지만 그래도 아그라에서 코임바토르로 향하는 에어컨 없는 케랄라 열차를 탄 승객 4명이 더위로 숨지는 사고가 발생했다.[49]

더 서쪽인 파키스탄의 자코바드에서는 기온이 무려 51.1℃까지 치솟았다.[50] 서쪽으로는 이란과의 국경에서 동쪽으로는 방글라데시까지 남아시아의 상당한 지역에 걸쳐 이런 위험할 정도의 무더위가 확산되었다. 2015년의 폭염은 인도와 파키스탄의 넓은 지역에 영향을 미쳤고 3,500명이 사망했다.[51] 2010년 구자라트의 아마다바드에서도 1,344명이 폭염으로 사망한 적이 있었다.[52]

하지만 2019년의 극심한 더위 정도는 기온이 3℃ 상승한 세계에서 유난히 시원한 여름으로 여겨질 것이다. 남아시아의 광대한 지역은 산업화 이전에 비해 2.25℃ 따뜻해진 세계에서도 "대부분의 사람에게 극도로 위험하다고 간주되는 폭염"을 경험할 것이라 예상된다.[53] 현재 1세기에 4번 정도로 예상되는 극심한 폭염은 이제 가끔 발생하는 게 아니라 2년에 한 번씩 닥칠 것이다. 그리고 수십 개의 주요 도시에 사는 남아시아 주민 수억 명 가운데 절반 이상이 오늘날의 기후에서는 결코 경험한 적 없었던 '위험한 폭염'을 맞게 될 것이다. 데칸고원과 히말라야산맥 같은 고도가 높은 지역은 최악의 상황을 모면하겠지만, 모델 예측에 따르면 방글라데시와 인도 동부 해안의 절반, 그리고 인더스강과 갠지스강 유역을 전부 포함하는 영역이 폭염을 나타내는 밝은 붉은색의 호로 표시되었다.

이런 더운 기후가 발생하면, 2019년 델리에서 폭염 기간 동안 전력 수요가 급증했던 것처럼 에어컨을 틀어 어느 정도는 날씨에 적응할 수 있다. 하지만 열기에 몸을 보호하지 않으면 외출조차 하지 못하고 밖에서 일이나 이동을 하기 힘든 상황에서 정상적인 생활을 영위하는 데 한계가 있다. 예컨대 이런 기후에서는 트랙터를 가동하는 것처럼 냉방 장치를 사용하지 못하는 농장 작업은 전부 중단된다. 그뿐만 아니라 도로 보수와 건설 작업을 비롯해 모든 외부 스포츠 활동이 중단되어, 주민들은 사실상 실내에 갇히게 된다. 인공적으로 냉각된 환경에 접근할 수 없는 사람들은 고체온증과 죽음을 무릅써야 한다. 게다가 사람들은 그나마 피신처를 찾을 수 있지만 그렇게 하기 힘든 가축은 그늘에서도 기온이 너무 높은 나머지 떼죽음에 이른다.

물론 이것은 남아시아에서만 벌어지는 일이 아니다. 아프리카에 기온 상승치 3℃를 적용한 연구에 따르면 열대 지역과 소말리아반도의 뿔처럼 생긴 지역에 걸쳐 폭염이 10배 이상 증가했다. 열대야(많은 사람이 열대야에 체온을 충분히 식히지 못해 사망한다)에 대한 모형 예측의 데이터 시각화에 따르면, 서아프리카의 기니에서 남쪽으로 앙골라, 동쪽으로 탄자니아와 소말리아까지 대륙의 광대한 면적이 매년 100회에서 300회의 열대야를 경험한다.[54] 두 번째 연구 또한 서아프리카의 도시들을 3℃ 상승한 세계로 시뮬레이션한 결과 2090년에 위험한 폭염(최고 기온이 40.6℃를 넘는 더위로 정의되는)을 1년에 145일 경험할 것으로 예측했다.[55] 아프리카 대륙 전체에서, 인구나 탄소 배출량 시나리오에 따라 각 도시는 폭염을 20배에서 50배까지 많이 겪게 될 것이다.

혹서가 열대지방에만 영향을 미치지는 않는다. 3℃ 상승 시나리오에 대한 2018년의 한 연구에 따르면, 전 세계 지표면의 최대 4분의 1은 그동안 20년에 1번 정도 예상되었던 폭염을 매년 경험할 것이며 미국과 캐나다, 유럽과 유라시아 북부, 남아메리카 중부에 무척 큰 변화가 닥칠 것이라 예상된다.[56] 또한 미국의 도시에서도 사망률이 높아질 것이다. 예컨대 뉴욕에서는 기온이 3℃ 상승한 세계에서 30년 동안 한 번 발생하는 폭염이 발생하면 기온이 1.5℃ 상승하는 경우에 비해 최소한 2,700명이 더 사망할 것이다.[57] 2,700명이라는 숫자는 뉴욕 시민에게 꽤 의미가 있는데, 9·11 테러 당시 세계 무역 센터에서 발생한 사망자 수와 비슷하기 때문이다. 로스앤젤레스의 경우 이 추가 사망자 수는 1,000명 정도다. 당연한 이야기지만 미국은 테러와 싸우기 위한 군사 작전에 수천억 달러를 쓰지만, 폭염으로 같은 사망자가 발생하리라는 전망은 언급할 가치가 없다고 취급하거나 전면적으로 부인하고 있다. 이 점이 문제다.

이처럼 폭염에 영향을 받는 지역은 광대하다. 2017년에 발표된 한 연구에서는 기온이 3℃ 상승한 세계에서 지구 면적의 3분의 1이 매년 20일 이상 '죽음의 문턱'을 넘나드는 기온과 습도에 노출될 것으로 예측했다.[58] 이것은 과학 논문이기에 '죽음'이라는 단어는 단순히 극적인 효과를 주고자 사용한 것이 아닌 말 그대로의 의미를 지닌다. 다시 말해 과거에 사망률을 증가시켰다고 기록된 기후 조건이 세계가 더욱 더워지면서 앞으로는 더 자주 반복될 것으로 예측된다. 이전보다 기온이 1℃ 상승한 오늘날에는 세계 인구의 30퍼센트가 이미 매년 20일 이상

'목숨을 앗아갈 듯한 더위'에 노출되어 있지만, 지구 평균 기온 상승치가 3℃가 될 때쯤이면 세계 인구의 절반은 매년 그런 폭염에 노출될 것이다. 2018년에 발표된 한 논문에서 저자들은 미래의 폭염은 "심각한 거대 폭염"이 될 것이며, "사람들의 사망률과 질병 발생률에 악영향을 끼칠 것"이라고 지적했다.[59] 다시 말해 폭염은 많은 사람의 건강에 해를 끼치고 목숨을 빼앗을 것이다.

격식 있는 간행물에 논문을 싣는 과학자들은 이제 지구의 미래 상태를 논할 때 '거주 가능성'과 '생존' 같은 용어를 사용하기 시작했다. 2018년 12월 〈랜싯 플래너터리 헬스The Lancet Planetary Health〉에 실린 논문은 여러 기후 모형을 통해 이제 전 세계에서 최소 5,000만 명이 3℃ 상승한 세계의 '생존 한계 이상' 온도에 노출될 것으로 예측했다.[60] 해들리 센터의 HadGEM2 어스 시스템 모델에 따르면, 지구 온도가 파리 협정의 목표치인 1.5℃를 넘어서면 폭염에 노출된 인구가 급작스럽게 증가하며, 기온 상승치가 2.5℃ 이상이면 1억 4,000만 명이 폭염 생존 가능 임계값을 넘어설 것이다. 그리고 전 세계적으로 10억 명이 '작업 가능 한계치'를 초과하는 기온에 노출된다. 이 온도에서는 인공적으로 냉각된 환경 바깥일 경우 아무리 그늘이라 해도 안전하게 작업을 할 수 없다.

기온이 3℃ 상승한 세계의 '극한 위험' 지대에서는 치명적인 열사병의 위험 때문에 외부에서 일하는 것이 물리적으로 불가능하다. 현재 인구 1,000만 명 이상인 40개국의 일부 지역이 여기에 포함된다. 이 나라들은 북아프리카, 중동, 남아시아의 광대한 지역에 자리하며 인도 전역과 파키스탄의 3분의 2, 태국과 캄보디아 국토의 절반도 아우른다. 이 극단적으로 위험한 열파는 호주 북부까지 침입하고 있다. 개발도상국은 최악의 타격을 받는 중이다. 아프리카에서는 알제리 대부분의 지역과 나이지리아, 가나, 카메룬의 일부가 심각한 영향을 받고 있으며, 수단 북부와 남부, 차드, 니제르, 부르키나파소, 모리타니는 거의 극한 위험 지역 내에 있다. 남아메리카에서는 브라질 북부의 상당 부분, 페루 동부, 콜롬비아 남부, 볼리비아의 저지대 지역이 여기에 포함되며, 북아메리카에서는 멕시코 해안과 미국 남부 국경 지역의 넓은 지역이 포함된다. 연구자들은 폭염으로 광범위한 열대지방의 '거주 적합성'이 영향을 받아 수백만 명이 사는 지역이 '생존 한계치'를 초과하면 주민들은 다른 곳으로 이주할 수밖에 없다고 경고한다.

많은 국가가 이러한 생존 가능성의 한계치를 넘는 더위를 경험하면서 전 세계적으로 인구 이동이 급박하게 필요해질 가능성이 있다. 수억 명의 사람이 더 이상 거주할 수 없는 기존의 열대, 아열대 지역을 떠나야 하는 상황이다. 그러면 세계 대전으로 촉발되는 것보다 대규모의 난민이 발생해 전 세계적으로 헤아릴 수 없는 막대한 사회적·정치적 결과를 낳을 것이다.

공격받는 사막

문제는 단순한 열기가 아니다. 오늘날처럼 메마른 토양에 습기가 사라지면 어느 때보다도 기온이 높이 치솟는다. 식물이 시들거나 죽어가고 땅속에 물이 전혀 없는 상황이라 그 무엇도 높아지는 열기를 억제할 수 없다. 길고 무더운 여름철에는 산불이 광대한 지역을 태울 것이다. 한 모델에 따르면 기온이 3℃ 상승한 세계에서 산불에 탄 지역의 면적이 187퍼센트 증가했으며, 이베리아반도, 프랑스 남부, 이탈리아 동부는 특히 큰 영향을 받았다.[61] 사실상 모든 기후 모델은 지중해 지역이 기온이 3℃ 상승한 세계에서 급격하게 강수량이 감소하는 중심지가 될 것이라는 데 동의한다.[62, 63] 약간의 비는 내릴 테지만 주기적인 강우라기보다는 예외적인 사건일 것이다. 2018년에 발표된 예측에 따르면 기온 상승치가 3℃에 도달하면 지중해 지역에서는 평균적으로 가뭄이 10년 동안 지속될 것이다.[64]

최종 경고: 6도의 멸종

북아프리카에서는 모로코, 알제리, 튀니지, 리비아, 이집트에서 사실상 비가 거의 내리지 않게 된다. 이렇듯 사막과 비슷한 기후는 서부와 북대서양 연안을 제외한 스페인과 포르투갈 전역으로 확산되고 프랑스 남부를 지나 발레아루스제도, 사르데냐, 시칠리아, 몰타, 키프로스, 알프스산맥까지 아우르고, 위로 알프스산맥에 이르는 이탈리아 대부분의 지역, 그리스, 터키의 대부분을 지나 레바논, 시리아, 요르단, 이스라엘을 포함한 지중해 동부 해안을 따라 건조 지역을 이어 호를 완성할 것이다. 이들 국가는 전부 해수 담수화에 의존해야만 현재의 인구를 유지할 수 있다. 담수를 찾을 수 있다면 관개를 통해 식량 생산이 가능하겠지만, 오늘날 우리가 알고 있는 것처럼 빗물을 활용한 농업은 거의 불가능할 것이라 예상된다. 이런 건조한 기후에서는 올리브 숲, 포도밭, 감귤 과수원이 전부 사라질 것이다. 그러면 모래와 선인장이 여기저기 흩어진 가운데 휘몰아치는 열파의 아지랑이 사이로 회복력이 가장 강한 나무와 관목만 살아남는다. 그리고 오늘날의 지중해 기후는 중유럽과 북유럽으로 옮겨 갈 것이다.[65]

오늘날의 기후 모델은 전 세계에서 관측되는 건조 추세를 과소평가하고 있는데, 그러면 미래에 대한 모델의 예측이 지나치게 보수적일 가능성이 높아진다. 이 점을 고려한 〈네이처 기후변화〉에 발표된 한 논문에 따르면 기온 상승치 3℃ 시나리오에서는 "지구 육지 표면의 절반이 건조 기후가 될 것"으로 예측된다.[66] 다시 말해 아프리카와 유라시아, 북아메리카 서부를 비롯한 거의 모든 지역까지 건조 기후가 확산되는데, 그 과정에서 10억 명의 인구에게 필요한 수자원이 위협받는다.[67] 개발도상국들은 지리적으로 위도가 열대와 아열대에 속한 국가가 많아 몹시 큰 영향을 받는다. 논문에 따르면 그에 따라 개발도상국에서 주민들의 생존은 점점 더 위태로워지리라 전망된다.

그런데 전 지구적인 그림을 그리기 위해서는 건조한 지역을 표시하는 대신, 기후 모델에 따라 여전히 강수량이 충분하다고 시뮬레이션된 지역을 표시하는 것이 더 적당할 수 있다. 하지만 이런 지역에서도 장마 기간 사이에 가뭄이 보다 길고 심해질지도 모른다는 경고의 목소리가 나온다. 2018년 기후학자들이 발표한 기온 상승치 3℃의 세계 지도에는 아프리카의 좁은 적도 지역, 남아메리카의 일부 지역과 뉴기니섬의 강우량이 충분하다는 의미의 푸른색으로 표시되어 있다.[68] 방글라데시와 인도 중부 또한 캄보디아 서부와 중부 지역 일부와 마찬가지로 더욱 강력해진 장마 덕분에 강수량이 증가하고 있다. 알래스카, 캐나다 서부, 캐나다 동부(점점 건조해지는 초원 지대를 제외한), 영국, 스칸디나비아, 시베리아, 한국, 일본을 비롯한 중위도 지역 역시 푸른색으로 음영 처리된다.

그리고 지구의 나머지 지역은 가뭄의 규모가 최대 500퍼센트 증가했음을 나타내는 밝은 붉은색으로 표시되어 있는데, 이 지역은 전 세계 인구와 육지가 자리하는 상당 부분에 걸쳐 있다. 여기에는 아메리카, 아프리카, 아시아, 호주의 나머지 모든 지역이 포함된다. 앞서 언급한 열파의 영향과 합쳐지면, 이 새로운 대규모 가뭄은 열대와 아열대 지방의 거주 적합성을 더욱 감소시킬 것이고 위도가 더 높은 중위도 지역까지 건조 추세의 영향이 미칠 것이다. 예컨대 미국은 캐나다

최종 경고: 6도의 멸종

국경 지대까지 붉은색 지역이 뻗어 있다. 캐나다는 기온 상승치 3℃ 시대에 미국과의 국경에 장벽을 쌓는 셈이다.

식량 생산에 미치는 충격

〈랜싯 플래너터리 헬스〉에 실린 한 논문은 아열대 지역에 농작물을 재배할 충분한 물이 남아 있다고 가정하더라도 농부와 농업 관련 노동자들이 대부분의 더운 계절 동안 낮 시간에 밖에서 일하는 것은 사실상 불가능하다는 예전 프로젝트의 결과를 언급했다. 하지만 이 논문의 저자들은 이 결과가 그늘에서의 기온만 평가했다는 점에서 '보수적'이며 밝은 태양 아래서는 작업 가능성의 문턱이 훨씬 더 낮아진다고 밝혔다. 그에 따라 기온이 3℃ 상승한 세계에서는 아프리카와 남아시아의 거의 모든 지역에서 자급자족과 소자본 농경이 사라져 10억 명 넘는 사람의 생계가 무너질 것이다. 가축들도 이런 온도에서 살아남을 수 없을 것이며, 그러면 전 세계의 수많은 가난한 사람에게 중요한 단백질 공급원이 없어진다.

극심한 더위 속에서 일하는 농부들이 직면하고 있는 신체적 도전을 무시하더라도, 기후 예측에 따르면 3℃ 시나리오에서 아프리카 대륙의 큰 부분인 북쪽의 사헬과 남쪽의 짐바브웨, 잠비아, 남아프리카공화국을 가로지르는 지역에서는 기온이 치솟고 강우량이 줄어들면서 경작이 실패하고 수확량이 급격하게 감소할 것이다. 한 논문은 기후 모델을 활용해 "사하라 이남 아프리카 주요 작물의 재배가 언제 어디에서 부터 불가능해질 것인가"를 예측하기도 한다. 이 논문은 아프리카 각국 정부가 대규모 수확량 손실에 대비해야 하며, 건조 기후와 열파에 잘 견디는 전통 작물인 수수와 기장 같은 농작물을 다시 심더라도 사헬과 동부 지역의 농업을 사실상 절멸에서 되살리지 못할 것이라고 경고했다. 이번에는 사라지는 작물이 옥수수에서 그치지 않는다. 바나나와 콩에 이르는 필수 식량 작물들이 온도가 상승하면서 지도상의 여러 지역에서 사라진다.[69] 사하라 이남 아프리카 주민들은 식량도, 물도, 가축도 사라진 오늘날에 이제껏 본 적 없는 규모의 기근에 직면할 것이다.[70]

사람이나 동물과 마찬가지로 식물인 농작물에도 내열성 문턱이 있다. 인도에서 이뤄진 한 연구에 따르면 기온이 34℃를 넘어서면 밀의 수확량이 급격히 감소하며, 다른 실험에 따르면 기온이 재배 기간의 평균치보다 2℃ 따뜻해지면 밀의 수확량은 50퍼센트 감소했다.[71] 전 세계 옥수수의 41퍼센트, 콩의 38퍼센트를 생산하는 미국에서 과학자들은 옥수수의 경우 열을 견디는 임계온도가 29℃이고 콩은 32℃라는 사실을 발견했다. 이 온도 이상으로 올라가면 작물의 생산성은 급격히 저하된다. 전문가들이 지적하듯이 이 두 작물은 인류에게 식량을 공급하는 네 가지 가운데 두 가지를 차지하기 때문에 전 세계적인 기아를 피하기 위한 무척 중요한 작물이다. 임계온도가 반영되면 미국에서 이 두 가지 중요한 농작물의 생산량은 이번 세기에 기온이 3℃ 상승한다는 시나리오상 2분의 1에서 3분의 2까지 감소한다.

3℃ 상승한 세계의 식량 생산에 대한 전 세계적 전망은 더 이상 안

심할 수 없을 만큼 나쁘다. 여름철 열 스트레스의 영향을 가장 많이 받는 지역, 다시 말해 3℃ 상승한 세계의 평균치보다 여름철 기온이 훨씬 빠르게 상승할 것으로 예측되는 내륙 지역은 미국 중부와 북부, 캐나다 남부, 동유럽 평야 지대, 러시아 남부, 브라질 남부, 중국 동부와 같이 전 세계에서 가장 중요한 곡물 생산 지역과 겹친다. 최근의 한 연구에 따르면 '농작물에 열 스트레스가 가해지는 전 지구적 고온 지대' 가운데 인도 아대륙의 북부가 포함되는데, 수억 명의 남아시아 주민들이 인도에서 생산된 식량에 직접적으로 의존하고 있는 만큼 이 지역은 전 세계적으로 가장 중요한 단일 식량 생산 지역이라 할 수 있다. 보다 서늘한 고위도 지역이라고 해서 상황이 더 좋은 것은 아니다. 스칸디나비아, 캐나다, 러시아, 알래스카처럼 먼 북쪽까지 포함하는 북반구 전역에서도 폭염에 따른 수확량 손실이 발생하기 때문이다.[72]

아이러니하게도 이 지역은 초기 기후 모델에서 지구온난화에 의해 가장 큰 득을 볼 것이라 예상된 곳들이다. 예컨대 2007년에 발표된 보고서에서 IPCC는 열대와 아열대 지역을 벗어난 전 세계 농업 지대의 대부분이 기온 상승치가 최대 2℃에 이를 때까지 온난화의 혜택을 받을 것이라 예견했다.[73] 이 보고서는 중위도와 고위도 지역에서 "기온이 국소적으로 근소하게, 또는 중간 정도로(1~3℃) 상승하면 농작물 수확량에 약간 이로운 영향을 미칠 수 있다"라고 주장했다.[74] 하지만 평균 기온이 장기적으로 조금씩 변화할 것이라는 모델에 근거한 예측은 이제 걱정스러울 만큼 안이해 보인다. 2019년 〈환경연구회보〉에 발표된 최근의 전망에 따르면, 한때 미래 식량 생산의 큰 희망이었던 캐나다

조차 온난화 상승치가 2.5℃를 넘기면 밀과 카놀라, 옥수수 생산량이 감소할 것으로 예상된다.[75]

2003년 유럽의 폭염은 이런 미래가 어떤 모습일지 잠깐 엿보게 한다. 하지만 기온이 3℃ 상승한 세계에서는 정상적인 시원한 여름으로 여겨질 것이다. 이후의 분석에 따르면 "이탈리아는 옥수수 수확량이 1년 전보다 36퍼센트만큼 기록적으로 감소했으며, 프랑스에서는 옥수수와 사료 생산량이 30퍼센트 감소했고 과일 수확량은 25퍼센트, 밀 수확량은(폭염이 시작될 무렵 이미 작물이 성숙기에 접어들었음) 21퍼센트 감소했다."[76] 어쩌면 유럽의 농부들은 이번 세기 후반에 옥수수 대신 파인애플이나 야자유를 생산하는 것처럼 대체 작물을 재배해 이런 온난화 흐름에 적응할지도 모른다. 하지만 오늘날 인류에게 필수적일 식량 작물을 생산하는 광대한 경작지의 손실을 전 세계적으로 어떻게 만회할 수 있을지는 상상하기 어렵다.

기온이 3℃ 상승한 세계에서는 전 세계 인구가 100억 명으로 늘어날 것으로 예상되는 동시에 작물 수확량은 급격히 줄어들 것이다. 이렇게 증가한 인구를 먹여 살리고 빈곤을 퇴치하기 위해서는 이번 세기 중반까지 전 지구적으로 식량 생산량을 2배로 늘려야 한다. 하지만 3℃ 상승 시나리오에서는 식량 생산이 반으로 떨어진다. 물론 우리가 이 운명을 수동적으로 받아들일 필요는 없으며 그래서도 안 된다. 그것은 전 세계 대규모 기아 사태에 대처하는 한 가지 방식일 뿐이다. 무엇보다도, 우리는 온난화 상승치가 3℃에 도달하지 못하도록 모든 조치를 취해야 한다. 그와 동시에 가뭄에 대한 내성이 높은 작물을 재배하거나 필요한 경우 새로운 유전 공학 기술을 활용해 열을 잘 견디는 작물을 생산할 수 있다. 그뿐 아니라 농작물을 생산하는 주요 지역을 북쪽으로 옮기고, 기후대의 이동에 맞추어 다른 종류의 식량 작물을 재배해야 한다. 전 세계 식량 공급을 확보하기 위한 중요한 해결책 가운데는 토양 보호, 바이오 연료와 음식물 쓰레기 줄이기, 채식에 기초한 식단 장려하기 등이 포함된다. 그리고 온도가 조절되는 인공 환경에서 훨씬 더 많은 양의 식량, 특히 단백질이 많이 생산되어야 한다. 그뿐 아니라 유엔의 국제 협력체인 세계 식량 계획의 힘을 강화해 전 세계가 생산할 수 있는 식량을 공평하게 나누도록 하고, 어느 한 지역에서 작물 수확에 실패해도 다른 나라에서 돕도록 해야 한다.

만약 이러한 노력이 실패로 돌아간다면, 전 지구적으로 기온이 상승함에 따라 상대적으로 풍족하던 식량이 점차 절박하게 희소한 자원이 될 테고 식품 가격이 급격히 상승하는 새로운 시대를 맞이하게 될 것이다. 역시 최근의 역사를 살펴보면 우리는 이것이 무엇을 의미하는지 엿볼 수 있다. 2006년과 2008년 사이에 식량과 에너지 가격이 폭등하여 전 세계적으로 빈곤율이 3~5퍼센트 증가했고, 1억 명의 사람이 가난해졌다. 쌀값은 255퍼센트 급등했고 밀과 옥수수 가격은 80~90퍼센트 올랐다. 지역 시장의 물가가 오르면서 도시 빈민층을 가장 심하게 강타했고, 물자의 희소성이 심화되면서 거리 시위를 부채질했다. 식량 폭동은 아프리카를 휩쓸어 북쪽으로는 모로코와 이집트, 서쪽으로는 세네갈과 부르키나파소, 남쪽으로는 모잠비크와 짐바브웨, 동쪽으로는 에티오피아와 소말리아까지 퍼졌다.[77] 가뭄과 식량 가격 상승은 2010년에서 2011년 사이 아랍의 봄 폭동과 그 이후에 이어진 중동과 북아프리카 지역의 전쟁, 탄압과도 관련이 있다.

내가 보기에 전 세계적인 식량 부족은 기온이 3℃ 상승한 세계에서 대규모 문명 붕괴를 일으킬 가장 유력한 요인이다. 급성장하는 전 세계 인구가 식량 공급의 실패와 지역 분쟁, 그에 따른 실패한 국가라는 동시다발적인 붕괴에 직면하면서 수백만 명이 기아와 내전에서 도망치려 할 것이다. 이들은 가뭄과 폭염의 직접적인 영향에 의해 고향에서 밀려 나온 사람들과 합류할 테고, 이런 흐름은 비슷한 여러 나라의 전반적인 거주 적합성을 위협한다. 그에 따른 난민 발생은 시리아 내전 당시 어느 정도 예견할 수 있는 결과를 낳았다. 안전과 피난처를 찾는 수백만 명의 난민들은 목적지였던 유럽 국가들에서 반이민 정서를 촉발시켰고 제2차 세계대전 이후 가장 큰 규모로 추악한 극우 정치가 부활하게 되었다.

시리아 내전은 앞으로 무슨 일이 벌어질 것인지 미리 엿볼 수 있게 해준다. 하지만 그 결과는 단일 지역에 국한되는 대신 대륙 전체의 혼란으로 이어질 것이다. 아프리카가 먼저지만 조만간 남아시아와 서아시아도 굴복할 것이다. 대비를 잘하면 생존할 수 있으리라는 환상은 버려라. 어느 곳이든 안전하지 않을 것이다. 아직 식량 작물을 충분히 재배하고 있는 나라들은 엄격한 국가 경계선 뒤에서 권력을 강화하기 위해 사람들의 증오와 분열을 조장하며, 그러는 가운데 후기 에코파시즘Ecofascism에 의해 통치되고 있는 스스로를 발견할지도 모른다. 최근의 여러 사건은 자유, 민주주의, 국제적인 연대에 대한 현대 자유주의

적 관념의 취약성을 보여주었다. 몇 년 전까지만 해도 나는 사람 수백만 명이 기근으로 사망하면 다른 지역의 사람들이 방관하지 않을 것이라고 자신 있게 예측했을 것이다. 하지만 이제 나는 확신할 수 없다.

어둡게 변한 산맥

미국 냉전 시대의 첩보 위성 프로그램에 대한 기밀이 해제된 2011년이 되어서야 엔지니어인 필 프레셀Phill Pressel은 마침내 1970년대 퍼킨 엘머 사의 '사무실'에서 자기가 일하는 동안 무슨 일이 있었는지 가족에게 말할 수 있었다. 프레셀은 자기가 국방부를 위해 확보한 고해상도 위성사진 덕분에 소련에 맞서는 어떤 전투에서 미국이 유리했다는 사실을 알고 있었다. 하지만 그 사진이 수십 년 뒤 기후변화의 영향을 연구하는 과학자들에게도 도움이 될 것이라는 사실은 아마 몰랐을 것이다. 프레셀이 30년 동안 담당했던 헥사곤 KH-9 정찰위성은 그동안 우주에 투입된 위성 가운데 가장 복잡한 시스템을 갖췄다고 여겨지며, 훨씬 나중에 발사된 허블 우주 망원경의 모델이 되었다. 단단하게 감긴 수 킬로미터의 아주 얇은 이스트맨 코닥 필름을 장착한 2대의 카메라는 지표면 위 160킬로미터 상공에서 시속 2만 7,359킬로미터의 속도로 지구 주위를 도는 위성으로부터 6미터에서 9미터의 해상도를 얻었다. 당시에는 디지털 기술이나 컴퓨터가 발명되기 전이어서 이 장비를 설계한 사람들은 설계자를 활용해 대부분의 계산을 했다. 그러면 노출된 필름을 담은 통이 자동으로 태평양 상공으로 떨어졌고, 여기서 헤라클레스 군용기가 통을 공중에서 회수했다. 필름의 해상도는 무척 높았는데, 여기에 대해 프레셀은 이렇게 회상한다. "소풍 나온 사람들이 깐 담요와 그 위에 앉은 사람 수를 셀 수 있었다. 어떤 조건에서는 공을 던지는 모습도 보였다."[78]

이 냉전 시기 사진의 놀라운 정밀도는 최근 히말라야 빙하의 변화를 추적하는 과학자들에게 유용했다. 한 미국 연구팀은 1973년에서 1976년 사이 3년 동안의 사진을 기준으로 한 데이터를 오늘날의 위성 사진과 비교해 1970년대에서 지금까지 지구에서 가장 높은 산맥 히말라야에서 얼음이 얼마나 녹았는지 계산했다.[79] 그 결과 가장 큰 650여 개의 빙하가 1975년에서 2000년 사이보다 2000년에서 2016년 사이에 수직 방향으로 녹는 속도가 2배가 되어서, 1년에 20센티미터 녹던 빙하가 45센티미터까지 녹았다는 사실을 발견했다. 과학자들은 오늘날 히말라야 빙하가 녹는 속도가 너무 빨라서 중앙아시아 고지대 얼음의 3분의 1이 과거의 온실가스 배출 때문에 이미 사라졌을 것이라 계산했다.[80] 이때 북극이나 남극 빙하의 용해와 마찬가지로, 이곳에 방문한 사람들 각자에게 빙하가 녹은 구체적인 부피에 대한 책임을 묻는 게 가능하다. 화석 연료 사용자들이 배출한 이산화탄소 1톤은 히말라야의 가장 높은 비탈에서 빙하 15톤이 사라지게 하는 원인이다. 인도와 네팔을 방문하는 등산객과 트래킹 족들은 자기들이 이렇게 외국에서 날아와 그토록 아끼는 산의 빙하를 녹이는 데 눈에 띄게 기여했다는 사실을 알면 정신이 번쩍 들 것이다.

하지만 이것은 단지 지금의 1℃ 상승한 세계에 영향을 미치는 시작에 불과하다. 전 세계 기온이 3℃ 가까이 올라가면 히말라야에 남아 있는 얼음 가운데 최소 50퍼센트가 녹아 없어질 것이다.[81] 미래의 빙하가 얼마나 사라질지에 대한 예상치는 대개 복잡한 컴퓨터 기후 모델에 기초하지만, 단순히 현재의 급속한 용해 속도를 미래에 투사해 추정해보면 상당히 절망적인 예측을 산출한다. 그것은 특히 현재 전 지구적인 빙하 용해 속도가 2014년 마지막으로 발표된 주요 IPCC 보고서에서 언급한 것보다 5분의 1이 많은 연간 빙하 손실량 470억 톤으로 추정되기 때문이다. 한 국제 빙하학자 집단이 2019년 〈네이처〉에 발표한 것처럼, "현재의 빙하 손실 속도가 지속되면, 오늘날 존재하는 빙하의 대부분은 이번 세기 후반에 코카서스, 중부 유럽, 저위도 지역, 캐나다 서부와 미국, 뉴질랜드 등지에서 완전히 사라질 것이다."[82] 여기서 '오늘날 존재하는 빙하의 대부분'이 어느 정도인지는 3℃ 온난화 시나리오에서 정확히 정량화되었다.[83] 즉 캐나다 서부 빙하의 86퍼센트, 스칸디나비아 빙하의 88퍼센트, 유럽 알프스 빙하의 89퍼센트, 알래스카(지구에서 가장 큰 규모의 산악 빙하를 보유한) 빙하의 42퍼센트, 중앙아시아 빙하의 72퍼센트, 안데스산맥 근처 열대 지역을 비롯한 저위도 지역에 자리한 빙하의 92퍼센트가 없어질 것이다.

이런 대규모의 빙하 용해는 인류의 가장 소중한 자연 유산 가운데 상당수를 위협할 것이다. 최근 발표된 한 논문은 파타고니아에서 이탈리아 돌로미티산맥에 이르는 유네스코 세계문화유산 46곳에 있는 빙하 수천 개의 미래 전망을 조사했다. 그 결과 연구자들은 3℃의 기온 상승 때문에 오늘날 풍부한 생물 다양성과 아름다운 자연으로 높은 평가를 받는 이 멋진 명소에서 빙하 부피가 평균적으로 43퍼센트 손실될 것이라 계산했다.[84] 내가 개인적으로 좋아하는 페루의 와스카란 국립공원은 빙하의 82퍼센트를 잃고, 에베레스트산이 자리한 사가르마타 국립공원은 빙하의 3분의 2가 사라지며, 캐나다의 로키산맥은 거의 90퍼센트의 빙하를 잃게 된다. 스위스 알프스산맥의 융프라우 알레치 빙하지대는 전체의 5분의 1만 남을 것이라 예상되며 노르웨이 서부의 피오르드에는 빙하의 10퍼센트만이 남고, 중앙아시아 서부의 톈산산맥에는 빙하가 고작 3퍼센트만 남을 것이다. 또한 시베리아의 푸토라나 고원, 피레네산맥의 몬테 페르디도, 중앙아프리카의 르웬조리 국립공원과 비룽가 국립공원, 파푸아 서쪽의 로렌츠 국립공원을 비롯한 몇몇 명소에 대해서 연구자들은 다소 모호하게 '완전한 빙하 소실'이 발생하리라는 예측을 남겼다.

눈과 얼음이 벗겨진 미래의 산들이 어떤 모습일지는 비교적 쉽게 상상할 수 있다. 《6도의 멸종》에서 말했듯이 유럽 알프스산맥의 미래 모습을 가장 비슷하게 엿볼 수 있는 곳은 북아프리카의 아틀라스산맥일 것이다. 이곳은 겨울에 눈이 조금 내리기는 하지만 초여름이면 눈이 빠르게 녹아 어두운색의 암석과 작은 돌멩이가 황량하게 펼쳐진 무더운 산기슭만 남는다. 눈 녹은 물이 흐르는 하천은 빠르게 마르고, 하류 지역도 가장 더운 달을 지나며 말라붙는다. 눈과 얼음이 사라지는 속도는 무척 빨라 새로 노출된 산기슭에 식물이 자랄 시간이 거의 없기 때문에 침식과 산사태에도 취약해진다. 또한 영구 동토층의 해빙은 고산지대의 기반시설을 위협할 것이고, 미래의 스키업계는 스키장 대신 하이킹에 집중해야 할지도 모른다.

이렇듯 하천을 가득 채우고 강이 흐르게 할 빙하가 사라진다면, 전 세계 광범위한 지역에 걸쳐 계절적인 물 부족 현상이 도시와 수력 발전, 농업에 영향을 미칠 것이다. 미국 서부, 안데스산맥 열대 지역, 파키스탄, 중앙아시아의 건조한 나라들뿐만 아니라 알프스산맥에서 강물이 흐르는 유럽의 여러 지역도 영향을 받는다. 통틀어 말하면, 전 세계 수억 명의 인구가 기온이 3℃ 상승한 세계에서 빙하가 사라지면 꼭 필요한 빙하 녹은 물을 공급받지 못한다. 일단 '하늘처럼 높은 급수탑'이라 불리던 빙하가 녹아 사라지면 관개시설은 제대로 작동하지 못하고 농경지가 없어져 전 세계 식량 공급에 더 많은 차질이 생길 것이다. 흔히 말하듯 물은 생명이다.

치명적인 홍수

기후온난화는 지구 시스템에 더 많은 열에너지를 투입해 수문학적 순환을 가속화한다. 그에 따르는 하나의 결과가 더욱 무덥고 긴 가뭄과 물 공급의 감소다. 그리고 다른 한 가지 결과는 반대로 물이 지나치게 많아지는 홍수다. 수문학과 기후 모델은 어느 곳이 가장 큰 영향을 받는지에 대해 서로 다른 결론에 도달하지만, 그럼에도 전 세계 기온이 3℃ 가까이 오르면 재앙에 가까운 보다 큰 홍수가 발생할 것이라는 데는 의견이 일치한다.

2018년에 발표된 수많은 다양한 모델을 총합한 한 연구에 따르면, 기온이 3℃ 상승한 시나리오에서는 매년 전 세계적으로 2억 명에 달하는 사람들이 하천 범람의 영향을 받으리라 예상된다.[85] 홍수에 따른 전 세계적인 사망률 역시 현재 수준에서 거의 4배 증가한 연간 2만 명 이상이 될 수 있다. 인도, 방글라데시, 니제르, 이집트, 아일랜드, 영국, 에콰도르에서는 하천 홍수에 노출된 인구가 3배 넘게 증가할 수 있지만, 가뭄으로 피해를 입을 것이라 예상되는 중동, 동유럽, 북아프리카 국가들은 전반적으로 강수량이 적기에 홍수가 줄어든다. 이에 따른 경제적 피해는 연간 1,000퍼센트 넘게 증가한 1조 2,000억 유로에 이를 것이다.

홍수는 앞서 언급한 지역에 특히 더 영향을 미치는데, 이 지역은 높은 중위도에 자리하기 때문에 최악의 폭염과 가뭄을 면할 것이다. 스칸디나비아의 서부 해안과 함께 영국과 아일랜드는 앞으로 강 수위가 우려될 만큼 높아질 것이며 기온이 높아질수록 홍수가 보다 빈번하고 심각해지리라 예상된다.[86] 북유럽에서는 매년 170억 유로의 피해가 예상되며, 기온이 3℃ 상승한 세계에서는 연간 78만 명이 홍수 피해를 입을 것이다. 유럽은 남부와 북부의 차이가 심해져서 지중해 국가들은 점점 메마르지만 북부 지역은 반대로 홍수가 발생한다.[87, 88]

홍수가 범람하는 하천 주변에 집이 있는 주민들은 이주하는 게 좋다. 그러나 이런 홍수 방지 대책은 일부 지역에서 최악의 상황을 완화하는 데 도움이 되지만, 기존의 방식만으로 미래에 예상되는 홍수로부터 생명과 재산을 보호할 수 있을 것이라고 기대하는 것은 현실적으로 불가능하다. 이윤을 추구하는 개발업자들이 미래를 전혀 생각하지 않고 하천과 가까운 곳에 수백만 채의 새 주택을 건설하던 20세기 후반의 추세는 뒤집혀야 한다. 이런 주택이 지금 당장은 전부 합쳐 수조 달러의 가치가 있겠지만 앞으로는 말 그대로 발이 묶인 좌초된 자산이 될 것이다. 기존의 홍수 경험은 앞으로 다가올 일에 대해 거의 도움이나 지침이 되지 못한다. 인류는 3℃ 더운 세상에서 살아본 적도 없고, 그 결과로 나타날 수문학적 순환의 극적인 급변 역시 경험한 적이 없기 때문이다.

한편 중위도에 위치한 미국의 여러 지역 역시 비슷한 규모로 홍수가 증가할 것이라 예상된다. 2019년의 한 연구에 따르면 기온 상승치 3℃ 시나리오에서 미국 전역의 평균적인 홍수 피해가 2배 이상 증가했다.[89] 미국에서 가장 피해가 심할 것으로 보이는 지역은 3배 이상의 피해가 예상되는 중서부와 북부 대평원이다. 사람들은 기록적인 강우량을 기록하며 미주리강과 지류가 흘러넘쳐 네브라스카, 미주리, 사우스다코타, 캔자스에서 넓은 지역을 침수시켰던 2019년의 중서부 홍수에서 미래의 현장을 미리 경험했는지도 모른다. 네브라스카 주지사였던 피트 리케츠Pete Ricketts 역시 당시의 홍수가 "우리 주에서 경험했던 것 가운데 가장 광범위한 피해를 입혔다"라고 인정한 바 있었다. 별도의 또 다른 연구에 따르면, 미시시피주에서는 원래 1세기에 한 번 발생하던 규모의 홍수가 6분의 1 정도 증가하며, 눈이 더 빠르게 녹고 보다 넓은 지역에서 겨울철에 비의 형태로 강수량이 증가하면서 홍수가 예

년보다 13일 더 빠르게 올 것이라 예상된다.[90, 91]

하지만 사람들의 직관과는 반대로 홍수가 증가한다고 해서 반드시 비의 양이 전반적으로 많아지지는 않을 것이다. 예컨대 인도에서는 16억 인구의 삶을 지탱하는 여름철 장마가 최근 수십 년 동안 약화되어 장기적인 물 부족에 대한 우려가 커지고 있다. 지구온난화의 결과 육지가 대양보다 훨씬 더 빠른 속도로 가열되기 때문에 일반적으로 장마가 심해질 것이라 예상되지만, 남아시아에서는 대기오염 때문에 일조량이 줄었고 어쩌면 그 탓에 비의 양이 감소했는지도 모른다. 하지만 그럼에도 따뜻한 대기는 더 많은 수증기를 품고 있기 때문에 그동안 장마철에는 짧고 강렬하게 많은 비가 내렸다. 앞으로 이런 추세가 이어진다면 여러모로 악재다. 극심한 홍수 때문에 많은 사람이 목숨을 잃거나 생계를 위협받고, 감소하는 지하수를 보충하거나 농작물을 자라게 할 물이 땅에 덜 남아 있게 된다. 인도 중부와 벵골 서부, 방글라데시의 많은 지역은 갠지스강과 브라마푸트라강에서 거대한 규모로 물이 흘러넘쳐 수억 명이 위험에 처할 것이다.

불과 30년 전부터 전 세계적으로 홍수에 따른 총 피해 규모는 이미 엄청났다. 한 연구에 따르면 "2050년에는 오늘날 100년 홍수(1세기에 한 번쯤 발생할 것이라 예상되는)가 지구 면적의 40퍼센트에 걸쳐 2배 더 빈번하게 발생"하면서 4억 5,000만 명이 피해를 입고 43만 제곱킬로미터의 농경지에 홍수가 2배 더 많이 발생할 것이라 예상된다. 지역적으로 더 세분화해 살펴보면 열대 아프리카, 남아시아와 동아시아, 남아메리카의 상당 지역, 그리고 아시아와 북아메리카 고위도 지역에 홍수가 증가할 것이며 지중해와 아프리카 서남부, 중앙아메리카에서는 광범위했던 건조한 지역의 면적이 감소한다. 성경에서나 나올 법한 큰 홍수가 덮치다가도 극심한 더위와 몇 달 동안의 가뭄이 이어지는 극한적인 세계다. 그에 따라 인명 손실, 식량 생산 감소, 질병 발생률 증가, 매년 수조 달러에 이르는 경제적 피해 등 인류 문명에 끼치는 충격이 가중되면서 전 세계적으로 점점 더 많은 사람의 삶이 위태로워질 것이다.

난민이 된 야생동물

기온이 3℃ 상승한 세계에서는 우리 행성의 비인간 거주자들에 대한 위협도 고조된다. 2018년, 11만 5,000종 이상의 육상동물의 현 상태를 검토한 〈사이언스〉의 논문에 따르면 기온이 3℃ 상승할 때 곤충의 절반, 포유류의 4분의 1, 식물의 44퍼센트, 새의 5분의 1이 이번 세기말까지 그들이 거주하던 기후 범위의 절반 이상을 잃을 것이라 예상된다.[92] 이 모든 종은 원래 살던 적합한 기후의 서식지가 급격히 감소할 위험에 놓여 있는데, 그 이유는 단지 변화하는 기후의 속도를 따라갈 수 없기 때문이다. 이들이 서식하는 기후 범위의 가장자리는 확장되는 속도보다 수축하는 속도가 더 빨라 결국 서식지가 줄어들게 된다. 개체 수준에서 전혀 움직일 수 없는 식물들은 특히 어려움에 직면한다. 일부 식물은 씨앗을 바람으로 퍼뜨리기 때문에 먼 거리를 여행할 수 있지만, 상당수의 식물은 씨앗이 퍼지는 거리가 어미 식물에서

10~1,500미터일 정도로 이동 거리에 큰 제약을 가진다. 많은 식물이 성숙하고 번식하는 데 몇 년이 걸리고 몇몇 나무는 수십 년이 걸린다는 점을 고려하면, 대부분의 나이 많은 식물은 변화에 적응하지 못하고 특정 기온대에 고립되어 죽을 것이다.

더구나 2018년의 이 연구는 종을 개별적인 실체로만 취급하고 생태계 전체를 구성하는 상호 연관성을 고려하지 않았기 때문에 보수적인 결론을 얻었다. 왜냐하면 포식자와 먹잇감, 식물과 꽃가루 매개자의 관계, 식물과 곰팡이의 상호 공생 관계의 붕괴처럼 수백만 년에 걸쳐 함께 진화한 종들을 포함하는 생태계의 분열 양상은 모델로 구현하기에 너무 복잡하기 때문이다. 또 이 논문에서는 종들이 비교적 빠른 속도로 퍼질 수 있다고 가정하지만, 이런 생물 종의 분산이 이루어지지 않는 시나리오에서는 훨씬 비관적인 결과가 나온다. 기온 상승치 3℃ 시나리오에서 식물과 곤충, 양서류의 절반 이상과 조류, 파충류, 포유류의 3분의 1 이상이 2100년까지 서식할 수 있는 기후 범위의 50퍼센트 이상을 잃는 것이다.[93] 난민이 된 일부 생물은 고립된 구역에 살아남겠지만, 변화한 서식지에 남겨진 생물 대부분은 멸종할 것이다. 이 과정은 이미 척척 진행되고 있다. 현재 기후온난화로 인해 전 세계적으로 수백 종이 멸종했으며, 멸종 속도는 이번 세기 동안 5배 빨라질 것으로 예상된다.[94]

미래에는 변화에 뒤처져 남겨진 종들이 '기후 부채'가 점차 쌓여 파산하게 될 것이다. 다시 말해 멸종하게 된다. 그 대상은 단지 조류나 나비에 그치지 않는다. 서반구에 사는 500여 종의 포유류에 대한 한 연구에 따르면 40퍼센트가 적절한 기후 지역으로 이동할 수 없고, 거의 90퍼센트가 기후변화에 따라 서식지가 축소될 것이라 예측된다.[95] 연구자들은 포유류 가운데서도 영장류가 꽤 큰 타격을 입을 것이며, 빠르게 변화하는 기후 때문에 뒤쥐나 두더지 같은 작은 동물도 뒤처져 남겨질 것이라 예상한다.

한편 빠르게 먼 거리를 나는 새들이 그렇지 않은 대부분의 새들보다 변화하는 기후에 쉽게 발맞추리라 생각할 수 있지만, 실제로는 상황이 더 복잡하다. 2019년 국립 오듀본 학회에서 수행한 연구 결과에 따르면 북아메리카에 사는 조류 종의 3분의 2가 기온이 3℃ 상승한 세계에서 멸종 위기에 처한다.[96] 다양한 방식의 위협이 닥친다. 머리가 오렌지색인 블랙번솔새는 숲속 번식지를 잃고, 세발가락도요새는 해수면이 높아지는 가운데 먹이를 찾던 바닷가가 집어삼켜지는 모습을 본다. 멸종한 바다쇠오리와 가장 가까운 친척인 레이저빌은 해양 생태계가 변화하면서 식량 공급원이 사라지는 현장을 직면하며, 곤충을 먹고 사는 숲지빠귀는 숲이 파괴될 위험에 처해 있다. 이런 현상은 '새들의 비상사태'라고 불렸다.[97] 무더운 아프리카 사바나의 아카시아 덤불에 사는 시끄럽고 카리스마 있는 새인 에티오피아부시크로는 기온이 30℃가 넘어가면 그늘에 들어가야 한다는 생리적인 한계가 있다. 〈사이언스〉에 따르면 "이렇게 피신한 상태에서도 부시크로는 숨을 헐떡이고 먹이를 먹을 수 없다. 그렇기 때문에 안타깝게도 기온이 올라가면 에티오피아부시크로는 사라질 수밖에 없어 보인다."[98]

게다가 걱정스럽게도 이미 위협을 받고 있는 종은 기후변화에 가장 취약한 종이기도 하다. 최근의 한 연구에 따르면 851종의 새, 933종의 양서류, 73종의 산호가 "기후변화에 몹시 취약할 뿐 아니라 세계자연보전연맹IUCN 적색목록에 올라 멸종 위기에 처해 있다."[99] 과학자들은 남극의 황제펭귄을 레드리스트의 '취약 근접종'에서 '취약종'으로 격상하라고 권고하는 중이다.[100] 해빙이 녹고 해양 생태계가 붕괴하면서 남극을 상징하는 이 종은 개체수의 절반을 잃어가기 때문이다. 전 세계적으로 가장 멸종 위험에 놓인 조류는 벌새, 개미새, 코뿔새, 무희새 등인데, 이들 종은 주로 숲에 서식하며 서식지가 제한적인 데다 견딜 수 있는 기온 범위가 좁고 번식 속도가 느리기 때문에 특히 취약하다. 이들 가운데 3℃ 상승한 세계를 살아서 헤쳐나갈 종은 없다.

걱정스러운 것은 단지 생물이 사는 기후대의 위도 변화만이 아니다. 기존의 기후대가 산꼭대기를 향해 계속 밀려나면서 여러 종은 같이 밀려나 멸종될 것이다. 예컨대 마우이섬 화산의 정상에서만 발견되는 뾰족뾰족한 식물인 하와이은검초는 심각한 멸종 위기에 처했으며 앞으로 수십 년 안에 서식할 기후대가 사라질 예정이다.[101] 오늘날 연간 100만 명에서 200만 명이 방문해 지켜보고 있는 이 상징적인 보존 종은 훨씬 큰 전쟁에서 초기 희생양이 될 것이다. 전 세계 산간 지대는 빠르게 기온이 높아지는 저지대에서 밀려난 생물 종들에게 피난처가 된다. 하지만 동시에 이곳은 오늘날 시원한 고지대 기후에 적응해 살아가는 생물들의 종 다양성이 사라지는 현장이 될 테고, 고립된 섬 같은 서식지는 계속 줄어들어 결국에는 지도에서 완전히 밀려날 것이다.

심지어 종들이 성공적으로 서식지를 이주하는 경우에도 결과가 좋지 않을 수 있다. 호주 남서부 해안에서는 해초인 켈프가 이루는 숲이 800킬로미터 이상 뻗어 있어 어업에 귀중한 어종을 포함하는 무척 생산적인 생태계를 조성하고 있다. 최소한 과거에는 그랬다. 하지만 2010년, 바다에 폭염이 닥치면서 해초 숲 가운데 100킬로미터가 파괴되었고 나머지 상당 부분도 심각하게 훼손되었다.[102] 하지만 해초를 죽인 것은 고온의 직접적인 영향만은 아니었다. 이 지역에서 해양이 온난화되는 '기후 속도'는 연간 2~5킬로미터씩 빨라지고 있으며 그에 따라 온난수종이 유입되면서 암초 북부의 열대화가 지속되고 있다.

특히 생태계를 파괴하는 새로운 외래종은 열대의 독가시치인데 이 어류는 해초를 마구 뜯어먹는다. 켈프를 직접 먹어 치울 뿐 아니라 이미 온난화로 인해 해초가 죽은 지역에서는 독가시치 때문에 온도가 내려간다 해도 바위투성이 해저에서 해초가 다시 자리 잡지 못하게 되었다. 한 연구는 이런 갑작스러운 변화를 "온대에 살던 생물들이 아열대와 열대 해역에서 특징적인 해조류, 무척추동물, 산호류, 물고기로 대체되는 기후 주도적인 정권 교체"라고 표현했다.[103] 수천 년에 걸쳐 형성된 생태계가 때때로 며칠 또는 몇 주 안에 온난화의 지속적인 압력 아래 분열되거나 흩어지기 때문에 이러한 '정권 교체'는 훨씬 더 많이 이뤄질 것이다. 여러 모형은 지구온난화가 1℃ 이뤄질 때마다 해양 동식물의 바이오매스가 5퍼센트씩 감소할 것이라고 본다. 하지만 여러 생태계가 동시에 붕괴할 때의 혼란을 고려하면 이 수치도 과소평가일 가능성이 높다.[104]

호주 해초 숲 지대의 해양 열파가 보여주듯이 이런 온난화 과정은 단순히 점진적인 변화가 아닐 것이다. 가뭄, 폭염, 홍수, 사이클론 같은 극단적인 사건들은 한 번에 넓은 지역에 걸쳐 모든 생물 종을 파괴할 수 있다. (이런 문제는 생물 다양성에 대한 기후의 위협을 계량화하는 개괄적인 모델 접근법에서도 포착되지 않는다.) 미국 중서부의 호수를 연구하는 생태학자들은 여름의 극심한 무더위가 물고기를 떼죽음으로 몰아가는 경우가 늘어나고 있는데, 이런 일이 이번 세기에 2배에서 4배는 증가할 것이라 예측한다.[105] 만약 미래의 대량 멸종 사건이 지리적으로 제한되고 취약한 작은 개체군을 가진 종에 영향을 미친다면, 멸종은 갑자기 경고도 없이 일어날 수 있다. 〈네이처 기후변화〉 저널에 실린 연구에 따르면 영장류 집단의 6분의 1은 사이클론에 취약했고(특히 마다가스카르 같은 곳), 5분의 1은 가뭄에 취약했는데 특히 말레이시아, 보르네오, 수마트라, 서아프리카의 열대림에 사는 집단이 그랬다.[106]

한편 새로 생겨난 생태계는 지구의 진화적 역사에서 그동안 함께 존재했던 적 없었던 동식물의 집합체를 이루면서 지구의 지표면과 해양을 점점 뒤덮을 것이다.[107] 흔히 위협받는 단일 종이나 소중한 생태계를 보호하는 것을 목표로 하는 기존의 보존 패러다임은, 기후대를 옮겨 단일 지역을 영원히 지키는 것이 사실상 불가능한 만큼 목표 종과 나란히 자리를 양보해야 할 것이다. 아마도 가장 좋은 보존 전략은 그냥 내버려 두는 것이 될 것이다. 생물들이 인간과 자연의 장애물을 통과하거나 그렇지 않아도 가능한 한 쉽게 돌아다닐 수 있도록, 생태학적 연결성을 강화하려고 애쓰면서 새로운 군집이 생겨나는 것을 옆에서 지켜볼 뿐이다. 환경 보호론자들은 인간 난민과 마찬가지로 자연의 침입자들이 종종 더 이상 적합하지 않은 곳에서 어쩔 수 없이 그곳에 온 난민이라는 점을 기억할 필요가 있다. 또한 우리는 외래 침입종이 자생 야생동물을 위협한다는 것에 대한 우려를 어느 정도 떨쳐버려야 한다. 모든 것은 계속해서 변할 테고, 울타리를 허문 채 어떤 일이 벌어나는지 지켜보는 것이 최상의 생태학적 적응 전략임이 거의 확실하다.

그렇다고 생태학자들에게 느긋하게 앉아서 전 세계적으로 멸종되는 종들을 그저 지켜보라고 제안하는 것은 아니다. 이런 일이 발생하지 않도록 모든 조치를 취해야 한다. 여기에는 이주 지원과 집락 형성, 서식지 보호 및 복원, 인간의 사냥과 농경이 주는 스트레스의 제거, 특정 피난처의 형성과 유지, 그리고 특히 가장 절박한 상황에서는 언젠가 기후붕괴를 억제하고 되돌릴 수 있는 미래의 어느 시점을 위해 심각한 위협에 놓인 생물 종의 씨앗과 알, DNA를 저온 저장고에 보관하는 것 등이 포함된다. 하지만 우리가 산호초를 위한 기후 조건을 만들거나 모든 산불을 진화할 수 없듯이, 현실적으로 봤을 때 기존의 기후에 적응된 생태계를 미세하게 유지·보수할 수 있는 선택권은 더 이상 우리에게 없다. 그렇게 하려고 애쓰다가는 고통을 연장시키고 상황을 더 악화시키기만 할 것이다.

생태계가 무너지는 것을 지켜보기란 극도로 괴로운 일이지만, 우리가 할 수 있는 일은 거의 없을 것이다. 우리는 3℃ 상승한 지구온난화를 피하기 위해 화석 연료의 배출을 줄이려는 노력을 충분히 기울이지 않은 것만으로 수십 년 전에 루비콘강을 넘었다. 이제 우리는 지구상의 생명체들이 이주하고 분열, 파괴되는 모습을 보며 이 실패의 결과를 감수해야 한다. 이것이 어떤 기분인지 알기 위해 태즈메이니아섬의 야생동물 관리자들이 2016년 1월 폭염과 가뭄이 겹치는 동안 여러 산불과 필사적으로 싸우면서 느꼈을 감정을 상상해 보라. 심한 뇌우와 번개에 의해 촉발된 이 불은 단순한 산불이 아니었으며, 1억 8,000만 년 전에 곤드와나 초대륙의 일부였던 이후로 태즈메이니아섬에 남아 있던 고대의 침엽수림들을 잿더미로 만들고 있었다.[108] 그랬던 만큼 "곤드와나에 불이 붙다"라는 표현도 등장했다.

기온이 3℃ 높아진 세계에서는 이런 황폐한 장면들이 더 많이 기다리고 있다. 곤드와나의 숲이 2억 년 가까운 세월을 거쳐 여러 번의 대량 멸종에서 살아남았음에도 결국 이번 세기에 우리를 짓누르는 기후 변화에 따른 인류 멸망에 굴복하게 되는 건 암울하지만 당연한 일이다. 폭염이 수그러든 뒤 미래 세대의 인류가 냉방 장치를 갖춘 집과 일터에서 나왔을 때, 그들을 맞이하는 건 공허하고 조용한 세계일 것이다.

아마존 숲의 파괴

태즈메이니아섬의 숲은 아마존의 열대우림에 비하면 규모가 작다. 앞서 말했지만 오늘날의 여러 징조를 보면 열대우림은 위기에 놓여 있다. 남부 아마존에 건기가 길어지고 비가 덜 오면서 나무들은 목이 말라 헐떡이는 중이다.[109] 1세기에 한 번 왔던 가뭄은 2005년과 2010년, 그리고 2016년에 다시 찾아와 숲의 넓은 지역을 바싹 말렸다.[110] 원시

림 지역에서도 점점 더 많은 나무가 죽어가고 있어 아마존의 탄소 저
장량 가운데 점점 많은 부분이 살아 있는 바이오매스가 아닌 죽은 생
물의 '네크로매스necromass'로 채워지고 있으며, 탄소의 양도 장기적으
로 줄어드는 추세다.[111] 콩을 재배하는 농부와 소를 기르는 목장주들은
매년 열대우림의 중심부로 파고들어 삼림을 벌채하는 중이다. 이 모든
것은 브라질의 국가원수에 의해 주재되는데, 그는 삼림 벌채율이 증가
하는데도 벌목꾼과 목장주, 금광업자들을 긍정적으로 바라보면서 환
경 보호론자와 과학자들은 비난하는 음모론을 제기해 왔다.[112]

열대우림의 상당 부분이 이런 맹렬한 공격을 어떻게 견뎌낸다 해
도, 3℃ 상승한 지구온난화 속에서는 살아남지 못할 것이다. 2009년
영국 해들리 센터의 크리스 존스Chris Jones와 동료들은 〈네이처 지구과
학〉에 게재한 논문에서 "지구의 평균 온도가 2℃ 이상 상승할 경우 아
마존의 숲이 손실될 위험은 빠르게 증가하는 것으로 나타났다"라고 밝
혔다.[113] 이후의 연구들도 이 암울한 예측을 다시 확인해 주었다. 몇몇
모델에 따르면 아마존의 숲은 최대 4℃의 온도 상승폭을 견딜 수도 있
지만 이런 예측은 이산화탄소 비료화 효과에 크게 의존한다.[114] 하지
만 실제 세계에서 열대우림은 가뭄에 따른 스트레스를 많이 받아서인
지 바이오매스가 증가하기보다는 감소하고 있다. (수분에 대해 스트레스
를 받는 나무에 이산화탄소를 추가하는 것은 갈증으로 죽어갈 때 마른 음식을 억
지로 먹이는 것과 같다.) 일부 과학자는 오늘날 아마존에서 열대우림이
붕괴할 '임계 한계점'은 기온 상승치 2℃에서 3℃ 사이이지 그보다 높
지는 않다고 주장한다.[115]

　만약 이 주장이 사실이라면 이 숲은 기온이 3℃ 상승한 세계에서 아주 일찌감치 심각한 멸종 위기에 처하게 될 것이다. 일단 생태학적인 파괴가 시작되면 그 과정을 돌이키기란 힘들다. 열대우림의 나무들은 증발산을 통해 전 지역에 걸쳐 여러 번 물을 재활용한다. 하지만 나무가 유실되고 숲이 말라 죽으면 이 지역의 기온이 높아지고 다른 곳에서도 강우량이 크게 줄어든다.[116] 과학자들은 이런 양의 되먹임이 숲을 멈출 수 없는 붕괴로 이어지게 한다는 사실을 발견했다.[117] 게다가 이런 연구에서 사용된 모델들은 최근 몇 년 동안 실제 수치보다 더 많은 강우량을 시뮬레이션하는 경향이 있다. 일단 그동안 발생했던 가뭄의 사례를 고려하면, 아무리 보수적인 모델이라 해도 열대우림이 점차 줄어들면서 더 건조하고 사바나와 비슷한 생태계로 전환되는 모습을 보

여준다.[118]

어쩌면 열대우림이 지구의 온난화 속도를 따라잡고자 열대기후로부터 멀어질 가능성도 상상할 수 있을 것이다. 하지만 이러한 변화를 위해 요구되는 '기후 속도'는 거의 현실적으로 불가능할 만큼 빠르다. 2050년까지 예상되는 온난화 상승폭인 2.5℃를 고려한 최근의 한 연구는 미래에 기온이 비슷한 곳까지의 거리가 오늘날의 산림 지역에서 500킬로미터 정도 떨어져 있다는 사실을 밝혔다. 게다가 현재와 같은 속도로 산림 개간이 계속된다면, 남아 있는 숲의 상당 부분은 앞으로 기온이 전혀 달라질 것이다.[119] 또한 이곳의 생물 종들은 점점 더 분열되어 가는 풍경을 가로질러 이동하기가 어렵다는 사실을 알게 될 것이다. 많은 열대 지역의 새들은 뻥 뚫린 공간을 지나가기를 싫어하거나 아예 그렇게 할 수 없으며, 나무 종들은 1년에 10킬로미터 이상 변화하는 기후 속도를 따라잡는 것이 도저히 불가능하다는 사실을 발견할 것이다. 이런 암울한 예측 결과를 고려하면, 아마존 열대우림 나무 종의 절반이 이번 세기 중반까지 세계자연보전연맹의 멸종 위기종 목록인 레드리스트에 올라갈 것이라는 점은 결코 놀랍지 않다.[120]

이러한 위협은 아마존에만 적용되는 것이 아니다. 전 세계의 다른 열대우림도 그동안 과학자들의 관심은 덜 받았지만, 범위가 작다는 점과 위치 때문에 아마존보다 훨씬 더 취약할 수 있다. 예컨대 방글라데시의 숲에 대한 연구는 기온 상승과 나무의 성장 사이에 음의 상관관계를 보여준다.[121] 또 코스타리카의 열대림 역시 가뭄과 온난화 때문에 생산성이 저하되고 있으며 이산화탄소 비료화 효과에 따른 긍정적인 징후는 보이지 않는 상황이다.[122] 이런 지역이 미래에 극심한 가뭄의 영향을 받는 지역에 자리한다는 사실을 고려하면, 중앙아메리카의 열대우림 역시 온난화 상승폭이 2℃인 세상에서 살아남을 수 없어 더 건조한 생태계로 빠르게 전환할 것이다.[123] 말레이시아와 인도네시아의 열대우림은 아마존에 비해 팜유 농장과 의도적인 불과 같은 인간의 직접적인 영향에 훨씬 더 많은 위협을 받고 있으며, 더 강해진 엘니뇨로 인해 가뭄이 더욱 심각해질 가능성이 있다. 중앙아메리카 열대우림의 미래 전망에 대한 연구는 그동안 거의 이뤄지지 않았지만, 이 지역이 급변하는 기후와 점점 더 불규칙해지는 강우의 영향과 무관할 것이라 기대할 이유는 전혀 없다.

이렇게 치솟는 기온과 극심한 가뭄의 조합은 산불의 위험성을 크게 높인다. 아마존은 규칙적인 산불에 잘 적응한 생태계가 아니다. 일단 숲의 지붕이 타 없어지면 억센 풀이 탁 트인 구역을 침공한다. 이 식물들은 미래에 화재의 위험을 높이며, 그동안 우려되었던 습기가 많은 열대우림에서 건조한 사바나로의 전환 과정을 가속화해 숲의 회복을 가로막는다.[124] 연구 모형에 따르면 이곳에서 수십만 제곱킬로미터의 열대우림이 기온 상승 3℃의 시나리오에서 불에 타 사라질 것이라 예상된다. 이 구역은 사실상 아마존 전체를 덮고 있다.[125] 그리고 당연하지만 반복적으로 불에 탄 구역은 원래 탄소 보유량의 극히 일부만 남는다.[126] 나머지 탄소들은 대기권에 머물며 지구온난화를 가속화할 되먹임 작용에 보탬이 된다. 아마존 열대우림이 손실되면서 소멸된 동식물이 갖는 대체 불가능한 가치를 생각하면, 이런 재앙에 따른 탄소 보유량의 변화가 어떤 의미를 가질지 묻는 것은 무감각하고 대단치 않은 문제처럼 보이기도 한다. 하지만 그렇지 않다. 브라질의 열대우림은 현재 지구상에서 기능하는 탄소 저장고 가운데 하나로, 바이오매스와 토양에 탄소 1,500억~2,000억 톤을 저장하고 있다.[127] 이 거대한 저장량의 절반만 잃어도 인류의 화석 연료 배출량 10년 치에 해당한다.

지난 5,500만 년 동안 지구상에 존재했던 이 멋진 생태계가 우리가 살아 있는 동안 대부분 사라질지도 모른다는 사실은 놀랍고도 무척 비극적인 일이다.[128] 이미 기온이 3℃ 상승한 세계에서 생태학적·기능적으로 멸종될 열대 산호초가 사라지면 뒤이을 아마존의 죽음은 지구온난화에 따른 제2의 거대한 생태계 붕괴로 이어질 것이다. 생태계의 붕괴 과정은 숲의 외진 지역에서 점점 더 여러 그루의 나무가 시들고, 죽고, 쓰러지는 일이 반복되어 관찰자의 눈에는 잘 보이지 않는 느린 퇴화일지도 모른다. 더 개연성이 높은 시나리오는 훨씬 더 극적인 방식으로 단 며칠, 몇 주 만에 열대우림의 상당 부분이 한꺼번에 파괴되는 것이다. 앞으로 닥칠 거대한 규모의 가뭄을 상상해 보자. 기온이 3℃ 상승한 세계에서는 2005년, 2012년, 2016년에 이미 경험했던 1세기에 한 번 있을 법한 가뭄이 닥칠 것이다. 그리고 비가 내리지 않는 달에는 기온이 상승하면서 가뭄이 더 악화되어 브라질에서 콜롬비아에 이르는 광대한 지역에 걸쳐 과거에 습지대였던 숲이 건조한 부싯깃 통이 된다. 여기서 불꽃이 어떤 식으로 촉발될지는 알 수 없지만, 번개라든지 벌목꾼과 목장주의 지속적인 숲지대 파괴가 결국 폭풍처럼 번지는 불로 이어질 테고 이것은 지구 전체 규모에서 중요한 사건이 될 것이다.

그러면 텍사스주와 비슷한 수만 제곱킬로미터에서 수십만 제곱킬로미터의 면적에 불꽃이 동시에 타오르면서 거대한 대류 현상에 의해 구동되는 화재적운pyrocumulonimbus 버섯구름 위로 엄청난 연기가 발생해 성층권을 관통하여 지구 전역으로 퍼지기 시작할 것이다. 그에 따라 중간 규모의 화산 폭발이나 소규모 핵겨울과 비슷한 방식으로 태양을 잠시 가리며 전 세계의 하늘을 어둡게 할 것이다. 동시에 공중에 부유하는 연기 입자들이 태양 광선을 산란시키면서 멋진 일몰 장면이 연출된다. 그러면 전 세계 사람들은 하던 일을 잠시 멈추고 아마존의 죽음을 목격할 것이다. 한때 세계에서 가장 크고 생물학적으로 다양했던 열대우림이 재, 연기, 먼지가 되어 지구를 순환하는 셈이다. 그리고 두어 달 안에 이런 연기 입자들은 모습을 감출 테고, 세계 최대의 지상 생태계를 자랑하던 열대우림은 영원히 사라질 것이다.

영구 동토층의 되먹임 현상

아마존 열대우림의 대다수가 사라지는 일은 지구상의 생명체들에게 비극일 뿐 아니라 지구의 온도를 1℃ 미만 올리는 상당한 양의 되먹임을 불러일으킨다. 아마존을 비롯한 열대우림 생태계에서 온난화, 가뭄, 화재로 인해 수십억 톤의 탄소가 추가로 급속하게 방출되면서, 온난화 상승치를 3℃로 고정하는 목표는 달성하기가 더욱 어려워질 것이다. 하지만 이런 대재앙이 기후 과학자들을 잠 못 이루게 하는 가장 큰 양의 되먹임 현상은 아니다. 훨씬 더 많은 양의 탄소가 오늘날 북극의 얼어붙은 영구 동토층에 갇혀 있다. 그 양은 전부 합쳐 1조 톤이 넘을 수 있는데,[129] 수천 년 동안 시베리아와 캐나다 북부, 스칸디나비아, 알래스카의 영구 동토층 퇴적물 안에서 손상되지 않은 채로 보존되었다. 이제 중요한 문제는 이 동토층이 얼마나 빨리 녹을 것인가, 얼마나 넓은 면적에 걸쳐 녹을 것인가, 그 결과 대기 중에 탄소가 얼마나 더 방출될 것인가 하는 점이다.

〈네이처 기후변화〉에 발표된 2017년 논문에 따르면, 대부분의 기후 모델들은 영구 동토층의 탄소 되먹임 현상을 미래에 대한 예측에 포함시키지는 않는다.[130] 하지만 이 문제를 구체적으로 들여다본 과학자들은 기후온난화가 1℃씩 진행될 때마다 400만 제곱킬로미터의 영구 동토층이 녹을 것이라 결론짓는다. 온난화 상승치가 3℃일 경우, 오늘날 총 1,500만 제곱킬로미터의 면적 가운데 1,200만 제곱킬로미터가 해빙되며, 그러면 전 세계 영구 동토층의 거의 4분의 3이 온난화에 따라 곤죽처럼 녹아 버릴 것이다. 그에 따라 이번 세기말까지 1,000억 톤 넘는 탄소가 방출될 테고, 2100년까지 온난화 상승치가 0.2℃ 더 증가할 것이다.[131, 132]

하지만 상황은 점점 더 나빠진다. 해빙된 영구 동토층이 전부 이산화탄소를 방출하는 것은 아니다. 일부는 이산화탄소보다 지구온난화 기여량이 30~40배 더 높은 메탄 기체를 부글부글 뿜어낼 것이다. 최근 수십 년 동안 해수 온도가 이미 2℃ 상승했던 시베리아 앞바다의 불안정한 해저 퇴적물에는 엄청난 양의 메탄이 갇혀 있다.[133] 과학자들이 2013년 〈네이처〉에 기고한 논평에서 경고했듯이 "50기가톤의 메탄이 시베리아 동쪽 북극 판에 수산화물 형태로 저장되어 있다. 지난 50년 넘게 꾸준히, 또는 갑자기 해저가 따뜻해지면서 이 메탄이 방출될 가능성이 있다."[134] 시베리아 북쪽의 연구용 선박들은 이미 폭이 1킬로미터가 넘는 거대한 메탄 기둥을 발견했다.[135] 이런 메탄 기둥은 관찰자들에게 대단한 것처럼 보일지 모르지만 급격한 양의 되먹임을 나타내는 징후라는 결정적인 증거는 아직 없다.[136] 하지만 최소한 북극 해저에 엄청난 메탄 저장고가 있다는 사실은 아무도 의심하지 않는다. 그것은 단지 해저만이 아니다. 얼음이 풍부한 영구 동토층이 녹으면서 북극 곳곳에 갑자기 나타나고 있는 호수와 연못에서도 다량의 메탄이 방출될 가능성이 높다.[137]

이런 메탄이라는 와일드카드가 없어도 상황은 점점 더 암울해 보인다. 북극의 영구 동토층 탄소 방출에 대한 기존 모델의 예측은 '상당한 과소평가'를 했던 것으로 여겨진다.[138] 이유는 간단하다. 북극의 영구 동토층은 현재 전문가들이 예상했던 것보다 훨씬 빨리 붕괴되고 있기 때문이다. 기존 모델들은 영구 동토층의 해빙 과정을 위에서 아래로 천천히 시뮬레이션하도록 고안되었지만 실제 세계에서 항상 이런 식으로 땅이 녹지는 않는다. 〈네이처〉에 논문을 게재한 한 과학자 팀은 "영구 동토층은 매년 몇 센티미터씩 녹는 대신, 며칠 또는 몇 주 안에 몇 미터나 되는 두께의 흙이 불안정한 상태가 되기도 한다"라고 보고한다. 해빙된 지역이 털썩 무너지면서 영구 동토층이 해빙되는 과정은 눈에 띄게 급작스러워졌다. 알래스카의 현장에 돌아온 연구원들은 1년 전 숲이었던 곳이 호수로 뒤덮였으며, 한때 맑은 강이 흘렀던 곳에 침전물이 잔뜩 흐른다는 사실을 발견했다. 산비탈 전체가 갑자기 액체화되면서 산사태가 일어나 민감한 과학 장비를 옮겨 놓기도 했다. 이런 갑작스러운 형태의 해빙이 기존 모델에 부분적으로라도 통합된다면 이번 세기말까지의 탄소 방출 시나리오에서 수백억 톤의 탄소가 증가할 테고, 이 추가 투입물의 대부분은 메탄일 것이다.

이런 갑작스러운 해빙은 북극의 가장 높은 고위도 지역에서도 목격되고 있다. 지난 10년 동안 캐나다의 북극 지역 섬에서 일하고 있는 알래스카 대학교의 과학자들은 예전에 평평했던 지형이 움푹 꺼진 연못으로 붕괴되는 모습을 보고 깜짝 놀랐다.[139] 아마도 가장 놀라운 광경은 이것일 것이다. "이곳 현장에서 관측된 해빙된 곳의 최대 깊이는 온난화 상승치 3℃ 모델에서 2090년까지 발생할 것이라 예상되는 깊이를 이미 넘어섰다." 만약 북극 영구 동토층의 넓은 지역이 지난 70년 동안 너무 빠르게 녹고 있다면, 탄소 배출량에 대한 우리의 기대치 측면에서 좋은 징조는 아니다. 이런 북극 영구 동토층의 탄소 방출 때문에 과학자들은 전 지구적 기온 상승치를 2015년에 예측했던 것처럼 0.2℃대신에 지금은 0.3℃나 0.4℃를 생각하고 있을 것이다.[140, 141] 아마존 열대우림의 탄소 방출 같은 다른 양의 되먹임에 더해, 북방 지역의 숲이 건조해져 산불이 나면서 수백억 톤의 탄소가 방출되는 또 다른 양의 되먹임이 더해지고 열대지방의 이탄泥炭, peatland 지대에서도 상당한 양의 탄소 방출이 생길 수 있다는 점을 아울러 생각하면, 이번 세기말까

지 0.5℃ 이상의 추가적인 기온 상승이 발생할 것이라 여겨진다.[142]

얼음이 없는 북극해

이것이 전부가 아니다. 더욱 직접적인 양의 되먹임은 북극의 육지뿐 아니라 바다에서도 나타난다. 북극해에서 온난화 과정의 급속한 가속화가 관찰되고 있다. 대부분의 관련 연구들은 온난화 상승치 3℃의 세계에서 이번 세기 중반 즈음 여름철에 얼음이 영구적으로 사라질 것이라는 데 동의한다.[143] 빠르면 2045년부터 평균적으로 9월에 얼음이 사라질 테고, 2070년에는 8월과 10월에도 얼음이 없는 텅 빈 북극 해역을 보게 될 것이다.[144] 그에 따라 북극에서 유일하게 영구적으로 1년 내내 얼음이 남아 있는 곳은 그린란드 북부와 캐나다 북극 군도의 땅덩어리에 붙은 작은 지역일 것이며, 이곳조차 이번 세기 후반을 버티지 못할 것이라 예상된다.

이런 현상이 북극 생태계에 미치는 영향은 비참할 것이다. 북극곰들은 육지에서는 굶주리고, 바다에서는 빠르게 떠다니는 다 녹아 가는 얼음 조각을 쫓아 엄청난 거리를 헤엄쳐야 한다.[145] 바다코끼리, 북극고래, 여러 종의 바다표범, 물고기, 바닷새 같은 얼음에 의존해서 살아가는 다른 동물들과 함께 남은 북극곰들은 1년 중 긴 시간 동안 아직 얼어붙어 있는 점점 좁아지는 피난처로 옮겨가야 할 것이다. 새로 태어나는 새끼들의 생존 전망이 어두워지면서, 점점 사라지는 빙하 서식지에 의존하는 북극의 모든 생물 종에게는 불행히도 멸종의 그림자가 드리워질 전망이다. 산호초와 아마존 열대우림 다음으로, 온난화된 세계에서 세 번째로 중요한 생태학적인 붕괴 현장이다.

북극 만년설의 손실은 심각해지는 기후변화의 영향을 받은 결과다.[146] 사실상 북극해 전체를 가로질러 얼음이 사라진 해역이 펼쳐지면서, 여름철 동안 태양으로부터 엄청난 양의 열이 흡수된다. (얼음 없는 탁 트인 바닷물은 해빙의 6배에 달하는 태양열을 흡수한다.) 그러면 이 태양 에너지가 겨우내 온기와 습기의 형태로 방출되어 중위도와 고위도를 가로지르는 폭풍의 경로를 변형시키고, 고기압과 저기압의 중심에 변화를 가져오며, 제트기류를 다른 곳으로 쫓아내기도 한다.[147, 148] 무엇보다 중요한 것은 흰색의 눈과 얼음이 사라지면서 알베도의 변화가 생겨 결과적으로 지구 전체의 에너지 균형을 바꾼다는 점이다. 반사량이 높은 극지방 얼음에 의해 우주로 반사되는 태양광이 적어지기 때문에, 더 많은 태양열이 어두운 육지와 해양에 흡수되고 지구 시스템 안에서 다시 순환된다.

이미 과학 장비로 감시되고 있는 만큼 이 추가적인 열이 어느 규모인지는 더 이상 미스터리가 아니다. 북극 상공을 선회하는 인공위성은 이미 온난화 상승치 1℃인 세계에서 새로 나타난 얼음 없는 구역의 대기권 위를 이동하며 에너지 수지를 직접 측정할 수 있다. 과학자들이 2019년 6월에 〈지구물리학 리서치 레터〉에 발표한 논문에 따르면 북극해 전체에서 이 추가 열이 어느 정도인지 추정해서 북극 얼음이 완전히 손실될 경우 지구 전체적으로 추가 흡수될 에너지를 계산할 수 있다. 1제곱미터당 약 0.7와트의 열이 추가된다.[149] 별것 아닌 수치로 보일지 모르지만, 사실 이 열은 산업화 이전부터 인류가 이미 방출한 2조 4,000억 톤의 이산화탄소 배출량에 상응하는 온난화 효과를 낸다. 그러면 지구온난화가 약 25년 앞당겨질 것이다.

과학자들은 9월이 되어 북극해에 얼음이 사라지는 모습이 목격된 순간부터 이 시나리오가 현실화될 것이라 제안하는 것은 아니다. 이 정도의 새로운 태양열을 완전히 흡수하려면 3월 중순부터 9월 말까지 내내 북극에 얼음이 얼지 않아야 하는데, 대부분의 모델은 지구온난화 상승치가 5℃를 넘길 때까지는 시뮬레이션을 하지 않는다. 하지만 과학자들은 북극해 얼음을 다룰 때 이미 모델이 잘못되었고, 관찰된 얼음 녹는 속도가 기존 시뮬레이션에서 예측한 수치의 2배라는 사실을 일단 지적한다. 이것은 얼음 없는 상태가 기존 예측보다 더 일찍 찾아와 더 오래 지속될 수 있음을 시사한다. 그리고 이산화탄소 5,000억 톤에 해당하는 이 에너지 여분의 절반만으로도 지구에는 재앙이 될 것이다.

영구 동토층, 메탄, 아마존 열대우림의 탄소, 얼음 없는 북극해에 흡수된 여분의 열 같은 양의 되먹임 효과를 전부 더하면, 기온 상승치 3℃ 세계에 진입하는지의 여부는 인류의 통제 범위를 넘어설 위험이 높다. 심지어 인류가 향후 수십 년 동안 화석 연료의 배출량을 상당히 줄이는 데 성공한다 해도 이런 결과가 닥칠 수 있다. 물론 그렇다 해도 우리가 기존에 하던 대로 탄소 소비량을 계속 증가시킨다면 양의 되먹임이 없어도 지구온난화는 사실상 보장될 것이다. 그러니 이제 다음 장에서 온난화 상승치 4℃의 세계에서는 어떤 일이 벌어질지 살펴보자.

4°C 상승

4℃가 오르면 지구는 상당 부분이 생물학적으로

사람이 살기에 적합하지 않게 된다. 히말라야산맥에는 얼음이 절반만 남아 있다.

깊은 열대나 중위도 지역에서는 홍수가.

메마른 아열대와 지중해 지역은 사막화가 진행된다.

인류의 절반은 피신처를 찾아 이동한다.

여러 나라는 인구의 절반을 잃고 저지대 섬 국가들은 사라진다.

치명적인 더위

기온 상승폭이 4℃인 세계로 접어들면 지구온난화는 우리 행성 지구의 모습을 근본적으로 바꿔 놓을 것이다. 유럽의 알프스산맥은 얼음의 90퍼센트를 잃었다. 히말라야의 산맥에는 얼음이 절반만 남아 있다. 한때 빙하가 반짝이던 산맥들은 이제 맨 바위에 불과하다. 남극 대륙의 빙붕이 코르크 마개처럼 튀어 올라 온난화된 바닷물 속으로 서남극 빙상의 조각을 방출하고 있다. 수십억 톤의 얼음 녹은 물이 매년 여름 그린란드의 빙하에서 흘러나와 북대서양으로 쏟아져 들어가는 진흙과 침전물의 급류를 형성한다. 아마도 이번 세기말에는 해수면이

1미터에서 2미터는 상승할지 모른다. 그러면 수억 명의 사람이 해안에서 대피해야 할 테고 수십 곳의 거대 도시는 다음 번 폭풍우를 두려워하며 튼튼하지 않은 방조제 뒤에 숨어야 할 것이다.

깊은 열대나 중위도 지역에서는 한때 잔잔했던 강을 따라 홍수가 마을을 휩쓸고, 메마른 아열대와 지중해 지역은 본격적인 사막화의 경로를 따른다. 야생 동식물들은 매년 수 킬로미터의 속도로 이동하는 기후대에 발맞춰 적응하기 위해 고군분투하고 있으며, 혼란에 빠진 대탈출에 뒤처진 종들은 점점 증가하는 멸종 위기종 목록에 합류한다. 아마존 열대우림에는 재앙에 가까운 대규모 산불로 숲이 소멸되는 중이며, 이렇게 하다가는 21세기 후반에는 지구 전체가 자욱한 연기에 뒤덮일지도 모른다. 열대우림이라는 지구상에서 손꼽히는 커다란 생물권은 극적인 종말을 맞을 것이다. 바다에 있던 열대 산호초는 이제 할아버지, 할머니 세대나 희미하게 기억을 더듬을 대상일 뿐이고, 최후의 북극곰 역시 오래전에 죽었다.

인간 종은 아직 멸종 위기에 처하지는 않았다. 하지만 첨단 산업 문명은 끊임없이 증가하는 물질 소비와 에너지 사용을 비롯한 우리가 현대라고 부르는 시스템과 화석 연료에 완전히 의존해 우리를 위기에 빠뜨려 비틀거리게 한다. 가뭄과 폭염은 전 세계의 주요 곡창지대에서 농작물을 태워 죽이며, 물가를 치솟게 하고 수천만 명의 굶주린 사람을 거리로 내몰거나 국경을 넘나들게 한다. 과거에는 생산성이 높았던 농업 지역이 광대한 영역에 걸쳐 사막화되는 한편, 한때 숲이 우거진 교외 지역에 둘러싸였던 도시들은 이제 모래가 움직이는 점점 팽창하는 바닷속에 고립되었다. 여러 국가에서 수백만 명의 난민이 유입되면서 어두운 정치 세력이 등장했고 새로운 시민 갈등이 나타나고 있다. 북극 고위도 지역에서는 영구 동토층이 녹았고, 이산화탄소와 메탄 수십억 톤이 파괴적인 양의 되먹임으로 방출되었다. 북극의 여름철에는 얼음이 아예 없어졌고, 가차 없이 불타는 태양이 어두운 바다를 비추어 지구 전체의 알베도를 변화시켜 엄청난 양의 태양 에너지를 흡수하게 한다.

기온이 4℃ 상승한 세계에서는 가장 중요한 화제가 열이다. 미국 기상청은 열과 습도를 결합한 '열지수'에 따라 몸이 40.6℃로 느끼는 상황을 위험하다고 정의한다. 온도 상승치 4℃ 세계에서는 매년 수십억 명의 사람이 도쿄, 상하이, 리우데자네이루, 뉴욕 같은 전 세계 대부분의 거대 도시에서 '위험한 열지수 조건'을 경험한다.[1] 이미 이따금씩 위험한 더위에 직면했던 라고스나 델리 같은 도시는 이제 거의 1년 내내 극한 상황을 겪는다. 전 세계적으로 극심한 더위에 노출되는 날이 30배 증가하며, 아프리카에서는 100배 이상 증가한다. 열대뿐 아니라 중위도 지역은 현재 '폭염'으로 분류된 더위가 80~120일 동안 지속될 것이며 극 지대에 가까운 곳에서도 매년 40~80일씩 폭염이 발생할 것이다.[2] 6℃ 이상의 열 스트레스를 경험하는 극단적인 핫 스폿이 중위도의 북아메리카, 지중해 지역, 아프리카의 사헬지대, 그리고 예전에는 아마존이라고 알려진 열대우림이 차지했던 남아메리카 깊은 내륙에서 빠르게 증가한다.[3]

우리가 앞서 살폈던 것처럼 기후의 급속한 온난화를 시각화하는 한 가지 방식은 기온 상승치 4℃ 세계에서 각 기후대가 어느 도시까지 이동하는지 상상하는 것이다.[4] 예컨대 이제는 워싱턴 D.C.가 미시시피 그린우드의 기후를 경험하게 될 것이다. 로스앤젤레스의 기후는 멕시코 바하칼리포니아의 남쪽 끝 기후를, 플로리다의 탬파는 중앙아메리카의 기후를, 오리건의 포틀랜드는 캘리포니아 새크라멘토의 기후를, 콜로라도의 덴버는 텍사스 북부의 기후를 맛볼 것이다. 북아메리카 전역은 이제 너무 더워져서 미국 대륙의 3분의 2가 매년 새로운 고온 기록을 갈아치울 것이고, 극도의 더위에 노출된 인구가 20배 증가할 것이다.[5] 현재 모하비 사막이나 데스밸리처럼 아주 건조한 고온 지역에서만 볼 수 있는 43℃의 연평균 최대 기온이 이제 일반화된다.[6] 4℃ 세계에서는 미국 텍사스, 오클라호마, 캔자스, 미주리, 아칸소를 비롯한 거의 모든 지역이 매년 오늘날 데스밸리의 기온을 넘어서는 최고 기온을 경험한다. 애리조나 남부, 루이지애나, 캘리포니아 남동부를 포함한 세 주는 기온이 37℃를 웃도는 날이 연간 8주 이상 될 것이다. 뉴욕은 이전에 정전을 일으켜 140여 명의 사망자를 낸 2006년 8월 2일의 폭염과 비슷한 수준의 재앙을 매년 최소 20일 넘게 겪게 된다. 알래스카 내륙도 연간 기온이 35℃를 웃돌 것으로 보인다.

이 극심한 더위는 점점 더 많은 사람을 죽음으로 내몰 것이다. 역사적으로 최악의 폭염에서 기록된 사망률을 미래 기후에서 '치명적 더위'를 판단할 기준으로 삼으면, 4℃ 상승한 세계에서는 지구 육지 면적의 절반과 전 세계 인구의 4분의 3 정도가 매년 20일 이상 살인적인 더위에 노출된다.[7] 뉴욕은 매년 50일 동안 치명적인 무더위를 겪을 것이며, 열대지방에 인접한 인도네시아 자카르타 지역은 현재 1,900만 명이 거주하는 보르네오섬의 4분의 3이 365일 내내 살인적인 더위를 경험할 것이다.[8] 이것이 무엇을 의미하는지는 명백하다. 2018년의 한 연구에 따르면 "적도의 위도 30도 안에 자리한 대부분의 지역"이 최대 250일 동안 극한적인 열지수를 기록할 수 있고, 그 결과 열대와 아열대 지역에 급격한 변화가 발생해 1년 중 상당 시간을 폭염 속에서 보낼 것이라 예상되었다.[9]

더위에 취약한 노인들은 특히 더 위험하다. 한 연구에 따르면 중동과 북아프리카 전역에서 65세 이상 인구의 열 스트레스 관련 사망 위험이 20배 증가할 것으로 예상된다.[10] 연구자들은 4℃ 상승한 세계에서 무더위로 인한 인구 전체의 사망률을 수치화했다. 그 결과 미국 전역에서 사망자가 500퍼센트 증가하고, 브라질에서는 사망자가 850퍼센트 증가할 것이라 예측되었다. 그리고 호주는 470퍼센트, 필리핀은 1,300퍼센트, 콜롬비아는 2,000퍼센트 증가한다.[11]

하지만 좋은 소식도 있다. 4℃ 상승한 세계에서는 열대지방이 이제 너무 더워져서 질병을 옮기는 모기가 더 이상 병원균을 전염시킬 수 없을 것이다.[12] 따라서 이런 질병들은 중위도 지방이라든지 현재 뎅기열이나 황열병, 지카바이러스로부터 안전한 지역으로 이동하지만, 적어도 열대지방에서는 뎅기열이라든지 다른 매개체 전염병의 발생률은 감소할 것이다. 하지만 이것 하나만은 확실하다. 모기가 못살 정도로 너무 덥다면, 무언가 정말로 심각하게 잘못되었다는 것이다.

생명이 살지 못하는 지구

4℃ 세계에서는 완전히 새로운 세상이 펼쳐지면서 지구라는 행성의 상당 부분이 생물학적으로 사람이 살기에 적합하지 않게 된다. 오늘날은 폭염에 따른 사망 위험의 증가가 노년층이나 어린아이, 기타 취약계층에서 나타나지만, 온난화 상승치가 4℃가 되면 열역학 법칙에 따라 아무리 건강한 사람이라도 사망할 만한 기온의 임계 수준에 도달한다.

다른 온혈동물처럼 인간은 37℃라는 안정된 온도에서 체온을 맞추기 위해 과도한 열기는 방출해야 한다. 땀을 흘려 증발과 냉각을 통해 체온을 떨어뜨리는 것이다. 공기 중의 습도가 충분히 낮으면 액체인 땀이 증발하면서 열이 계속 빠져나간다. 하지만 일단 습도와 온도가 모두 임계 수준을 지나면(과학자들이 습구 온도〔濕球溫度〕 35℃라고 부르는), 아무리 땀을 흘려도 몸이 식지 않을 것이며 외부에서 냉각이 이뤄지지 않는 한 필연적으로 죽음이 찾아온다. 신체 조건이 얼마나 좋은지는 중요하지 않다. 근처에 그늘이나 물이 있는지 여부와도 상관없다. 만약 여러분이 이런 조건에서 인공적인 냉각 환경 밖으로 나가 몇 시간을 버틴다면 목숨을 잃을 것이다. 이것만큼은 확실하다. 4℃ 상승한 세계에서 우리는 한때 온난했던 세상을 사실상 모든 생명체에 적대적인 죽음의 한증막으로 만들고 있다.

2010년 〈PNAS〉에 발표된 획기적인 한 연구에서 과학자들은 이 습구 온도의 중요성을 처음 제시했으며, 지구의 평균 온도가 7℃는 상승해야 비로소 지구 어딘가에서 이 임계값을 초과하는 지역이 나올 것이라 예상하고 안심했다.[13] 하지만 2015년 7월에 중동에 최악의 폭염이 몰아치는 극적인 사건이 발생했다. 걸프만의 해수 온도는 뜨거운 목욕물처럼 34℃까지 올랐으며, 주변 사막에서 불어오는 맹렬하게 뜨거운 바람 탓에 이라크 바스라와 이란 오미디예 지역의 기온이 48~51℃까지 올라갔다. 이란의 한 마을인 반다르 마샤르에서는 몇 시간에 걸쳐 수은주가 46℃까지 올랐고 상대 습도가 49퍼센트에 달했다. 이런 상황에서 습구 온도는 34.6℃였는데 이것은 임계치보다 겨우 10분의 몇 도 낮은 수준이다.[14] 결론은 이제 확실하다. 만약 이미 1℃ 상승한 세계에서 이미 이 치명적인 문턱값에 접근했다면, 4℃ 상승한 세계가 광범위하게 펼쳤을 즈음에는 오랜 기간 목숨을 빼앗을 만한 한증막 상태가 지속될 것이다.

게다가 2015년에는 예측하지 못했던 사건들을 고려해야 하므로 최근의 모델 연구는 여전히 보수적일 가능성이 높지만 그래도 앞으로 어떤 일이 닥칠지, 어디에 가장 심각한 영향을 미칠지 보여준다. 예상할 수 있듯이 변화의 한 진원지는 페르시아만으로, 아부다비와 두바이, 다흐란(사우디아라비아), 반다르 압바스(이란)는 시뮬레이션된 4℃ 상승한 세계에서 생활 가능성의 문턱값을 꾸준히 뛰어넘었다.[15] 쿠웨이트 시는 습도가 낮기 때문에 습구 온도가 낮게 유지되지만, 그럼에도 건조 온도(보통의 온도계 측정치)로는 여름철 최고 온도가 60℃를 넘는 상황에 직면하고 있다. (60℃는 지금까지 지구에서 측정된 어떤 온도보다 높은 값이다. 현재 최고 기록은 2013년 쿠웨이트와 데스밸리에서 기록된 54℃다.[16]) 그리고 이슬람교의 성스러운 도시인 메카와 제다를 포함한 아라비아반도의 상당 부분이 비슷한 영향을 받을 테고, 수백만 명이 성스러운 하지 의식을 치를 때 야외에서 며칠 동안 기도를 하는 순례자들이 위험해질 것으로 예상된다.[17] 이러한 걸프만과 아라비아반도가 온난화의 주범인 석유와 가스의 주요 공급지라는 사실은 역설적이다. 하지만 그렇다고 해서 우리에게 큰 위안이 되지는 않는다.

4℃ 상승한 세계에서 생물학적으로 도저히 살 수 없는 상황에 접어들 지역은 중동뿐만이 아니다. 시뮬레이션에 따르면 남아시아의 상당 지역 역시 임계값인 습구 온도 35℃에 이를 것으로 예측된다. 한 중요한 논문에 따르면 "극심한 미래의 폭염으로 가장 심각한 위험에 처할 지역은 갠지스강과 인더스강 유역의 인구 밀집 지역에 집중되어 있다. 전 세계 인구의 약 5분의 1이 남아시아에 거주하는 만큼 이것은 이 지역에 특히 심각한 위협이다."[18] 기온 상승치 4℃ 시나리오의 모델에 따르면 인도 북동부와 방글라데시의 일부 지역은 습구 온도가 생존이 가능한 임계값을 초과하며, 남아시아 대부분의 지역이 임계값에 도달할 가능성이 있다. 현재 인구가 200만 명이 넘는 우타르프라데시의 럭나우, 비하르의 파트나 같은 도시 전체가 생존 가능성의 문턱을 넘어 좌초하고 말 것이다.

그렇다고 인도 아대륙 위에 인공적으로 냉각이 가능한 돔을 건설할 사람은 없을 것이다. 그런 일은 실현 가능하지도 않다. 하지만 미래에 대한 예측에 따르면 현재 수억 명이 사는 지역이 더 이상 영구적으로 대규모 거주지 역할을 하지 못하리라는 점은 사실이다. 사막의 오아시스나 고원지대에 거주 가능한 지역이 조각처럼 부분적으로 남아 있을 수 있지만, 그동안 우리가 알고 있는 사회, 정치적인 맥락의 인도나 파키스탄, 방글라데시는 더 이상 존립하지 못할 것이고 10억 명에 가까운 사람이 매해 점점 더워지는 여름 탓에 죽음을 무릅써야 한다. 다른 선택지는 기후 난민이 되어 점점 더워지는 데다 인구도 증가하는 전 세계 다른 지역으로 떠나는 것뿐이다.

이런 기후 난민들은 전 세계 인구의 상당수를 포함하는 엄청난 숫자일 것이다. 또 다른 엄청난 인구 중심지인 중국도 이 무렵에는 생존 가능성의 문턱에 부딪힐 것이기 때문이다. 몇몇 논문에서 저자들이 명시적으로 언급했듯이 "전 지구적으로 탄소 배출량이 지금처럼 지속되다가는 지구상에서 가장 인구가 많은 나라는 생존 가능성이 제한될 것이다."[19] 이런 위협은 중국 북부 평원지대에 집중되어 있는데 이곳은 총 면적이 40만 제곱킬로미터에 이르며 고대 중국 문명의 산실이자 현재 약 5억 명이 거주하는 전 세계에서 인구 밀도가 가장 높은 지역 중 한 곳이다. 앞선 논문의 저자들은 먼저 이 지역에서 오늘날 수백만 명이 살고 있는 도시의 목록을 언급하는데 웨이팡, 지닝, 칭다오, 리자오, 옌타이, 상하이, 항저우가 그런 도시다. 이곳들은 결코 작은 도시가 아니다. 상하이에만 3,400만 명, 항저우에는 2,200만 명이 살고 있다.

중국은 기술이 발달한 국가로 오늘날 전 세계에서 가장 현대적인 도시들이 중국에 자리한다. 그런 만큼 이들이 자국의 도시를 걸프만의 도시들처럼 바꾸어 엄청난 인구를 냉각 장치가 달린 높은 돔에 살게 하고 온난화된 바다에서 염분을 뺀 바닷물을 파이프로 공급하는 상황도 상상할 수 있다. 오늘날 도하나 두바이 같은 걸프만에 자리한 도시들은 이미 유리와 강철로 된 사막 위의 신기루 같은 불가능해 보이는 구조물을 세워서 그 안을 냉각시키고 담수를 제공하기 위해 엄청난 양의 에너지를(대부분 석유와 가스를 태워서 나오는) 소비하고 있다. 물리적 환경이 사람이 살 수 없는 상태에 가까워짐에 따라, 상하이에서 델리에 이르는 거대 도시들은 화정의 돔형 우주 정거장처럼 인공적인 밀폐 공간에 인구를 봉쇄할 수 있을 것이다. 하지만 그런 상황에서 정전이 발생하면 어떻게 될지 상상해 보라. 유리와 강철 구조물은 전기가 일단 꺼지면 온실이 되는 것은 물론이고 심지어 태양열로 가동되는 뜨거운 오븐이 될 테고 수백만 명이 그 안에 갇힐 것이다.

게다가 폭염이 항상 소리 없이 오지는 않는다. 2019년의 한 연구에 따르면 전 세계에서 인구 밀도가 가장 높은 해안 지대에 열대성 사이클론이 덮치면 이후로 치명적인 폭염이 발생할 수도 있다.[20] 그 모습을 한번 상상해 보자. 전기가 공급되지 않고 수백만 명이 극심한 더위와 싸우며 쉴 곳과 식량, 물을 찾아 헤매는, 그리고 수만 명에서 수십만 구의 수습되지 않은 시체가 거리에서 썩고 있는 황폐화된 해안 도시를 말이다. 이 연구에 따르면 4℃ 상승한 세계에서는 이런 재앙이 연례행사가 된다. 몇몇 사람은 인류가 기계와 공생하는 미래를 꿈꿀지도 모르지만, 소설가 E. M. 포스터E. M. Forster가 말했듯이 기계가 멈추면 어떤 일이 벌어질까? 우리는 지금보다 더 인위적인 환경에서 살 수도 있겠지만 머지않아 물리적·생물학적 현실 세계가 우리를 지구로 되돌려 놓을 것이다.

사람이 거주할 수 없는 지역이 처음에는 중동에서 시작되어 인도, 파키스탄, 방글라데시, 중국 동부를 집어삼킬 정도로 지구 전체에 펼쳐진다는 미래의 전망은 암울하기 그지없다. 기온 상승치가 4℃인 상황에서 인류는 완전히 새로운 상황에 직면하는데, 바로 수천 년 동안 문명을 지탱해 온 인구 밀도가 높은 지역에 이제는 인류가 더 이상 현실적으로 거주할 수 없다는 것이다. 우리의 세계는 점점 더 우리가 살기에 적합해지지 않고 있으며, 우주 정거장이나 달 식민지 정도를 제외하고는 이제 갈 곳이 없다.

먼지와 불

그 증상이 시작되었을 때 브라이언 앨런Brian Allen은 애리조나에 막 2주 동안 머무르던 차였다.[21] 그의 가족은 2018년 4월 피닉스로 이주해 새로운 생활을 시작했지만 햇볕을 즐길 시간은 거의 없었다. 브라이언과 13년 동안 함께 지냈던 평생의 파트너 프래닉은 당시 상황을 이렇게 회상했다. "브라이언은 여기서 일자리를 얻자마자 병이 났어요. 두통과 오한을 겪었죠." 브라이언은 응급실에 갔지만 어린 아들 칼릴을 포함한 가족들도 알아보지 못했다. 그리고 두통이 시작된 지 2주도 지나지 않은 6월 2일에 사망했다. 프래닉은 아이를 위로하기 위해 최선을 다했지만 칼릴은 그저 아빠가 돌아오기만을 바랄 뿐이다.

처음 피닉스로 이사왔을 때 프래닉과 브라이언은 계곡열이라는 병에 대해 들어본 적이 없었다. 하지만 브라이언은 감염되었고 원인은 분명했다. 프래닉은 이렇게 담담히 말한다. "브라이언이 일하는 동안 먼지 폭풍에 휘말린 적이 있었는데, 그때 흡입한 곰팡이가 폐까지 갔을 거예요." 계곡열은 공기 중의 곰팡이 포자가 건조한 사막 토양의 먼지에 실려 먼 거리까지 이동해 사람이 폐로 숨을 들이쉬는 동안 감염되어 발생하는 질병이다. 대부분의 경우는 브라이언이 처음에 겪었다시피 발열, 피로, 두통, 오한처럼 증상이 경미하다. 하지만 드물게 이 곰팡이가 폐를 지나 뼈, 간, 뇌, 심장까지 퍼지면 심각한 감염증이 발생할 수 있다. 게다가 곰팡이가 폐렴이나 뇌막염을 비롯한 합병증을 일으키면 목숨을 앗아가기도 한다.

이 계곡열은 오래전부터 있었지만, 1998년부터 2011년까지 애리조나, 캘리포니아, 네바다, 뉴멕시코, 유타 등 원래 이 병이 풍토병이었던 지역에서 발생률이 8배 증가했다. 과학자들은 먼지가 많이 발생하는 사건과 이 질병 사이에 강한 상관관계가 있다고 보고했는데, 특히 콕시디오이데스진균증이 가장 심하게 나타났던 피닉스의 밸리 지역에서 그랬다.[22] 이런 흐름은 심각한 우려를 자아내는데, 미국 남서부 지역의 계속되는 가뭄 탓에 매년 여름 장마가 닥칠 때 마을과 도시의 대기에 먼지가 증가하고 있기 때문이다. 평균적인 먼지 폭풍의 발생 횟수는 1980년대 후반 1년에 20번이었다가 2011년 이전에는 10년 동안 거의 50번으로 240퍼센트 증가했다. 상승치 4℃ 시나리오에서 미국의 남서부에 극적인 건조와 온난화 현상이 예고되면서 로키산맥 동쪽 전

체로 계곡열이 캐나다 국경을 넘고 17개 주를 아우르며 급속히 확산될 것이다.[23]

애리조나, 텍사스, 오클라호마의 덥고 건조한 추세는 필연적으로 가뭄이나 열악한 토지 이용 관행 때문에 미국 남서부에 걸친 재앙적인 먼지 폭풍과 주민들의 불행으로 이어질 것이다. 이런 모습은 수백만 명이 농장을 버리고 캘리포니아를 향해 서쪽으로 이주할 수밖에 없던 1930년대의 더스트볼the dust bowl(1930~1940년대 미국과 캐나다에서 일어난 재난으로, 토지의 과도한 경작과 관리 소홀로 푸석푸석해진 흙이 태풍에 먼지처럼 날리면서 농업에 큰 손실을 줌)에 대한 기억을 불러일으킨다. 오늘날의 1℃ 상승 세계에서도 새로운 더스트볼이 이미 시작되었을지도 모른다. 앞서 1장에서 살폈듯이 시에라네바다의 눈으로 뒤덮인 들판의 면적은 캘리포니아의 역사상 가장 따뜻한 겨울 이후로 2015년 4월에 500년 만의 최저치를 기록했고, 2011년에서 2015년 사이의 가뭄은 지난 1,000년 동안 최악이었다.

이런 '큰 가뭄'은 이미 시작되었을지도 모르지만 4℃ 상승한 세계에서는 사실상 반드시 일어난다. 2016년 〈사이언스 어드밴시스Science Advances〉에 기고한 논문에 따르면 "남서부의 기온이 5℃ 이상 오르면 큰 가뭄이 일어날 확률은 4℃ 상승한 세계에서 그렇듯이 100퍼센트에 가까워진다."[24] 그러면 이 지역의 특색 있는 소나무와 전나무 숲이 가뭄으로 말라비틀어지거나 딱정벌레에 먹히고 화재로 소실되면서 풍경은 완전히 바뀔 것이다.[25] 산업화 이전 아나사지족, 마야족, 앙코르족들의 문명도 이런 큰 가뭄으로 붕괴했다. 이제 우리 산업화 사회의 문명이 위험하다. 앞선 〈사이언스 어드밴스〉의 논문 저자들에 따르면 "온실가스 배출량을 공격적으로 감소시키면 우리가 맞을 엄청난 위험이 거의 절반으로 줄어든다." 하지만 4℃ 상승한 세계에서는 이런 조치도 너무 늦었다.

건조 추세가 심각해지는 4℃ 상승 시나리오에서는 전 세계 육지 표면의 절반 이상이 '건조 지역'으로 분류될 것이다. 27개 기후 모델의 예측 결과를 보고한 2018년의 한 논문에 따르면 가장 먼저 강수량이 줄어드는 지역은 남유럽, 중앙아메리카, 남아메리카(특히 아마존 열대우림이 자리했던 내륙 지역), 아프리카 남부, 호주 해안지대, 중국 남부 등이다.[26] 지구온난화 상승폭을 1.5℃로 제한했다면 이런 지역을 구했을 가능성이 높지만, 이제는 어쩔 수 없는 사막화에 접어들었다. 늘 그렇듯이 가장 큰 타격을 받는 건 가난한 나라들이다. 새로 건조 지역에 들어선 곳의 4분의 3 이상이 개발도상국이다. 하지만 숨이 막힐 만큼 뜨거운 아열대를 벗어난다고 해도 충분한 강우량을 보장받지는 못한다. 건조 지역은 알래스카와 캐나다 북서부, 시베리아에서도 나타나기 때문이다. 또한 이라크에서 보츠와나에 이르는 지역은 나라 전체가 건조 지역이며, 이런 건조한 지대의 면적은 전 세계적으로 580만 제곱킬로미터까지 확장된다.[27] 〈네이처 기후변화〉에 발표된 한 다중 모델 연구에 따르면 4℃ 상승한 세계에서는 건조 지대가 지구 육지 표면을 지배하게 된다.[28] 또한 이 연구는 기온 상승폭이 1.5℃ 이하로 유지되는 세계와 비교했을 때 4℃ 상승한 세계에서는 건조 지역에 사는 인구가 19억 명 더 늘어날 것이라고 밝혔다.[29]

또 평균 강우량이 안정적으로 유지되거나 심지어 증가할 것이라 예상되는 높은 중위도 지역조차도 4℃ 상승한 세계에서는 가뭄이 점점 더 빈번하고 심각해질 가능성이 커진다. 2018년 〈국제 기후학 저널 International Journal of Climatology〉에 발표된 연구에 따르면 "아이슬란드를 제외한 유럽 대륙 전체가 더욱 빈번하고 극심한 가뭄의 영향을 받을 것이라 예상된다."[30] 가뭄으로 가장 바싹 마를 지역은 지중해 인근 지역이지만, 그뿐만 아니라 프랑스 전역과 영국, 심지어는 스칸디나비아와 러시아 서부까지 심각한 영향을 받는다. 2019년 〈전 세계와 지구의 변화Global and Planetary Change〉에 실린 논문에 따르면 4℃ 상승한 세계에서는 물 공급에 관련된 스트레스를 받는 인구가 30억 명 늘어나며, 전 세계 인구의 3분의 1이 더 이상 담수를 충분히 공급받지 못한다.[31] 최신 기후학과 수문학적 모델이 활용된 이 연구에 따르면 "지중해 지역, 아마존, 북아메리카 중부, 남아메리카 서부, 동남아시아, 호주, 아프리카 남부는 단기간의 기상학적인 가뭄에 점점 더 많이 노출될 것이라 예상된다."

당연한 일이지만 그렇게 되면 세계 육지 표면의 절반을 덮고 있는 수문학적 분지를 포함하는 모든 지역의 강에서는 이전보다 더 적은 물이 흐를 것이다.[32] 아프리카 서부에서는 강들이 현재 유량의 40퍼센트를 잃으며,[33] 이 지역의 급속하게 증가하고 있는 인구가 '전례 없는 물 부족'에 노출된다. 기상 벨트가 점차 저기압 지역을 극지방으로 이동시킴에 따라 인도 중부 갠지스 평야에서는 몬순 시기에 강수량의 절반이 줄어들며, 이전에 전 세계에서 가장 비옥했던 지역에서 6억 명이 추가적으로 물 부족을 겪게 된다.[34] 전 세계적으로 한때 온대 기후로 여겨졌던 광범위한 지역이 건조한 아열대 기후가 되어 전염병, 흰개미, 대규모 생태계 파괴, 농업 붕괴 같은 문제를 경험할 것이다.[35] 뜨겁고 습한 적도대에 속하게 된 아프리카 지역에서는 동물 숙주의 범위가 증가하면서 치명적인 에볼라 바이러스가 창궐할 가능성이 커진다.[36]

온도 상승치가 4℃라는 건 말 그대로 지구가 불타오른다는 것을 의미한다. 모델 예측에 따르면 기온이 오르고 가뭄이 들판, 초원, 숲을 휩쓸면서 대규모 산불이 증가할 것이다. 그러면 사람들은 열기와 갈증뿐 아니라 직접적인 매연 흡입으로도 목숨을 잃을 것이다. 한 연구에 따르면 이번 세기가 끝날 무렵까지 미국에서 산불에 따른 미세먼지로 조기 사망자가 2배로 늘어날 예정이라고 한다.[37] 또 다른 연구에 따르면 미국 서부 전역에서 '아주 큰 화재'가 발생할 위험성이 100~600퍼센트 증가하며, 오대호와 동부 해안을 중심으로 화재 위험도 증가할 것이라 한다.[38] 국립공원 전체가 불타고, 플로리다 에버글레이즈는 화재 위험이 500퍼센트 증가한다.

그리고 쉽게 예상할 수 있듯이 전 지구적으로 미래의 화재 위험이 가장 큰 지역은 가뭄의 영향을 가장 많이 받는 지역과 겹친다. 유럽 지중해 분지와 레반트 지역, 남반구 아열대(브라질의 대서양 연안, 남아프리카, 호주의 동부 해안 중앙부), 미국 남서부와 멕시코에서 화재 위험이 급격히 커지고 지중해 지역도 2배 이상 더 높은 빈도로 불타오른다.[39, 40] 화재에 따른 불이 충분히 많이 번지면 온종일 어둠이 이어지고 잦은 번개, 화재의 열기가 섞인 토네이도, 검은 우박과 함께 화재 적란운이 높게 솟아오른다.[41, 42, 43] 거센 바람이 불어 불꽃을 부채질하고, 거대한 폭풍이 성층권에 연기를 불어넣으며 역사상 가장 큰 산불이 났을 때처럼 연기가 지구를 순환한다.[44] 마치 중간 규모의 화산이 폭발한 것과 비슷하다.

이것은 단지 책상머리에서 하는 한가한 추측이 아니다. 실제로 2017년 브리티시컬럼비아주와 워싱턴주를 가로지르는 태평양 북서부에서 대규모 산불이 발생해, 2008년 알래스카의 가사토치 화산 폭발 때와 거의 비슷한 양의 입자를 대기 상층에 불어넣으면서 우뚝 솟은 구름을 만들었다.[45] 연기의 양은 이후 성층권에서 8개월 동안 관측될 만큼 많았으며, 그래서 과학자들은 "핵전쟁이 지구의 기후에 미칠 영향에 대한 새로운 통찰력을 얻을 수 있다"라는 이유로 이 연기를 연구했다.[46] 하지만 태양 복사선을 반사해서 지구를 식히는 경향이 있는 화산 폭발과는 달리, 대규모 산불로 생겨난 검은색의 그을음 입자들은 태양열을 흡수해 대기를 더욱 따뜻하게 만드는 작용을 하는데 이것은 또 다른 양의 되먹임 현상이다.[47]

앞서 논의한 것처럼 중동, 남아시아, 중국 동부의 상당 지역은 습구온도가 높아 4℃ 세계에서는 생물이 살아갈 수 없으며 아열대를 포함한 훨씬 더 넓은 지역도 건조, 사막화, 화재 때문에 사람이 거주할 수 없게 된다.[48] 이 지역들 가운데 상당수는 수천 년 동안 인류가 정착해서 살아간 거주지였다. 이제 우리는 모래가 휩쓸리듯 이들 지역을 버리고 사막 지역을 벗어나 남쪽이나 북쪽으로 나아가든가 중위도 쪽으로 나아가야 한다. 수백만 명의 폭염 난민이 그보다 더 많은 가뭄 난민들, 그리고 거대한 산불로 불타 버린 마을과 도시를 떠난 난민들과 함께할 것이다. 인류의 절반은 이동하면서 어디서든 피신처를 찾아 살아남고자 한데 모일 것이다.

눈이 녹은 산

보다 더워진 세상에서는 서늘한 지역이 극지방 쪽으로 줄어들고 산지에서는 꼭대기 쪽으로 줄어든다. 온난화 상승폭 4℃는 대략 전 세계 고지대에서 얼음이 어는 결빙 고도를 800미터 끌어올리는 효과를 낳는다. 눈이 쌓였던 비탈길과 봉우리, 산맥에 이제는 비만 내릴 테고, 산꼭대기에 눈이 내려도 금방 녹을 것이다. 예컨대 시에라네바다의 가장 높은 몇몇 봉우리를 제외하고는 눈이 완전히 사라질 것이며 눈이 쌓인 면적은 이번 세기 후반까지 80~90퍼센트 감소할 것이다.[49] 이런 산지에서 눈이 녹으면서 유실된 물의 양은 샌프란시스코에서 연간 주택 사용량의 2배일 것으로 추정된다. 눈 더미가 급격히 줄어들면서 시에라네바다의 산맥은 그동안 그랬던 것처럼 봄과 초여름에 걸쳐 하천에 담수를 방류하는 급수탑 역할을 더 이상 하지 못하게 된다. 대신 겨울에는 강수량이 더 빨리 줄어들고 봄에는 가뭄으로 개울이나 고지대의 강물이 말라붙는 등 여름까지 바싹 마를 것이다.

전 세계의 산악 빙하는 훨씬 더 극단적인 변화에 직면해 있다. 고산지대의 빙하 대부분이 녹을 테고 지난 수천 년 동안 눈과 얼음으로 뒤덮였던 봉우리들이 맨 바위와 돌무더기 산지로 변모하기 시작할 것이다. 나는 기후온난화가 페루 안데스산맥 빙하에 미치는 영향을 연구하면서 저술 경력을 시작했다. 페루 빙하는 지난 수십 년 동안 이미 4분의 1이 줄어들었다. 4℃ 상승한 세계에서는 전 세계 거의 모든 빙하가 사라질 테고 열대 안데스산맥에서도 가장 높은 봉우리에서만 약간의 얼음이 남거나 결빙 고도 살짝 아래에 놓일 것이다.[50] 빙하의 92퍼센트가 사라지면서 페루는 이전에 얼음 속에 저장되었던 수 세제곱킬로미터의 담수를 잃게 되고, 페루의 고원과 건조한 해안에서는 수백만 명이 식수 공급, 생계, 농경을 위협받게 된다.[51] 해빙과 빙하가 녹으면 그 물이 호수가 되면서 홍수와 진흙 사태를 촉발시켜 몇 분 안에 마을 전체가 물에 잠겨 수천 명이 사망하는 급작스러운 재앙이 닥칠 수 있다. 페루 동쪽의 퀠카야 빙원도 전체가 녹기 시작할 것이다.[52] 이곳은 오늘날 전 세계에서 가장 큰 열대 빙원이며 과학자들은 수천 년 동안의 기후 변화를 연구하기 위해 이곳에 얼음 코어를 뚫어 놓았다. 하지만 이 모든 귀중한 데이터도 4℃ 상승한 세계에서는 사라지고 만다.

힌두쿠시산맥, 히말라야, 카라코람, 티엔샨산맥이 합쳐진 아시아 고지대 지역에서도 빙하의 용해는 심각한 결과를 낳는다. 이들 지역의 눈과 얼음이 녹아 흘러나오는 담수는 오늘날 10억 명도 넘는 사람의 생계를 지탱하고 있다. 하지만 이번 세기가 끝날 무렵에는 원래 얼음 덩어리의 3분의 1만 남고 일부 산지에서는 얼음의 90퍼센트가 유실될 것이다.[53] 이들 산맥의 빙하 지역은 이미 지구 평균치보다 훨씬 빠르게 온난화를 겪고 있다. 이 과정은 단지 잠깐 지속되는 데 그치지 않고 향후 수십 년 동안 가속될 것이다. 이렇게 많은 양의 눈과 얼음이 사라지면서 2050년까지 용해수의 양은 꾸준히 증가하다가 정점을 찍은 뒤에는 감소하기 시작할 것이다. 이것이 지금 같은 모습의 히말라야산맥의 마지막이다. 오늘날 '제3의 극지'로 알려졌을 만큼 광대한 이곳 빙하 지역은 대부분 역사 속으로 사라질 것이다. 산은 남겠지만 벌거벗고 황량할 것이다.

이런 효과를 전부 합치면, 4℃ 상승한 세계에서는 지구의 모든 산맥에서 얼음이 녹아 전 세계 해수면을 20센티미터 이상 끌어올릴 것이다. 2019년의 한 연구에 따르면 "이번 세기말까지 얼음의 75퍼센트를 잃는 지역은 알래스카, 캐나다 서부와 미국, 아이슬란드, 스칸디나비아, 러시아 북극 지역, 중부 유럽, 코카서스 지역, 아시아 고지대, 저위도 지역, 남부 안데스, 뉴질랜드에 이를 것이다." 북극의 해빙이 사라질 때와 마찬가지로 이런 변화는 지구 전체의 알베도를 약간 줄이며, 태양 복사선을 반사하는 밝은 색의 눈과 얼음이 적어지므로 온난화 과정도 더욱 탄력을 얻을 것이다. 우주에서 봤을 때 그동안 개성 있는 얼음 덮개를 가졌던 지구는 전보다 조금 덜 밝아 보일 것이다. 하지만 이런 과정은 아직 시작에 불과하다. 온난화가 억제되지 않는 한 우리는 결국 수천만 년 만에 처음으로 지구를 얼음이 완전히 없는 상태로 몰아넣을 수 있기 때문이다. 얼음은 단지 얼린 물이 아니다. 얼음은 지구 전체의 온도를 조절하는 역할을 하기에 얼음이 없으면 우리 행성을 시원하게 유지할 수 있는 장치는 아무것도 없다.

홍수의 발생

1998년 7월 초, 메그나강의 수위가 급상승한 것은 이 지역에 재난이 곧 닥치리라는 첫 신호탄이었다.[54] 며칠 동안 방글라데시 북동부에는 장맛비가 쏟아져 홍수와 산사태가 발생했다. 그 후 7월 셋째 주에는 힘차게 흐르던 브라마푸트라강의 수위도 상승하기 시작했으며, 갠지스강을 통해 인도에서 온 엄청난 양의 물이 홍수를 더 심화시켰다. 8월

말에서 9월이 되자 방글라데시의 절반이 물에 잠겼다. 수도 다카의 상당 지역이 물에 잠겼고 군대와 토목 기술자, 경찰들이 도시 주변의 중요한 제방에 난 100곳 넘는 결함을 수리하느라 노력하는 동안 외국 대사관들은 직원과 가족을 대상으로 하는 긴급 대피 계획을 세웠다. 사람들은 도로보다는 배를 타고 이동하기 시작했고, 인력거꾼들은 나룻배를 모는 새로운 일자리를 얻어 도시의 침수된 거리를 가로질러 고립된 주민들을 구했다. 식량이 부족한 데다 몇 주 동안 더러운 물로 생활하고 목욕하는 사람들 사이에 설사와 전염병이 돌면서 사망자가 증가하기 시작했다.

1998년의 홍수는 방글라데시 역사상 최악의 홍수였고 가장 긴 홍수이기도 했다.[55] 주요 강들이 60일 가까이 위험한 수위를 넘겼다. 그동안 방글라데시에서는 홍수가 연례 행사였고 심지어 비옥한 토사를 범람원에 옮겨 놓는 유익한 역할을 맡기도 했다. 하지만 1998년의 홍수는 범위와 기간 면에서 엄청난 고통을 초래했다. 전부 합쳐 3,000만 명이 피해를 입었고 익사나 질병, 뱀에 물린 상처 등으로 1,000명 이상이 사망했다. 그리고 거의 7,000곳의 교량과 1만 5,000킬로미터 넘는 도로가 손상되었다. 100만 명의 이재민이 발생했고 두 달 동안 밭에 물이 고여 빠지지 않아 파종이나 수확을 할 수 없어 쌀 생산량이 200만 톤 감소했다. 그래도 기근을 피하기 위한 식량과 의약품을 사람들에게 전해주는 국제 원조 덕분에 정말로 심각한 재앙은 피할 수 있었다.

방글라데시는 특히 홍수에 취약하다. 국토의 80퍼센트 이상이 범람원으로 분류되며, 3대 강인 갠지스강, 메그나강, 브라마푸트라강이 국경 지역에 모인다. 브라마푸트라강은 중국, 인도, 부탄, 방글라데시에 50만 세제곱킬로미터 부피의 강물을 배출하는 세계에서 네 번째로 큰 강이다. 하류의 평균 유량은 1초당 2만 세제곱미터로 나이아가라폭포보다 약 10배나 더 많다. 이 세 강은 계절적 패턴이 다소 차이가 있다. 브라마푸트라강의 방류량은 보통 히말라야산맥에서 눈이 녹으면서 3월부터 증가하는 반면, 갠지스강은 인도에서 몬순이 시작되면서 6월 초부터 급증한다. 또한 장맛비가 내릴 때면 습기가 많은 공기덩어리가 뱅골만에서 북쪽으로 이동해 인도 북동부의 산으로 흘러들면서 메그나강과 브라마푸트라강의 수위를 높인다. 보통 브라마푸트라강의 수위는 7월과 8월에 최고조에 이르지만, 갠지스강은 약간 늦은 8월과 9월에 수위가 가장 높은 경향이 있다. 하지만 때때로 두 강의 수위가 최고조에 오르는 시기는 겹치기도 한다. 거대한 두 강의 수위가 겨우 이틀 간격으로 정점을 찍었던 1998년의 재난 상황에서 바로 이런 일이 벌어졌다.

4℃ 상승한 세계에서 방글라데시는 점점 더 위험한 미래에 직면해 있다. 비록 인도의 몬순으로 인한 호우가 남아시아의 중앙 평야에서는 감소하기도 하지만 북동부에서는 엄청난 양의 비가 내릴 것이다.[56] 기후 모델에 따르면 현재 기후에서 100년에 한 번씩 오는 홍수는 메그나강 유역에서는 80퍼센트, 브라마푸트라강에서는 63퍼센트, 갠지스강에서는 54퍼센트 증가할 것이라 예상된다. 그에 따라 방글라데시에서는 세 강에서 불어난 물이 동시에 합쳐지면서 더 큰 재앙을 맞이하게 될 것이다. 여기에 더해 뱅골만에서 더 강한 사이클론이 발생하면 해

수면이 상승하고 폭풍 해일이 일면서 바다로 흘러가는 물이 더 줄어든다.[57] 이 모든 요소가 결합하면, 방글라데시는 1년 중 몇 주나 몇 달 동안 대부분의 해안과 내륙이 동시에 물속에 잠길지도 모르는 무더워진 미래를 맞이하게 될 것이다. 방글라데시는 전 세계에서 인구 밀도가 가장 높은 나라이기도 해서 수천만 명의 취약계층이 주기적인, 심지어는 거의 영구적인 홍수의 위험에 직면하게 된다.

4℃ 상승한 세계에서는 지구의 수문학적 순환에 엄청난 양의 에너지가 추가되어 가뭄과 홍수가 모두 심화될 것이다. 심지어 건조했던 지역도 갑자기 심한 폭우에 노출될 수 있으며, 헐벗은 산기슭은 물을 보존할 수 없어서 산사태나 침식을 겪거나 순식간에 홍수에 휘말릴 것이다. 〈네이처 기후변화〉에 기고된 논문에 따르면, 전 세계적으로 탄소 배출량이 더 높아져 더워진 미래에서 홍수가 늘어날 것이라는 예측은 불 보듯 뻔하다. 과학자들은 지중해나 유라시아 서부 같은 건조한 지역에서 홍수의 빈도가 줄어들고 있음에도, 동남아시아나 적도 근처 아프리카, 남아메리카에 걸친 넓은 지역에서는 홍수가 증가할 것으로 예측했다. 오늘날 1℃ 상승한 세계에서 100년에 한 번꼴로 발생할 홍수는 4℃ 상승 시나리오에서 10년에 한 번 발생할 것이며, 그에 따라 전 세계적으로 6,200만 명이 주기적인 홍수에 노출될 것이다.[58]

2017년 〈지구의 미래〉에 실린 논문은 일곱 가지 기후 모델의 산출물을 합친 결과 "온난화 상승치 4℃의 영향을 받는 인구가 중유럽, 남아시아, 남아메리카, 일본 등 15개국에서 1,000퍼센트를 초과할 것"이라고 예측했다. 또 과학자들은 "놀라운 점은 4℃ 상승한 온난화로 인도와 방글라데시의 홍수 위험이 20배 이상 높아졌으며, 그에 따라 이들 국가는 기후변화의 영향을 받는 인구가 가장 많은 3개국 안에 들게 된다는 사실"이라고 밝혔다.[59] 변화의 영향을 많이 받는 상위 10개국은 순서대로 중국, 인도, 방글라데시, 베트남, 미얀마, 파키스탄, 태국, 이집트, 나이지리아, 우즈베키스탄이다. 그러면 사용 가능한 물이 전반적으로 귀해지는 동시에 이런 나라들의 국민 수백만 명이 정기적인 홍수 재해에 직면한다. 농작물을 기르거나 양식업을 하는 데 도움이 되는 적당한 강우보다는 일일 강수량이 극한값까지 치솟는 일이 많아지기 때문이다. 이러한 예측은 지구의 지표면 전체에서 최대 강우량이 더 많아지는 현상이 '사실상 확실하다'는 사실을 알려준다(대부분의 모델 예측이 높은 불확실성을 특징으로 한다는 점을 고려하면 특이한 발견이다). 홍수로 인한 경제적 피해는 전 세계적으로 500퍼센트 정도 증가하며, 유럽에서는 연간 100만 명이 피해를 입고 그 피해액은 매년 1,000억 유로에 달할 것이다.[60]

이런 늘어난 강우량과 심해지는 홍수는 여러 장소에 각기 다른 방식으로 영향을 미칠 것이다. 전 세계 산맥의 낮은 고도에서 눈이 사라지면서, 비로 전달되는 강우량이 많아지고 겨울에 강의 수위가 높아진다. 따뜻한 비가 급작스러운 눈 녹은 물과 합쳐져 유출수의 양을 획기적으로 증가시키는 '비에 내린 눈Rain-on-snow' 사건은 북아메리카 서부에서 50퍼센트 넘게 상승하며 시에라네바다, 콜로라도주 강 상류 지역, 캐나다 로키산맥의 홍수 위험을 최대 200퍼센트까지 높인다.[61] 대기 중 수증기의 긴 흐름인 '대기 강'은 대륙의 서쪽 면에 장기적이고 격

럴한 강우를 유발할 수 있는데, 상승치 4℃ 시나리오에서는 이 흐름이 더 길고 넓어지며 강해진다.[62] 이것은 스코틀랜드에서 오리건까지, 이 전에 경험하지 못한 규모로 며칠에서 몇 주간의 폭우로 인한 홍수가 발생할 것이라는 의미다.

또한 유럽은 폭풍과 폭우가 합쳐져 취약한 해안의 넓은 지역을 범람시킬 수 있는 '복합 홍수compound flooding'가 발생할 가능성에 직면해 있다. 〈사이언스 어드밴스〉에 실린 2019년의 논문에 따르면 '핫 스폿' 지역은 브리스톨해협과 영국의 데번, 콘월 해안은 물론 네덜란드와 독일 북해 연안까지 포함된다.[63] 특히 네덜란드는 상대 해수면 상승률이 가장 높기 때문에 복합 홍수가 일어날 위험성은 3배다. 이미 대서양 사이클론이 자주 강타했던 노르웨이의 베르겐 주변 해안은 4℃ 상승 시나리오에서 복합 홍수가 5배나 증가할 것이다. 앞으로 노르웨이의 강수량이 눈보다는 비로 발생할 것이기에 모델의 예측보다 실제로는 더 심할 수도 있다. 전 세계의 다른 고위도 해안 지역에서도 비슷한 예측이 가능하다.

전 세계 어느 곳이나 경험하는 최대 강우량 기록 가운데 일부는 뇌우나 기타 소규모 대류로부터 발생하는데, 이것은 현실적으로 지구 기후 모델에 의해 시뮬레이션하기 어렵다. 강우량이 소규모라 각 모델이 일반적으로 나타낼 수 있는 범위 이하이기 때문이다. 이런 점은 전통적인 예측이 극한적인 강우량의 변화를 충분히 나타내지 못한다는 것을 의미한다. 일단 모델이 더 작은 지리적 영역에 걸쳐 높은 해상도를 갖게 되면, 하루당 또는 시간당 강수량의 극한값은 훨씬 더 잘 나타날 것이다. 전 지구 강수량의 훨씬 더 많은 분량이 이런 짧은 기간 동안의 폭발적인 강우일 것이라 예상되기 때문에, 이것은 향후 예측을 위한 중요한 발전이다. 예컨대 이런 축소된 모델들은 북아메리카 전체에서 극한적인 강수량이 최대 400퍼센트 증가했음을 보여준다.[64] 이 강수량의 상당 부분이 이른바 '메소스케일 대류계' 속에서 비와 우박으로 올 것이다. 이 대류계는 매년 봄과 여름 미국 대평원을 가로지르는 강한 바람, 우박, 급작스러운 홍수 토네이도를 몰고 오는 슈퍼셀 뇌우를 발생시킨다. 이것은 오늘날에도 지구상에서 가장 강력한 폭풍우이며 매년 200억 달러 넘는 경제적 피해와 함께 수백 명의 사망자를 낳고 있다.

MCS는 이미 증가 추세에 있으며 지난 반세기 동안 미국 전역에 강우량의 증가를 몰고 왔다. 앞으로 4℃ 상승한 세계에서는 미국 중부 전역에서 가장 크고 강력한 MCS가 5배 증가할 것으로 예상된다.[65] MCS는 대초원에서 발생해 캐나다와 미국 북동부를 강타할 것이다. 재난 영화의 한 장면처럼 워싱턴 D.C., 보스턴, 뉴욕에서 거대한 토네이도가 고층빌딩을 휘감으며 유리를 산산조각 내고 철근을 구부리는 슈퍼셀 뇌우를 상상해 보라. 폭풍 전선이 진격하면서 구름은 칠흑같이 검게 변하고, 폭우가 내리면서 거리는 얼마 지나지 않아 강이 된다. 이것이 더워진 세계의 현실이다. 지금 준비되지 않은 여러 지역에서 우리가 이전에 본 적 없는 기후가 닥칠 것이다. 이런 종류의 폭풍은 몇 분 안에 폭발적으로 발생할 수 있어서 예측하기가 무척 어렵기 때문에 시간과 장소에 대한 경고는 거의 이뤄지지 못한다. 그래도 오후에 토네이도 주의보가 도시 전체에 내려졌다면 여러분은 아이를 학교에 보낼 것인가? 아니면 하늘이 어두워지고 갑자기 어디선가 돌풍이 몰려오는 동안 지하실에 웅크리고 있을 것인가? 이런 질문은 생사의 갈림길을 좌우하기 때문에 빨리 결정해야 한다.

허리케인 경보

지구상에서 가장 크고 강력한 대류 폭풍은 허리케인이다. 이 열대성 사이클론은 따뜻한 바다 위에서 폭풍우가 무리 지어 회전하면서 형성된다. 조건이 좋다면 거대한 소용돌이가 만들어져 강력한 강우와 파괴적인 바람을 일으키며 아직 지름이 수 킬로미터인 폭풍의 눈을 둘러싼다. 열대성 사이클론은 서태평양에서는 태풍, 동태평양과 대서양에서는 허리케인으로 알려져 있으며 온난화된 세계에서 이것들이 어떻게 변화할지 정확하게 알아내는 과제는 오랫동안 연구자들의 골치를 썩였다.

전통적인 기후 모델은 허리케인을 정확하게 시뮬레이션하기에는 해상도가 너무 낮은데(흔히 해상도가 가로세로 100킬로미터 그리드 박스만큼이다) 이것은 불가피하다. 왜냐하면 한 번에 지구 표면 전체에 걸쳐 수십 년 동안 분 단위로 기후를 효과적으로 나타내는 고해상도 모델을 갖추려면 실현 불가능할 만큼 엄청난 계산력을 필요로 하기 때문이다. 그뿐 아니라 모델은 지구의 기후를 3차원으로 시뮬레이션해야 하기 때문에, 그리드 셀은 수직으로 대기에 쌓여 올라가고 바다 깊은 곳까지 내려간다. 여기에 더해 해빙, 대류 빙상, 산, 구름, 초목 등을 정확하게 시뮬레이션해야 하며, 세계 최강의 슈퍼컴퓨터로 100만 줄 이상의 코드를 짜야 한다. (영국 기상청에는 크레이 XC40 슈퍼컴퓨터 3대가 테니스 코트만큼의 공간을 차지하고 있으며 여기서 1초에 1경 4,000조 개의 산술적 연산이 가능하다.[66]) 열대성 사이클론처럼 작은 규모를 더 잘 포착하기 위한 고해상도 대기 전용 모델은 해양을 무시해야 한다. 이것은 이 모델이 바다의 온도가 바뀌며 가장 강한 폭풍이 형성되는 방식을 적절하게 시뮬레이션할 수 없다는 뜻이다.

이러한 난제를 해결하기 위해 2015년 뉴저지 프린스턴에 자리한 글로벌 유체역학 연구소의 과학자들은 초기 해양과 대기의 모델을 '커플링'해서 대기와 육지 표면의 해상도는 가로세로 25킬로미터 박스로 높이는 한편 해양의 구성요소들은 비교적 낮은 해상도로 유지해 계산 자원을 절약했다. 이 '고해상도 예보를 지향하는 해양 저해상도HiFLOR' 모델이 가져온 결과는 놀라울 만큼 성공적인 것으로 나타났다.[67] 지난 300년 동안 열대성 저기압의 발생 과정을 시뮬레이션하는 데 대한 이 모델의 제어된 출력 결과물은, 현실 세계에서 이 폭풍이 관찰된 지역과 놀랄 만큼 유사해 보인다. 이 모델의 해상도가 높다는 것은 가장 거센 4등급과 5등급 폭풍우를 시뮬레이션하는 측면에서 이전 모델보다 훨씬 더 성공적이라는 것을 의미했다. 과학자들이 1997년과 1998년을 대상으로 소급적인 계절성 예보를 실시해서 HiFLOR을 추가로 실험했는데, 그 결과 이 모델은 매년 가장 강한 폭풍이 발생하는 지역을 예측하는 데 현저하게 좋은 성과를 거뒀다.

이렇듯 시험 운행에서 비교적 성공을 거둔 글로벌 유체역학 연구소의 전문가들은 그 뒤로 이산화탄소 농도가 높은 세상에서 열대성 사이클론의 수, 지리적 범위, 강도를 예측하는 데 HiLOR를 가동하기 시작했다.[68] 과학자들은 무더운 미래에 허리케인이 감소할 것이라 예측하는 대부분의 초기 모델과는 대조적으로, 열대성 사이클론은 전반적으로 더욱 많이 나타날 뿐 아니라 홍수로 인한 산사태를 발생시켜 생명과 재산의 큰 손실을 일으킬 수 있는 강력한 폭풍인 4등급과 5등급 폭풍이 가장 증가세가 클 것이라는 사실을 발견했다. 무엇보다도 HiLOR가 가장 강력한 폭풍의 증가를 매우 극적으로 시뮬레이션하면서, 오늘날 1등급부터 5등급까지의 허리케인 풍속 분류법에 6등급인 '슈퍼폭풍' 단계를 추가할 필요성이 드러났다. 하와이나 미국 남동부와 함께 대만과 필리핀이 이 6등급 괴물 태풍을 직접적으로 두들겨 맞게 될 것이다. 그뿐 아니라 호주와 마다가스카르에도 강력한 폭풍이 증가할 것이다. 허리케인이 발생하기 쉬운 전 세계의 거의 모든 지역에서, 작은 열대성 저기압이 몇 시간 안에 급속하게 강력해져 거대한 폭풍이 될 가능성이 커진다. 4℃ 상승한 세계에서 해수 온도가 높아지면서 이 모든 현상이 탄력을 받게 된다.

하지만 어떻게 보면 이것은 단지 하나의 모델 시뮬레이션일 뿐이다. 이 결과를 나타내지 않는 다른 조합형 모델들도 존재한다. 예를 들어 4℃ 상승 시나리오에서 서로 다른 모델 여섯 가지의 결과물을 살핀 2017년의 논문에 따르면, 전 세계적으로 열대성 사이클론의 수가

3분의 1이 감소하고 가장 강력한 4등급과 5등급 폭풍의 수도 줄어들었다.[69] 하와이, 일본, 마다가스카르는 가장 강한 열대성 사이클론을 더 많이 경험했지만 나머지 지역에서는 열대성 사이클론이 대부분 감소했다. 하지만 이러한 모델들은 보통 HiFLOR보다 해상도가 낮아서 작은 규모에서 발생하는 현상을 놓칠 수 있다. 이런 함정을 피하고 열대성 사이클론의 향후 변화를 더 정확하게 추론하기 위한 한 가지 접근법은 통계적 규모 축소법이다. 이 방식은 저해상도 기후 모델에서 시뮬레이션한 가장 거센 폭풍이(사실 훨씬 약한) 강력한 4등급과 5등급 폭풍을 대표한다고 가정하고 그에 따라 계산한다. 2017년 이 방식을 시도한 과학자들은 "북반구 대부분의 지역에서 강력한 열대성 사이클론이 증가한다"는 사실뿐만 아니라 변화의 패턴이 글로벌 유체역학 연구소에서 얻은 결과와 매우 유사하다는 점을 발견했다. 또한 모델들은 최근 허리케인 하비가 텍사스에서 그랬던 것처럼, 높은 열에너지를 가진 미래의 폭풍우가 더 많은 강우량을 가져올 것이라는 데 동의하는 듯하다. 예를 들어 열대성 사이클론 전문가인 케리 이매뉴얼Kerry Emanuel이 2017년에 쓴 한 논문에 따르면, 현재 100년에 한 번꼴로 발생하는 텍사스의 500밀리미터 넘는 허리케인성 강우가 이산화탄소 농도가 높아지는 미래에는 5년마다 발생할 것이라고 추정된다.[70, 71]

많은 강우를 가져오는 강력한 폭풍의 수가 증가할 가능성이 있는 것과 더불어, 6등급 슈퍼허리케인이 출현하거나 열대성 사이클론의 지리적 범위가 넓어질 가능성도 커진다. 이렇게 되려면 해수 온도가 보통 약 26℃ 이상이어야 하기 때문에 현재는 열대지방에서만 허리케인이 형성된다.[72] 그렇지만 지구온난화가 심화되고 해양 온도가 상승함에 따라 허리케인이 형성되고 심화될 수 있는 잠재적 지역이 중위도 지역으로 더욱 확대되고, 전 세계 해안선 가운데 더 많은 지역이 허리케인의 상륙에 취약해질 수 있다. 이런 현상이 이미 일어나고 있는 곳이 아라비아해인데, 2014년과 2015년의 몬순 기간 후기에 처음으로 열대성 사이클론이 형성되었다.[73]

지중해에서는 '메디케인'이라고도 불리는 허리케인과 비슷한 폭풍이[69] 발생하기 시작하고 있는데, 지중해는 현재 넓은 지역에 걸쳐 여름 해수면 온도가 임계값인 26℃를 웃돌고 있다. 연구자들이 HiFLOR 모델을 사용해서 더 더워진 미래에 메디케인이 얼마나 발생할지 시뮬레이션으로 알아본 결과, 폭풍은 더 적지만 오래 지속되며 "더 강력한 열대성 구조로 발달해 허리케인의 강도가 높아질 가능성이 높고" 그에 따라 잠재적 파괴력이 늘어난다는 사실을 발견했다.[74] 또한 열대성 사이클론은 더워진 미래에 극지방에 가까이 이동할 수 있어 북유럽처럼 허리케인이 없었던 지역에 허리케인이 불어 닥칠 가능성도 있다.[75] 일부 지역에서는 앞 장에서 언급했듯이 열대성 사이클론이 몰고 온 강우가 건조한 땅에 반가운 숨통을 틔워 준다. 건조한 보츠와나와 아프리카 남부는 불행히도 더워질 미래에 비를 동반하는 폭풍이 줄어들 것 같지만 말이다.[76]

이 모든 것은 미래의 허리케인이 오늘날 우리가 이미 알고 있는 폭풍과 거의 비슷할 것이라 가정한다. 하지만 꼭 그렇지는 않을 것이다. 과학자들은 상상할 수는 있어도 무척 예측하기 힘든 사건을 '회색 백조'에 빗대는데, 언제나 아예 예기치 못한 놀라운 일인 '검은 백조' 사건과는 차이가 있다. 케리 이매뉴얼과 동료인 닝 린Ning Lin은 2015년 〈네이처 기후변화〉에 기고한 논문에서 "회색 백조 사건들은 관측되거나 예상치 못한 일들이지만 그럼에도 예견할 수 있을지도 모른다"라고 주장했다.[77] 여기에 대해 조사하기 위해 두 사람은 최악의 가능성으로는 존재하지만 현재 일어날 가능성이 거의 없는 열대성 사이클론과 관련된 폭풍 해일을 시뮬레이션하기 위해 3,000번 이상 기후 모델을 가동했다. 그러자 놀랍게도 전형적인 회색 백조가 나타났는데, 시뮬레이션 결과 해수 온도가 무척 따뜻한 페르시아만에서 풍속이 초속 115미터인 초특급 폭풍이 발생했다. 이 폭풍은 2013년 11월 초속 87미터의 풍속으로 정점을 찍은 세계 최강 상륙 열대 저기압인 슈퍼태풍 하이얀보다 훨씬 강력하다. 시뮬레이션에서 나타난 페르시아만의 이 폭풍은 4등급이나 5등급은 물론 6등급도 넘어서서 오늘날 발생하는 폭풍의 규모에서 벗어난 7등급에 가까울 것이다.

실제로 이런 일이 발생할까? 린과 이매뉴얼이 경고하듯이 우리가 확실히 알 수는 없지만 해수 온도의 상승은 그 위험을 높일 수 있다. 기후 모델링의 입력과 출력값이 무엇이든 기본 원리는 분명하다. 뜨거워진 바다는 더욱 강한 허리케인과 태풍을 발생시키는 로켓 연료와 같다. 1장에서 살폈듯이 열대성 사이클론은 이미 오늘날 전 세계적으로 6등급의 영역으로 진입하고 있다. 여기에 지구 기온이 몇 도 더 상승하면 아무리 최신의 정교한 기후 모델에 기초한 예측이라 해도 소용이 없다. 내 충고는 간단하다. 열대성 사이클론을 경고하는 일기예보에

귀를 기울이고, 대피를 권고하면 지침을 따르라.

농작물의 수확 실패

4℃ 상승한 세계에서는 전 세계 주요 식량 생산 지역에서 주요 작물의 열 허용치 이상으로 기온이 올라갈 것이다. 최고 39℃의 고온은 "농작물의 효소, 조직, 생식기관에 직접적인 손상"을 일으킨다. 이런 치명적인 문턱값을 넘어서면 식물은 꼼짝도 못하고 죽을 수 있다.[78] 기온이 4℃ 상승한 세계에서 폭염이 닥치면 중위도에서는 기온이 40℃에 달하고 아열대 지방에서는 50℃까지 치솟을 것이다. 일단 모델에 임계 작물의 온도 임계값이 포함되면, 시뮬레이션 결과 미국 옥수수 생산량이 50퍼센트 줄어들고 대부분의 옥수수 벨트에서 생산이 중단된다.[79]

가뭄이 더해지면 미래의 식량 생산은 더욱 암울해진다. 최근에 발표된 한 논문의 저자들은 1930년대 미국의 더스트볼을 분석한 다음 지구 온난화로 이번 세기 후반에 예상되는 기온의 상승치를 예상했다.[80] 최악의 더스트볼이 발생한 해는 1933년에서 1939년 사이에 작물이 3분의 1까지 손실되며 4℃의 온난화를 더하면 손실된 양은 80퍼센트 이상까지 치솟는다. 단지 온난화 효과 자체만으로도 보통의 해가 끔찍한 더스트볼이 닥쳤던 1936년과 수확량이 비슷해지는 것이다. 연구자들은 논문에서 "이러한 극단적인 손상은 기온에 무척 민감해 온난화 상승치 1℃마다 25퍼센트씩 악화된다"라고 경고했다. 다시 말해 기온 상

승치가 4℃면 손실의 정도는 100퍼센트이기 때문에 수확량이 전부 소실될 수 있다. 이러한 결론은 미국 중부 더스트볼 지역의 옥수수 작물뿐 아니라 대초원과 중서부 주 전역의 밀과 콩, 기타 농작물에 적용된다. 온난화 상승치 4℃는 사실상 미국에서 농작물을 생산하는 지역 전체를 더스트볼 지역으로 만든다.

이 사실이 중요한 이유는 미국 농부들의 생계나 미국 소비자들을 위한 식량 공급뿐만이 아니라, 미국은 전 세계의 곡창지대이기 때문이다. 아이오와 같은 주는 옥수수 작물 판매액으로 세계 기록을 종종 세운다. 옥수수 수출 상위 4개국인 미국, 브라질, 아르헨티나, 우크라이나는 전 세계 옥수수 수출량의 87퍼센트를 도맡는다. 4℃ 상승한 세계에서는 옥수수 생산량이 전부 합쳐 1억 3,900만 톤 줄어들 것이라 예상되는데, 이것은 현재 전 세계 연간 옥수수 수출량인 1억 2,500만 톤보다 많은 양이다. 즉 옥수수 소비 국가의 가난한 도시에 사는 사람들에게 수출될 생산국들의 옥수수 여분은 없을 것이다. 여기에 이번 세기 중반까지 전 세계 인구가 100억 명 내외로 증가하면서 생겨날 결과들은 거의 고려하지 않았다.

게다가 상황은 점점 더 나빠진다. 1℃ 상승한 세계에서는 한 곳의 흑자가 다른 곳의 적자와 균형을 맞추는 경향이 있고, 그래서 흉년이 들더라도 전체적으로는 충분한 식량을 갖출 수 있다. (그럼에도 8억 명 넘는 사람들이 굶주리고 있는 이유는 전반적인 공급 부족 때문이 아니라 빈곤 때문이다.) 여러 지역이 동시에 관련된 수확 실패의 사례는 현대 세계에서 알려지지 않았다. 그런 일은 결코 발생하지 않았다. 2018년 〈PNAS〉에 실린 논문의 저자들은 "전체적으로 이런 대규모 수출국들이 현재 기후 조건에서 어떤 해에 한꺼번에 10퍼센트 이상의 생산량 손실을 입을 확률은 사실상 제로"라고 밝혔다.[81] 하지만 4℃ 상승한 세계에서 이 확률은 86퍼센트까지 상승한다. 최근의 역사가 우리에게 실마리를 주기 때문에 이런 결과가 몰고 올 결과를 파악하기란 어렵지 않다. 비교적 경미했던 2006~2008년의 식품 가격 위기 사태에서 브라질, 아르헨티나, 우크라이나는 국내 공급량을 보호하기 위해 옥수수 수출량을 줄였고 수출 가격을 올렸으며, 쌀과 밀에 대해서도 비슷하게 제한적인 무역 정책을 시행했다. 이처럼 전 세계 주요 식량 생산국에 농작물 생산

위기가 동시에 닥치면, 전 세계 수확량이 현대에 접어들어 처음으로 수요에 크게 미치지 못할 것이다.

인류가 소비하는 열량의 5분의 1을 공급한다는 점에서 전 세계에서 가장 중요한 작물인 밀에도 비슷한 우려가 제기된다. 전 세계 밀 거래량은 옥수수와 쌀의 거래량을 합친 양과 같다. 밀 생산량 역시 얼마 되지 않는 핵심 지역에 집중되어 있다. 생산 상위 열 개 지역이 전체 생산량의 절반 이상을 차지하며 이곳이 전 세계 수출량의 거의 모든 지분을 차지한다. 가뭄은 이미 영향을 미치고 있다. 최근 수십 년간 가뭄이 전 세계 밀 생산에 미치는 영향은 2배가 되었다. 하지만 전 지구적으로 기온이 상승하면서 전 세계 중요한 밀 생산 지역 전체에 물의 희소성이 미치는 충격이 집중되기 시작한다. 한 국제 과학자 모임은 2019년 발표한 논문에서 이렇게 썼다.[82]

> 21세기 중반까지는 서쪽의 이베리아반도부터 동쪽의 아나톨리아와 파키스탄에 이르는 연속적인 벨트에서 심각한 물 부족이 발생할 가능성이 무척 크다. 이런 물 부족 현상은 우크라이나 남동부, 러시아 남부, 미국과 멕시코 서부, 호주와 남아프리카에도 영향을 미칠 가능성이 아주 높다.

평균적으로 기온 상승치가 4℃에 달할 때쯤이면 전 세계 밀 생산지의 거의 3분의 2가 가뭄에 시달릴 것이다. 3년 연속으로 가뭄에 의한 수확량 확보 부족 현상이 주요 밀 생산 지역을 강타할 위험도 크게 증가하고 있다. 이것이 무엇을 뜻하는지는 명백하다. 우리 세계에는 식량이 떨어질 것이다.

이것은 농작물 생산 모델에 의해 일반적으로 광범위하게 예측되는 평균적 변화의 모습이 의심스러운 또 다른 이유다. 장기적 평균은 일일, 주간, 월 단위로 발생하는 변동을 감출 수 있다. 하지만 우리는 인간이기에 몇 년이 아니라 몇 시간마다 무언가를 먹어야 한다. 전 세계적으로 식량 부족 현상이 몇 달 동안 지속되면서 비축된 식량이 소진되면, 개발도상국의 도시 빈곤층부터 시작해 세계 인구의 상당수가 굶어 죽기 시작할 것이다. 단지 국제 무역으로 통용되는 상품 작물에 대해 이야기하는 것이 아니다. 연구에 따르면 4℃ 상승 시나리오에서 원예 분야의 생산량도 줄어들어 채소와 콩의 수확량이 3분의 1로 감소하는 등 온난화된 기후에 극도로 민감한 모습을 보인다.[83] 축산업도 심각한 영향을 받을 것이다. 현재 전 세계 곡물 수확량의 3분의 1이 가축 사료로 사용되고 있으며, 전 세계 이곳저곳의 방목지가 사막화되어 야외에서 가축을 사육하기에는 너무 덥기 때문에 생산량 측면에서 극심한 손실을 입을 것이다.[84] 많은 가축이 갈증과 열 스트레스로 죽어갈 위험에 빠진다.

물론 또 다른 가능성도 있다. 지구 온도 상승에 보조를 맞추어 작물 생산 지역을 현재의 곡창 지대에서 극지방으로 이동시키는 것이다. 한 연구에 따르면 현재 북반구 고위도 지역의 4분의 3이 작물 생산에 적합할 것이라 여겨진다.[85] 그러면 북반구에서 농경은 캐나다 북극 지역, 알래스카, 시베리아, 스칸디나비아로 옮겨 가고, 경작 가능한 지역의 경계선은 현재보다 북쪽으로 1,200킬로미터나 이동할 것이다. 하지만 이런 방식이 실현 가능할지는 의심스럽다. 이렇게 하려면 기존의 냉대림 대부분을 파괴하고, 얼음이 녹은 영구 동토층과 툰드라 지역을 쟁기질해 옥수수와 밀의 씨앗을 뿌려야 할 것이다. 이 과정에서 수백만 톤의 이산화탄소가 방출되고 엄청난 양의 비료가 필요해진다. 이 단계까지 가면 북극에서도 가뭄과 폭염이 심해지고, 산불이 식량 작물을 위협할 수도 있다. 특히 시베리아 같은 내륙 지역은 극심한 폭염에 시달릴 것이기 때문에 북극해와 가까운 지역만이 작물 재배에 알맞은 온대 기후를 유지할 가능성이 크다. 게다가 대부분의 북방 극지방은 가장 낙관적인 시나리오에서도 많은 작물을 수확할 가망이 거의 없는 얕은 바위투성이의 토양을 가졌다. 한편 남반구에서는 농경지를 극지방으로 1,000킬로미터 이동시키는 선택지는 전혀 선택할 수 없다. 남반구는 고위도로 갈수록 땅덩어리가 좁아지며 농사를 지을 새로운 땅이 거의 없기 때문이다.

어쩌면 전 세계 주요 식량 작물의 수확량을 확보하는 데 실패하게 될 인류에게 놓인 마지막 선택은 농경을 완전히 포기하고, 유전적으로 조작된 미생물과 화학 사료를 활용해 실내 산업 시스템에서 식량을 생산하는 것이다. 온도, 영양분, 습도는 밀폐 사이클로 조절할 수 있으며 태양열과 풍력, 핵에너지 같은 더 깨끗한 에너지를 공급할 수 있다. 하지만 이 방식이 얼마나 확장 가능할지는 의심스럽다. 우리가 정말로 큰 통에 식량을 합성해 전 세계 100억 인구의 먹을거리를 공급할 수 있을까? 이런 산업은 오늘날 모든 도시의 변두리에 파이프라인과 거대한 정제 공장을 갖춘 석유 산업과 비슷할 수 있다. 그리고 합성 생물학을 활용해 고부가가치의 틈새 상품을 생산하는 것과, 오늘날 수백만 제곱킬로미터에 걸쳐 무료 태양에너지와 토양의 영양분을 사용하는 농업을 대체할 공급원과 에너지를 찾는 것은 전혀 다른 일이다. 그동안 전 세계 여러 도시의 거주 적합성이 위태로워졌던 만큼 경작지의 상당 부분이 파괴될 것이다.

현대 문명이 4℃ 상승한 세계에서 예견된 식량 위기를 얼마나 오랫동안 견딜 수 있을지는 아무도 짐작하지 못한다. 어떤 모델도 결과가 어떨지 예측할 수 없다. 우리는 모든 사람의 일상에 요구되는 최소한의 식량을 유지하기 위해 영웅적인 희생과 함께 엄청난 기술적 변화의 부담을 공평하게 나누면서 수십 년에 걸쳐 현명하게 적응하려 애쓸 것인가? 아니면 수십 억 명이 더위와 가뭄, 기아를 겪으면서 전 세계적 무질서와 갈등으로 새로운 암흑시대가 도래하는 연속적인 붕괴가 찾아올 것인가? 물론 위험한 실험을 하기보다는 기존의 농경지에서 농사를 계속 짓는 것이 좋을 것이다. 하지만 4℃ 상승한 세계에서 이런 선택지는 더 이상 없다.

대량 멸종

온도 상승치 4℃가 우리 행성 지구에 얼마나 극적인 변화를 일으킬지는 짐작 가능하다. 1.6킬로미터 두께의 거대한 빙하가 북아메리카,

스칸디나비아, 영국 섬들의 상당 부분을 덮었던 지난 빙하기 동안 지구의 온도는 지금보다 약 4℃ 낮았다.[86] 거대한 대륙 빙상에 너무나 많은 물이 갇혀 있었기 때문에, 해수면은 오늘날에 비해 100미터 이상 낮았다. 또 사막이 더 넓었고 대기 먼지가 지구 주위를 순환했다. 열대우림은 작은 규모의 숲이 되었고 영구 동토층은 남쪽으로 뻗어가 런던과 베이징까지 펼쳐졌다. 이 마지막 빙하기 이후, 기온은 상승해서 홀로세 간빙기로 이어졌으며 이때 대륙 빙하가 녹아 복잡한 인류 문명이 발전하기 시작했다.

지난 100만 년 동안 여러 번의 빙하기가 지나갔는데, 태양 주위를 도는 지구 궤도의 작은 변화에 의해 빙하기의 주기가 바뀌곤 했다. 하지만 따뜻한 간빙기는 오늘날의 기후와 대략 비슷했다. 온도 변동 그래프를 보면 지구에는 마치 매번 특정 기온보다 더 뜨겁거나 차가워지지 않는 가드레일이 있는 것처럼 보인다. 그 안에서 기후는 냉랭한 빙하기나 따뜻한 간빙기로 안정된다. 하지만 만약 이 빙하기에 기온이 4℃ 높아진다면, 가드레일을 뚫고 지나면서 지질학적 역사상 오랜 기간에 걸쳐 경험하지 못했던 뜨거운 기후 체제로 진입할 것이다. 하지만 수백만 년 전의 기온을 직접 측정할 방도가 없기 때문에, 과학자들은 오늘날 플랑크톤 껍질 화석에 보존된 해수 동위원소의 비율 같은 대용물을 활용한다. 이 모든 것이 꽤 불확실하기는 하지만, 최근의 연구에 따르면 지구의 기온이 현재보다 4℃ 높았던 마지막 시기는 대략 1,500만 년에서 4,000만 년 전인 올리고세Oligocene epoch와 마이오세였을 것이다.[87]

물론 전 지구적 생물군계와 생태계는 마지막 빙하기가 끝나갈 무렵 기후에 적응하는 데 성공했다. 수목 한계선은 극지방으로 다시 뻗어나 갔고 영국 남부 같은 이전에 차가웠던 툰드라 지대에 온난한 기후를 좋아하는 새로운 식물들이 침공했다. 자연은 과거에 수없이 해왔던 것처럼 기후변화에 적응했다. 빙하기는 약 10만 년의 주기로 반복되었기 때문에 생물들은 여러 번 반복되는 더위와 추위에 적응하는 법을 배웠다. 일단 강우량이 더 온난하고 습윤한 간빙기의 패턴으로 돌아오자, 열대우림은 아마존 유역과 서아프리카의 넓은 지역에 다시 퍼졌다. 마지막 빙하기 이후 기온이 4℃ 상승했지만 많은 종이 사라지지는 않은 것처럼 보인다. 이것은 오늘날보다 기온이 4℃ 상승한 세계에 대한 희망적인 신호일까?

하지만 불행히도 이번에는 그런 행복한 결과가 나올 가능성이 거의 없다. 일단 이번에는 기온 상승의 속도 자체가 전례 없이 너무 빠르다. 우리가 이번 세기에 4℃ 상승의 세계로 이행한다면, 지구온난화는 지난 빙하기 말기의 평균적 온난화 속도보다 65배는 더 빠르게 진행될 것이다.[88] 지질학적 시계를 다시 올리고세로 돌린다는 것은 오늘날 살아 있는 많은 동식물의 진화적 경험을 뛰어넘어 지난 수천만 년 동안 경험하지 못했던 기후가 다시 등장한다는 뜻이다. 인류의 활동으로 엄청나게 변화된 지구에서는 자연 세계가 어떤 식으로든 적응하기가 훨씬 어렵다. 빙하기 당시의 생물 종들은 야생에서 따뜻해진 홀로세에 적응하기 위해 5,000년을 보냈지만, 오늘날에는 적응할 기간이 고작 수십 년에 불과하다. 생태계는 이미 인류의 활동 때문에 조각나고 상황이 악화되었다.

이런 상황에서 대량 멸종이 닥치리라는 건 확실하다. 생물 종은 이미 인류 때문에 전멸하고 있지만, 기후 파괴는 무엇보다 가장 큰 위협이 될 것이며 4℃ 상승한 세계에서는 모든 종 가운데 최소한 6분의 1이 멸종 위험에 놓일 것이다.[89] 지구 표면의 거의 절반이 이번 세기말까지 '완전히 새로운' 기후나 '사라져 가는 기후'를 경험하면서 기존의 기후대 전체가 지도에서 사라질 것이다. 그리고 슬프게도, 이렇듯 사라지는 기후대는 생물 다양성의 보고와 상당 부분 겹친다.[90] 열대지방의 산지와 주요 대륙의 극지방이 특히 그렇다. 콜롬비아와 페루 안데스산맥, 중앙아메리카, 아프리카의 리프트산맥, 잠비아와 앙골라의 고원지대, 남아프리카의 케이프주, 호주 남동부, 히말라야산맥의 일부, 인도네시아와 필리핀군도, 북극 주변 지역도 마찬가지다. 이런 지역의 고유종들은 기후변화와 함께 전부 사라질 가능성이 크다. 지구에 더 이상 살 만한 서식지가 남아 있지 않기 때문이다.[91]

이 과정은 아름답지 않을 것이다. 예컨대 태평양의 치누크연어(왕연어)는 수온이 정확히 24.5℃까지만 생존할 수 있고 그보다 높아지면 심장마비를 일으킨다. 물이 지나치게 따뜻해지면 그 안에 근육을 움직이기에 충분한 산소가 없기 때문에 심장이 작동을 멈춘다. 그에 따라 과학자들은 4℃가 상승하는 미래에는 이번 세기말까지 치누크연어의 개체수가 재앙에 가깝게 줄어들 가능성이 98퍼센트에 이를 것으로 예측한다.[92] 사실상 지중해 기후의 생태계가 전부 사라지고 그 자리에 사막이 들어설 것이다.[93] 미국의 417개 국립공원은 특히 취약해 오늘날 1℃

가 상승한 세계에서도 이미 다른 곳의 평균보다 2배 수준으로 온난화가 진행되고 있다. 4℃ 상승 시나리오에서 이곳의 현재 기후대는 북쪽으로 수백 킬로미터 떨어진 곳으로 옮겨질 것이다.[94] 옐로스톤 국립공원의 기후는 캐나다 로키산맥 북부 어딘가로 이동하고, 캘리포니아주 요세미티계곡의 기후는 워싱턴주로 이동할 것이다. 회색곰이나 늑대, 엘크를 항공기로 이동시켜 새 지역으로 이주하도록 도울 수도 있지만, 나무는 그렇게 쉽게 옮겨 심을 수 없다. 당연히 생태계 전체를 포장해서 운송할 수도 없다. 2100년이 되더라도 종은 새로운 안정된 상태로 이행하지 않을 것이다. 급격한 변화는 '새로운 정상 상태'이며 앞으로도 수 세기 동안 계속될 것이다.

비록 종들이 전 세계적으로 멸종되지 않더라도, 현재의 서식지에서는 3분의 1에서 3분의 2 사이의 종이 사라질 것이다.[95] 북극 기후는 아한대가 되고, 아한대가 온대가 되고, 온대가 아열대가 되고, 아열대가 열대가 되고, 열대가 치명적으로 무더운 기후가 되면서, 지구 전체에 걸쳐 생태계가 재편성될 것이다.[96] 영향을 받지 않고 그대로 남을 곳은 없다. 지중해 지역의 생태계가 건조되는 동안 아한대 지역의 숲도 타들어 가거나 온대 삼림지로 변한다. 열대우림은 특히 취약하다. 앞장에서 살폈듯이 브라질의 아마존 열대우림은 4℃ 상승 시나리오에서 거의 전적으로 사바나형의 건조한 관목지로 변화할 가능성이 크고 일부 동부 지역이 반사막 기후가 될 것이다.[97] 이 지역은 현재 숲 지대가 거의 완전히 사라지면서 최소 4만 종의 식물, 427종의 포유류, 1,294종의 조류, 378종의 파충류, 427종의 양서류, 약 3,000종의 어류가 대멸종 단계에 이를 미래의 진원지가 될 것이다.[98] 이것은 지구 전체의 생물 다양성 목록 가운데 상당 부분을 차지한다. 마치 공룡을 멸종시켰던 소행성이 브라질 서부를 강타한 것과 같다.

이런 재앙에 가까운 생물학적 말살에 해양 생태계도 예외가 아니다. 앞에서 살폈듯 이미 1℃ 상승한 세계에서도 '해양 열파'는 생태계를 파괴하고 열대 어류를 온대의 해초 숲으로 유입시켜 산호초를 파괴하고 바닷새를 대량으로 죽이고 있다. 현재 기후에서 해양 열파가 닥칠 위험은 이미 2배로 증가했으며, 과학자들에 따르면 4℃ 상승한 세계에서는 열파가 발생할 확률이 41배 증가하며 폭염은 112일 동안 지속되면서 지금보다 21배 더 넓은 지역을 강타할 것이다.[99] 이 시나리오에서 이전에 100일에 1일 발생하던 사건은 이제 3일에 1일 발생하게 될 것이다. 특히 극지방의 차가운 바다에 적응했던 생물들, 그리고 열대 해역에 살고 있던 종들을 비롯해 전 세계의 해양 생물들은 주변 환경이 너무 더워져 스스로를 지탱할 수 없을 것이다. 한 연구에 따르면 4℃ 상승 시나리오에서 전 세계 해수 온도가 열대 해양 생태계에 사는 종들의 열 허용 한계치를 100퍼센트 초과할 것이다.[100]

육지의 자연 보호 구역과 국립공원이 온난화의 영향을 받는 것처럼, 바다의 해양 보호 구역 역시 온난화로 황폐화된다.[101] 또한 해양 생물 다양성의 '핫 스폿'은 상당수가 온난화의 영향을 이미 강하게 받는 지역이기도 하다.[102] 바닷물의 온도가 높아지면 생물 종에 직접적인 영향을 끼치는 데다 따뜻한 물에는 산소가 덜 녹아든다. 게다가 열대지방만이 고통을 받는 것은 아니다. 남극해에서는 크릴새우가 감소하면서 상업적인 포경산업으로 절멸 위기에 놓였다가 최근에야 개체수를 회복하기 시작한 대왕고래, 참고래, 혹등고래의 미래가 위태로워지고 있다.[103] 그리고 열대 산호초는 이미 오래전에 죽어 없어질 것이다.

지표수는 탄소가 풍부한 대기에서 더 많은 이산화탄소를 흡수해 바다를 산성화할 것이다. 남극해는 이번 세기가 끝날 때까지 면적의 90퍼센트가 탄산칼슘으로 불포화될 텐데, 이것은 해양 먹이사슬의 근간이 되는 여러 식물성 플랑크톤을 포함한 껍데기를 만드는 유기체들이 살아남기에는 바다가 너무 산성화된다는 의미다.[104] 해양의 산성화는 산호가 고개를 내미는 곳마다 그 구조물을 녹여 버리고 기존의 오래된 산호초를 지속적으로 해칠 것이다. 또 탄소가 풍부해진 바다에서 유독성 조류가 증식해 연안 대륙붕의 광범위한 영역에 걸쳐 어류를 죽이고 독성 있는 해조류를 발생시킬 것이다.[105] 그리고 바다는 깊은 곳에 탄소를 격리하는 능력을 잃게 된다. 바다 표면을 점령하는 탐욕스러운 해조류들이 탄소가 바닷물 속으로 가라앉기 전에 그것을 재활용하기 때문이다.[106] 이번 세기말까지 10년마다 20억 톤의 탄소를 대기 중에 추가로 옮겨놓을 이 과정은 기후변화를 일으키는 또 다른 간과된 양의 되먹임이다.

물론 육지에서와 마찬가지로 바다에도 레퓨지아refugia(과거에 광범위하게 분포했던 유기체가 소규모의 제한된 집단으로 생존하는 구역이나 거주지)가 있을 수 있고, 인간이 생물 종의 이주를 지원하고 적응을 빨리하도록 도움을 줄 수도 있다. 하지만 4℃ 상승한 세계는 인간 사회에도 참상을 일으킬 것이고, 그에 따라 우리는 자연 세계에 도움을 줄 상황이 못 될 확률이 높다. 우리가 도움이 될 가장 좋은 방법은 현재 세계에서 탄소 배출량을 줄여 기온이 4℃ 상승하지 않도록 하는 것이다. 만약 우리가 그동안 하던 대로 탄소를 계속 연소시킨다면, 지구는 여러 종의 내열 한계를 넘어서 생명에 우호적이지 않은 행성이 되고 말 것이다. 그러면 6,500만 년 전 백악기 말 이후로 최악의 대량 멸종이 닥칠 것이다. 차이가 있다면 이번에는 멸종을 몰고 올 '소행성'이 수십 년 전부터 보였지만 우리가 그것이 하늘에 큼직하게 어른거려도 그저 외면했다는 점이다.

대서양의 기후변화

다소 온건한 용어인 '기후변화'가 이제 더 극적인 '기후붕괴'로 대체되고 있는 데는 그럴듯한 이유가 있다. 4℃ 상승한 세계의 기후 패턴은 오늘날 잘 알려진 것과는 아주 다를 것이다. 예컨대 기상학적인 여름의 시작점은 20일 정도 앞당겨진 3월 25일이 될 것이다.[107] 겨울은 거의 변함이 없을 테지만 매년 폭염 기간은 훨씬 더 길어질 것이다. 이런 기후변화가 점진적이고 선형적으로 나타날 것이라 예상하는 것은 실수다. 4℃ 상승한 온난화 시나리오에서 첫 번째와 두 번째로 2℃씩 상승하는 구간에 대한 모델링 연구에 따르면, 성층권에서 바람이 동쪽에서 서쪽으로 반대로 불기 시작하면서 제트기류의 위치와 북대서양 폭풍의 경로가 바뀐다.[108] 이런 뒤집힘을 일으키는 요인 가운데 하나는 기온이 2℃ 상승할 때 북극의 주요 지역에서 해빙이 사라졌기 때문인데, 이것은 이전에 경험하지 못했던 방식으로 극지 대기의 열 균형을 변화시킨다.

하지만 대서양이나 북극보다는 태평양에서 가장 큰 규모의 기후변화가 올지도 모른다. 모델링에 따르면 4℃ 상승한 세계에서는 강력한 엘니뇨가 2배 더 많이 발생한다. 2014년 〈네이처 기후변화〉에 실린 논문에 따르면 극단적인 엘니뇨 기간에 "대기 대류의 대규모 재편성이 일어나면서" 강우 벨트를 1,000킬로미터나 이동시키고 전 세계의 기상 혼란을 촉발한다.[109] 1997~1998년에 발생한 메가 엘니뇨 같은 현상이 나타나면 보통 남아메리카의 건조한 지역에서 재앙에 가까운 홍수가 일어났고 전 세계 해안 지역에서 해양 생태계가 파괴되었다. 또한 기상 관련 재해로 2만 3,000명이 목숨을 잃었고 350억~450억 달러의 경제적 피해를 입었다.

태평양 동부 열대 지역이 한랭기로 전환될 때 발생하는 엘니뇨의 반대 현상인 라니냐 역시 발생 빈도가 75퍼센트 증가할 것이라 예상된다. 극단적인 라니냐는 극단적인 엘니뇨 뒤에 따라오는 경우가 많은데, 그에 따라 안정적인 보통의 기후 조건은 줄어들게 된다. 1998~1999년에 이런 일련의 사건이 벌어졌을 때 미국은 사상 최악의 가뭄을 경험했다. 베네수엘라에서는 순식간에 홍수가 발생하고 산사태가 나면서 최대 5만 명이 사망했다. 중국에서는 폭풍과 홍수로 2억 명의 이재민이 발생했으며 방글라데시 영토의 절반이 홍수로 물에 잠겼다. 라니냐는 강력한 북대서양 허리케인이 발생하는 계절을 선호할 수 있는데, 1998년의 허리케인 미치는 역사상 가장 치명적이고 강력한 폭풍 가운데 하나로 중앙아메리카의 온두라스와 니카라과를 강타하면서 1만 1,000명 이상의 목숨을 앗아갔다.[110] 극한적인 엘니뇨에 이어 비슷하게 파괴적인 라니냐가 뒤따르며 시소처럼 왔다 갔다 하는 이 태평양 지역의 사례는 극단적인 기후가 연이어 특정 상태에서 다른 상태로 뒤바뀌는 현실적인 기후붕괴의 모습을 보여준다. 이렇듯 정확히 변화의 방아쇠를 당긴 지역은 태평양일지 몰라도 그 영향은 전 세계적이어서, 호주의 가뭄과 홍수에서 인도의 계절성 몬순에 이르기까지 모든 곳에 영향을 끼친다.

엘니뇨와 라니냐는 태평양 표면 해수 온도와 바람 패턴에서 서로 반대다. 하지만 남반구와 북반구 사이에서 대량의 열을 재분배하는 가장 큰 해류는 '대서양 자오선 역전 순환류AMOC(여기서 멕시코 만류는 일부에 불과하다)'이다. 나는 첫 번째 장에서 오늘날 일어나는 기후온난화가 미칠 영향에 대해 다뤘는데 이것은 이미 현재의 1℃ 상승 시나리오에서 거대한 변화의 흐름을 몰고 왔는지도 모른다. 4℃ 상승 시나리오에서 일부 모델들은 AMOC가 완전히 붕괴되어 뉴펀들랜드에서 스칸디나비아에 이르는 북대서양 전체에 걸쳐 거대한 냉각 구멍을 발생시키며, 다른 지역에서도 전 세계적으로 온도가 상승하는 패턴이 나타난다.[111, 112] 지구온난화가 4℃ 진행되면서 한때 우려했던 것처럼 유럽이 새로운 빙하기를 맞이할 가능성은 없다. 대신 각 지역 온도 상승폭이 일반적으로 완화되고 대기 순환의 큰 변화가 생기며, '북반구 중위도의 강수량 감소, 열대지방 강수량의 큰 변화, 북대서양 폭풍 경로의 강화'가 나타난다. 이런 흐름은 홍수에서 농작물 생산에 이르는 모든 것에 연쇄적인 영향을 미친다. 그 영향은 아프리카, 아마존, 인도 몬순 그리고 심지어 엘니뇨에까지 영향을 미치면서 전 세계를 강타했다.[113]

아마도 약해지거나 붕괴된 AMOC가 일으킨 가장 놀라운 사건은 북아메리카 동부 해안에서 해수면의 상승 속도를 극적으로 증가시킨 일일 것이다. 2009~2010년 사이 뉴욕시 북부의 조류 측정기를 살핀 결과 2년 동안 해수면 상승치가 12센티미터나 훌쩍 치솟았는데, 이것은 분명히 AMOC의 위력이 일시적으로 30퍼센트 감소했기 때문이다. 과학자들은 이 사건을 폭풍 해일에 비교했지만 실제로 폭풍이 일었던 것은 아니었다. 이들은 그럼에도 "기상학적인 과정 없이 지속적이고 광범위한 해안 홍수가 발생"했으며 해변을 침식한다는 측면에서 2009년에서 2010년 사이의 해수면 상승 사건은 허리케인이 강타한 일부 사례처럼 심각하다고 덧붙였다.[114] 북대서양 순환에서 일시적으로 손실된 유량은 5스베드럽으로 아마존강 유량의 20배에 해당한다.

만약 이러한 높아진 해수면이 실제 허리케인 같은 극한 기상 현상과 결합한다면, 그 영향은 미국 동부 해안 대부분의 지역에서 재앙이 되었을 것이다. 하지만 이번에는 AMOC가 회복되면서 해수면이 후퇴했다. 하지만 이런 휴지기는 오래 지속되지 않을 것이다. 북대서양 해류에 어떤 일이 벌어지든, 4℃ 상승한 세계에서는 거대한 극지방 빙하가 빠르게 녹아 없어질 테고 그 과정에서 수조 톤의 담수가 대양에 쏟아지며 수천 년 동안 그 어느 때보다도 빠른 속도로 해수면을 상승시킬 것이다. 4℃ 상승한 세계에서 그린란드는 끝장이 난다. 빙상이 완전

최종 경고: 6도의 멸종

히 사라지는 건 시간 문제이며, 빙하 녹은 물이 해수면을 7미터는 높였다. 하지만 지금 대양의 해수면이 높아지는 데 가장 크게 기여하는 것은 반대쪽 극지방이다. 남극의 잠자던 거인이 백만 년 동안의 잠에서 깨어났다.

남극의 아포칼립스

수백 만 년 동안 얼어붙었던 깊은 잠에서 깨어나면서, 4℃ 상승한 세계에서 남극 대륙은 얼음으로 뒤덮였던 20세기의 모습과는 무척 달라졌다. 우리 귀에 친숙한 여러 남극 빙상은 이제 역사 속으로 사라졌다. 라센 C, 베너블, 크로슨, 닷슨, 드와이트 빙붕은 전부 녹아 자취를 감췄다. 빙붕이 사라지면서 거대한 빙하가 서남극 빙상의 중심에서 바다로 밀려나고 있다.[115] 그중에서도 가장 큰 규모였던 론과 로스 빙붕은 이제 짙은 푸른색 물웅덩이로 뒤덮였고, 거대한 폭포들이 얼음이 녹은 표면으로 천둥 같은 소리를 내며 떨어지면서 남극해의 따뜻해진 바닷물로 흐른다.[116] 여름철에는 대부분 서남극의 표면 전체가 얼음이 용해된 구역에 포함되며, 거대한 강에서 녹은 물이 협곡을 통해 엄청난 거리를 쏟아져 나와 보이지 않는 빙상의 어둡고 깊은 골짜기로 갑자기 곤두박질친다.[117]

서남극의 용해는 이제 돌이킬 수 없다. 그린란드와 마찬가지로, 빙상 전체가 몇 세기에 걸쳐 끊임없이 녹는 속도가 가속되며 결국 사라질 것이다. 그에 따라 해수면은 1년에 1센티미터 넘게 상승하고 있는데, 이 값은 훨씬 더 넓은 북반구의 빙상이 녹아 후퇴하던 지난 빙하기 말기의 가장 높았던 수치와 비슷하다. 남극 대륙 전체에서 여름철 빙하가 사라진 결과 동남극 빙하의 가장자리가 온난화된 대양과 직접 접촉하게 되었다. 바다와 빙상이 만나는 곳에는 우뚝 솟은 얼음 절벽이 형성되었고 여기서 거대한 얼음 조각들이 바다로 떨어지면서 잔잔한 바다에 이따금씩 우렁찬 소리가 들린다. 매번 이런 일이 벌어질 때마다 주변 해안선으로 쓰나미가 수십 미터 높이로 치솟고 넓은 바다로 빠져나가는데, 마치 빙상에 포위되었다가 더 넓은 세계로 빠져나가는 주기적인 구원 요청의 소리 같다. 이제 남아메리카 끄트머리를 비롯해 심지어 뉴질랜드 앞바다까지 빙산의 함대들이 어지럽히고 있다. 취약했던 남극의 생태계는 갈기갈기 찢어졌다. 펭귄, 고래, 바다표범은 물론이고 크릴새우도 전부 사라졌고, 외래종 식물이 이전에 벌거벗었던 남극반도의 해안을 우리에게 익숙하지 않은 초록빛으로 바꾸고 있다.[118]

4℃ 상승한 온난화는 아주 오랜 기간에 걸쳐 우리 행성을 궁극적으로 얼음이 얼지 않는 상태로 만든다. 1만 년의 시간 단위에서 탄소 배출량이 높게 유지되는 시나리오를 생각해 보면, 그린란드와 서남극의 모든 얼음은 녹아 사라질 것이고 동남극도 대부분의 얼음이 녹으면서 지리학적인 남극을 둘러싸고 작은 규모의 만년설만 남아 있을 것이다.[119] 이 모든 빙하 녹은 물은 30~40미터의 해수면 상승을 이끌 테고, 지구의 해안 지형을 극적으로 변화시키기에 충분하다. 그동안의 해수면 상

승 속도가 1세기에 2~4미터였다는 사실을 고려하면 엄청난 속도다. 그 결과 가이아나에서 네덜란드, 방글라데시, 베트남에 이르는 여러 나라가 인구의 절반 이상을 잃게 될 것이다. 그뿐만 아니라 말할 필요도 없이 모든 저지대 섬 국가는 사라질 것이다. 오늘날 인구 기준에서 약 20억 명이 주거지를 이동해야 하며, 전 세계 인구의 4분의 1에서 3분의 1이 영향을 받게 된다. 만약 바닷가 도시들로 온 이주자들을 수용하기 위해 새로운 도시를 건설하고, 기존의 땅을 포기하고 대규모 이주를 해야 할 필요성을 고려한다면 사실상 모든 인구가 영향을 받을 것이다.

4℃ 상승한 세계에서는 식량 생산량의 감소에서 극한적인 더위와 강물 범람에 이르는 여러 변화가 영향을 미친다는 점을 생각하면, 이렇듯 엄청난 해수면 상승에 적응하는 것은 짧은 기간이라 해도 무척 어려워 보인다. 미국만 해도 2100년까지 4℃ 상승 시나리오를 적용하면 인구 10만 명 이상의 도시 25곳이 침수 위기에 처하고, 3,000만 명 이상의 이재민이 발생하며 그 대다수는 플로리다주 저지대 출신일 것이다.[120] 뉴욕, 보스턴, 호놀룰루, 플로리다, 탬파, 마이애미, 캘리포니아의 롱비치, 새크라멘토를 비롯해 뉴올리언스 전역이 물에 잠길 것이라 예상된다. 이런 현상이 인구에 미치는 변화를 보면 해안 지역만 피해를 입는 것이 아니라는 사실을 알 수 있다. 과학자인 매슈 하우어Mathew Hauer는 2017년에 발표한 한 논문에서 다음과 같이 말했다.[121] "엄청난 규모의 해수면 상승은 미국 인구 분포를 재편할 것으로 예상되며, 그에 따른 해안 지역의 이주자들을 수용할 준비가 되지 않은 내륙 지역

에 잠재적으로 스트레스를 줄 수 있다." 해안을 보호하는 기간시설을 세우면 이렇듯 이주하는 인구를 어느 정도 줄일 수 있지만, 그 비용은 마이애미주에서만 1,300억 달러가 넘고 미국 전체로 따지면 수조 달러가 넘을 만큼 어마어마할 것이다.[122]

십만 킬로미터의 해안선과 인구 밀도가 높은 해안 지역을 가진 유럽도 심각한 영향을 받고 있다. 1℃ 상승한 세계에서는 유럽의 연간 손해 비용이 2~3배 증가해서 약 12억 5,000만 유로에 이르며 이번 세기 말에는 1년에 930억~9,610억 유로에 이를 것으로 전망된다. 바닷가에서 홍수에 노출되는 연간 인구수는 현재 110만 명에서 360만 명으로 증가했으며 영국이 최악의 피해를 입었고 프랑스와 이탈리아가 뒤를 잇고 있다. 오늘날 1℃ 상승한 세계에서도 네덜란드는 델타 프로그램에 연간 12억~16억 유로를 지출하고 있으며, 베네치아와 런던에는 폭풍 해일의 피해를 막기 위한 수문이 설치되었다. 4℃ 상승한 세계에서 범람을 막기 위해서는 엄청난 길이의 해안선을 보호해야 할 텐데, 이렇게 하는 데 연간 수백억에서 수천억 유로의 비용이 들 것이다. 그러면 요새 같은 둑으로 둘러싸인 해안 도시들은 배후지로부터 완전히 단절되고 그에 따라 인구 밀도가 높은 섬들이 해수면 아래에 오도 가도 못하게 묶여 사방에 급속도로 불어난 물에 둘러싸일 수도 있다.

이런 이유로 해안을 보호하려는 노력에는 장기적인 보건상의 경고가 따른다. 2018년 〈네이처 기후변화〉에서 한 연구팀은 이렇게 언급했다. "설비를 건설하는 조치는 해안을 보호하는 데 매우 효과적이지만, 향후 수십 년간 해수면이 극단적으로 더 여러 번 상승할 것이라 예상되는 상황에서 방어가 실패할 경우 대재앙의 위험을 높인다."[123] 다시 말하면 앞으로 폭풍 해일이 일어나 지금 해수면보다 몇 미터 아래에 자리한 도시의 방어벽을 뚫는 데 성공한다면, 그 뒤 이어지는 재해로 수만 명이 익사할 수 있다. 그리고 더 넓은 면적의 해안이 갑자기 물에 잠기면 사망자 수는 더욱 늘어날 것이다. 방어에 계속 실패하다 보면 결국 도시를 완전히 포기하는 상황도 생긴다. 그러한 지역에 거주하는 것은 곧 닥칠 재앙에 지속적으로 위협을 받는 댐 바로 아래에 사는 것과 같다. 장기적으로는 여러 세기가 흐르면서 오늘날의 해안 도시 가운데 어느 곳도 살아남을 수 없을 것이기에, 그 도시를 언제 포기할 것인지, 포기하기 전에 방어 설비에 얼마나 돈을 쓸 것인지가 실질적인 문제다.

앞선 연구팀이 2016년에 기고한 글에 따르면 "인류는 청동기 시대의 동이 튼 이후로 유례없는 해수면 상승에 적응하는 데 이번 세기 중반 이후로 시간이 얼마 없을 것이다."[124] 최상의 경우 4℃ 상승의 시나리오에서 이번 세기가 끝날 무렵 뉴욕은 1.09미터, 광저우는 0.91미터, 라고스는 0.9미터 상승할 것이라 예상된다.[125] 더 가능성이 큰 상황은, 이미 극지방 빙하가 지난 10년 동안 녹는 속도가 모델의 예측치를 훨씬 앞지르고 있는 만큼 해수면 상승 속도는 더욱 급격해질 것이고 그에 따라 뉴욕은 2.2미터, 광저우와 라고스는 1.9미터 상승하는 것이다. 과학자들이 이 문제를 연구할 때마다 최악의 시나리오가 제기된다. 2014년에는 21세기 해수면 상승의 '상한선'이 1.8미터였고 그보다 상승 속도가 높아질 확률은 5퍼센트에 불과했다.[126] 하지만 2017년에

는 이 값이 상향 조정되어 동일한 '상한선'(최대 5퍼센트의 초과 확률을 갖

는)이 거의 3미터(정확히는 292센티미터[127])로 높아졌다. 오늘날 남극 대

륙 주변에서 점점 더 많이 관찰할 수 있듯이, 빙하 모델이 이제 급속한

빙하의 붕괴 가능성을 포함하도록 업그레이드됐기 때문이다.

독일, 영국, 프랑스, 스웨덴의 해수면이 2미터 상승할 경우 전 세계

적으로 해안에서 170만 제곱킬로미터의 땅이 손실되어 수억 명의 이

재민이 발생할 것이다.[128] 빙하의 불안정성과 육지의 상승 현상을 포

함하는 최근의 데이터에 따르면 해수면이 1센티미터씩 올라갈 때마다

170만 명의 이재민이 발생하며, 4℃ 상승의 시나리오에서는 2100년까

지 4억 8,000만 명이 홍수에 취약한 육지에 거주하게 된다.

2019년 10월 〈네이처 커뮤니케이션즈〉에 글을 기고한 연구팀의 경

고에 따르면, "남극의 불안정성과 함께 탄소 배출량이 계속 높은 상태

로 유지되다가는 현재 방글라데시와 베트남 인구의 약 3분의 1이 거주

하는 땅을 영원히 고조위(만조에 해수면이 최고로 높아졌을 때의 위치) 아래

에 자리하도록 할 것이다."[129]

이 모든 것의 비용을 계산하는 건 거의 쓸데없는 일일지도 모르지

만, 경제학 모델에 따르면 해수면이 1.8미터 상승하면 해안 홍수 피해

비용이 연간 27조 달러에 달할 것이라고 한다. 이 액수가 GDP에서 어

느 정도의 비율일 것인지는 21세기에 경제 성장이 얼마나 일어나느냐

에 달려 있다. 전통적인 모델은 경제 성장이 영원히 지속될 것이라 가

정하는 경향이 있어 연간 수십 조 달러의 비용도 여전히 전체 GDP에

서 작은 비중을 차지한다. 2018년에 발표된 해수면 1.8미터 상승에 따

른 연간 피해액 추정치는 2100년 전 세계 GDP의 2.8퍼센트다.[130]

하지만 이 숫자들은 심각하게 받아들이지 않아도 된다. 우리는 우리가 알던 기존의 세계에서 살아가지 않을 것이다. 4℃ 상승한 온난화와 함께 대규모 기아, 홍수가 닥치고 열대와 아열대의 넓은 지역이 극심한 더위와 가뭄을 겪으면서, 현대 산업 문명을 위협하거나 파괴하는 대규모 충격이 사회에 일어날 것이다. 이런 세상에서 영원한 경제 성장에 대한 학문적인 가정은 확실히 터무니없다. 미래 사회는 오늘날 우리가 알고 있는 방식으로는 더 이상 존재하지 않을 테고, 해안 도시를 지키기 위한 복잡한 공학 프로젝트에 매년 수천억 달러를 지출하지 않을 것이다. 이런 시나리오에서 대규모로 해안 지역을 포기하는 일은 예상보다 더 빨리 벌어질 수 있다. 수억 명이 이미 내륙으로 이주하는 중이고, 대규모 인간 거주지가 되기에는 너무 덥거나 건조한 지역에서 도망치는 이민자의 흐름이 수백만 명은 넘기 때문이다. 피난처가 점점 줄어드는 데다 그나마 무척 붐비고 다수의 기후 난민을 부양할 여력이 거의 없는 상황에서 인류의 생존 전망은 어두워 보이기 시작한다.

북극의 탄소 폭탄

지구라는 행성은 이제 막다른 골목에 접어들었고, 4℃의 상승이 최종 목적지가 될 것 같지는 않다. 이 단계에서 대규모의 피드백이 시작되어 온난화 과정을 도저히 멈출 수 없도록 소용돌이치게 한다. 그 진원지는 북극인데, 오늘날 북극 전체는 영구 동토층이 녹고 있다.[131] 그러면서 1,500만 제곱킬로미터의 땅이 내려앉고 숲 한가운데에 갑자기 분화구가 열린다. 호수는 몇 시간 안에 가득 차거나 배수되고 한때 북극의 얼었던 늪이 녹으면서 수백만 톤의 메탄 거품이 솟아오른다. 메탄은 이산화탄소보다 약 30배나 강력한 지구온난화 기체이며, 전 세계의 온난화 습지에서 방출되는 메탄은 이제 전 세계 온도를 0.2℃ 정도 더 올릴 수 있을 것이다.[132] 비록 냉대림이 툰드라로 북쪽을 향해 진군하고 있지만, 매년 수백만 그루의 나무가 곤충과 번개로 인한 불로 손실되고 있다. 이것은 전 지구를 둘러싼 숲 지대 역시 탄소의 순 방출자가 된다는 것을 의미한다.[133]

그렇다면 얼마나 더 나빠질까? 최근의 추정에 따르면, 약 1조 5,000억 톤의 탄소가 먼 북쪽 땅에 매장되어 있으며 이것은 산업혁명 초기부터 지금까지 인류가 배출한 양보다 약 3배 많다.[134] 표준 기후 모델은 이 가운데 10분의 1 미만이 세기말까지 대기로 사라질 것이라 예상한다. 하지만 현장 연구에서는 "기후변화에 따른 이런 되먹임이 이전에 생각했던 것보다 더 빨리 일어나고 있을지도 모른다"고 제안하고 있다.[135] 표준적인 고정된 깊이를 사용해 해빙된 지상에서 발생하는 토양 탄소 손실량을 측정하는 실험에서는 얼음이 녹으면서 지반이 얼마나 가라앉았는지 고려하지 않아 대량의 탄소 손실을 놓쳤을 것이기 때문이다. 그에 따라 그린란드, 알래스카 등지에서 측정한 결과 10년 이상 땅이 녹은 뒤에도 토양의 탄소가 손실되지 않는다는 잘못된 결론이 도출되었다. 이러한 결함 있는 측정에 근거했을 때, 지금까지 표준적인 예측은 영구 동토층 탄소의 5~15퍼센트만이 21세기 말까지 손실될 것이며, 총 탄소량은 1,000억 톤 미만으로 현재 인류가 배출하는 양의 약 10년 치에 해당한다.[136, 137]

하지만 2019년 8월 〈네이처 지구과학〉에 게재한 논문에 따르면, 실험에서 지반 침하를 보정했을 때 매년 지표의 맨 위 0.5미터에서 탄소의 5퍼센트가 소실되고 있으며, 그에 따라 불과 5년 안에 탄소량의 4분의 1이 사라지는 셈이다. 기존의 시나리오에 따르면 영구 동토층의 탄소 되먹임으로부터 2100년까지 0.2℃ 미만의 추가 온난화를 예상하지만, 용해 속도가 훨씬 높으면 그에 따른 탄소 소실량은 더 높이 수정될 필요가 있다.[138] 토양의 맨 위 3미터에 북극 탄소 총량의 최소 절반이 몰려 있으며 이 탄소의 상당량이 메탄으로 배출되고 있는 가운데, 내 어림 계산에 따르면 4℃ 상승한 세계에서 영구 동토층의 탄소 배출 되먹임이 가속되면서 연간 0.5℃에서 1℃가 추가로 상승할 수 있다. 이 온도 상승에 추가적인 지구온난화가 더해지면 이번 세기가 끝날 무렵 우리는 훨씬 더 뜨거워진 세계의 문을 열 것이다. 바로 5℃가 상승한 뜨거운 온실 같은 세상이다.

연중 내내 지속되는 폭염에 간헐적인 홍수로 육지 표면이 손실되어

겨울을 넘기기 위한 식량을 생산하지 못한다.

운송, 농업을 비롯한 여러 활동이 중단되어 기근과 경제 붕괴를 촉발한다.

대부분의 도시는 기능을 다하여 버려진다.

대규모 농업은 이제 먼 추억이 되었다.

지구의 거주 가능한 공간의 10분의 9를 잃었다. 대량 멸종이 발생한다.

열 충격

5℃ 상승한 세계에서 인류는 가차 없이 치솟고 있는 기온에 대한 통제력을 상실했다. 식량 생산은 심하게 악화되고, 지구의 여러 지역이 사람이 살기에는 너무 덥다. 모든 빙하는 사라질 운명에 놓였고, 북극의 녹은 영구 동토층과 불타는 숲에서 엄청난 양의 탄소가 추가적으로 대기에 쏟아지고 있다. 이 휘감겨 올라가는 흐름을 되돌리는 어떤 조치를 취하지 않는 한, 폭주하는 지구온난화는 우리 행성을 정체된 대양으로 둘러싸인 생명 없는 바위 황무지로 변모시킬 것이다. 이제 거의 끝장이다.

지구의 열대 벨트 전체와 아열대의 상당 지역은 이제 '치명적인 더위'로 분류되는 연중 온도에 노출되어 있다.[1] 북아프리카, 중동, 남아시아에서 이제껏 없었던 최고 기온이 등장한다. 앞장에서 요약했듯이 습구 온도가 임계치인 35℃를 넘어서면 사람은 더 이상 바깥에서 상당한 시간 동안 생존할 수 없다. 이런 종류의 습하고 극한적인 더위에 가축, 야생동물을 비롯한 다른 모든 온혈동물들도 시원한 피난처를 찾을 수 없는 한 죽게 될 것이다. 이제 사우디아라비아의 수도 리야드에서 파키스탄의 도시 카라치까지 습구 온도가 아닌 건조 온도는 60℃까지 올라가는 모습을 흔히 볼 수 있다. 건조한 아열대 지역은 물 부족과 강렬한 열기로 식물과 동물이 죽어 나가는 캘리포니아의 건조한 분지인 데스밸리처럼 되었다. 미생물이나 세균 말고도, 열 충격 때문에 지구 표면의 광대한 면적이 점차 생명을 찾을 수 없게 되었다. 이 지역들은 동아시아와 남아시아, 중앙아메리카, 미국 남부와 아프리카를 포함해 현재 인구의 절반이 살아가는 곳을 포함한다. 인도 몬순이 이 시나리오에서 어떤 운명을 맞이할지는 알 수 없다. 완전히 사라질지도 모르지만, 어쩌면 더 심화되어 가뭄과 화재로 벌거벗은 들판과 산비탈에 남은 흙을 엄청난 폭우로 씻겨 내려가게 할지도 모른다. 열대지방 깊숙한 곳도 연중 내내 지속되는 폭염에 간간이 끼어드는 급격한 홍수로 육지 표면이 손실되기 때문에 겨울을 넘기기 위한 식량을 생산할 수 없을 것이다.

아프리카에서는 도시의 4분의 1이 매년 200일 동안 위험한 열파를 경험하게 되는데, 극한적인 폭염 때문에 몸을 제대로 보호하지 않고서는 몇 분 이상 바깥에 나갈 수가 없다.[2] 그에 따라 바깥에서 노동해야 하는 운송, 농업을 비롯한 여러 활동이 중단되어 기근과 경제 붕괴를 촉발한다.

이러한 시나리오에서는 전 세계 대부분의 곡창지대가 의미 있는 만큼의 수확량을 거두기에는 너무 뜨겁고 건조해서 세계 식량 생산은 한계에 치달을 것이다. 여러 해에 걸쳐 여러 곳이 동시에 수확 실패를 겪으면서 전 세계 식량 교역은 종말을 맞이하며, 대부분의 나라는 자국 국민을 먹이기 위해 어떤 형태든 자급자족을 시도해야 한다.[3] 그리고 그런 시도의 대다수는 물거품으로 돌아갈 것이다. 인류는 식량을 모으지 못하거나 재배할 수 없는 상황을 그동안 겪어본 적이 없다. 이런 시나리오에서 어떤 식으로 경제가 지속될 수 있을까? 농작물을 제대로 수확하는 데 완전히 실패한 상황에서 100억 명의 인구가 대규모 기아 사태로 빠져드는 것을 어떻게 피할까? 기후 모델은 역사적 선례가 없는 사회적 · 경제적 · 정치적 시나리오를 포함하지 않기 때문에 이러한 미래를 조명하는 데 도움이 되지 않는다. 어떤 나라의 정치 시스템의 반응을 알아보기 위해 그 나라 국경에 있는 1,000만 명의 기후 난민에 해당하는 코드 몇 줄을 기후 모델에 추가할 수는 없다. 온갖 복잡성과 근사치가 존재하지만 기후의 영향에 대한 인간의 반응보다는 대기 물리학이 훨씬 이해하거나 예측하기 쉬울 것이다.

앞서 내가 제안했듯이 에너지가 부족한 상황에서 산업적 성장은 매우 성공적일 수도 있어서, 인류는 공기 중에서 수확한 이산화탄소나 원자력 발전에서 온 수소, 담수화된 해수 같은 공급원을 이용해서 외부 기온이 높은 것과 관계없이 스스로 생활하고 식량을 지속적으로 생산할 수 있는 인공 환경을 구축하고 유지할 수 있으리라고 상상할 수 있다. 이 시나리오는 아마도 우주 정거장과 새로운 행성을 식민지화하는 것 같은 미래주의적 상상을 가능하게 한다. 인류는 거주 가능한 지역을 찾고자 새로운 세계로 모험하는 대신에 자기 행성에서 계속 살기 위해 우주 시대의 기술을 각 가정에 들여놓아야 할 것이다. 20세기에 과학소설 작가들은 금성에서 사는 것에 대한 환상을 품었다. 이제 우리는 금성을 지구로 가져올 것이다.

그렇다면 현실적으로 얼마나 많은 사람이 그러한 냉방 장치를 갖춘 테크노-돔에서 지원과 보호를 받을 수 있을까? 물론 전 세계 인구가 다 가능하지는 않다. 100억 명의 사람이 들어갈 넓은 공간을 확보하고 인공적인 식량을 공급하는 것, 그런 환경을 시원하게 유지하는 데 필요한 에너지를 찾는 것은 엄청난 도전 과제다. 우리가 그렇게 하기 위해 화석 연료를 계속 태우지 않는다면, 현실적인 선택지는 핵에너지다. 하지만 이것은 너무나 많은 사람이 두려워한 나머지 그런 노력에 필요한 만큼의 규모가 허용되지 않는 듯하다. 좀 더 비관적인 시나리오는 부유한 사람들이 외딴 섬에 들어가 붕괴하는 생물권에서 강화 장벽을 세워 스스로를 격리하는 상황이다. 전 세계 인구 대부분은 그 장벽 바깥에서 굶주리고 있기 때문에 이것은 일종의 인종격리 정책이라 할 수 있다. 마치 좀비 영화의 설정처럼 들리는 이 이야기는 오늘날 우리의 도덕성으로는 분명 참을 수가 없다. 슈퍼 부자들을 위해 남겨진 생명 유지용 냉각 화합물을 장벽 안으로 지키고 굶주린 기후 난민 가족들을 향해 기관총을 겨누고 싶은 사람이 우리들 가운데 얼마나 되겠는가? 하지만 어쩌면 누군가는 가능할지도 모른다. 자선단체 옥스팜에 따르면 우리는 오늘날 80명의 억만장자들이 세계 인구 가운데 가난한 절반과 동일한 부를 소유하고 있는 극심한 경제 불평등을 용인하고 있다.⁴ 내가 글을 쓰는 시점에서, 식량 부족으로 영양실조에 시달리는 사람이 8억 5,000만 명에 달하는 상황에서 슈퍼 부자들은 수백 명의 직원을 거느린 채 전용기와 대형 요트를 타고 세계를 횡단하고 있다. 우리 모두는 이것이 당연한 상황인 것처럼 묵인하고 도덕적인 분노를 삭인다.

그러므로 기후변화에 따른 인종분리는 새로운 패러다임이 아니라 오늘날 극심한 불평등의 연장선상에 있다. 나는 북아프리카에서 유럽으로 가려는 난민들이 지중해에서 수십, 수백 명씩 물에 빠져 죽는 뉴스를 접할 때마다 수백만 명의 기후 난민에게 닥친 미래를 본다. 일부 선량한 사람이 최선을 다해 돕지만, 그보다 많은 사람이 혐오에 사로잡혀 그들을 외면하고, 억압받는 자, 남들과 다른 자, 절망적인 자들을 악마화하는 정치적 덕목을 만드는 극우 정당에 투표한다. 오늘날 여러 나라에서 권력을 장악했거나 권력에 근접해 있는 이런 파시스트에 가까운 정당들이 전형적으로 기후변화를 부정하거나 경시하는 것은 결코 우연이 아니다.

이들은 권력을 손에 쥐고자 피해자들을 비난하는 사업을 하고 있고, 진실이 중요하다거나 심지어 진실이 존재한다고 믿지 않기 때문에 거짓말을 하는 것이 그들에게는 제2의 천성이다. 〈예일 환경 360Yale

Environment 360〉은 2019년 10월 다음과 같이 보도했다. "현재 유럽 전역에서 부상하고 있는 우파 포퓰리즘 정당들은 미국식으로 기후 행동에 대한 반대를 새로운 문화 전쟁 이슈로 격상시키고 있다."[5]

사회정치적 붕괴가 정확히 어떤 방식으로 일어날지, 또 붕괴 이후 인간 사회가 어떻게 진화할지에 대해서 나는 그저 추측할 뿐 쓸모 있는 이야기를 하는 건 무리다. 그런 활동은 디스토피아 소설가들과 할리우드 재난 영화 대본 작가들에게 맡겨도 된다. 하지만 확실한 사실은 대부분의 도시가 기능을 다해 죽고 사람들에게 버려질 거라는 점이다. 오늘날의 초강대국들과 오랜 기간 지속된 국경은 대부분 사라지고 인구는 급격히 감소할 것이다. 그리고 지구상에 남은 여러 생명체가 사라진다.

어쩌면 생존자들이 지구에서 사라진 자원과 생활공간을 위해 싸우는 동안 전쟁터의 연기에 휩싸여 세계는 극적으로 종말할지도 모른다. 아니면 그 과정은 더디게 이뤄져서, 민주주의가 사라지고 장벽과 국경이 높아지는 한편 폭염은 계속 심해지고 사람들에게 치명적인 영향을 더욱 많이 끼치면서 인류 문명은 수천 번의 공격으로 죽음을 맞이할 것이다. 한 지역의 기근은 더 넓은 지역으로 퍼지고, 그다음에는 전 지구적으로 퍼지며 '실패한 국가'가 늘어나고 수천 년 동안 살아남았던 사회와 국가는 비틀거리며 붕괴한다. 모든 지역에 걸친 불빛이 깜박거리다가 이윽고 꺼지면서 조금씩 어둠이 내린다.

기후 피난처

다음 장에서 간략히 설명하겠지만, 온난화의 극단적인 수준에서는 궁극적으로 생물권을 말살하는 온실 효과가 발생할 가능성이 커진다. 5℃ 상승한 세계에서는 아직 이런 일이 벌어지지 않았으며, 지구 표면의 상당 부분은 견딜 수 있을 정도의 거주 가능한 상태로 남아 있다. 단지 그런 지역이 지금 인류가 일반적으로 살고 있는 장소가 아닐 뿐이다. 그뿐 아니라 100억 명의 절박한 사람들을 지원할 수 있을 만큼 넓거나 자원이 풍부하지도 않다. 하지만 이런 장소는 5℃ 상승한 세계에도 인류가 완전히 멸종을 피하기 위해 몇몇 개인이 생존해 있으리라는 사실을 알려준다. 나는 5℃ 상승한 세계에서 예상되는 재앙적인 더위가 닥쳐와도 인류의 전면적인 멸종은 일어나지 않으리라 생각한다. 그렇다면 몇몇 인류가 생존할 피난처는 어디일까? 여기에 대한 단서를 찾으려면 오늘날 지구의 지리, 기후 영역에 기초한 기후 모델과 외삽(이용가능한 자료의 범위가 한정되어 있어 그 범위 이상의 값을 구할 수 없을 때 관측된 값을 이용하여 한계점 이상의 값을 추정하는 것)으로 집계된 산출물을 살펴봐야 한다. 일반적으로 대륙의 고위도 서쪽 가장자리 지역은, 특히 산간 지역일 때 인류가 살아갈 수 있을 만큼 충분히 습하고 시원한 편이다. 예컨대 알래스카 내륙은 여름철에 35℃의 폭염과 가뭄에 시달리는 대륙성 기후를 보이지만, 남부 해안은 온대 기후가 계속 이어진다. 북부의 데날리에서 캐나다 국경 바로 너머의 로건산까지, 높은 산간 지대에서는 5℃ 상승한 세계에서도 여전히 눈을 볼 수 있으며, 해안

편서풍이 지역 전체를 온화한 기후로 만들고 수분을 공급하기 위한 충분한 강수량을 제공할 것이다. 북아메리카 해안을 따라 더 내려가면, 로키산맥의 서쪽 역시 브리티시컬럼비아와 워싱턴 주를 거쳐 오리건 주에 이르기까지 높은 강수량과 변화가 적은 기온을 유지하는 편이다. 하지만 그보다 더 남쪽으로 멀리 떨어진 캘리포니아주는 먼지 속에서 열기에 구워질 테고 시에라네바다는 눈도 내리지 않는 갈색으로 불에 그슬리고 있을 것이다.

남아메리카의 안데스산맥도 무척 고도가 높아서 마지막 남은 빙하가 사라지더라도 인류가 시원하게 지낼 수 있을 정도다. 그리고 동쪽으로 흐르는 아마존강의 향방에 따라 열대 지역에서도 여전히 충분한 비가 내릴 수 있다. 더 좋은 경우는 칠레 파타고니아에서 남쪽과 서쪽으로 더 들어가 티에라 델 푸에고까지 내려가는 것인데, 여기서는 서쪽에서 불어오는 폭풍 때문에 높은 위도임에도 시원한 기온을 유지할 만큼 많은 양의 강우가 쏟아져 내릴 것이다. 만약 인류가 조직적으로 행동한다면, 열대우림의 식물들이 전 지구적으로 멸종되지 않도록 하고자 그런 식물을 키우는 농장을 설립하려 할지도 모른다. 지구의 기온이 몇 세기 뒤에 안전한 수준으로 다시 떨어질 수 있다면, 이런 종들을 이전에 살던 지역에 다시 심을 수도 있을 것이다. (이런 활동은 지구 생물권 보호의 일환으로 지구온난화에 따른 생물의 멸종을 막기 위한 노아의 방주라 할 수 있다.) 하지만 어쩌면 남극반도가 더 나은 피난처일지도 모른다. 5℃ 상승의 단계에서 남극은 완전히 인류가 거주할 수 있는 장소가 될 테고, 강수량이라든지 1년 내내 남아 있는 빙하의 녹은 물을 통해 담수가 충분히 공급될 것이다. 어쩌면 이곳은 슈퍼 부자들이 안전을 위해 피난하는 독점적인 지역이 될지도 모른다. 폭풍우가 몰아치는 남극해에 출항하는 기후 난민들의 소함대는 이들 부자들이 만든 요새에 큰 위협이 되지 않을 것이다.

인류가 거주할 수 있는 장소를 찾고자 계속해서 전 지구를 돌다 보면 다음으로 생각할 수 있는 곳이 뉴질랜드의 남섬이다. 뉴질랜드의 서던알프스산맥은 얼음이 전부 녹긴 하겠지만, 여전히 1년 내내 강물이 흐를 만큼 강수량은 충분할 것이다. 게다가 이 작은 땅덩어리는 인구가 넘쳐나는 분쟁 지역인 아프리카, 유럽, 아시아에서 멀리 떨어졌다는 의미에서 위치도 매력적이다. 하지만 이곳은 남쪽 끝, 태즈메이니아, 블루마운틴의 몇몇 작은 해안을 제외한 모든 지역이 너무 더워 거주할 수 없게 된 수백만 호주 난민을 먼저 즉각 받아들일 피난처가 되어야 한다는 압박을 받을지도 모른다. 호주에 남아 있는 식생은 대규모 화재를 통해 반복적으로 불에 타며, 그 결과 몇몇 잡초나 열에 강한 종들만 남아 수를 불리고 있다. 대규모 농업은 이제 먼 추억이 되었다.

열대지방에서는 그 아래 저지대가 열기에 구워져 사라지더라도 견딜 수 있을 만한 기온의 고지대가 존재한다. 뉴기니의 등줄기에는 아직 비가 내려 수십만 명을 부양할 수 있을 만큼 높은 봉우리가 있다. 인도 동부 히말라야산맥 기슭에 자리한, 지구상에서 가장 습한 지역도 있다. 하지만 이런 장소에서는 주민들이 더위를 피하기 위해 산비탈에서 몇천 미터 더 높은 곳으로 옮겨 가야 한다. 중국 서부나 티베트 고원에서는 위도보다 고도가 중요할 수도 있다. 비록 티베트는 건조해서 이미 강수량이 그렇게 많을 것 같지 않지만 말이다. 큰 빙하와 설원조차 1년 내내 빠른 속도로 녹을 것이고 결국에는 완전히 사라지겠지만, 히말라야의 가장 높은 산봉우리에는 여전히 눈이 내릴 것이다. 하지만 기후 피난처로서 고원이 갖는 문제는 평지가 무척 협소해서 농업을 거의 지탱할 수 없다는 점이다. 러시아와 시베리아는 겨울에 여전히 시원할 테지만 여름철에는 피난 가능성이 제한적이다. 기온은 주기적으로 40~50℃까지 올라가서, 냉대림의 잔해에 엄청난 규모의 산불을 일으킬 가능성이 있다. 북극해의 극 둘레 지역 해안을 중심으로도 적합한 서식지가 있을 수 있지만 1년 내내 해빙이 사라지는 데 대한 수문학적 주기의 반응은 이들 지역에 예측 불가능한 요인이다. 제트기류가 흐르면 폭풍은 중위도로 이동하지만, 다른 한편으로 이 지역은 1년 중 상당 기간 건조한 고기압 시스템에 고립되어 있을 것이다. 기후 모델은 이런 역사적인 큰 변화에 대해 충분히 분석할 만큼 유용하지 않다.

그리고 여느 때처럼 아프리카는 어느 곳보다도 큰 고통을 겪을 것이다. 거의 전적으로 열대와 아열대 지역에 자리한 이 대륙은 지구상에서 관측된 가장 높은 기온을 경험하게 될 것이다. 1960년대 중반의 역사상 최고 기온이 5℃가 상승한 세계의 아프리카에서는 주기적으로 나타나며, 여러 육지에서 강우는 사실상 멈췄다. 고지대는 좁으며 르웬조리산맥과 에티오피아고원 등 내륙에 멀리 자리해 강수량을 더욱 위태롭게 한다. 오늘날 아프리카 강우량의 대부분을 공급하는 열대 수렴대는 현재 상황이 더 심화되고 더 요동치겠지만, 저지대의 기온이 너무 높아 숲과 농업을 지탱할 수 없으며 뙤약볕에서 거의 벗어나지 못할 것이다. 아프리카가 오늘날 지구에 이렇듯 극단적인 온난화를 몰고 온 온실가스의 비축에 거의 기여하지 않았다는 점은 명백하지만 기후 물리학이라는 도덕적으로 무관심한 신은 아무런 신경도 쓰지 않는다.

유럽은 어떨까? 이베리아반도, 프랑스, 이탈리아, 그리스를 비롯해 지중해의 나머지 지역은 파괴적인 홍수를 가져오는 메디케인 열대 사이클론이 몇 년마다 발생하는데도 이제 사막화의 길로 본격적으로 접어들었다. 북유럽의 기온은 현재 여름에 50℃에 달하며, 북극권까지도 몇 주 동안 연속으로 치명적인 열파에 휩싸인다. 피레네, 알프스, 영국 산맥에는 열기를 견딜 만한 좁은 구역이 존재하지만, 스칸디나비아는 남유럽과 중동에서 온 1억 명의 난민과 불편하게 공존하고 있는데도 마땅한 피난처 없이 상대적으로 전 국토의 기후가 비슷한 편이다. 그린란드의 가장자리 또한 상당한 인구를 지원할 수 있고, 지속적으로 얼음이 녹은 물이 생기며 고위도에 자리하는 데다 그린란드 빙상이 남아 있다는 점 덕분에 시원함을 유지한다. 어쩌면 아프리카 국가 연합이 덴마크로부터 그린란드를 구입해 난민들이 예전에 살던 대륙의 기억을 갖고 생활하도록 할지도 모른다.

피난처는 이것이 거의 전부다. 5℃ 상승한 세계에서 우리는 사막, 불길에 휩싸인 숲, 해수면이 솟아오르는 바다로 사방이 둘러싸인 좁은 피난처에 인류 전체가 매달려 살아가는 모습을 볼 수 있다. 우리는 저지대의 대부분과 고위도 바깥의 사실상 모든 땅을 포함해 지금 거주 가능한 공간의 10분의 9를 잃게 될 것이다. 우리 행성의 나머지 부분은 이제 죽은 자에게 적합하고, 산 자에게 제공할 것이 더 이상 많지 않은 조용한 공동묘지다.

얼음이 없는 남극

지구 표면의 상당 면적이 거주 불가능한 5℃ 상승한 세계에서 해수면 상승은 그렇게 걱정거리도 되지 않을 것이다. 하지만 그럼에도 그린란드와 남극 대륙 빙하 모두에서 진행 중인 대규모 용해로 이번 세기가 끝날 때까지 해수면이 3미터 상승할 수 있다는 점은 주목할 필요가 있다.[6] 그러면 저지대의 모든 섬과 더 큰 나라들의 해안과 삼각주의 상당 지역이 범람해, 그나마 거주 가능한 공간을 더욱 축소시킬 것이다. 앞장에서 언급했듯이 극지방 빙상의 더 빠른 용해 속도를 고려한 최근의 과학 연구들은, IPCC가 2013년 보고서에서 발표한 최악의 시나리오에 등장하는 해수면 상승치의 2배 이상에 해당하는 수치를 잠재적 상한값으로 내놓는다. 대부분의 국토를 잃는 중국, 러시아, 미국, 캐나다, 브라질, 베트남, 호주, 인도, 인도네시아, 멕시코의 10개국은 당연하지만 땅이 손꼽히게 넓은 나라들이다. 약 8억 명의 사람들이 거주하는 집 자체가 침수되고 있으며(이 사람들이 식량 부족이나 열 충격으로 이주하지 않았다고 가정할 때), 약 200만 제곱킬로미터의 땅이 물에 잠기는 중이다.[7] 모든 연안의 거대 도시들은 막대한 비용을 들여 침수에 대한 방어를 하거나 아니면 영구히 대피해야 한다. 이런 도시는 아시아

에서만 자카르타, 마닐라, 호치민, 방콕, 광저우, 홍콩, 뭄바이, 쿠알라
룸푸르, 도쿄, 상하이를 포함한다.

해수면 상승으로부터 보호받는 유일한 지역은, 이미 너무 많은 얼
음을 잃는 바람에 그 아래의 지각이 다시 드러나고 지면이 더 높아져
상대적 해수면 상승률이 감소하는 그린란드, 캐나다 북극 지역, 알래
스카, 남극 지역이다.[8] 스칸디나비아 주변도 여기 포함될지도 모른다.
이러한 지역 가운데 일부는 앞에서 내가 언급했던 거주 가능성이 있는
피난처들과 겹쳐서 이 지역을 2배로 가치 있게 만든다. 전통적인 경제
성장률을 가정하면, 모델에 따라 매년 약 5퍼센트의 인류가 홍수 피해
를 입어 전 세계 GDP가 약 10분의 1로 감소할 것이다.[9] 하지만 경제
모델에 의해 창출되는 이러한 일상적인 수치는 앞서 얘기한 것처럼 실
질적인 의미가 별로 없다. 어쨌든 21세기 말까지 해수면 상승의 최대
속도는 연간 2~4센티미터가 될 것이다.[10] 이 속도는 현재 1℃ 상승한
세계에서 측정되는 것보다 가속도가 대략 10배 더 높다.[11]

그린란드 빙하는 1,000년 안에 모든 얼음이 사라지면서 수백 년
에 걸쳐 초라하게 줄어들고 말 것이다.[12] 그러면 이 빙하에 들어 있는
물이 해양으로 전달되면서 전 지구적으로 해수면을 7.28미터 상승시
킬 것이다. 결국 5℃ 상승 시나리오에서 남극은 전체 표면이 녹게 되
고, 앞으로 250년 이내에 서남극 빙하가 완전히 붕괴되면서 2500년까
지 약 12~15미터의 해수면 상승이 예상된다.[13] 최근의 평가에 따르면
5℃ 상승한 세계에서는 2200년에 이르러 해수면이 7.5미터 상승할 수
있다고 한다.[14] 과학자들은 지구 전체 화석 연료 비축량이 연소되면

약 1만 년에 걸쳐 남극 대륙의 전체 빙상을 제거하기에 충분하다고 계산했으며, 그러면 해수면은 50미터 이상 추가로 상승할 것이다.[15] 하지만 10조 톤의 탄소를 태우는 것도 상당한 일인 데다(지금껏 인류는 0.63조 톤을 태웠다[16]) 직접적인 열파의 영향은 화석 연료를 대규모로 연소시키는 산업 문명의 능력 자체를 파괴할 것이기 때문에, 우리의 바보 같은 후손들이 접근 가능한 석유와 석탄, 천연가스를 파내서 태울 걱정을 하지 않아도 된다.

남극 대륙의 얼음이 녹으면 남극반도를 시작으로 녹는 속도가 빨라지면서 대륙을 둘러싸고 빙하가 없는 땅이 새로 만들어질 것이다.[17] 식물들은 새로 이용할 수 있는 지역을 점령하며, 빙하가 녹으면서 이곳에는 물도 충분히 공급된다. 남극 대륙에는 현재 남극개미자리 Colobanthus quitensis와 남극좀새풀Deschampsia antarctica이라는 두 종의 유관속 식물이 살 뿐이지만, 1만 7,000제곱킬로미터 이상의 새로운 땅이 얼음 아래에서 모습을 드러내면 관목을 포함한 여러 식물이 이번 세기 후반에 이 땅을 점령할 것이라 예상된다. 곤충을 비롯한 다른 동물 종들이 이 새로운 약속된 땅을 찾아낼지도 모르지만, 현재 남극에 서식하는 황제펭귄이나 아델리펭귄 같은 여러 상징적인 동물은 해빙이 녹으면 서식지가 사라지고 만다.[18] 그린란드, 캐나다 북극, 알래스카의 태평양 연안에도 얼음이 없는 육지가 모습을 드러낼 것이다. 빈약한 토양이나 맨 바위뿐인 이 육지가 다른 농경지에서 손실된 생산량을 대신 채워 줄 가능성은 없지만, 최소한 견딜 수 있을 정도로 시원하기는 할 것이다.

하지만 이 빙하가 없는 새로운 땅은 해수면이 상승하면서 손실되는 육지의 면적에 비하면 극히 일부일 뿐이다. 얼음이 녹으면서 지구에 미치는 순 영향은 지구 전체 규모의 극적인 육지 손실이다. 현재 해수면이 수 미터 상승하고 있는 가운데, 문명의 붕괴에서 살아남은 미래 세대의 구성원들은 근본적으로 해안선의 모습이 다른 지구에 거주할 것이다. 과거에는 해안선이 우리 행성의 지형에서 비교적 안정적인 특징이었다. 하지만 수백, 수천 년 동안 해수면이 매년 몇 센티미터씩 상승하면서 새로운 지역이 점점 더 침수됨에 따라 더워진 미래의 해안선은 계속해서 내륙으로 이동할 것이다.

아마도 인류가 거주하던 도시의 흔적은 해파리, 해조류를 비롯해 열에 강한 해양 종들이 사는 콘크리트와 유리 무덤으로 해저에 남을 것이다. 인류의 가치 있는 더 큰 정착지들, 열대의 극한적인 무더운 기후대 밖의 정착지 가운데 일부는 솟아오르는 바닷물을 막아 주는 감옥 같은 방조제에 둘러싸여 갇힌 채 조금 더 오래 지속될 가능성도 있다. 하지만 해안 보호 대책은 어차피 다가올 불가피한 결과를 늦출 뿐일지도 모른다. 언젠가 다음번 메가 폭풍이나 6등급 허리케인이 오면 방조제가 뚫리고 바닷물이 밀려들 것이다. 기후 파괴의 아포칼립스는 한 번이 아니라 여러 번 되풀이된다. 종말의 카운트다운이 멈추고 3층 높이 바닷물의 장벽이 도달하는 최후의 시점은 여러 도시마다 각자 다르기 때문이다.

이상고온 온실

　5℃ 상승한 세계에 들어서면서 우리는 지난 5,000만 년 이래 어느 시점보다도 지구를 뜨겁게 만들었다. 이전의 지질 시대 가운데 이런 초온실 기후와 가장 가까운 시기는 약 5,600만 년 전 팔레오세 Palaeocene와 에오세 Eocene 사이의 '최대 온난기'였다.[19] 당시 이산화탄소의 농도는 1,000~2,000ppm이었고 지구의 온도는 5~9도나 상승했다. 이 팔레오세-에오세 최대 온난기 PETM는 오랫동안 기후 과학자들 사이에서 관심을 불러일으켰다. 그 이유는 우리가 지금 상태에서 화석 연료 소비를 계속해서 빠르게 증가시킨다면 마주하게 될 세계의 모습과 매우 비슷하기 때문이었다. 그동안 인류가 알고 있던 지구의 모습과는 너무 달라 거의 알아볼 수 없는, 비인간적이고 폭력적인 세계다.

　만약 여러분이 PETM의 경계선에 서고 싶다면 가장 좋은 장소는 피레네 산기슭의 스페인 방향에 있는 먼지투성이 계곡에 앉는 것이다. 돌집이 많은 예쁜 마을 아렌에서 밖으로 나가 아라곤과 카탈루냐의 경계를 표시하는 작은 강을 건너 큰 고속도로를 타고 콘크리트 다리를 건넌다. 아스팔트 도로를 따라가다 보면 자갈길에 접어들고, 눈에 잘 띄지 않는 계곡을 따라 올라가게 된다. 계곡 바닥에는 약간의 경작지가 있지만, 산허리는 물에 씻겨 나가 붉은 침식 토양이 드러나고 나무 몇 그루가 있을 뿐이다. 이 지역 전체가 황량한 옛 서부 영화 속 거친 무법의 땅과 비슷한 느낌을 갖고 있다. 먼지투성이의 붉은 산비탈을 걸어서 올라가다 보면, 팔레오세 마지막 수백만 년 동안 퇴적된 토양을 밟고 오르게 된다. 꼭대기에 다가서다 보면 돌과 암석이 노출된 곳이 나타난다. 바위, 조약돌 등으로 이뤄져 양방향으로 1킬로미터씩 눈에 띄는 대형을 이룬다. 이것은 정확히 PETM에 생겼던 수 미터 높이의 클라레 역암 퇴적층이다. 이 단단한 암석층은 지구의 마지막 극한적인 온난화 시대의 실체에 대한 흥미로운 단서를 제공한다. 클라레 역암층의 기단부는 PETM이 이상고온 상태로 나아가는 대기 중 이산화탄소 농도의 급증 현상을 드러낸다. 크기가 서로 다른 둥근 돌로 이뤄진 조약돌들은 이리저리 구부러진 강 수로에 퇴적되었지만, 수로의 폭과 깊이, 돌의 크기는 지질학자들이 흔히 말하는 '고에너지' 환경과는 다르다. 다시 말해 이 물질은 대규모 홍수가 났을 때 퇴적되어 거대한 수로를 자르고 광택이 나는 암석으로 가득 채워졌다. 당시의 꽃가루 기록을 보면 전반적인 강우량이 감소한 것으로 나타나기 때문에 PETM은 이전 시기보다 더 뜨겁고 건조했을 것이다. 그 결과 식물은 점점 더 희박해져 폭우가 닥쳤을 때 전체적인 풍경은 침식에 더욱 취약해졌다.

〈사이언티픽 리포트Scientific Reports〉에 실린 2018년 논문에 따르면, 과학자들은 간헐적인 홍수가 발생하는 더 건조한 기후가 "전체 풍경에 대한 전면적으로 강화된 침식"을 심화시켜 엄청난 양의 물질을 바다로 씻어낼 수 있을 것이라 지적한다. 과학자들은 모두 PETM의 초기 단계에서 물의 방출량이 1.35배에서 14배까지 증가했다고 결론짓는다. "이것은 지구온난화에 따라 극심한 강우 사건과 홍수 위험이 늘어난다는 비슷한 결론이지만 현재 예측된 것보다 훨씬 더 높은 규모로 증가한다는 가설을 뒷받침한다."[20] 다시 말해 비교적 최근의 이 지질학적 증거는 전반적으로 더 건조한 기후에서도 더 온난화가 심한 시나리오에서 예상되었던 것보다 강우량이 훨씬 극심하게 증가할 수도 있다는 점을 시사한다.

스페인의 다른 곳에서도 PETM의 흔적이 남은 퇴적물이 발견되며, 이들 지역의 암석도 비슷한 이야기를 들려준다. 관광객들을 끌어들이는 코스타델솔 해안에서 남쪽 내륙으로 약 50킬로미터 떨어진 곳에는 올리브 숲과 건조한 산비탈로 둘러싸인 특징 없는 계곡이 자리 잡고 있다. 여기서 PETM의 흔적이 남은 구간은 현재 건조한 테티스 해안의 북쪽에 있는 얕은 바닷가에 놓여 있다. 퇴적물에는 인근 육지 표면에서 나온 식물 잔해가 포함되어 있는데, 이 잔해는 엄청난 홍수에 의해 바다로 밀려들었다.[21] 이 홍수 퇴적물은 더 미세한 퇴적물과 교차하는데, 전문가들은 이 퇴적물이 아마도 먼지 폭풍에 의해 해수면에 모였을 것이라 주장한다. 대부분의 식물이 소실된 뒤 수천 년 동안 적대적이었던 기후에서 대부분의 토양을 제거했던 먼지 폭풍과 홍수가 교대로 육지를 쓸어가는 듯하다. 이들 퇴적물들은 전부 5,500만 년 전까지만 해도 비슷한 위도에 있었기 때문에 스페인 PETM의 흔적들은 지구의 기후가 다시 한 번 극단적인 온난화 체제로 이동하면서 지중해 지역에 어떤 미래가 닥칠지 그럴듯하게 엿볼 수 있게 해준다.

그 밖에도 세계 곳곳에는 PETM의 극한 기후에 대해 이야기할 수 있는 다른 암석층이 있다. 와이오밍주 빅혼분지의 지질학적 증거는 스페인과 비슷한 모습을 보여준다.[22] 지구의 기후가 더워지면서 강한 건조 현상이 나타났고, 그 뒤로 발생한 몬순 때문에 간헐적으로 많은 비가 휩쓸었다.[23] 이런 모든 지역에서 치명적인 사막화와 극심한 홍수로 육지 표면이 파괴되고 침식되었다. 이런 현상과 동반된 폭염이 얼마나 뜨거웠는지는 상상에 맡길 뿐이다.

북극의 열대우림

파데옙스키섬은 전 세계에서 방문객에게 가장 덜 우호적인 장소가 틀림없다. 돌풍이 불고 툰드라와 영구 동토층이 자리하며 시베리아의 북극 쪽 해안 중에서도 북쪽에 자리한 이 섬은 벨코프스키섬이나 다른 작은 섬들과 함께 노보시비르스크제도를 이룬다. 예전에 이곳의 방문객들은 붕괴된 절벽을 따라 영구 동토층이 노출된 곳에 튀어나온 매머드 상아를 찾는 경우가 많았다. 오늘날 이곳의 가장 주목할 만한 방문객은 바다코끼리로, 북극해에서 먹이를 찾아 여행을 떠났다가 휴식을 취하고자 벨코프스키섬의 얼어붙은 자갈 해변에 도착한다. 이 섬들은 너무 먼 북쪽에 있어 11월과 2월 사이에는 극지의 어둠에 완전히 사로잡혀 있다. 겨울 기온은 영하 45℃까지 떨어지며 여름 기온은 겨우 0℃를 웃돈다. 가끔은 이 섬들이 짧은 여름철 내내 바다 얼음 속에 갇혀 있는 경우도 있다. 이럴 때면 바람은 가차 없이 불고 낮게 깔린 구름에서 간혹 눈발이 흩날리며 한 번에 몇 주 동안 태양을 가리기도 한다.

에오세 초기에 노보시비르스크제도는 대략 현재 북위 72도에 자리해 그 정도의 추운 극지방 기후를 경험했을 수도 있다. 하지만 PETM 기간을 포함한 에오세에는 전체적으로 무척 달랐다. 이 지역은 연평균 기온이 16~21℃에 여름철 평균 기온은 25~28℃여서 거의 아열대에 가까웠다. 따뜻한 계절의 최고 기온은 30℃ 중반에서 후반까지 갔을 것이다. 겨울철에 하루 종일 어두운 극야 기간에도 평균 기온은 6~14℃로 영상을 훨씬 넘겼다. 파데옙스키섬의 침전물 코어를 시추해 연구하는 과학자들은 PETM 기간의 꽃가루를 조사한 결과 당시의 지배적인 식물은 오늘날처럼 툰드라에 사는 이끼나 지의류가 아니라 맹그로브라는 사실을 발견했다.[24] 놀랍게도 이 나무들은 오늘날의 호주 동부, 중국 남부, 대만의 따뜻한 기후에서 발견되는 풀이 무성한 바닷가 늪에서 번성했다. 이 예상 밖의 맹그로브와 함께 잎이 언제나 푸른 낙엽수가 숲을 이루고 야자수가 자랐는데, 여기가 몇 달 동안 극지의 어둠에 싸이는 북극 고위도 지역이라는 점을 고려하면 놀라운 일이다.

북극에서 이뤄진 다른 현장 작업 또한 비슷하게 놀라운 결과를 보였다. 노보시비르스크제도보다 북극에 훨씬 가까운 북위 80도인 캐나다 북극 지역의 유레카 사운드에서, 연구원들은 '오늘날 미국 남동부에서나 볼 수 있는 사이프러스가 자라는 늪지대나 활엽수가 자라는 범람원 같은 숲 풍경'을 발견했다.[25] 이곳이 에오세 초기에 비슷하게 따뜻한 늪지대였다는 증거였다. 여름 기온은 20℃ 이상이었고 겨울 최저 기온은 거의 영하로 내려가지 않으며 많은 비가 내렸던 이곳은, 주변에 바이오매스가 풍부하고 천둥 번개가 치면서 주기적으로 산불도 발생했을 것이다.[26] 이 늪지대에는 악어, 거북이, 물고기뿐만 아니라 거대한 도롱뇽 1종, 도마뱀 2종, 보아뱀 1종이 살고 있었다. 영장류, 테이퍼, 코뿔소와 비슷한 유제류, 하마와 닮은 코리포돈속 같은 수많은 포유류도 살았다.

극야가 지속되는 여러 달 동안에도 북극 고위도 지역에 이렇게 번창한 열대우림 생태계가 유지되었다는 것은 놀라운 일이다.[27] 겨우내 초식동물들은 상록수 잎, 가지, 씨앗, 곰팡이를 먹었을 것이다. 얼음이 없고 따뜻하며 염도가 높은 북극해에는 연못의 좀개구리밥처럼 둥둥 떠다니는 작은 양치류의 일종인 아졸라속이 넓게 퍼져 서식하기도 했다. 북극해 해저 퇴적물에 뚫린 코어에서 발견된 플랑크톤 잔해를 보면, PETM 시기 북극해 전체는 지금의 지중해처럼 해수면 온도가 23℃ 정도였음을 알 수 있다. 이런 퇴적물에는 야자수, 소철, 바오바브나무의 친척들에서 온, 5,500만 년 된 꽃가루 화석도 섞여 있다.[28] 상식적으로 있음 직하지 않은 이 북극의 열대우림은 오늘날에는 남쪽으로 5,000킬로미터는 떨어진 생태계와 비슷하다.[29]

반대편 극지방인 남극 대륙에서도 에오세의 따뜻한 아열대성 기후가 존재했던 적이 있었다. 윌크스 랜드의 바닷가에는 야자나무를 비롯해 따뜻한 기후를 좋아하는 다른 종들로 구성된 열대우림이 있었다. 북극과 마찬가지로, 남극 해안 저지대의 겨울철은 몇 달 동안 어둠이 지속되어도 서리가 내리지 않았고, 거의 온화한 기온인 10℃ 아래로 떨어지지 않았다. 남극 자체도 그랬지만 남극 대륙 어디에도 얼음이 없었고 안쪽에는 서늘하고 온화한 삼림지대가 차지하고 있을 가능성이 컸다. 남극해는 따뜻한 물에 사는 플랑크톤이 번성할 만큼 충분히 온화했고, 해수 온도가 높은 덕에 남극 해안의 열대우림을 지탱할 수 있도록 연간 1미터 이상의 많은 강수량이 유지되었다. 〈네이처〉에 기고한 과학자들이 5,000만 년 전 에오세의 온실 같은 환경을 재현한 실험에서 '극지방에서 온난화의 극단적인 증폭'이라 불렸던 현상에 이 모든 고기후학적 증거가 더해진다.[30] 다시 말해, 우리가 5℃ 상승한 세계에 진입하면, 극지방은 지금 대부분의 사람이 예상하는 것보다 훨씬 더 뜨거워질지도 모른다.

무산소성 해양

극지의 열대우림은 그렇다 치고, 초기 에오세가 온실 같은 기후를 보였다고 해서 일종의 원시적인 에덴동산이라 생각하는 것은 잘못되었다. 극지방이 우리가 예상치 못한 아열대 기후를 겪는 동안, 진짜 열대지방은 견딜 수 없을 만큼 더웠을 것이 분명하다. PETM 기간에 열대의 해수면 온도는 40℃를 넘어섰을 것으로 보이는데, 이것은 오늘날 전 세계적으로 기록된 가장 높은 해수면 온도보다 훨씬 뜨겁다. 저위도 지역의 바다는 너무 뜨거운 나머지 생명이 거의 살지 않았다. 이 정도의 극단적인 열기는 모든 플랑크톤종의 열 허용 한계치를 훨씬 뛰어넘는다. 그 말은 플랑크톤이 더 고위도 지역으로 이동했고, PETM의 열대지방 퇴적물 기록에서는 사실상 사라졌다는 의미다. 오늘날 나이

최종 경고: 6도의 멸종

지리아 해안에서 시추한 PETM 해저 코어를 분석한 과학자들은 "오늘날의 어떤 해수면보다도 약 8℃ 따뜻한 37℃의 해수면 온도 기록"을 발견했다. 과학자들에 따르면 36℃ 이상의 바닷물은 "오늘날 대부분의 해양 진핵생물(고등의)이 살 수 없는 환경으로 간주된다." 그렇기에 나이지리아의 시추 코어에 생명체의 흔적이 거의 보이지 않는 것도 당연하다.[31] 그래서 이곳은 "열기로 인한 해양 플랑크톤 절멸 지역"이라고 불린다.[32]

산호초 역시 PETM의 극심한 더위 동안, 그리고 초기 에오세의 온난화 기간 동안 지구의 해양에서 모습을 감췄다. 그래서 이 기간은 지난 4억 년 동안 발생한 5대 '산호초 위기' 가운데 하나로 여겨진다.[33] PETM의 온난화 기간 초기에 더 시원한 중위도로 자리를 옮긴 산호초는 이후 주변의 해수 온도가 너무 높아지면서 완전히 사라졌다.[34] 아마도 오늘날 호주의 그레이트 배리어 리프나 몰디브에 있는 산호초에서 나타나는 열 관련 백화 현상과 비슷했을 것이다. 황록공생조류로부터 먹을거리를 공급받지 못한 산호초는 큰 탄산염 껍질을 분비해 산호초 군락을 형성할 수 없었다.[35] 하지만 대부분의 산호초가 생물 종 수준에서 완전히 멸종하지는 않았다. 더 서늘하거나 깊은 바다에 작은 규모의 피난처가 있었거나, 몇몇 작은 조류가 살아남아서 산호 동물 개체들이 외부 골격 없이 대양을 떠다닐 수 있었기 때문일 것이다. 이 외로운 생존자들은 살기 힘든 바다에서 고독한 유목 생활을 해야 했다. 몇몇 해안 지역의 진흙투성이 녹조 매트에는 가끔 작은 군락을 형성하는 산호 개체들이 있었는데, 이것은 더 서늘한 시기에 번성했던 생태학적

으로 다양한 산호초와는 전혀 다른 모습이었다.[36]

게다가 문제는 열기만이 아니었다. 오늘날 다시 그런 일이 벌어지고 있지만, PETM 기간에 바다는 급속히 산성화되었다. 대기 중의 이산화탄소 수치가 높을수록 더 많은 기체가 바다에 용해되어 pH가 줄어들고 그에 따라 바닷물의 탄산염 포화 상태가 감소한다. 그러면 산호뿐 아니라 석회화하는 플랑크톤을 비롯한 여러 해양 유기체가 껍데기를 만들기가 더 어려워진다. 해양 산성화가 극단적으로 지속되면 탄산염이 용해되기 시작하며, 그러면 전 지구의 대양에서 살아가는 석회화하는 생물체들의 생존이 위협을 받는다. 메릴랜드와 뉴저지에서 얻은 PETM 시기의 암석 표본에는 당시의 얕은 바다에 살다가 퇴적되었던 조그만 화석이 있는데, 이것은 화학적 용해가 일어났다는 명확한 증거물이다.[37] 이 해양 산성화는 전 세계적으로 수만 년 동안 지속되었다. PETM 기간 중에는 pH가 약 0.15~0.3 감소했던 것으로 나타나, 인류의 이산화탄소 배출에 의해 21세기 말에 예측된 pH 0.4의 감소량보다 적었다.[38] 해양의 화학적 작용은 장기간에 걸쳐 산성화를 완충하는 작용을 하며, PETM은 오늘날 온난화되는 속도보다 훨씬 느리게 일어났다. 산성화는 완전히 극단적인 열기에 비해 해양 플랑크톤에 영향을 덜 미쳤을 것이다.[39]

해수 온도가 너무 높은 상황에서 PETM 시기의 대양은 산소를 출혈하듯 내뿜기 시작했고 이것은 광범위한 무산소 상태로 이어졌다. 또 바다 맨 위층에 뜨겁고 밀도가 낮은 물이 퍼지면서, 조류는 바다 표면의 산소를 심해로 이동시키는 일을 멈췄다. 그에 따라 상당히 넓은 지역에서 산소 부족이 극심해지면서 해양 세균은 황화수소를 만들기 시작했고, 고등 유기체들을 중독시켰다.[40] 더 더워진 초기 에오세 바다 표면의 열 계층화 또한 해로운 녹조류의 성장을 촉진시켰고, 이 조류는 대부분의 생명체를 죽음으로 이끄는 신경독소를 만들어냈다.[41] 이러한 모든 환경적 스트레스로 인해 PETM이 이어진 1억 년 동안 가장 심각한 피해를 입었던 심해 플랑크톤은 대량 멸종했다. 이 모든 현상을 아울러, 극한의 기후는 해양 먹이사슬을 붕괴시켰고 대부분의 대양에서 다세포 생물을 멸종시켰을 것이다.[42] 말할 필요도 없지만 이것은 앞으로 더 더워질 우리 미래의 행복한 모델이 아니다.

2℃의 티핑포인트?

그렇다면 PETM이라는 온실 속 같은 기간은 왜 생겼을까? 분명 지금으로부터 5,500만 년 전에는 발전소에서 석탄을 때고 자동차에서 석유를 태우는 인류가 존재하지 않았다. 과학자들은 이런 갑작스럽고 거대한 규모의 탄소 유입이 어디서 왔는지에 대해 전적으로 확신하지는 않지만 몇 가지 유력한 가설을 갖고 있다. PETM 기간의 암석들은 전부 탄소 동위원소의 특징이 명확하며, 그렇기 때문에 우리에게 알려지지 않은 어떤 방아쇠가 당겨지면서 엄청난 양의 이산화탄소가 매우 빠르게 방출되었다는 사실을 알 수 있다. 이 과정이 어떻게 작용했는지, 탄소가 어디에서 나왔는지, 그리고 오늘날 인류의 활동으로 인해 비슷한 티핑포인트가 촉발될 수 있는지는 우리들의 더 뜨거워질 미래를 위해 몹시 중요한 질문이다.

추가 발생한 탄소의 일부는 지구 자체에서 유래했다. 스코틀랜드 북서부를 비롯해 스카이, 에이그, 럼 섬을 포함한 여러 섬을 여행하다 보면 5,400만 년 전에서 6,100만 년 전 북대서양 지역을 찢어 놓은 거대한 화산의 잔재를 볼 수 있다.[43] 오랜 시간에 걸쳐 화산 분출은 용암을 담요처럼 켜켜이 쌓았고 이것은 오늘날 그린란드 동부 산간 지역과 패로제도의 특징적인 암석층을 이룬다. 이 과정에서 분출된 마그마에서 엄청난 양의 이산화탄소가 배출되면서, 약 5,700만 년 전부터 지구의 온도는 조금씩 상승하기 시작했다.[44] 과학자들은 이 '북대서양 화성암 지대NAIP'가 형성되는 동안 얼마나 많은 탄소가 방출되었고 그에 따라 온실 효과가 얼마나 증가했는지에 대해 여전히 논쟁 중이다.[45] 5,500만 년 전에서 5,600만 년 전 2단계의 화산 폭발이 일어나면서 발생한 탄소 배출량은 총 18조 톤에서 40조 톤 사이라고 추정된다.[46] 어떤 기준으로 봐도 엄청난 양이지만, 그나마 방출되는 속도가 낮아 온실 효과는 어느 정도 제한되었을 것이다. 게다가 PETM 시기 암석의 탄소 동위원소에서 나타나는 특징은 그 원천인 화산에서 나타나는 것과 명확하게 일치하지 않는다. 아마 다른 일도 벌어지고 있었을 것이다.

화산에서 비롯하지 않은 탄소 배출원에는 두 명의 유력한 후보가 있다. 이 둘은 단독으로든 결합해서든 탄소를 대기에 훨씬 극적으로 방출했고, 태양 궤도 변화나 화산 활동으로 인한 느린 온도 상승에 따른 기후 티핑포인트를 넘어서게 했을 것이다. 첫 번째 후보는 메탄이다. 오늘날 많은 양의 메탄이 낮은 온도 때문에 제자리에 고정된 얕은 해저 퇴적물 속에 얼음과 같은 하이드레이트(수화물) 형태로 갇혀 있다. 팔레오세 말기에도 아마 별반 다르지 않았을 것이다. 바다가 점차 따뜻해짐에 따라, 점점 더 많은 양의 메탄 하이드레이트가 다시 기체로 변하기 시작했을 테고 바다에 거품이 일며 대기 중의 메탄 농도를 빠르게 높였을 것이다. 따라서 속도가 느린 화산발 온난화와는 대조적인 메탄 하이드레이트의 방출은 최소한 PETM 시기의 몇몇 온도 상승 사건을 유발했을 강력한 후보다.[47]

또 다른 유력한 후보는 2012년 〈네이처〉에 발표되어 학자들에게 많이 인용된 로버트 드콘토Robert DeConto와 동료들의 논문에서 제안되었다.[48] 이들은 "PETM은 수천 년 동안 탄소의 다량 투입, 해양 산성화, 그리고 지구 기온이 약 5℃ 상승하는 것이 특징인 시기였다"고 다시 한 번 주장했다. 이들에 따르면 점진적인 온난화로 인해 지구는 대양의 메탄 하이드레이트뿐 아니라 극지방 영구 동토층이 녹으면서 나온 방대한 양의 이산화탄소가 급작스럽게 방출되도록 하는 문턱을 넘을 수밖에 없었다. 드콘토와 동료들의 계산에 따르면 이 임계값을 넘기면 이들 공급원으로부터 3조 톤의 탄소가 방출될 수 있었다. 이 죄가 있는 영구 동토층은 북극뿐만이 아니라 남극 대륙의 내륙 지역에도 존재했는데, 남극은 얼음의 양이 부족한 편이지만 툰드라나 이탄이 풍부해서 넓은 지역에 걸쳐 탄소가 영구 동토층을 형성할 만큼 충분히 추웠을 것이다(오늘날의 시베리아나 캐나다 북극 지방처럼). 하지만 이 이론은 논란의 여지가 남아 있는데, 아직까지 팔레오세의 영구 동토층의 탄소 성분에서 증거가 발견되지 않았기 때문이다. 오늘날 남극 대륙의 거의 전체가 수 킬로미터의 얼음 아래 자리 잡고 있어 그 암반에 대한 조사를 하기가 힘들다는 점을 고려하면 이 논쟁은 결코 해결되지 않을지도 모른다.

거품이 이는 메탄 하이드레이트나 다른 무엇이 이탄층을 녹이는 데 상대적으로 기여했는지는 알 수 없지만, 오늘날의 과학적 합의에 따르면 PETM은 갑작스럽고 극단적인 온난화 사건이었을 뿐만 아니라, 그것의 시작은 어떤 종류의 기후 임계치나 티핑포인트의 교차에 의해 상당히 빠르게 촉발되었다. 퇴적물 기록을 살펴본 과학자들은 이 티핑포인트를 넘기 직전 지구 시스템이 점진적인 온난화에 의해 이미 불안정했다는 사실을 암시하는 특징적인 통계 신호를 발견했다.[49] 주스트 프릴링Joost Frieling과 동료들이 2019년 4월에 발표한 바에 따르면, 추가된 탄소의 출처가 구체적으로 무엇이든 모든 증거는 "양의 되먹임이 발생했을 시나리오를 강력하게 지지한다." 무엇보다도 가장 우려되는 점은 온난화가 2℃ 상승한 것으로 추정되는 PETM의 지질학적으로 급작스러운 재앙을 촉발한 요인이 이미 존재하던 장기간의 온도 상승이었을 가능성이 크다는 것이다. 프릴링과 동료들은 "이러한 결과는 안전한 미래 시나리오를 짜기 위해 2℃ 상승한 온난화에 대한 정치적 과제를 재검토하도록 정당화할 수 있다"고 지적했다.[50]

이와 비슷한 양의 되먹임 연쇄작용은 에오세 후기의 또 다른 고온 현상에서도 발견된다.[51] 비록 PETM에 비해 심각한 온난화를 촉발하지는 않았지만 말이다. 예컨대 PETM 이후 불과 200만 년 뒤에 일어 난 '에오세 최고온기 2'는 아열대 지역의 파괴적인 가뭄, 뜨거워진 바다, 그리고 2~4℃의 급격한 온도 상승을 일으켰다.[52] 그로부터 100만 년 뒤에 일어난 세 번째 최고온기에서도 역시 비슷한 과정이 전개되었다. 이러한 잠재적인 2℃의 티핑포인트는 단지 일회적인 지질학적 사건이 아니었다.

PETM은 우리가 현재 가진 온난화 사건에 대한 지질학적 기록 가운데 최고의 참고자료일지 모르지만 완벽하지는 않다. 하지만 그 이유는 산소가 부족한 바다, 벌거벗은 풍경, 그리고 얼음 없는 극지방이 있는 PETM 시기의 세계가 우리가 향한 미래에 대한 지나치게 극단적인 예시여서가 아니다. 오히려 충분히 극단적이지 않기 때문이다. 17만 년에 걸친 이 사건의 진전 과정에서 더 많은 양의 탄소가 방출된 것은 확실하다. (인류가 이 방출량을 비슷하게 달성하려면 지금 알려진 화석 연료 매장량을 전부 태워야 할 것이다.) 하지만 오늘날의 탄소 배출 속도는 PETM의 최고치에서도 볼 수 없을 만큼 자릿수가 다르게 빠르다. 사실 초기의 탄소 배출량은 연간 10억 톤 미만이었는데, 적어도 4,000년이 지나면서 지금처럼 되었다.[53] 오늘날 우리는 매년 100억 톤의 탄소를 대기로 뿜어내고 있으며, 현재의 배출 속도는 지난 6,000만 년 동안 최악의 온난화 사건을 촉발했던 당시에 비해 최소한 10배 이상 빠르다.[54]

이 사실이 중요한 이유는 지금 우리가 배출한 탄소를 다시 흡수할 수 있는 지구의 능력을 엄청난 차이로 압도하고 있기 때문이다. 이런 급속한 방출은 PETM 시기보다도 해양의 산성화를 악화시킬 것이다.[55]

실제로 과학자들은 우리가 앞으로 수십 년 동안 계속해서 탄소 배출량을 증가시킬 정도로 어리석다면, 불과 140년도 되지 않아 PETM 방식으로 대기에 수조 톤의 탄소를 축적하는 단계에 도달할 수 있을 것이라 계산한다.[56] 말할 필요도 없지만, 지질학적으로 전례가 없는 빠른 속도의 탄소 배출은 결과적으로 전례가 없는 급격한 온도 상승을 초래할 것이다. 5℃ 상승이 한 세기에 걸쳐 일어난다면 공룡의 종말 이후로 역사상 어느 때보다도 빠르고 심대한 기온 변화가 될 것이다. 결코 가볍게 한번 부딪쳐 볼 일이 아니다.

5℃ 상승한 세계의 삶과 죽음

5℃ 상승한 세계에서는 우리가 알고 있는 지구 생명의 종말이 가까워진다. 극지방은 녹아내리고, 복잡한 인간 사회는 붕괴의 고비를 넘긴 지 오래다. 자연 세계에서는 그 영향이 더 파괴적이다. PETM 세계가 일으키는 기후대의 변화를 생물 종들이 따라잡으려면 극지방 쪽으로 5,000킬로미터를 이동해야 하고, 그러려면 연간 약 62킬로미터, 즉 하루에 170미터의 '기후 속도'를 내야 한다. 씨앗을 생산해 번식하는 식물 가운데 이렇게 빠른 속도로 움직일 수 있는 종이 없다는 건 두말할 나위가 없다. 더구나 열대우림을 카펫처럼 둘둘 걷어서 남쪽이나 북쪽으로 수천 킬로미터 운반할 수도 없다. 생태계는 먹이사슬의 모든 단계에서 상호 연결과 의존성을 보이기 때문에 엄청나게 복잡하다. 포식자와 먹잇감의 관계, 식물과 꽃가루를 나르는 곤충과의 관계, 그리고 과일이나 씨앗을 퍼뜨리는 동물과 식물의 관계, 식물이 살아가도록 하는 균류와 미생물의 관계를 비롯해 모든 복잡한 생태계의 거미줄이 조각나고 찢어질 것이다. PETM 기간에 육지에서 대량 멸종을 피할 수 있었던 것은 수천 년 동안 야생의 현장을 가로질러 종들이 이동할 수 있었기 때문이다. 하지만 이번에는 지구가 그렇게 운이 좋지 않을 것이다.

5℃의 기온 상승이 야생종에 미치는 영향을 직접 추정하는 것을 목표로 삼는 몇 가지 모델이 있다. 2018년 3월 레이철 워런Rachel Warren과 동료들은 〈네이처〉에 1.5℃와 2℃ 상승한 온난화 상황이 생물 다양

성에 미치는 영향을 비교하는 논문을 발표했는데, 온난화 수준이 높아질수록 변화하는 영향을 조사하는 내용도 실려 있었다. 이들의 모델은 연구자들 스스로가 지적하듯이 온난화가 생물 다양성에 미치는 영향 사이의 선형 관계를 보여주는데, 이것은 급속한 기후변화가 생태계에 미치는 대대적인 영향을 고려할 때 보수적일 가능성이 크다.[57] 그렇더라도 워런과 동료들의 연구 결과는 4.5℃ 온난화 시나리오에서 곤충, 식물, 포유류, 조류, 파충류, 양서류의 개체수가 기존의 기후대에서 절반 또는 3분의 2까지 감소한다는 사실을 보여준다.[58] 어떻게 보더라도 대량 멸종임에 틀림없다.

한편 2017년에 대니얼 로스먼Daniel Rothman은 〈사이언스〉에 '지구 시스템에 재앙을 일으키는 문턱값'이라는 불길한 제목의 논문을 발표했다.[59] 이 논문에 따르면 현생누대(지난 5억 4,200만 년) 동안 이 행성은 다섯 번이나 해양 동물 종의 4분의 3 이상을 죽였고 육지에서는 더 많은 종을 죽음에 이르게 했다. 로스먼은 이렇게 설명을 이어간다. "이 사건들 각각은 지구에서 탄소의 순환에 나타난 중대한 변화와 관련이 있다." 하지만 동위원소 비율의 급격한 변화로 식별되는 대규모 탄소 순환의 변화가 꼭 대량 멸종으로 이어지지 않는 경우도 많았다. 로스먼은 지난 50억 년 동안 발생한 서른 한 번의 탄소 관련 변화를 조사하면서, "지구 탄소 순환에 나타난 동요가 긴 시간 단위에서 결정적인 속도를 넘어서거나, 단기간에 결정적인 크기를 넘어서면 대량 멸종을 초래한다"라는 가정을 세웠다. 실제로 많은 불확실성과 결함이 있어도 거의 모든 고기후학 데이터에 따르면 장기간에 걸쳐 탄소가 너무 빨리 방출되거나 단기간에 너무 많은 양의 탄소를 방출하면 재난으로 이어지는 문턱을 넘을 수밖에 없다는 로스먼의 주장을 확인할 수 있다. 그리고 이런 결론에서 가장 우려되는 측면은 인류가 현재라는 지질학적 시점에 방대한 양의 탄소를 방출해 두 가지 기준을 동시에 충족하는 것처럼 보인다는 것이다. 로스먼 역시 가장 온건한 배출 시나리오를 제외한 모든 시나리오에 따르면 앞으로 수십 년 안에 우리가 재앙의 문턱값을 돌파할 것이라고 결론짓는다.

비록 PETM의 예는 이번 세기에 다가올 멸종의 규모를 거의 과소평가하지만, 역사적인 5대 집단 멸종 사건 가운데 하나는 억제되지 않는 인류의 온실기체 배출이라든지 양의 되먹임 폭주 현상과 꽤 유사하다. 이 재앙은 2억 5,194만 년 전 페름기 말기에 일어났다. 이 지구상 생명체의 90퍼센트를 절멸시킨 사상 최악의 대량 멸종은 6℃라는 급작스러운 기온 상승과 함께 나타났다.

6℃ 상승

지구 어디에도 얼음이 없고,

나무들은 북극과 남극 대륙의 가장 높은 곳까지 자란다.

북극에서 적도까지 불길이 활활 타올라 밤에도 낮처럼 환하다.

생태계나 먹이사슬은 이제 존재하지 않는다.

적도 바다의 해수면은 너무 뜨거워져 그 무엇도 살아남을 수 없다.

열기가 너무 강한 나머지 대부분의 비는 땅에 닿기 전에 증발한다.

파국적 실패

1세기 안에 온도가 6℃ 상승하면 지구에 엄청난 충격이 될 것이고, 여기에 대해 어떤 결과가 나올지 확실히 예측하기도 어렵다. 비록 IPCC의 마지막 3개 보고서의 내용을 보면 확률론적 기후 모델에 따른 예측의 상한선 안에 6℃가 존재하기는 하지만, 나는 연구자들이 여기에 대해 말하기를 꺼린다는 사실을 발견했다. 내가 알기로는 그동안 6℃가 상승한 미래 세계를 세부적으로 이해하거나 모델화하려는 논문이나 보고서는 거의 발표되지 않았다.

이런 이상한 틈새가 발생한 이유는 기후학자들이 결국 인간이기 때문일지도 모른다. 과학자들 역시 최상의 결과를 바라며, 좀 더 온건한 결과에 초점을 맞출 시간이 남아 있다면 최악의 시나리오는 애써 생각하지 않으려 한다. 또한 많은 전문가는 현재 지구의 기온을 6℃ 올리기 위해서는 억제되지 않은 탄소 배출량과 양의 되먹임 현상이 필요한데 그것이 현실화될 가능성이 무척 낮다고 생각할지도 모른다. 이들은 스스로 '불필요한 우려를 자아내는 사람', '종말을 말하는 사람'으로 낙인찍혀 경력의 손상을 입거나 연구 지원금을 받을 기회를 놓치고 싶지 않을 것이다. 또 다른 요인은 대부분의 기후 모델을 가동할 때 보통은 최고 배출량 시나리오에서도 2100년까지는 온도 상승치가 6℃로 올라가지 않기 때문에, 이런 미래 세계는 컴퓨터로 시뮬레이션하기가 어려워 충분한 정보와 근거를 갖고 논의하기 어렵다는 측면이다. 기후변화 회의론자들은 과학자들의 평가가 지나치게 비관적이라고 비난하는 경우가 많다. 하지만 내 견해로는 오히려 정반대다.

하지만 아무리 그래도, IPCC가 지난 15년 이상 기온 상승치 6℃의 결과를 개연성 있게 여겼던 점에서 보면, 기후 과학계가 6℃ 상승의 세계를 조사하고 모델화하는 데 어느 정도는 실질적인 노력을 기울였던 게 아닌가 생각하는 사람이 있을지 모른다. 비유로 설명하자면, 전문가들은 어떤 결과가 개연성이 무척 떨어진다 해도 그것을 알아낸 다음 회피하기 위해 과도한 시간을 보내기도 한다. 예컨대 각각의 개별 비행이 이뤄질 때 비행기가 추락할 가능성은 100만 분의 1보다 훨씬 적지만 그럼에도 항공사 안전 전문가들은 여전히 그 확률을 줄이기 위해 수백만 달러를 쓴다. 원자력 발전소는 여러 개의 중복된 안전 시스템이 갖춰져야 치명적인 고장이 발생할 확률을 아주 미미하게 낮출 수 있기 때문에 건설하는 데 수십 억 달러의 추가 비용이 든다. 하지만 우리 행성에 6℃ 넘게 기온이 상승할 가능성은 위의 두 사례보다 훨씬 높고 그 영향은 헤아리지도 못할 만큼 더 막대하다.

온난화 상승치 6℃가 지구 시스템의 치명적인 고장을 의미한다는 사실에 대해서는 결코 의심해서는 안 된다. 또한 그런 일이 일어날 가능성이 100만 분의 1보다는 훨씬 크다는 사실도 의심해서는 안 된다. 정확한 확률에 내기를 걸지는 않겠지만, 내 생각에는 그 확률이 10분의 1에서 100분의 1 사이에 있을 것 같다. 그리고 내가 옳다면, 6℃ 상승 시나리오는 최소한 1.5℃ 기온 하강 시나리오(IPCC가 수천 편의 논문을 인용하면서 비중 있게 보고서를 출간했던 주제)와 비슷한 개연성을 가진다. 개인적으로 나는 추락할 확률이 1~10퍼센트인 비행기에 탑승하지는 않을 것이다. 하지만 우리 행성의 경우 이미 인류 전체가 함께 탑승하고 있으며, 다른 선택의 여지가 없다. 비록 치명적인 재난이 닥칠 정확한 위험성은 알 수 없지만, 이미 충돌 경로는 정해져 있다.

나는 이 책을 쓰려고 자료를 조사하는 과정에서 '무척 높은 온실기체 배출량 시나리오'라는 용어를 제목에 포함한 연구에 대해 살펴보는 비교적 최근 논문 몇 편을 발견했다.[1] 그 연구는 2011년 벤 샌더슨Ben Sanderson과 동료들이 수행했으며, 오픈소스 저널인 〈환경연구회보〉에 실렸다. 이 연구에서 가장 흥미로운 부분은 모델에서 파생된 구체적인 수치보다는(비록 그 결과에 따르면 2100년까지 1990년의 평균 지구 기온보다 5.1℃ 이상이 상승하지만) 최악의 지구온난화를 일으키는 데 필요한 '매우 높은 탄소 배출량 시나리오'가 현실화될 상대적인 가능성에 주목했다는 점이었다. 이 시나리오에서 제시된 수치를 활용하면, 그것이 얼마나 개연성이 높은지 판단할 수 있을 것이다.

샌더슨과 동료들이 선택한 첫 번째 입력값은 2100년까지 전 세계 인구가 150억 명으로 늘어난다는 것이었다. 이것은 유엔의 인구 예측 결과에서도 가장 높은 값인데, 개인이 상대적으로 높은 탄소 배출량을 담당한다고 가정하기 때문에(아마도 현재 호주나 카타르 국민의 평균치 정도로) 이 점이 큰 영향을 끼친다. 샌더슨과 동료들 역시 세계 경제가 성장하면서 에너지에서 탄소가 차지하는 양이 커지는데 최근 수십 년 동안 그랬던 것처럼 앞으로도 그 비중이 비교적 일정하게 유지되기보다는 계속 증가할 것이라 추측한다. 오늘날 사실상 모든 새 에너지가 석탄에서 나오는 가운데, 이번 세기말까지 연간 탄소 배출량은 현재의 10배인 1,000억 톤에 달한다. 이 이야기가 매우 가능성이 없는 것처럼 여길 독자들을 위해, 샌더슨과 동료들은 "이 시나리오에서 이산화탄소의 농도 변화는 인공적인 배출량뿐만 아니라 우리가 예측하지 못한 되먹임에 의해서도 달성된다고 해석할 수 있다"라고 덧붙였다. 예컨대 녹고 있는 영구 동토층과 붕괴되고 있는 아마존 열대우림, 사라져 가는 극지방 빙하에 따른 알베도 변화 등으로 인한 급격한 탄소 방출량 증가가 그렇다. 어떻게 생각하든 이 모든 요소를 합치면 그 결과는 기온이 6℃ 상승한 세계다.

그렇다면 이 시나리오는 전반적으로 얼마나 그럴듯할까? 내가 이 책에서 간추렸던 것처럼 지구 시스템에 이미 양의 되먹임이 나타나고

최종 경고: 6도의 멸종

있다는 걱정스러운 징후가 보이는 것은 확실하다. 하지만 과연 인류는 정말로 21세기 내내 석탄 소비를 증가시킬 것인가? 2011년에 이 논문이 발표된 이후로, 안타깝지만 비관주의로 향할 몇 가지 새로운 근거가 발견되었다. 한 가지 주목할 점은 기술의 개선이 반드시 인간 사회를 지속 가능하게 만들지는 않는다는 사실이다. 10년도 안 되는 기간에 미국을 점점 쇠퇴하는 에너지 생산국에서 세계 최대의 화석 연료 추출 국가로 변모시킨 셰일유와 셰일가스 혁명을 생각해 보라. 2011년에는 에너지 관련 모델링 전문가들을 포함해 아무도 여기에 대해 예측하지 못했다. 불과 몇 년 전까지만 해도 '원유 생산 정점'에 대한 이야기가 대유행이었고, 화석 연료는 고갈될 예정이었다. 석탄 생산량은 미국과 유럽에서는 감소하고 있지만, 중국, 인도, 인도네시아를 비롯한 여러 개발도상국에서는 계속해서 증가하는 추세이며 앞으로 몇 년 내지 수십 년은 그럴 수 있을 것이다.

비관론이 더 득세하게 된 데는 정치적인 이유도 있다. 내가 처음 《6도의 멸종》을 썼을 때 세계 최강국의 집권당인 미국 공화당이 노골적인 기후변화 회의론을 핵심 철학 가운데 하나로 채택할 것이라고는 상상도 하지 못했다. 그런 일이 생긴다고 하면 정말 터무니없는 얘기로 생각했을 것이다. 나는 그런 기후변화 회의론은 정치적 비용이 많아지는 데 대한 화석 연료 회사들의 헛걸음에 가까운 대응일 뿐이라고 추측했다. 내가 예상하지 못한 또 한 가지는 대통령직을 포함한 정치 체제 전반에 걸쳐 과학에 대한 회의론과 부정이라는 기이한 현상이 진실에 대한 음모론과 광범위한 공격을 동반하는 작금의 상황이었다. 전 세계적인 포퓰리즘의 유행이 지속된다면, 기후변화에 대한 노골적인 부정은 앞으로 수십 년 동안 계속 두드러질 수 있다. 한쪽에서는 기후변화에 따른 재앙과 혼란이 가중되는데도 말이다. 그러니 인류는 전반적으로 볼 때 우리들 가운데 상당수가 생각하는 것만큼 영리하지 않을 수도 있다. '끓는 물 속의 개구리'라는 속담 속에서 개구리는 적어도 수동적이고 무지한 피해자였다. 하지만 우리는 스스로의 죽음에 다가서도록 적극적으로 열정을 다해 참여하게 될지도 모른다.

그런데 흥미롭게도 샌더슨과 동료들이 기온 상승치 6℃를 모델링한 세계는 그것이 시뮬레이션하는 시나리오의 기후변화를 과소평가하고 있을 것이다. 예컨대 북극해의 빙하 손실량은 이들이 사용하는 모델에 비하면 오늘날의 실제 세계에서 예정보다 40년 정도 빨리 진행되고 있다. 온도 상승치를 약 12℃로 모델링하면 북극에서는 2100년까지 얼음이 사라지지만 모델은 여기까지 예견할 뿐이다. 그 밖에도 남유럽, 중앙아메리카, 안데스산맥 남부, 중동, 호주 남부, 아열대 지방의 해안은 강수량의 30~80퍼센트가 줄어드는 반면, 극지방과 아한대, 적도의 일부에서는 50~200퍼센트만큼 강수량이 증가한다. 또 열팽창으로 해수면이 33센티미터 상승하지만 녹아내리는 빙상은 모델에 포함되지 않으며, 열대우림의 붕괴나 토양 속 탄소의 산화, 영구 동토층 해빙 같은 탄소 순환과 관련된 되먹임도 포함되지 않는다. 대부분의 예측 시나리오 속 모델들이 대부분 그렇듯, 티핑포인트나 재앙을 일으키는 되먹임의 징후는 보이지 않는다.

2016년 〈네이처 기후변화〉에 발표된 샌더슨 팀의 두 번째 논문은

6℃ 온난화가 가져올 특정 영향에 대한 내용이라기보다는, 축적된 이산화탄소 양과 전 지구적 온난화 사이의 선형 관계가 2300년까지 총 5조 톤에 달하는(실제로 그렇다) 엄청난 양의 이산화탄소 배출이 이뤄진다는 '무척 높은 배출량 시나리오'에서도 유지되는지를 살피는 것이었다.[2] 연구에 사용된 여러 모델은 기온을 3세기 안에 6.4℃에서 9.5℃까지 상승시키며, 그러면 2300년까지 평균적인 온난화 상승치는 8.2℃이다. 이 정도 규모의 온난화는 상당한 '북극 증폭 현상'을 유발해 이곳의 평균 기온은 14.7~19.5℃까지 상승한다. 극지방에서는 강수량도 200퍼센트 증가하며, 열대 태평양 지역에서는 4배 증가하는 한편으로, "호주, 지중해, 남아프리카, 아마존 유역에서는 감소폭이 2배 이상, 중앙아메리카와 북아프리카 일부에서는 감소폭이 3배 이상이 된다." 이 논문은 "만약 그러한 기후변화가 실현된다면 생태계, 인류 보건, 농업, 경제를 비롯한 여러 분야에 매우 심각한 영향을 미칠 것"이라고 마무리된다. 내 생각에 과학계에서 실제 가치보다 저평가를 받은 것으로 손꼽히는 논문이다.

이런 초고도 온난화가 어떤 결과를 불러일으킬지 세부적으로 살펴보는 연구는 한두 편 존재한다. 예를 들어 앞서 언급했듯이 500년 이내에 우리가 화석 연료를 전부 소비한다고 가정하는 모델에서는 앞으로 1만 년 동안 남극의 빙하 전체가 녹을 것이라고 예상한다.[3] 또한 2010년 〈PNAS〉에 발표된 한 논문은 인류의 생존이 가능한 임계값 이상으로 습구 온도가 상승했을 때의 위험을 최초로 제기했다.[4] 이 논문은 지구온난화가 평균적으로 7℃ 발생하면 인류가 거주할 수 있는 공간이 전 지구적으로 상당히 사라질 것으로 예측했다. 하지만 앞장에서 살폈듯이, 이후의 연구에 따르면 훨씬 더 이른 온난화 상승치 3, 4℃에서도 이 대규모 거주 가능성 문턱값을 넘을 가능성이 있다. 또 다른 주제를 살펴보면, 케리 이매뉴얼을 포함한 열대성 사이클론 전문가들이 발표한 한 논문은 오늘날보다 이산화탄소 농도가 8배에서 32배 높은 세계에서 발생할 수 있는 허리케인의 변화를 시뮬레이션한다. 과학자들에게는 아마 놀랄 일도 아닌 듯하지만, 강력한 폭풍이 증가하고 (비록 50퍼센트 정도의 증가지만) 북극해 근처의 일부 지역은 열대성 사이클론이 나타날 만큼 기온이 높아지는 것이 그 결과다.[5]

하지만 정말로 관련 논문은 이게 끝이다. 물론 나는 이 책을 쓰는 과정에서 완전히 엄격하고 포괄적인 문헌 검토를 수행하지는 않았으며, 그런 만큼 당연히 몇몇 중요한 논문을 놓쳤을 것이다. 하지만 그래도 내가 하려는 말은 여전하다. 역시 개연성이 떨어지는 1.5℃ 상승한 온난화의 시나리오에 대해 정책적·경제적 관심이 쏟아지며 수만 편의 과학 논문이 작성되고 IPCC가 2018년의 보고서에서 이 주제를 공들여 다뤘던 것과 비교하면, 초고도 온난화의 영향에 대한 과학 연구의 진전 상황은 형편없다. 내 생각에 IPCC는 이 격차를 시급히 해결해야 한다. 초고도 온난화 시나리오에 대한 특별 보고서가 존재하지만 이미 15년 전의 것으로 한참 지났다. 아마도 이 점잖은 과학 단체가 '불필요한 우려를 자아내는 사람들'로 여겨질까 봐 겁먹은 것 같지만, 무사안일주의에 따라 되도록 침묵하는 오늘날의 문화를 지켜야 한다는 이유로 기후 전문가들을 괴롭힐 이유는 전혀 없다. IPCC는 초고도 온난화 시나리오를 중요성에 따라 제대로 다루고, 그런 온난화가 인류 사회와 지구 시스템에 어떤 영향을 미칠지 알려주어야 한다. 그리고 이산화탄소 배출량의 추세를 생각해 그 시나리오의 개연성에 대한 합리적이고 정량화된 평가를 내려야 한다. 이렇게 하는 건 절대 불필요한 우려가 아니다. IPCC의 공식적인 권한 내에 있는 책임 있는 행동이다.

그러는 동안 우리가 6℃ 상승한 상승 세계의 가능성을 조금이라도 더 통찰하고 싶다면 지질학이나 고기후학 문헌으로 돌아가야 한다. 다행히도 이런 분야에서는 관련 연구가 성행하고 있으며, 지구의 과거 역사에서 극단적인 온실 효과가 나타났던 사건에 대한 여러 연구가 발표되었다. 미래를 이해하기 위한 최선의 방법은 과거를 더 잘 이해하는 것이다.

백악기의 초온실

지질학적 기록은 지구가 과거에 몇 번이나 초온실 효과가 발생했다는 사실을 분명히 보여준다. 4,900만~5,400만 년 전(5장에서 다룬 PETM 직후)인 에오세 초기에 지구의 평균 기온은 약 29℃로 산업화 이전 기온인 14.4℃보다 거의 15℃나 높았다.[6] PETM 기간에는 아마도 몇 도 더 따뜻했을 것이다. 하지만 공룡 시대의 후반부로 잘 알려진 백악기 초기는 그보다도 더 기온이 높았을 것이라 예상된다. 예컨대 백악기 최고온기는 5억 년 전 복잡한 생명체의 진화가 시작된 이래 지구상에서 가장 더웠던 시기일지도 모른다. 남쪽 고위도 지역의 해수면 온도는 PETM 시기보다 6℃ 정도 더 따뜻했다.[7] 당시의 지구 평균 온도는 산업화 이전 시기보다 20℃나 더 따뜻했을 가능성이 있다. 이때는 아한대 지방의 바다 온도가 27℃나 되는 따뜻한 세계였고, 참포사우루스champosaurs(악어를 닮은 파충류)는 북극의 고위도 지역을 쏜살같이 돌아다녔다. 이런 시기가 찾아온 이유는, 다른 초온실 기간과 마찬가지로 수만 년에 걸쳐 지구 맨틀에서 유출되는 과정에서 엄청난 양의 이산화탄소를 배출하는 마그마 지대인 '거대 화성암 지대'에서 화산이 폭발했기 때문일 가능성이 크다.

그렇다면 우리는 어째서 이번 세기에는 비교적 사소할 수도 있는 6℃ 상승의 효과에 대해 그렇게 초조해하는 것일까? 만약 세계가 이전보다 20℃ 더 뜨거웠다면 우리는 알려지지 않은 위험 구역에 들어설 걱정도 없이 훨씬 더 많은 이산화탄소를 방출할 수 있지 않을까? 하지만 자세히 살펴보니 백악기의 초온실 상태는 목가적인 것과는 거리가 멀었다. 이 시기의 특징은 일반적으로 무척 과열되고 산소가 부족한 죽은 바다이다. '해양 무산소 기간'이라는 또 다른 이름을 가졌을 정도다.[8] 약 9,400만 년 전에 발생한 백악기 최고온기 역시 '해양 무산소 기간 2OAE 2'라고도 불린다. 이 시기는 해양 생태계를 황폐화시켰고, 특히 수천만 년 동안 바다의 최고 포식자로 군림했던 물고기를 닮은 바다 파충류인 어룡이 멸종되었다. 90만 년 동안 지속된 OAE 2는 백악기 암석에 검은 셰일 층을 남겼는데, 이것은 산소가 부족했던 황을 포함한 바다에 엄청난 양의 유기 탄소가 묻혀 있었다는 증거다.[9] 1억 1,900

만 년에서 1억 2,000만 년 전의 언젠가 발생한 OAE 1a 시기에도 상황은 비슷했다. 이 시기에도 역시 산소가 부족한 과열된 해양 상태가 약 100만 년 동안 지속되어, 대서양과 태평양 퇴적물 모두에서 특징적인 검은 셰일 층을 남겼다.[10] 많은 지역에서 OAE 1a 동안 퇴적된 탄산염 플랑크톤 화석은 모양이 손상되거나 아예 사라졌는데, 이것은 해양이 심각하게 산성화되었음을 암시한다.[11]

　백악기 초온실 기간에 생물들의 운명은 육지라고 해도 그렇게 낫지는 않았다. 계속 반복되는 아열대성 고기압 시스템은 중위도 대륙에서 저위도 대륙에 걸쳐 전 지구를 둘러싸는 몹시 건조한 사막을 발생시켰다. 사막의 모래언덕 시스템은 오늘날 중국의 사암에 보존되어 있으며, 이따금 사막화된 헐벗은 풍경을 헤치고 지나가는 급격한 홍수에 의해 깎여 나간 와디형 수로를 보여준다.[12] 지구 어디에도 얼음이 없었고, 나무들은 북극과 남극 대륙의 가장 높은 곳까지 자랐다. 하지만 이 고위도의 숲은 더위로부터 안전하지 않았고, 종종 거대한 규모의 극지방 산불이 덮쳐 화석 목탄의 두터운 퇴적물을 남겼다. 또한 화석은 침엽수가 화재가 많이 나는 세계에서 종자로 번식하는 법을 진화시켰다는 명확한 증거를 보여준다.[13] 우리는 백악기를 오늘날과 그대로 비교해서는 안 된다. 그때는 산소의 농도가 더 높아서 산불이 날 가능성이 높았고, 대륙도 다르게 배치되었다. 그렇더라도 극지방의 극단적인 열기와 무척 건조한 아열대 기후를 갖춘 얼음이 없는 초온실 세계는 PETM이나 컴퓨터 모델에서 온 예측과 모두 일치한다.[14]

　하지만 오늘날 우리가 스스로의 미래를 백악기의 온실 세계와 비교하는 과정에서 직면하는 가장 중요한 문제는 온난화의 규모보다는 온난화가 일어나는 속도다. 해양 퇴적물에서 나온 지질학적 증거는 OAE 1a를 촉발하는 초기의 탄소가 방출되는 데 최소 3만 년이 걸렸다는 것을 보여준다.[15] 동위원소 데이터에 기초한 모델링 재구성에 따르면 OAE 2 역시 탄소가 최대 10만 년에 걸쳐 방출되는 등 비슷했을 것이다.[16] 그리고 앞에서 살폈듯이 PETM의 탄소 배출 흐름이 4,000년에 걸쳐 발생했지만 이 속도는 여전히 오늘날 진행 중인 온실가스 배출 속도보다 10배는 느렸다. 사실 기후를 급작스럽게 변화시킨다는 측면에서 21세기의 탄소 농도 변화에 가까운 온난화 현상은 지난 1억 년 동안 단 한 번뿐이었다. 6,500만 년 전 거대한 소행성이 지구에 충돌해 전 세계적으로 가장 유명한 대량 멸종을 일으켰을 때였다.

당시 불행하게도 지구는 소행성이 충돌해 조류가 아닌 공룡들의 시대를 마감하기 수십만 년 전부터 이미 뜨거워져 있었다. 또 다른 거대 화성암 지대에서 분출이 일어난 뒤에 대규모 화산이 폭발했다(이번에는 인도 동부의 데칸 용암대지에서[17]). 그에 따라 이산화탄소 농도가 400~500ppm으로 상승했고 지구 기온을 몇 도는 상승시켰다.[18] 온난화 기후는 생태계를 불안정하게 했고 해양 동물의 멸종을 일으켰다. 화산 폭발의 직접적인 효과인 산성비나 독성 물질의 방출 또한 멸종에 기여했지만 말이다. 백악기를 종말로 몰아넣었던 소행성은 너무 큰 나머지 멕시코의 칙술루브에 있는 얕은 바닷속 충격 지점에서 3킬로미터 두께의 탄산염을 증발시켰으며, 그 가운데 상당량이 이산화탄소로 대기 중에 분출되었다. 이때 배출된 이산화탄소의 총량은 약

4,250억 톤으로 추정되는데, 이보다 꽤나 많았을지도 모르지만 지금껏 인류의 배출량에 비하면 약 4분의 1에 불과하다.[19, 20] 이때 탄소는 다량의 황과 함께 배출되었기 때문에, 황산 에어로졸에 의한 핵겨울이 먼저 닥친 이후에야 온실가스에 의한 온난화가 시작되었다. 그에 따라 지구의 기온은 최소 26℃까지 떨어졌으며, 지표면은 3년에서 16년 동안 대부분 영하의 온도에 방치되었고 이후 30년 동안 점진적으로 회복되었다.[21] 그리고 태양을 가리던 황산염 성분이 제거되면서 대기 중에 이산화탄소가 추가되어, 기온은 소행성이 떨어지기 전보다 2℃나 치솟았다. 이렇듯 왔다 갔다 하는 기상 현상은 대양을 넓은 지역에 걸쳐 무산소성으로 변화시켜 초기의 멸종 흐름을 더 악화시켰다.[22] 대기의 이산화탄소 농도가 갑자기 증가하면서 플랑크톤이 파괴되고 해양 생산성이 절반으로 줄어, 바다 역시 극도의 해양 산성화에 타격을 받았다.[23]

백악기 말기 대량 멸종은 인류에게 유용한 경고의 이야기가 될 수 있다. 황산염으로 인해 겨울이 갑자기 따뜻한 온실로 넘어가는 시나리오는 전 세계적인 분쟁이나 사회, 정치적 붕괴로 성층권에 에어로졸을 분무하는 지구공학 프로그램이 갑자기 중단되는 경우 일어날 수 있는 사태와 유사하다. 그 순간, 축적된 이산화탄소가 기후에 일으키는 숨겨진 힘이 갑자기 작용하기 시작해 몇 년 안에 지구 기온을 몇 도 끌어올릴 것이다. 이것은 백악기 말기에 소행성이 떨어졌던 당시와 다르지 않은 기후적인 충격을 지구에 전달하고, 예측하지 못한 방식으로 대규모 양의 되먹임을 촉발하거나 지구 시스템을 불안정하게 만들 것이다. 비록 이것이 기후 모델 제작자들이 매력을 느끼는 영역이라 해도, 결코 현실 세계에서 시도해서는 안 될 것이다.

페름기의 대멸종

지구의 자율 온도 조절계가 완전히 고장 날 뻔했던 경우가 지난 50억 년 동안 단 한 번 있었다. 이 사건은 정말로 세계의 종말과도 같아서 90퍼센트의 종이 멸종했으며 자칫 조금만 더 나아갔다가는 모든 생명체를 완전히 박멸할 뻔했다. 현재 세계 최악의 대량 멸종을 몰고 오는 주요 '살해 메커니즘'을 이루는 다른 환경 위기와 함께, 격렬하고 지속적인 온난화가 여기에 중심적인 역할을 했다는 것에 대해 거의 모든 전문가가 동의한다. 비록 페름기 말의 대멸종은 2억 5,100만 년 전에 일어났지만 이런 살해 메커니즘 가운데 일부는 오늘날에도 아주 익숙하다. 물론 역사는 정확히 반복되지 않으며, 페름기와 트라이아스기 Triassic Period의 경계에 가까워지던 당시와 오늘날의 세계는 아주 다르다. 하지만 당시 중국에서 이탈리아에 이르기까지 전 세계 암석 노출부의 지질학적 퇴적물에 기록된 내용은, 멈출 수 없는 온실가스 배출이 얼마나 전 지구적인 재앙을 몰고 왔는지에 대한 중대한 경고다. 재앙은 다시 일어날 수 있다.

페름기 말에는 여러 생명이 번창하고 있었다. 거대한 초대륙 판게아가 지구를 지배했고, 나머지 표면은 지구를 둘러싸는 판타랏사 대양이 덮고 있었다. 비록 판게아의 내부에는 극단적인 계절성 기후가 존재했겠지만, 적도 지방에는 울창한 양치류와 침엽수를 중심으로 하는 열대 숲이 자리했다.[24] (꽃을 피우는 식물인 속씨식물은 이후 1억 년이 지나서야 진화했다.) 이 숲에는 곤충들이 가득했다. 큰 초식동물 가운데는 파충류와 비슷하며 등에 갑옷을 두르고 머리에 뿔이 달린 다부진 동물인 파레이아사우루스가 포함되었다. 최고 포식자 가운데는 포유동물의 먼 친척인 고르고놉시안 수궁류, 이빨이 칼처럼 날카로운 곰 같은 포유류 조상이 있었고, 파충류인 지배파충하강이 덤불 주변을 날쌔게 뛰어다녔다. 어떤 면에서 보면 페름기 말 생물군계는 오늘날과 그렇게 다르지 않았다. 예컨대 툰드라 생태계는 극지방(당시에는 큰 빙상이 없었지만)을 둘러쌌을 테고 고위도에는 냉대림이, 적도의 양쪽에는 아열대 사막이 존재했을 것이다. 바다에는 여전히 가장 흔하게 발견되는 화석의 주인공인 삼엽충과 암모나이트가 바닷속 깊은 곳에서 상어, 가오리를 비롯한 수많은 뼈 있는 어종과 이동했을 것이다.

하지만 이 모든 광경이 지질학적으로 유례없는 대격변 속에서 사라져 버렸다. 백악기를 종식시킨 소행성 충돌처럼 순간적으로 극적인 효과는 없었지만, 페름기 말기의 대량 멸종은 여전히 지구 역사상 최악의 사건으로 기록된다. 당시 살아 있던 동물들은 임박한 운명에 대한 경고를 거의 받지 못했다. 시베리아에 사는 동물들은 거대한 용암이 분수처럼 연기가 자욱한 하늘로 치솟는 모습을 목격했을 테고, 발 주위에서 갈라진 거대한 틈은 마치 지옥의 불타는 문을 열듯 땅을 찢어 놓았을 것이다. 수백만 년에 걸친 거대 분화의 흐름이 가속화되자, 마그마는 땅속 깊은 틈에서 쏟아져 나와 수백 미터 두께로 층층이 쌓이기 시작했다. 다가오는 혼란의 첫 신호는 지구온난화가 속도를 내기 시작한 것이었다. 괴물 같은 화산이 지구의 맨틀 깊은 곳에서 엄청난 양의 이산화탄소를 방출했기 때문이다. 이러한 기후온난화는 판게아를 더욱 건조하게 만들었고, 지나치게 뜨거워진 적도 지역의 육지와 바다에 사는 종들을 멀리 몰아내기 시작했다. 하지만 이것은 아직 시작에 불과했다.

살해 메커니즘

오랫동안 과학자들은 정확히 어떤 요인이 페름기 말기에 대량 멸종을 야기했는지에 대해 의견이 분분했다. 그래도 시베리아 트랩(화산암 지대)에서 현무암질 마그마가 폭발하며 엄청난 양의 이산화탄소가 배출된 것이 큰 원인이었다는 점은 오래전부터 합의가 이뤄졌다. 폭발이 진행되는 동안 엄청난 양의 마그마가 지표에 도달해 두께가 6킬로미터나 되는 층을 이루며 쌓였다. 거대한 화산 폭발 외에도, 어떤 사람들은 또 다른 소행성이 충돌했다거나 심지어 근처의 초신성에서 나오는 치명적인 우주 광선 같은 '살해 메커니즘'을 제안했다. 하지만 알고 보니 가장 개연성이 높은 답은 사람들의 일상과 무척 가까이에 있었고, 여전히 시베리아 남부 전역에 흩어진 작은 분화구의 형태로 직접 볼 수 있다.

당시에 벌어진 일은 다음과 같았다. 치명적인 마지막 폭발이 일어나는 동안 마그마는 표면으로 쏟아져 나오는 대신, 수만 제곱킬로미터의 시베리아 땅속으로 침입해 수평으로 길게 이어졌다. 그리고 페름기 말의 생물들에게 엄청난 불행이었지만, 여기서 마그마는 퇴적된 탄소의 두터운 층을 만나 탄소를 태워 버렸다. 정확히 말하자면 마그마는 석탄과 마주쳤고, 그래서 이미 어마어마했던 시베리아의 화산은 이제 화석 연료를 직접 태우기 시작했다. 많은 과학자가 이 사건을 먼 과거에서 온 인류의 미래에 대한 직접적인 경고로 보는 것도 당연하다.

　지표면 아래에서 석탄이 연소되면서 나온 엄청난 양의 가스는 수백 미터 깊이의 거대한 관 모양 구조를 통해 대기로 분출되었고, 폭발하는 과정에서 지름이 1킬로미터도 넘는 분화구를 남기곤 했다. 시베리아 남부의 광대한 지역에 대한 항공 조사를 통해 이런 수직 관 구조가 최소한 250개 발견되었다. 분출구를 보면 마그마가 탄소를 함유한 셰일이나 석탄과 만나 폭발을 일으켰다는 사실을 확인할 수 있다.[25] 그 폭발은 옆에서 목격하기에 꽤 대단한 광경이었을 것이다. 연구에 따르면 현무암질 마그마가 석탄층에 침입했을 때 혼합물 전체가 액화되고 가스가 표면으로 분출되는데, 이곳에서 석탄은 산소를 만나 불이 붙고 그 위력은 발생한 연기 기둥을 성층권까지 날려 보낼 만큼 대단했다. 그리고 불과 며칠 만에 거대한 화산이 그렇듯 분출구는 모든 것이 빠져나간 채 주변에 그슬리고 불에 탄 흔적만 남는다. 이것은 믿을 수 없는 광경이었을 테고 모든 곳이 마치 어둠의 땅 모르도르처럼 보였을 것이다. 이 과정에서 매번 폭발이 일어날 때마다 수백만 톤의 메탄, 이산화탄소를 비롯한 여러 가스가 대기권 상층부로 방출되었다. 오그덴 Darcy Ogden과 노먼 슬립Norman Sleep은 〈PNAS〉에 발표한 논문에서 다음과 같이 말한다. "현무암질 마그마, 휘발성 물질, 코크스, 고체 석탄의 뜨거운 혼합물(약 500℃)은 지표면의 탄소에 노출되면서 연소했고, 비산회, 이산화탄소, 황산염, 현무암 재를 비롯한 잠재적으로 해로운 산물을 대기 중으로 빠르게 방출했을 것이다."[26]

비록 주된 페름기 말 대량 멸종 사건은 일반적으로 10~20만 년의 기간에 걸쳐 진행되었다고 여겨지지만, 오그덴과 슬립이 지적한 바에 따르면 "대량의 석탄-현무암 폭발에 따른 멸종의 가속화 현상이 특히 흥미로운데, 멸종된 많은 유기체의 세대 내 환경을 변화시키는 힘을 가졌기 때문이다."[27] 즉 엄청난 수의 동식물이 며칠에서 몇 년 사이에 죽임을 당해 번식하지 못하고 광범위한 멸종을 초래했다는 것이다. 그리고 두 사람은 이렇게 덧붙였다. "대기에 먼지, 이산화탄소, 메탄이 대규모로 주입되면서 매우 불안정한 기후를 만들었는데, 특히 주변 바다의 산성화와 무산소화가 결합하면서 육지 생물체의 멸종을 일으켰을지도 모른다." 이런 기체 전부가 주입되는 과정에서 수조 톤의 탄소가 대기 중으로 방출되었고 지구의 온도를 전례 없는 극한값으로 몰고 갔을 것이다.

이런 폭발적 분출의 직접적인 영향이 얼마나 멀리까지 퍼졌을지는 멀리 떨어진 캐나다에서 발견된 페름기 말 퇴적물에서 석탄 연소로 인한 재의 흔적이 발견되면서 알려졌다. 높은 위도와 얕은 바다 퇴적 지대에서 우세하게 부는 서풍 때문에 이 재는 시베리아에서 연소와 방출을 거친 이후로 2만 킬로미터는 여행했을 것이다. 다시 말해 분출에 따른 연기 기둥이 성층권을 관통하기에 충분할 정도로 대기권 상공 20

킬로미터까지 솟아올랐고 성층권을 통해 전 지구를 순환했다는 점을 확인할 수 있다. 캐나다에서 재 퇴적물을 발견한 과학자들은 〈네이처 지구과학〉에 발표한 논문에서 다음과 같이 말했다. "이러한 엄청난 규모의 분출은 남북 반구 사이를 넘나드는 재 구름을 형성했고 그에 따라 석탄의 재가 전 지구적으로 퍼졌을지도 모른다."[28] 게다가 흥미롭게도, 현장에서 회수된 퇴적물은 "석탄 화력발전소에서 채취한 오늘날의 석탄재와 매우 유사했다."

석탄 연소와 관련되어 있으며 과거 사례가 오늘날의 환경 문제와 소름 끼칠 만큼 비슷해 보이는 또 다른 사례는 연구자들이 같은 시대의 해양 퇴적물에서 발견한 전 세계적인 독성 수은 층이었다.[29] 또 다른 연구들에 따르면 페름기-트라이아스기Permian-Triassic 경계에서 발견된 기형적인 꽃가루 알갱이가 오늘날 매우 오염된 산업 현장에서 발견된 돌연변이와 유사하다는 사실도 밝혀졌다.[30] 대체로 수은을 비롯한 독성 원소들은 극도로 높은 열기나 무산소성의 환경과 결합하면 바다에서 생명체를 질식시키는 독성 침전물을 형성할 수 있다. 결정적으로 석탄재와 수은의 퇴적물을 살피면 이 시기가 탄소의 특정 동위원소 양이 많아지는 스파이크와 정확히 일치하며, 그에 따라 이런 명백한 석탄 연소의 잔해가 방대한 양의 이산화탄소와 동시에 방출되었다는 사실을 알 수 있다.

석탄과 관련된 현대 사회의 또 다른 문제는 산성비다. 시베리아 화산이 가장 큰 폭발을 일으키는 동안 엄청난 양의 황을 대기 중으로 방출했기 때문에 그에 따른 산성비 역시 페름기의 결정적인 살해 메커니즘에 기여했을 것이다. 한 연구에 따르면 당시 적도와 북위 60도 사이인 북반구 대부분의 지역에서 연평균 비의 산성도는 레몬주스 원액과 유사한 pH 2~3까지 떨어졌다.[31] 10배나 더 큰 폭발은 연간 평균 강우를 pH 2로 감소시켰을 테고 기후가 극한적인 기간에는 더 낮아졌을 것이다. 다시 말하면 육상 생물권의 상당 부분이 여러 생명체에 치명적인 농축된 황산으로 흠뻑 젖고 있었다. 무엇이든 pH 4 이하이면 물고기에게 치명적이고, pH 3 이하이면 양서류에게 치명적이다. 식물들은 pH 2에서 성장이 저해되어 죽는다. 여기에 pH 1인 산을 한 번 더 부으면 그 어떤 생물도 살아남지 못한다.

온난화에 따른 대량 멸종의 또 다른 용의자는 우리에게 친숙한 살인범으로, 내가 《6도의 멸종》을 처음 썼을 때 이 물질을 조사하는 데 많은 시간을 보냈다. 유위 브랜드Uwe Brand와 동료들이 2016년 〈팔레오월드Paleoworld〉에 '메탄 하이드레이트: 지구 최대 대량 멸종을 일으킨 살인자'라는 명확한 제목을 붙여 기고한 것이 이 물질에 대한 가장 최근의 고발이다.[32] 브랜드와 동료들에 따르면 대부분의 생명체가 사실 시베리아 트랩의 화산 방출에 따른 느린 지구온난화의 초기 단계에서 살아남았지만, 이 단계는 이후 극지방 영구 동토층에서 메탄이 방출되거나 얕은 대륙붕의 퇴적물에서 하이드레이트가 방출되는 계기가 되었다. 이 메탄 하이드레이트의 방출 속도는 지질학적으로 몹시 빨랐고 수년에서 수천 년 지속되어, 그 결과 "육지와 바다에서 대부분의 생명체에 치명적인 수준이라고 보고된" 지구온난화를 유발했다. 그리고 저자들은 다음과 같이 결론지었다. "이산화탄소의 대량 방출에 따라 촉발된 지구온난화는 재앙에 가까울 수 있지만, 하이드레이트에서 방출된 메탄은 종말을 일으킬 수 있었다."[33] 하지만 이 논문은 널리 받아들여지지 않았으며, 최근 다른 연구팀은 "페름기 대멸종 기간에 방출된 하이드레이트는 걷잡을 수 없는 온실 효과에 대해 아주 미미한 영향을 끼쳤다"라고 결론지었다. 범인에 대해 검찰이 강력한 주장을 펼쳤지만 아직 평결은 나오지 않은 셈이다.

시베리아 트랩에서의 대규모 마그마 폭발은 이산화탄소와 메탄, 황만을 방출한 게 아니다. 이 마그마는 석탄층을 연소시킬 뿐 아니라 소금과 다른 증발 잔류암을 함유한 퇴적암에도 파고들었다. 지표면 아래 수백 도의 온도에서 이 물질들은 기화되었고 대기의 오존층을 파괴하는 염화메틸과 메틸브로마이드가 지표면에서 배출되었다. 화산에서 나온 연기 기둥을 통해 이러한 화학 물질들은 성층권으로 충분한 양이 곧장 전달되어 오존층을 감소시키거나 일시적으로 파괴했을 것이다. 정말로 이런 일이 벌어졌다면 그야말로 극적인 영향을 끼쳤을 것이다. 한 계산에 따르면 성층권 오존이 85퍼센트 감소하면 돌연변이를 유발하는 UVB 방사선이 4,900퍼센트 증가한 것과 같다.[34] 높은 농도의 UVB 방사선이 침엽수에 미치는 영향을 실험한 과학자들은 방사선이 나무에 기형 꽃가루를 생성하게 만들기 때문에 효과적인 방식으로 불임이 된다는 점을 발견했다.[35] 이와 비슷하게 기형이 된 꽃가루 알갱이가 페름기-트라이아스기 경계를 가로지르는 퇴적물에서 화석화된 채 발견되었는데, 이것은 오존층 손실이 대량 멸종을 이끌었던 또 다른 살해 메커니즘이었을 수도 있음을 시사한다.

극심한 지구온난화로 인한 가뭄과 함께, 다량의 산성비와 강렬한 자외선이 결국 지표면의 상당 부분에서 초목을 죽음에 몰아넣었을 수도 있다. 헐벗은 산비탈은 강한 폭우에 취약했는데, 폭우가 토양을 씻어내려 대륙 전체를 황폐한 불모지로 만들었다. 이런 일이 꼭 한 번의 사건에서만 일어나지는 않았다. 남아프리카의 페름기-트라이아스기 경계에서 화석을 수집하는 고생물학자들은 수만 년 동안 이어지는 서로 구별되는 세 번의 멸종 시기를 찾아냈는데, 기간이 더 짧더라도 그 영향은 재앙에 가까울 수 있었다. 이들은 "두 시기의 경계에서는 집중적인 몬순을 몰고 오는 폭풍우로 인해 얇게 펼쳐진 빗물의 흐름이 황폐해진 범람원을 씻어 내렸다"라고 기록했다.[36] 남반구에서는 산성비나 독성 수은을 비롯한 무엇보다도 직접적인 지구온난화가 멸종의 주범이었을 가능성이 크다. 남아프리카의 화석 전문가들은 이렇게 결론 내린다. "가뭄이 급격한 속도로 시작되면서 육지 생태계가 파괴되었고, 척추동물 집단은 먹이사슬의 맨 위부터 바닥까지 피해를 입었다."

페름기 말의 살해 메커니즘이 생물 종에 치명적인 타격을 주자 생태학적 붕괴가 지구 전역에 퍼졌다. 사실상 지구상의 모든 숲이 죽었다. 이 멸종이 발생한 두 시기의 경계를 지난 이후로는 전 세계적으로 '석탄 틈새'가 발생하는데, 1,000만 년이 지난 트라이아스기 중기까지 석탄은 어디에도 매장되지 않았다.[37] 석탄은 습지대의 숲에서 형성된 이탄의 화석화에 따라 만들어지는데, 지질학적 기록에서 이렇게 오랫동안 석탄이 발생되지 않았다는 것은 육지의 이탄 형성 생태계가 사실상 근절되었다는 것을 알려준다. 이러한 생태적 틈새를 채우기 위해 새로운 형태의 식물이 진화된 뒤에야 다시 석탄이 만들어지기 시작했는데, 그래도 최초의 트라이아스기 석탄층은 얇고 희박하다. 또 화석 기록에는 '네발 동물의 틈새'가 있어 지구상의 넓은 지역에서 다리가 네 개인 동물들이 쫓겨났음을 암시한다. 과학자 야동 선Yadong Sun과 동료들은 2012년 〈사이언스〉에 기고한 논문을 통해 '치명적인 고온'이 어떻게 판게아의 적도대에서 식물과 동물을 둘 다 몰아내는지 설명했다. 기온이 너무 높아 식물들이 광합성을 하지 못했고, 동물들은 가뭄과 열사병으로 죽었으리라는 것이다. 그 결과, 트라이아스기 중기까지 북위 30도에서 남위 40도까지의 넓은 적도 위도 벨트를 가로질러 육지 동물의 화석은 거의 발견되지 않는다.[38]

페름기의 열대우림이 순순히 조금씩 길을 내준 건 아닐지도 모른다. 각기 다른 위치에서 나온 퇴적물 기록에서 멸종을 나타내는 경계선 바로 앞에는 그을음과 숯의 띠가 나타났다. 이것은 오늘날의 세계에서는 볼 수 없는 연이은 교란 현상으로 불타 버린 숲의 운명을 보여 준다. 여기에 대해 중국 과학자 슈중 셴Shu-zhong shen이 이끄는 연구팀은 〈사이언스〉에 다음과 같이 기고했다.[39]

화재 발생의 결과물이 광범위하게 분포한다는 점은, 극적인 지구온난화와 건조화가 해양의 멸종 현상과 함께 절정에 달했고, 언제나 습하던 다우림의 생물권을 계절에 따라 건조한 기후로 빠르게 변모시켰으며, 산불이 증가하면서 급속하게 산림이 파괴되어 곧장 재앙에 가까운 토양 침식과 곰팡이의 독성이 늘었음을 시사한다.

육지 생태계가 재앙에 가까운 토양 침식으로 지표면에서 쓸려나가면서 바다는 이미 죽었거나 죽어가는 동식물로 가득 찼다. 이때 형성된 퇴적물에는 엄청난 양의 육상 유기물 잔해가 들어 있다.[40] 이 생물학적 뗏목에서 나온 영양소가 바다에 부영양화를 일으키면서 녹조가 잔뜩 번성해 바닷물에서 산소를 빼앗았다. 이후 시간이 지나고 지구온난화가 계속되면서 대양은 깊은 곳까지 산소가 부족해졌고, 무산소 구역이 널리 퍼진 데다 고온 현상까지 겹치면서 바다 생물의 대다수가 죽었다. 여기에 대해 한 연구팀은 2018년 〈사이언스〉에 기고한 논문에서 "해양 온난화와 산소 손실에 대한 생리적 스트레스를 합친 결과가 '대멸종'을 절반 넘게 일으켰다"라고 주장했다.[41] 이 두 가지 요인은 바다에서 서로 다른 수준으로 함께 작동했을 테고 한 연구팀은 이것을 "이중의 타격"이라 불렀다. "얕은 물은 치명적일 만큼 따뜻한 데다 깊은 물은 산소가 없어서 이 두 가지 요인은 생물이 거주 가능한 구역을 심각하게 축소시켰다. 그 결과 중간 정도 깊이의 피난처밖에 남지 않았다." 동위원소 대용물 기록을 보면 확실히 당시 지구의 거의 모든 해양을 차지했던 판타랏사와 테티스해는 거의 전체가 무산소성이었다.[42]

과거의 폭발

그렇다면 육지를 황폐화하고 바다를 정체된 연못으로 만든 페름기 말기의 지구온난화는 얼마나 갑작스럽고 빠르게 이뤄졌을까? 수궁류

최종 경고: 6도의 멸종

의 엄니 화석에서 산소 동위원소 비율을 조사해 보면, 남아프리카 카루 지역의 온도가 페름기와 트라이아스기 경계에서 제일 먼저 4~6℃ 증가했다.[43] 이 정확한 경계층에 대한 중국의 다른 기록을 보면 상승치는 4~8℃였지만, 이란에서 40킬로미터 떨어진 2개의 침전물 표본에 기록된 해수면 온도는 멸종이 이뤄지던 시기 7℃에서 10℃나 급격히 올랐다.[44, 45] 이런 영향이 생태계를 파괴하는 정점은 약 9만 년에 걸쳐 일어났고, 멸종을 전체적으로 살피면 약 20만 년에 걸쳐 지속되었다. 비록 그 뒤로 수십만 년에 걸친 트라이아스기 초기에는 기온이 더욱 높아졌지만, 페름기 대멸종과 관련된 초기의 기온 상승은 여전히 6℃의 영역에 있는 것으로 보인다. 전작 《6도의 멸종》의 제목과 이 책의 소제목 역시 이 6℃에서 따온 것이다.

이 대멸종 사건을 인간의 활동에 따른 오늘날의 지구온난화와 명시적으로 비교하는 것은 잠시 멈추자. 과학자들은 모든 효과를 합쳐 2억 5,100만 년 전에 시베리아를 찢어 놓은 거대한 폭발이 매년 20억 톤의 이산화탄소를 페름기의 대기로 배출했다고 추정한다.[46] 메탄 하이드레이트 같은 다른 양의 되먹임의 요소에서 오는 기여분을 함께 생각하면, 지질학적 기록은 이 배출량이 지구에서 탄소를 격리할 만큼 압도적이었다는 사실을 보여준다. 그에 따른 극단적인 온난화는 생명체 대부분의 파괴로 이어졌다.[47] 비록 지금껏 인류가 배출한 탄소의 총량은 페름기 말기의 대멸종 기간에 대기로 배출된 것보다 훨씬 적지만, 오늘날의 탄소 배출은 속도가 최소 10배는 더 빠르다.

이것은 꽤 놀라운 결론이니 다시 한 번 강조하겠다. 전 세계의 산업화된 경제에 동력을 공급하고자 화석 연료를 파내고 태우는 인류의 합동적인 노력이 지구 역사상 최악의 대량 멸종을 몰고 온 재앙적인 탄소 방출 사건보다 최소한 속도가 10배 더 빠르다는 것이다. 고기후학 문헌을 조사하고 내가 내린 결론은 오늘날의 탄소 방출이 현생누대 전체를 통틀어 전례 없는 사건일 가능성이 아주 높다는 것이다. 지구상에 복잡한 생명체가 나타난 이후로 지금 우리가 탄소를 방출하는 것처럼 빠른 속도로 탄소가 배출된 적은 결코 없었다.

이것은 실제로 지구의 지질학 역사상 온실가스 배출의 속도와 양측면에서 인류가 지금 하고 있는 것을 똑같이 반영하는 사건은 없다는 뜻이다. 그러므로 우리는 지구라는 행성에서 진정한 첫 번째 실험을 하고 있다. 체르노빌에서 근무하던 소비에트 핵 기술자들과 마찬가지로, 우리는 안전 시스템을 파괴한 상태에서 동시에 열기를 주입하고 어떤 일이 일어나는지 보고 있다. 그리고 체르노빌의 원자로 운영자들처럼, 아마도 우리는 언젠가 지독한 기습 공격을 당할 것이다.

생지옥

그렇다면 인류 문명을 포함하는 세계에서 페름기 말기의 대량 멸종이 닥친다면 어떤 모습일까? 페름기 말기의 사건은 수만 년에 걸쳐 펼쳐지겠지만, 우리는 이미 지난 세기에 인간 활동의 결과로 산성비, 독성 오염, 전 세계 바다에 걸친 수은 층 오염, 해양 산성화, 산소가 없는 데드존의 확산, 오존층의 감소 등 가정되었던 영향의 대부분을 직접 목격했다. 이들 가운데 특히 산성비와 오존층 파괴 문제는 현재 회복기에 들어갔지만, 페름기 말기에도 역시 그랬다. 초기의 위기는 회복을 더디게 했고 이후 또 다른 위기가 닥치면서 생물 종이 더 파괴되었다.

오늘날 페름기-트라이아스기 경계의 조건에 대해 과학이 말해주는 바를 오늘날의 상황과 겹쳐 놓다 보면 최소한 몇몇 장면을 눈에 그리듯 시각화할 수 있다. 북극에서 적도까지 전 세계의 모든 숲이 동시에 타오르는 모습을 상상해 보라. 불길이 활활 타오르는 바람에 밤에도 낮처럼 환하다. 연기가 걷히면 한때 무성했던 열대림과 눈 덮인 냉대림에는 헐벗은 땅에 그을음과 숯이 두터운 층을 이룬 모습만 남는다. 그 결과 생겨난 죽거나 죽어가는 식물의 잔해가 성서에 나오는 홍수처럼 거센 장맛비에 휩쓸려 바다에 씻겨 내려갔다고 상상해 보라. 나무와 잔해들의 층은 동물의 사체와 합쳐져 전 세계 해안선을 따라 조수와 함께 씻겨 내려가는 부유층을 이룬다. 온난화의 열기는 극심해서 얼마 안 되는 동물만이 살아남으며, 이 동물들은 강렬한 태양을 피해 굴에 숨어 있거나 바위 계곡을 따라 시원한 좁은 구석과 틈새에 웅크려 있다. 생태계라든지 먹이사슬은 이제 실질적인 의미에서 존재하지 않는다. 생존을 위해 나날이 싸움이 벌어지며, 그나마 승자는 사체를 먹고 사는 동물이나 세균, 곰팡이다.

그래도 온실 효과는 더욱 가속된다. 매년 지난해보다 더 덥다. 적도 바다의 해수면은 너무 뜨거운 나머지 그 무엇도 살아남을 수 없다. 왜냐하면 해수 온도가 모든 다세포 유기체의 내열성 한계치를 넘어서기 때문이다. 탄소가 풍부한 돌무더기 위에 층층이 채워진 깊은 바다는 완전히 산소가 결핍되어 있고, 우리의 짧았던 인류세의 흔적이 검은색 찌꺼기와 중금속, 플라스틱 층을 이루며 영구적으로 남아 있다. 해양의 먹이사슬은 강력한 산성화에 의해 붕괴되었다. 고래, 돌고래, 바닷새가 그렇듯이 물고기들은 대부분 죽었다. 생물들의 뼈는 슬러지 층에 내려앉아 빠르게 묻힌다. 고위도 지역에서는 독성이 있는 청록색 조류와 함께 해파리가 널리 퍼진다. 무척 깊은 바닷속에서 세균은 독성 황화수소를 생산하는데, 그중 일부가 대기로 방출되어 오존층을 공격한다. 극지방으로 올라가면 아직 남은 육상 식물은 DNA가 강렬한 자외선의 폭격을 맞으면서 포자와 꽃가루가 기형이 된다.

적도 양쪽에 걸쳐서 규칙적인 비는 사실상 중단되었고, 전 지구적으로 이어진 넓은 영역에서 여러 해에 걸쳐 가뭄이 지속된다. 북유럽, 중부 러시아, 캐나다를 비롯한 모든 대륙의 내륙 지방에는 사막이 펼쳐져 있다. 해안 지역에는 버려진 도시들이 해수면이 높아지는 대양에 휩싸여 삼켜지고, 땅에는 대개 인류가 건설한 무언가의 잔해가 모래에 쓸려 왔다. 때때로 거대한 폭풍우가 요란스레 지나가기도 하지만, 열기가 너무 강한 나머지 대부분의 비는 땅에 닿기 전에 증발한다. 큰 규모의 계절성 홍수가 오면 그야말로 모든 것이 평등해진다. 강둑을 지탱할 식물 뿌리가 없어 빗물은 이리저리 물길을 이루며 주변 풍경을 휩쓸고 지나면서 산성의 물로 버려진 도시를 부수고 집어삼킨다. 한때 100억 명의 인류를 먹여 살렸던 토양은 거대한 먼지 구름 속으로 날아가거나 바다로 떠내려간다. 대체 언제부터 오랫동안 묻혔던 메탄 하이드레이트가 휘젓듯 떠오르면서 북극의 얕은 연안 대륙붕이 거품을 내기 시작하더니 격렬한 바닷속 폭발에 전부 찢겼는지 아무도 모른다.

이 죽음의 베일은 며칠, 몇 주, 몇 년이 아니라 수백 년, 수천 년 동안 계속된다. 인류 문명이 짧게 꽃피웠다가 부서진 화석과 먼지로 흔적만을 남기는 동안 온난화가 심한 시기가 이어지는 식으로 단조롭게 수천 년이 흐른다. 물론 살아남은 사람도 있을 테고, 그 가운데는 북극이나 남극의 피난처에 모여 사는 강인한 사람들도 존재할 것이다. 결국 페름기 말기의 대량 멸종이 모든 생물을 죽이지는 못했다. 인간은 어쩌면 다음번 리스트로사우루스가 될지도 모른다. 강인하고 황소 같은 머리를 가진 이 수궁류는 어떻게든 페름기와 트라이아스기의 경계를 통과했고 그 뒤 10만 년 또는 더 오랜 세월을 지구에서 거의 혼자 보냈다. 인류가 대량 멸종의 첫 번째 희생자가 되지는 않을 것이다. 쓰라린 최후의 날까지 매달리는 마지막 희생자가 될 가능성이 더 높다.

금성 효과

그렇다면 일어날 수 있는 최악의 상황은 무엇일까? 이 질문에 답하려면 해가 진 직후에 서쪽 하늘을 바라보라. 지평선 위로 밝은 천체가 한두 시간 떠 있을 텐데, 바로 지구의 사악한 쌍둥이인 금성이다. 금성은 한때 우리 행성과 마찬가지로 생물이 거주할 수 있었을 것이다. 금성은 지구와 거의 같은 크기이고, 행성을 구성하는 원소 역시 상당 부분 동일하다. 그리고 오랜 옛날에는 지구와 비슷한 양의 액체 물이 있었을 것이다. 하지만 모두가 알다시피 오늘날 금성은 견딜 수 없을 만큼 뜨겁다. 이 행성의 표면 온도는 평균 460℃로 납을 녹일 수 있을 만큼 높다. 물론 그 이유는 금성이 0.723천문단위(AU, 지구는 1)의 거리에서 지구보다 태양과 더 가까운 궤도를 돌기 때문이다. 이 궤도에서 금성은 지구보다 태양 복사선을 90퍼센트 더 많이 받는다. 하지만 이것이 금성이 뜨거운 이유의 전부는 아니다. 금성의 표면 온도 460℃는 지구의 평균인 15℃에 비해 90퍼센트보다 훨씬 높다. 사실 금성은 초창기 역사의 어느 시점에 고삐 풀린 온실 효과를 일으켰고 그 뒤로 영원히 행성이 망가지고 말았다.

어떻게 하다가 이런 상황이 되었는지는 다음과 같다. 태양계가 형성되고 처음 10억 년 동안은 태양이 점차 희미해졌는데 이때는 금성에 바다가 있었을지도 모른다. 하지만 약 35억 년 전 태양으로부터 나오는 열기가 증가해 금성의 대기원이 물을 점점 더 많이 증발시키면서 티핑포인트를 넘겼다. 수증기는 이산화탄소, 메탄과 같은 온실 기체다. 그래서 수증기가 많아지면 온도가 더 높아지고, 더욱 많은 물을 증발시키는 고삐 풀린 양의 되먹임 현상이 나타났다. 결국 금성의 바다는 끓어올라 이 행성에 존재하는 물의 대부분을 수증기로 구성된 무거운 대기 속에 집어넣었다. 이 상태에서 금성은 표면을 천천히 데우면서 그대로 머물렀을 것이다. 대기권 맨 위의 자유로운 물 분자들은 취약했지만 말이다. 태양에서 나오는 강렬한 자외선은 맨 위의 물 분자를 폭격해 가벼운 수소 원자를 분리시켰고, 이 원자는 태양풍을 통해 우주로 쓸려 나갔다. 이런 상황에서 금성은 1,000만 년도 되지 않아 가졌던 물을 전부 잃었고, 수증기 온실은 이산화탄소가 채워진 온실로 대체되었다. 오늘날 이 행성이 가진 물의 양은 지구에 비해 0.001퍼센트밖에 되지 않는다. 하지만 금성의 대기는 지구보다 거의 100배나 무겁고 96퍼센트가 이산화탄소이다.[48]

이런 점에서 금성과 지구의 차이는 무척 극명하다. 지구는 실제로 태양과 같은 주계열성 주위에 존재하는 이론적 생물 거주 가능 구역의 안쪽 가장자리에 아슬아슬하게 놓여 있다. 이렇게 된 한 가지 이유는 지구와 태양 사이의 거리가 0.97~0.99AU만 되어도 고삐 풀린 온실 효과에 취약해진다는 점 때문이라 추정된다.[49] 그러므로 우리 지구는 항상 지나치게 더워질 위험에 처해 있었지만, 지금껏 음의 되먹임 덕분에 수십억 년 동안 대기를 견딜 만한 온도로 유지할 수 있었다. 수증기는 여전히 중요한 온실 기체지만, 대기권 하부의 온도 분포상 고도가 높아지면 차가워져서 수증기가 응결해 비가 되기 때문에 해수면에서는 물이 대부분 액체로 유지된다. 한편 지표면에서 100킬로미터 위쪽에 있는 대기의 맨 윗부분은 너무 건조한 나머지 수소가 우주로 거의 유실되지 않아 태양풍에 의해 바다가 휩쓸려 사라지는 사태를 막아준다. (지구의 자기장도 도움이 되는데, 금성에는 이런 자기장이 없다.[50]) 그 결과 최초의 생물이 35억 년 전 바다에서 진화했고, 지난 5억 년에 걸쳐 믿을 수 없을 만큼 다양한 형태로 번성했다.

지구에서 이산화탄소는 지배적인 온실 기체이며 수증기는 상황을 주도하는 원인이라기보다는 되먹임의 일부다. 그래서 탄소가 대기를 덥히는 동안 더욱 많은 물이 바다에서 증발하고, 이산화탄소 혼자만 있는 것보다는 더 많은 온난화를 일으킨다. 하지만 수백만 년이 지나도 탄소가 절대 임계치를 지나 대기에 쌓이지는 않는다. 왜냐하면 높아진 기온이 강수량을 증가시키고 규산염 암석의 풍화 속도를 높여서 탄소를 끌어 내리기 때문이다. 하지만 탄소가 대기에서 완전히 고갈되지는 않는데, 탄소가 분해되는 속도가 화산에서 방출되는 속도와 대략적으로 균형을 이뤄서다. 여기에 지구와 금성의 또 다른 차이가 있다. 판구조론 덕분에 지구에는 지질학적 탄소 순환이 가능하다. 판들이 움직이면서 퇴적된 탄소를 맨틀로 다시 집어넣어 제거하는 것이다. 맨틀에서 탄소는 액화되고 결국 화산을 통해 기체로 다시 방출된다. 반면에 금성에는 판구조론이 작동하지 않는데, 아마도 침입하는 판 사이에 윤활제 역할을 하는 액체 물이 없는 데다 판이 작동을 하기에는 표면이 너무 뜨겁기 때문일 것이다.

제임스 러브록James Lovelock이 가이아 이론을 통해 예견하는 것처럼, 생명은 지구를 거주할 수 있는 상태로 유지하도록 돕는 장기적 탄소 순환의 필수적인 일부다. 바다에서는 플랑크톤을 비롯한 석회화 유기체가 해저 퇴적물과 탄산칼슘 바위 속에 탄소를 분리시키기 때문에, 대기에 존재하는 많은 양의 이산화탄소를 제거하고 고삐 풀린 온실 효과를 예방하는 데 도움을 준다. 하지만 이 탄소는 영원히 사라지는 것이 아니다. 대륙판 아래에 격리되었다가 결국 화산 폭발을 통해 기체가 제거될 것이다. 그러면 순환은 다시 시작된다. 앞서 설명했듯이, 생명체는 대양이 무척 뜨겁고 산소가 결핍되었던 기간에 검은 셰일과 매장된 원유 속에 과잉의 탄소를 은닉했고, 이탄층 바로 위에 있던 열대 우림은 이것과 비슷하게 무산소 조건에서 결국 단단해져서 석탄이 되었다. 어느 쪽이든, 생명체는 비생물학적인 화학 풍화 작용뿐만 아니라, 지구 시스템을 무난한 균형으로 유지하는 데 도움이 되는 음의 피드백을 작동시킨다.

물론 이것이 언제나 순탄한 항해였던 것은 아니다. 이전에 지구는 지나치게 뜨겁거나 차가울 수 있는 위험 지대를 향해 떠돌았던 적도 있다. 되먹임은 양방향으로 작동할 수 있다. 만약 이산화탄소 농도가 너무 낮아지면, 얼음과 눈이 극지방에 쌓여 들어오는 태양 복사를 반사하고 행성을 더욱더 냉각시킨다. 지구 초기 역사의 여러 지점에서, 이 과정은 '눈덩이 지구Snowball Earth' 상황을 만들 만큼 진행되기도 했는데, 이때 빙하는 열대 바다를 가로지르며 바로 도달했다. 지구는 탄소 순환에 의해 영구적인 얼음덩어리가 될 운명에서 구원받았다. 모든 땅이 얼음 밑에 묻혔고 풍화 작용과 이산화탄소 배출은 멈췄지만, 화산에서는 이산화탄소가 계속 나왔다. 이산화탄소의 농도는 눈덩어리 지구를 녹일 만큼 충분히 강한 온실 효과를 낼 수 있을 때까지 쌓였다. 그래서 지구는 2억 9,700만 년에서 2억 9,800만 년 전 사이 페름기 초기에 전 지구적인 빙하 형성 과정에 들어가지 않고 가까스로 벗어났다. 당시 무성하던 숲은 석탄 매장량에 탄소를 너무 많이 격리시켜 대기 중의 이산화탄소는 위험할 정도로 낮은 100ppm까지 떨어졌다.[51]

(아마 기온이 떨어지면서 숲의 나무들이 죽었을 테니 조금 상쇄되었을 것이다.) 스펙트럼의 반대쪽 끝에서는 앞서 보았듯이 탄소 순환의 다양한 지점에서 단락이 일어나 극단적인 온실 조건과 여기에 관련된 대량 멸종을 초래했다. 페름기 말이라든지 더욱 최근에는 PETM 기간이 그랬다.

하지만 적어도 지질학적 시간 규모에서는 균형이 항상 회복되었다. 오늘날 우리가 직면하고 있는 질문은 다음과 같다. 인류가 화석 연료를 태우는 직접적인 방식을 통해(여기에 영구 동토층의 용해와 메탄 하이드레이트 방출을 통해 증폭된), 폭주하는 온실을 만들고 생물권을 완전히 멸종시킬 만큼 그렇게 많은 탄소를 빨리 방출할 수 있을까? 더 간단히 말해서, 우리가 지구를 제2의 금성으로 바꿀 수 있을까? 모델링 실험에 따르면 이산화탄소 농도를 높이는 것은 지구의 표면 온도를 높이는 효과 면에서 지구 궤도가 태양에 더 가깝게 이동하는 것과 거의 같다. 탄소 농도가 높아질 때마다 지구는 태양계 거주 가능성 구역의 안쪽 가장자리로 더 밀려난다.[52] 바꿔 말하면 여러분이 자동차 엔진에 시동을 걸거나 항공기에 탑승할 때마다 이 지구라는 행성 전체를 몇 센티미터 더 금성의 궤도와 가깝게 끌고 가는 셈이다.

그렇다면 지구의 해양을 부글부글 끓여서 지표면의 생물을 모조리 멸종시키려면 지구 궤도를 전체적으로 얼마나 멀리 이동시켜야 할까? 지구의 지질학적 역사 동안 아마도 여러 순간에 기온이 지금보다 10℃ 이상 높았을 테니 약간 오차가 생길 여지는 있다. 하지만 그럼에도 우리는 이 이야기를 해야 한다. 그래도 태양이 주계열성으로 변화해 가면서 1억 1,000만 년마다 1퍼센트씩 더 뜨거워지기 때문에 이 오차는 줄어들고 있다. 다른 모든 것이 동일하게 유지될 때, 과학자들은 "태양 상수가 지금보다 6퍼센트 더 밝아지면 지구는 파국적인 열적 재앙에 돌입할 것"이며 계산에 따르면 이것은 약 6억 5,000만 년 뒤에 벌어질 일이라고 한다.[53] 하지만 바다가 완전히 끓지는 않더라도 강화된 온실 효과 속에서 대부분의 물이 증발되어 우주로 유출되는 '습한 온실 조건'은 훨씬 일찍인 단 1억 7,000만 년쯤 뒤에도 올 수 있다. 하지만 다른 모든 것이 동일하게 유지되지는 않는다. 이산화탄소 농도를 2배로 증가시키는 것은 태양 상수를 2퍼센트 증가시키는 것과 거의 같기 때문이다.[54]

그렇다면 이산화탄소를 4~6배 증가시키면 '파국적인 열적 재앙'을 유발할 만큼 인류를 밀어낼 수 있다는 말인가? 사실 문턱값이 어디에 있는지는 아무도 확실히 모른다. 2014년의 한 연구에서는 "지구는 태양 상수가 15.5퍼센트 증가하더라도 물 손실과 열적 폭주라는 제한 요인으로부터 모두 안전할 것"이라는 결론을 내렸다.[55] 하지만 또 다른 연구에서는 인공적인 탄소 배출이 금성의 상황으로 완전히 바꾸기에는 아마도 부족하겠지만, "이전의 예측과는 달리 온실 효과의 폭주는 훨씬 빠르게 시작될 수도 있을 것"이라고 주장했다.[56] 2015년에 발표된 세 번째 논문은 태양 복사량이 12퍼센트 증가하면 지구의 평균 표면 온도가 60℃인 "보다 뜨거운 기후 시스템을 향한 파괴적인 전환"을 촉발할 것이라고 내다봤다.[57] 비록 그런 상황이라 해도 지구가 금성처럼 변하지는 않겠지만, 지구에서 물이 사라지고 표면에 아무도 살지 못하는 '습한 온실' 상태가 될 것이다.

2014년에 발표된 연구에서는 이산화탄소 농도를 산업화 이전 수준의 12배로(대략 3,300ppm) 증가시키면 한 모델에서 "표면 온도가 500K 이상으로 급격하게 전환"된다는 사실을 발견했다.[58] 절대온도를 섭씨온도로 환산하면, 이때 평균 기온은 226℃로 해양을 끓어오르게 하고 생물권을 멸종시키기에 충분하다. 전문가들이 전체 화석 연료 자원의 추정량에서 최솟값으로 여기는 5조 톤의 탄소를 태우면 약 2,000ppm에 이를 수 있기 때문에 이제 거의 다 온 셈이다.[59] 몇몇 전형적이지 않은 화석 연료나 메탄 하이드레이트 덩어리를 더하면 3,300ppm은 고향 행성을 파괴하는 데 혈안이 된 자해적인 종 인류가 충분히 달성 가능한 목표다.

하지만 이 논문을 비롯한 다른 여러 연구의 저자들은 그들이 얻은 결과를 지나치게 문자 그대로 받아들여서는 안 된다고 경고한다. 이들의 모델은 단순한 데다 중요한 대기 과정, 특히 구름이 만드는 복잡한 효과를 놓친다. 구름은 다양한 높이에서 여러 두께로 지구를 식히거나 열을 가한다. 예를 들어 높이 떠 있는 권운은 대개 온실 효과를 강화하지만, 낮은 층운은 열기를 가두기보다 훨씬 더 많은 열을 반사한다. 이 모든 점을 생각하면 구름은 온실 효과에 대한 강력한 부정적 요인이며, 이 행성이 폭주하는 온실 체제로 전환하지 않도록 안전하게 지켜준다.

그렇지만 2019년 〈네이처 지구과학〉에 발표된 한 연구는 전 지구적으로 가장 중요한 냉각형 층운이 이산화탄소 농도 상승으로 소멸되기 쉬워졌다고 시사한다. 문제의 구름은 세계 열대 해양의 5분의 1에 그늘을 드리우는 끈질긴 층적운이다. 이 구름은 페루나 캘리포니아 해안에서 조금 떨어진 태평양의 동쪽에 많이 분포한다. 고도가 낮으며 밝은 이 구름은 얼음 같은 역할을 해서 우주에서 직접 도달하는 태양 복사선의 30~60퍼센트를 반사한다. 하지만 거의 전적으로 극지방 가까이에 있고, 따라서 직사광선을 훨씬 적게 받는 얼음과 달리 이곳의 열대 지역은 구름의 냉각 효과가 전 지구적으로 굉장히 중요하다는 사실을 알려 준다. 논문의 저자들은 우려스러운 투로 "이산화탄소의 임계값이 1,200ppm 정도 되면 층적운의 층이 갑자기 불안정해져 적운을 이루며 부서지고 만다"라고 보고한다.[60] 모델에 따르면 이런 구름 붕괴는 지구의 복사량 예산에 엄청난 영향을 미쳐서 지구 표면 온도를 8°C나 상승시키는데, 여기에 더해 더 높아진 이산화탄소 농도에 의한 온난화까지 추가된다고 한다. 연구자들은 이 과정이 과거에 지질학적으로 에오세를 비롯해 다른 더웠던 시기에도 일어났을지도 모른다고 본다. 그렇다면 이것은 모든 양의 되먹임이 일어나는 어머니 같은 사건이었을 것이다.

미래를 내다볼 때, 우리가 높은 배출량을 유지하는 경로를 따르다 보면 이번 세기말에 이산화탄소 농도는 1,200ppm까지 상승한다. 오늘날 더 뜨거워진 태양과 함께, 이 층적운 효과는 메탄의 용해라든지 다른 되먹임과 더해져 지구를 문턱값 이상으로 밀어내 궁극적으로는 고삐 풀린 온실 상태로 몰아넣을 것이다. 그 위험성을 수량화하기는 무척 어렵지만, 한 가지는 확실하다. 우리가 화석 연료를 계속 태운다면, 우리는 지금 어디에 놓여 있든 이 끔찍한 최후의 티핑포인트에 가까이다가갈 것이다. 탄소 배출량을 줄이지 않겠다고 거부하다가는 인류라는 종뿐만 아니라 지구 전체를 위험에 빠뜨린다. 훌륭하게 아름답고, 다양한 생명을 양육하고 키워 냈던, 아마도 우주 역사상 유일한 행성인 지구를 말이다.

CHAPTER 7 엔드게임*

• 마지막 단계, 즉 최종 승부를 가르는 단계를 의미한다.

우리는 여전히 스스로 지구를 구할 수 있다.

아직 전부를 망치진 않았다.

당장 내일부터 전 지구적으로 탄소 배출을 멈춘다면,

온난화는 1.5℃도 일어나지 않을 것이다.

또한 우리는 청정에너지로 향하는 경로가 많다는 사실을 기억해야 한다.

0.5℃의 차이

최악의 상황을 피하기에 아직 늦은 것은 아니지만 시간이 많지는 않다. 과학자들은 이제 특정 탄소 배출 예산이 온난화 상승폭에 어떤 결과를 불러일으킬지 아주 정확하게 알고 있다. 항상 약간의 불확실성이 존재하기는 하지만, 풀리지 않은 큰 비밀도 없고 변명의 여지도 없다. 그런 만큼 과거를 뒤돌아보며 "나는 이렇게 될 줄 몰랐다"라고 이야기할 수는 없다. 확실히 하자. 절대적인 정확성을 요구하며 물고 늘어지는 건 지연 전술일 뿐이지 그 이상은 아니다. 지구라는 행성과 인류라는 종이 결국 어디로 향하게 되고, 지구가 앞으로 몇 년 안에 얼마나 더워질지 결정하는 것은 우리 손에 달렸다. 우리는 여전히 스스로를 구할 수 있지만 그렇게 하기 위해서는 신속하게 분명한 선택을 해야 한다.

2015년 파리 협정에서 세계 정상들은 기온 상승치를 1.5℃ 이하로 유지하기 위해 노력을 기울이기로 합의했다. 하지만 팡파레를 크게 울리며 협정문에 서명한 뒤 이들은 고향으로 돌아와 평상시처럼 하던 일을 조용히 계속했다. 경제를 성장시키고, 화석 연료를 태우는 발전소를 더 많이 건설하고, 석유를 많이 소비하는 자동차와 SUV를 위해 도로망을 확장하고, 더욱더 넓은 지역에 걸쳐 석유와 천연 가스를 생산하고자 시추와 파쇄를 실시했다. UN 회의에서 나눈 따뜻한 말, '우리의 눈을 바라보는 미래 세대'에 대한 눈물겨운 장황한 말, 십 대 기후 운동가들을 위한 칭찬 등은 신경 쓰지 마라. 중요한 것은 실제 세계에서 부딪치는 엄연한 현실이다. 아스팔트 포장재 타맥, 파이프라인, 정유 시설, 가스 터빈, 가솔린 엔진, 석탄 보일러. 이것들을 통해 탄소가 대기권으로 이동한다. 여기서 미래가 결정된다.

만약 여러분이 증가하는 기후 관련 혼돈과 재난이 걱정된다면, 탄소를 배출하는 기반시설에 대해 살펴보는 것이 좋은 출발점이다. 예컨대 자동차와 소형 트럭은 평균적으로 수명이 15년이 되도록 설계된다. 2025년에 시판된 디젤 엔진을 장착한 자동차는 적어도 2040년까지는 이산화탄소를 계속 배출하는 셈이다. 대부분의 화석 연료 발전소는 수명이 훨씬 더 길다. 석탄과 가스를 태우는 발전소는 이곳의 건설에 자본을 댄 사람들이 예상하는 운영 가능한 수명 측면에서 최소한 40년은 가동될 것으로 예상된다. 다시 말해 현재 새로 건설된 발전소들이 2060년까지 여전히 사용된다는 것을 의미하며, 수백만 톤의 이산화탄소를 40년 이상 내뿜는 오염원이 수천 곳이나 되는 셈이다. 이 모든 것을 합치면 파리 협정에도 불구하고 2015년에 세계 정상들이 합의했을 것으로 추정되는 온도 상승 목표치를 넘어서기에 충분한 탄소 배출 기반시설이 계획되었거나 이미 운영되고 있는 게 분명하다. 지도자들은 우리에게 천국을 약속했지만 실제 정책은 우리를 지옥으로 데려갈 것이다.

2019년 8월 〈네이처〉에 발표된 한 논문은 기존의 기반시설에서 발생하는 탄소 배출량이 얼마인지 국제 과학자팀이 계산한 정확한 수치를 실었다. 2018년 1월을 기점으로 했을 때, 전 세계에서 현재 가동 중인 모든 석탄과 가스 발전소는 40년의 평균 수명이 다하면 358기가톤 gigaton(또는 수십억 톤)의 이산화탄소를 추가로 배출하게 된다. 그리고 산업 인프라에서 추가로 162기가톤이 배출되며, 64기가톤은 운송 부문(주로 포장도로를 운행하는 차량)에서 배출될 것이다. 그리고 주거용 기반시설은 42기가톤을, 상업용 시설은 18기가톤의 이산화탄소를 배출할 예정이다. 여기에 나머지 소규모 부문의 배출량을 더하면 이미 구축되어 가동되는 기반시설의 배출량은 총 658기가톤이다.

게다가 탄소를 배출하는 이런 시설은 계속해서 건설될 전망이다. 2018년 말 시점에서 1,000기가와트 이상의 용량을 가진 화석 연료 발전소가 추가로 계획되거나, 허가를 받거나, 이미 전 세계적으로 건설 중이다. 이런 발전소의 5분의 1은 중국에 있으며 나머지의 대부분은 인도나 인도네시아 같은 개발도상국에 있다. 이러한 발전소가 수명이 다할 때까지 건설되고 운영되면 188기가톤의 이산화탄소가 추가로 대기 중에 유입된다. 이것을 기존 기반시설이 배출하는 658기가톤에 추가하면, 이미 존재하거나 건설이 계획된 화석 연료 사용 기반시설에서 발생하는 배출량은 총 846기가톤이다.[1] 하지만 전체 온실 기체의 총량에 비하면 적은 양인데, 삼림 벌채나 농업, 그리고 다른 형태의 미래 토지 이용 변화를 포함하지 않았기 때문이다. (되먹임 현상도 포함하지 않는다. 여기에 대해서는 조금 뒤에 살펴보자.)

오늘날 IPCC에 따르면 온난화 상승치를 66퍼센트의 확률로 산업화 이전 대비 1.5℃ 미만으로 유지한다는 파리 협정의 목표를 달성하려면 가까운 미래에 이산화탄소를 420기가톤 미만으로 배출해야 한다. 그렇기 때문에 앞서 계산한 846기가톤은 파리 협정의 목표를 이루기 위해 요구되는 허용 누적 탄소 배출량의 2배다. 실제로 기온 상승치 1.5℃를 이루려면 전 세계가 앞으로 20년도 채 되지 않는 기간 내에 순 제로 배출량을 달성해야 한다는 것을 의미할 정도로 예산은 빠듯하다.[2]

그렇다면 우리는 현실적으로 무엇을 할 수 있을까? 첫째, 지금 계획되거나, 허가되었거나, 건설 중인 모든 발전소를 백지화하면 188기가톤을 아낄 수 있다. 다시 말해 이것은 석탄이나 석유, 천연 가스를 태우는 하위 시설을 건설하고 있는 모든 발전소 건설 현장에서 작업을 일제히 중단하는 것을 의미한다. 땅 파는 사람들을 불러 세우고 떠나게 한 다음, 아직 공사를 시작하지 않은 경우는 계획을 무산시키고, 모든 허가를 취소하는 것이다. 이런 결정은 UN 차원이 아니라 베이징에서 베를린까지 각 국가의 수도에서 이뤄져야 한다. 또한 자동차와 트럭은 물론 가정용 보일러, 항공기와 각종 운송 수단, 시멘트 가마, 용광로를 비롯한 산업 기반시설처럼 내연기관을 갖춘 모든 설비를 판매 중단해야 한다. 이런 조치가 일자리와 경제에 어떤 영향을 미치든 상관없다.

여기서 주의할 사항이 하나 있다. 이런 조치는 오늘날의 전 세계 에너지 불평등을 그 자리에 고정시키는 방식으로는 이뤄질 수 없고 그렇게 해서도 안 된다. 자국 시민이 좋은 품질의 전기를 거의 사용하지 못하는 인도와 방글라데시에서 이미 계획된 석탄 발전소를 취소하라고 요구하는 것은 공평하지 않다. 소비량이 엄청난 부유한 세계 사람들이 이미 대기 중 탄소 배출량의 여분을 다 써버린 상황을 벌충罰充하기 위한 조치라면 특히 더 그렇다. 따라서 이미 화석 연료 발전소를 건설하지 않은 개발도상국에서 미래의 탄소 배출을 막는 것은, 개발도상국 전체에 걸쳐 현대적 에너지에 대한 접근권을 제공하는 프로그램의 일부여야 한다. 그 에너지가 탄소 기반이 아닌 깨끗한 공급원에서 비롯해야 한다는 단서가 붙지만 말이다. 이것은 도덕적 관심사인 만큼이나 정치적 현실을 담은 문제다. 근본적으로 불공평하다고 널리 인식되는 탄소 감축 프로그램은 실패할 것이다.

하지만 우리가 미래의 탄소 배출원을 전부 없애는 데 성공하더라도 우리가 66퍼센트의 확률로 1.5℃ 목표치 이하를 달성하려면 아직 200기가톤을 더 감축해야 한다. 그리고 만약 1.5℃라는 목표치를 달성할 확률을 50퍼센트로 낮출 준비가 되어 있다면 이산화탄소 배출량의 총 예산은 580기가톤이 된다. 하지만 그래도 여전히 목표치보다 100기가톤 이상 더 높다. (토지 이용 측면의 변화를 생각한다면 그 이상이다.) 따라서 상승치 1.5℃를 50:50의 확률로라도 유지할 수 있는 유일한 방법은 기존 기반시설에서 발생할 미래의 배출량에 대해 조치를 취하는 것이다. 즉, 기존 기반시설을 조기에 폐쇄하는 것이다. 특히 석탄 발전소와 중공업 시설을 조기에 폐쇄하고, 가솔린과 디젤 트럭이 수명을 다하기 전에 도로에서 치워야 한다. 또한 제트기를 폐기하고, 누군가 탄소 중립적인 항공 여행을 개발하기 전까지는 비행이 아니라 에너지 집약도가 낮은 다른 운송 수단을 선택해야 한다.

당연히 이것은 정치가들의 입장에서 무척 삼키기 힘든 쓴 약일 것이다. 또 자동차나 트럭을 포함한 주거나 운송 관련 자산에 대해서는 개인뿐 아니라 회사나 퇴직연금, 투자용 주택 등의 소유자들은 모두 이것이 무가치하거나 발이 묶인 자산이라는 사실을 알게 될 것이다. 건물, 자동차, 산업용 공장을 폐기하거나 파괴하는 이런 조치는 세계 대전의 피해와 비견될 규모로 인류의 기반시설을 크게 감소시킨다. 그 과정에서 우리는 화석 연료 산업 전체를 해체하고, 석유 탐사와 석탄 채굴을 중단하며, 정유 시설을 폐쇄하고 광산을 닫는 등의 과정을 시작할 필요가 있다. 이것은 우리가 예전에 어떤 규모로든 결코 염두에 두지 않았던 선택지다. 화석 연료를 파내지 않고 그대로 땅속에 남겨두기로 결정하는 것이다.

하지만 광부들은 일자리를 잃는 것에 대해 항의하고, 석유회사들은 관련 법안에 반대하는 정당을 후원하며, 트럭 운전사들은 도로를 봉쇄할 것이다. 그렇게 하면 우리에게 남은 선택지는 단 하나뿐이다. 합리적이고 현실적인 결과를 기대한다는 의미에서 우리는 정직하게 상승치 1.5℃라는 목표를 포기해야 할 것이다. (물론 이 목표를 달성할 확률은 계속 줄어들기는 해도 미미하게 존재한다. 예를 들어 840기가톤의 이산화탄소 배출량 예산을 허용하면 상승치 1.5℃ 미만으로 머무를 가능성은 30퍼센트로 낮아진다.) 그렇다면 우리는 목표를 포기했을 때, 1.5~2℃ 사이에서 발생할 것이라 예상되는 추가적인 기후 피해를 수용할 수 있도록 대비하는 것이 좋다. 그렇다면 앞장의 내용을 간추려 이러한 피해는 어떤 것들이 있을지 살펴보자.[3]

일단 북극해 빙하가 용해되는 티핑포인트는 이 두 온난화 수준 사이에 있을 것으로 여겨진다. 지구온난화 상승치를 1.5℃ 이하로 유지하면 아마 북극의 빙하 일부를 유지할 테고, 이 빙하는 북반구를 더 시원하게 하는 데 중요한 역할을 할 것이다. 하지만 기온 상승치가 2℃에 도달하도록 허용하면 이후로 몇 년 안에 사실상 북극해 전체의 빙하가 사라질 것이다. 이것은 북극곰들에게만 나쁜 소식이 아니다. 많은 양의 추가적인 태양 복사 에너지가 어두운 바다 해수면에 흡수되어 지구 시스템으로 재순환되기 때문에, 온난화 과정을 10년 또는 그 이상으로 빠르게 앞당길 것이라는 뜻이다. 또한 상승치가 1.5℃가 아니라 2℃가 되면, 200만 제곱킬로미터의 북극 영구 동토층이 추가로 녹아 이미 불안정해진 대기로 수백억 톤의 이산화탄소와 메탄을 방출하게 된다. 실제로 이 두 가지 양의 되먹임 현상은 기온이 2℃만큼 상승하도록 허용해 결과적으로 상승폭이 3℃ 넘게 커질 위험이 더 커진다.

IPCC는 2018년의 특별 보고서에서 1.5℃의 목표치를 폐기하고 2℃의 상승치를 허용하면, "서남극 빙하에 대한 되돌릴 수 없는 손실이 시작되고 다른 해양 빙상이 불안정해진다"라고 명시했다. 또한 과학자들은 그린란드에서 1.8℃의 국지적 온난화 상황이 스스로 되돌릴 수 없는 빙하 용해로 이어지는 티핑포인트라고 여긴다. 고위도에서는 온난화가 증폭되기 때문에 상승 목표치 2℃는 분명 이 지역의 위험 문턱값을 훨씬 상회하며, 목표치가 1.5℃라도 과할 수 있다. 이런 모든 빙상의 티핑포인트를 통과하면 해수면 상승 속도는 목표치 1.5℃에 비해 훨씬 빨라져 1,000만 명이 추가로 집을 잃을 것이다. 상승치 2℃가 되면 136개의 바닷가 대도시들이 붕괴 위험에 빠지며 2100년까지 매년 1조 4,000억 달러의 피해를 입는다. 1.5℃ 상승치를 포기한다는 것은 이번 세기 중반이 되자마자 중앙아메리카와 남아메리카에서 뎅기열이 50만 건 더 발생하며 영양실조로 인한 사망자가 50만 명 더 발생한다는 뜻이기도 하다. 왜냐하면 2℃의 온난화를 허용할 경우 옥수수, 쌀, 밀을 비롯한 주요 곡물들의 수확량이 전 세계적으로 더욱 많이 감소해 예상 인구 95억 명을 먹여 살릴 인류의 능력이 심각하게 위태로워지면서 대량 아사 위험이 높아지기 때문이다.

온난화 상승치가 0.5℃ 차이나면 극도의 더위에 노출되는 사람의 수도 크게 달라진다. 1.5℃라는 목표를 포기하면 17억 명이 추가로 심각한 열파에 노출되고, 4억 2,000만 명이 극단적인 열파에 시달리며, 6,500만 명 이상은 목숨을 앗아갈 만큼 심한 열파를 겪는다. 이런 영향을 받는 것은 사람뿐만이 아니다. 1.5℃의 목표치를 벗어나면 서식 가능한 기후대의 절반 이상을 잃는 곤충이나 식물, 척추동물이 2배로 늘어나게 된다. 산호초는 1.5℃의 온난화에도 70~90퍼센트가 감소하며 온난화 상승치가 2℃에 달할 무렵에는 99퍼센트 이상이 폐사할 것이다. 다시 말해 산호의 경우에는 이 0.5℃가 산호초 개체를 그나마 남아 있게 할지, 전 지구의 생태계에서 멸종될지를 갈라놓는 차이를 만들어낸다.

물론 이 모든 죽음과 파괴는 몇 년 더 발전소가 웅웅대는 소리를 내고 자동차와 트럭이 굴러다니게 하는 것과 맞바꾼 가치다. 이것은 정치적인 결정이고 도덕적인 판단이다. 우리는 단지 비용과 이익의 균형이 어떤 방식으로 양쪽에 쌓이는지 명확히 할 필요가 있다. 1.5℃의 목표를 유지하면 수백만 명의 생명을 구할 수 있다. 그리고 그 목표를 포기하는 데 찬성하면 몇 조 달러를 절약할 가능성이 있다. 물론 이것은 힘든 선택이다.

상승치가 2℃ 이상일 때

이제 1.5℃라는 목표는 불가능하다는 사실을 받아들이고 2℃의 목표를 조준한다고 치자. 이렇게 하면 남은 탄소 배출량의 예산을 더 많이 확보할 수 있어서 발전소나 자동차를 조기에 폐기하지 않아도 되고 기존 기반시설을 계속 운영할 수 있다. 기반시설에 대한 계획과 건설을 계속 진행할 수 있다는 뜻이기도 하다. 하지만 우리가 앞에서 살핀 바와 같이 그러면 화석 연료 소비로 인한 이산화탄소 배출량은 총 846기가톤으로 증가할 것이다. 이것은 온난화 상승치 2℃의 이산화탄소 예산 1,170기가톤의 대부분을 차지하는 양이며, 이 목표치를 초과하지 않도록 온도를 유지할 확률은 3분의 2이다. 게다가 상승치 2℃를 달성한다는 것은 우리가 지금부터 매년 6퍼센트씩 화석 연료 배출량을 줄이고, 이번 세기 중반까지 전 세계적으로 순 탄소 중립성에 도달해야 한다는 것을 의미한다.

나는 세계 정부가 기후변화에 대처하기 위한 계획을 전혀 갖고 있지 않다고 주장하는 것이 아니다. UN 기후협약 절차에 따라 각국은 '국가적으로 결정된 기여금NDC'에 대해 제출하도록 요청받았는데, 이것은 사실상 온실가스 배출 조치에 대한 각국의 목표를 요약하는 내용이다. NDC는 법적 강제력이 없다. 이것이 대체했던 이전의 교토 의정서와는 달리, NDC는 자발적인 국가별 목표여서 법적인 구속력이 있는 조약의 일부가 아니다. 지금까지 세계 거의 모든 나라인 184개의 기후협약 당사국이 NDC를 제출했다. 이건 좋은 소식이다. 하지만 나쁜 소식은 NDC를 전부 합쳐도 전 지구적 온난화 상승치를 0.3℃밖에 줄이지 못한다는 점이다. 그러면 이번 세기말까지 상승폭이 3.2℃에서 2.9℃로 줄어들 뿐이다. NDC는 앞으로 몇 년 안에 더 강화될 예정이지만, 대부분의 국가들은 NDC를 제출할 당시 그렇게 할 계획을 세우지 않았고(특히 미국이 그렇다) 일부 국가는 기존의 배출량 목표를 약화시키며 석탄, 석유, 천연 가스를 지속적으로 더 연소시킬 계획을 제시하면서 오히려 후퇴하고 있다.

다시 말해 전 세계는 문서로 제안된 조약에서도 상승치 2℃가 아닌 3℃를 선택하고 있다. 다시 한 번, 그 정도의 상승치가 기후에 미치는 영향에 대해 간략히 순서대로 간추려 보자. 우리는 지구를 300만 년 동안 지금보다 더 따뜻하게 만들어 다시 플라이오세로 데려갈 것이다. 이 시기는 북극이 오늘날보다 19℃는 더웠으며 빙하는 전부 사라지고 수목 한계선은 2,000킬로미터나 북쪽으로 물러섰던 시기였다. 그린란드의 빙상이 조그만 잔해로 줄어들었고, 서남극 빙하가 무너지면서 해수면이 지금보다 10~20미터 높아졌다. 이런 붕괴를 완전히 극복하려면 수 세기가 걸릴 테지만, 2100년에 3℃가 상승하면 얼마 지나지 않아 해수면이 1.7미터 상승해 수억 명의 사람이 난민으로 내몰릴 것이다. 극단적인 기후 사건이 증가하면서, 해수면이 조금만 상승하더라도 뉴욕은 매년 허리케인 샌디에 해당하는 피해를 입게 되고 136개의 유네스코 세계문화유산이 위험에 처하게 될 것이다. 그리고 방글라데시에서 인구 밀도가 높은 해안의 2,500제곱킬로미터가 홍수로 물에 잠길 것이다.

그리고 기온은 계속 올라간다. 3℃가 상승하면 남아시아의 광대한 지역, 그리고 전 세계 인구 분포에서 상징성이 있는 소수 민족이 '극도로 위험한' 열파 지역에 몰린다. 아프리카의 도시들은 위험한 더위를 겪는 건수가 20배에서 50배 증가할 것이다. 그리고 미국의 도시들은 이렇듯 더워진 기후 시스템의 극한적인 사건들로 매년 수천 명의 폭염 관련 사망자가 발생한다. 지구 면적의 3분의 1과 인구의 절반 이상이 연간 20일 넘게 죽음의 문턱을 넘는 온도와 습도 조건에 직면할 것이며, 5,000만 명은 과학자들이 말하는 '생존 가능성의 문턱'을 넘나드는 기온에 노출될 것이다. 지중해 지역은 본격적인 사막화로 이행하고 산불 위험이 3배 높아지며, 건조 지대가 지구 육지 면적의 절반을 차지할 만큼 확대되어 남북 아메리카, 아프리카, 아시아, 호주 전역에서 가뭄의 규모가 무려 500퍼센트나 증가하면서 10억 명의 인구가 물 부족에 따른 심각한 질병을 겪을 것이다.

3℃ 상승한 세계에서 기온이 상승하고 강우량이 감소한다는 것은 세계가 심각한 구조적인 식량 부족에 빠진다는 뜻이다. 아프리카와 남아시아 전역의 소작농들은 가뭄과 더위에 일을 완전히 접게 되어 10억 인구의 생계가 사라진다. 전 세계 주요 식량 생산지에서 기온이 임계값을 초과하면서 중요한 식량 작물의 수확량이 현저하게 감소한다. 캐나다 같은 고위도 지역에서도 극심한 더위에 농작물이 타죽을 것이다. 정확한 결과는 농작물의 적응 능력과 농경지의 이동에 따라 달라지겠지만 그렇다 하더라도 개발도상국에서는 기근 때문에 수백만 명이 목숨을 잃을 위험이 높아져 난민이 급증할 뿐만 아니라 인류 문명에 대한 실존적인 도전 과제를 제시한다. 히말라야산맥의 빙하 질량은 50퍼센트 감소해서 담수가 줄어들고 식량 생산에 큰 피해를 입힌다. 안데스산맥과 유럽 알프스산맥에서는 눈과 얼음의 90퍼센트 이상이 사라진다. 고위도나 열대지방에서는 반대로 물이 넘쳐흐르는 것이 문제가 되어, 매년 2억 명이 하천 범람으로 피해를 입으며 그에 따른 전 세계적인 피해가 1,000퍼센트 넘게 급증한다.

최종 경고: 6도의 멸종

기후붕괴가 자연에 미치는 영향은 더욱 비참하다. 곤충의 절반, 포유류의 4분의 1, 식물의 44퍼센트, 조류의 5분의 1은 지구 온도가 3℃ 상승하는 이번 세기말까지 서식 가능한 기후대의 절반 이상을 잃을 것이다. 북아메리카에서는 조류 종의 3분의 2가 멸종 위기에 처한다. 또 산호초가 이미 사라진 가운데, 해양 열파는 호주의 해조류 숲에서 남극의 크릴새우에 이르는 아직 남은 해양 생태계에 치명적인 타격을 주고 있다. 지구상의 모든 종은 매년 수 킬로미터씩 이동하는 기후대를 따라잡기 위해 스스로 이동해야 하기 때문에 더 이상 '외래 침입종' 같은 것은 존재하지 않는다. 변화에 따라가지 못하는 생물은 멸종되어 지질학적인 대량 멸종에 기여한다.

그리고 기온 상승치 3℃도 티핑포인트를 맞게 된다. 삼림 벌채가 극적으로 억제되지 않는 한 3℃의 지구온난화는 아마존을 전면적인 붕괴로 몰아넣는다. 엄청난 규모의 산불이 지구상에서 생물학적으로 가장 중요한 육지 생태계를 없애고, 나무와 이탄을 태워 대기에 수백억 톤의 탄소를 추가적으로 쏟아 붓는다. 또한 3℃가 상승하면 지구 전체 영구 동토층의 4분의 3에 해당하는 1,200만 제곱킬로미터의 북극 동토층이 녹으면서 이산화탄소와 규모를 헤아릴 수 없는 메탄을 방출한다. 이 두 가지 되먹임은 아마도 온난화 상승치에 0.5℃를 더할 것이다. 한편 북극 해빙이 완전히 사라지면서 1조 톤의 이산화탄소가 추가되면 그만큼 온도가 추가적으로 상승하며 지구온난화를 25년 앞당긴다.

4℃의 상승

그럼에도 3℃의 상승은 사실 어떤 면에서는 최선의 시나리오다. 만약 정부가 무엇을 하겠다고 말하는 내용 대신 실제로 어떤 정책을 수행하고 있는지 살핀다면, 지구온난화는 50:50의 확률로 더 악화될 테고 상승치가 4.3℃까지 달할 가능성은 적지만 이번 세기말까지는 3.2℃까지 오를 수 있다. 새로운 도로와 공항을 건설하고, 수십억 달러를 들여 새로운 화석 연료를 탐사하며 중국 등지에서 석탄을 기반으로 생산하는 전기 사용이 광범위하게 팽창하는 모습을 보면 말이다. 이런 정책이 지속된다면 우리는 2035년에 1.5℃를 넘어서고, 2053년에는 2℃를 넘겨서 그대로 4℃ 상승한 세계로 향하게 될 것이다.

그러면 다시 한 번 이런 경우 우리 앞에 무엇이 기다리고 있는지 상기해 보자. 우리 행성은 4℃가 올라가면서 숨이 막힐 만큼 뜨거워졌다. 열대지방의 도시들은 연중 극심한 더위로 구워지고 미국 남부의 주들은 현재 데스밸리에서만 볼 수 있는 기온과 가뭄을 경험한다. '초가뭄'에 시달리는 이 주들은 경작이 가능한 남은 토양을 날려 버리는 강력한 먼지 폭풍에 휩쓸린다. 전 세계적으로 고열 관련 사망률은 500~2,000퍼센트 증가한다. 걸프 지역은 기온이 너무 높아서 1년 중 대부분의 기간에는 생물학적으로 사람이 살 수 없다. 즉 사람들은 바깥에서 돌아다닐 수 없고 인공적으로 냉각된 환경 안에서만 머물러야 한다. 남아시아 일부 지역에서도 온도와 습도가 생존 가능성 문턱을 넘어, 오늘날 수억 명이 거주하고 있는 지역도 위태로워진다. 거주 불가능한 영역은 중국 동부로까지 확장되어 전 세계 기후 난민이 수억 명 더 급증한다. 인류 문명의 요람이었던 남아시아와 중국 북부의 평야는 이제 생물학적으로 우리 종과 다른 모든 온혈동물에게 견딜 수 없는 곳이 된다.

유럽 남부, 중앙아메리카, 브라질의 여러 지역, 남아프리카, 호주 해안 지대, 중국 남부는 현재 초건조지대 벨트에 있으며 심각한 사막화를 겪고 있다. 사막이 확산되면서 건조지대는 거의 600만 제곱킬로미터의 땅을 뒤덮고, 고위도 밖의 거의 모든 대륙 지역에 거의 매년 가뭄을 몰고 온다. 미국에서는 나라 전역에서 화재 위험이 500퍼센트 넘게 증가하며 산불이 숲 전체를 태우고 마을 전체를 잿더미로 만든다. 가장 큰 대화재는 화염 토네이도와 검은 우박이 동반된 화재 적란운을 형성해서 작은 입자를 성층권으로 밀어 넣고, 소규모 핵전쟁이 일어난 것처럼 재와 먼지 층으로 지구를 덮는다. 히말라야산맥도 얼음의 75~90퍼센트가 사라지는 등 전 세계 대부분의 산맥에서 빙하가 녹아 없어진다. 그에 따라 담수 공급량이 더욱 줄어들고 농업 생산력이 떨어지며 너무 기온이 높아 농작물을 재배할 수 없는 저지대 지역 대신 더 고도가 높은 곳으로 농경지가 이동한다. 눈이 거의 내리지 않는 가운데 산간지대에서는 강우량이 늘어 몇 시간도 되지 않아 도시 전체가 물에 잠기는 파괴적인 홍수가 순식간에 발생한다. 해안 지역은 6등급 슈퍼폭풍으로 황폐화되며, 열대성 사이클론 또한 예전에 허리케인 벨트 밖에 있었던 서유럽이나 지중해를 강타한다.

전 세계의 곡창지대는 기온이 너무 높아 농작물이 자랄 수 없을 정도다. 치명적인 열파가 식물의 효소와 조직을 손상시켜 수확량이 아예 0이 되는 경우도 부지기수다. 미국에서는 전통적인 옥수수 벨트가 황폐한 더스트볼이 된다. 여러 지역에서 동시에 농작물을 수확하는 데 실패하면서 무역에서 흑자를 거두지 못하고, 옥수수, 밀, 콩 같은 주요 작물의 시장이 붕괴된다. 북반구에서는 시베리아와 캐나다 북극 지방의 상당 부분을 포함해 농작물을 수확할 수 있었던 지역이 1,200킬로미터 정도 극지방에 더 가까워진다. 구조적 기근은 이제 중세 이후 처음으로 사람들에게 경험의 중요한 일부가 되었다. 수십억 명의 사람이 더위, 가뭄, 식량 부족에서 도망쳐 정치적인 경계선을 허물면서 아직 남아 있는 복잡한 문명의 중심지에 스트레스를 가중시킨다. 바다에서는 산성화와 유독성 녹조가 해수면 상승으로 이미 많이 바뀌었던 세계 대부분의 해안에 영향을 미친다. 남극 대륙의 대부분이 녹고 그린란드가 1년 내내 대부분 급속하게 해빙되면서, 이번 세기가 끝날 무렵에는 해수면이 3미터 가까이 높아질 것이다. 그러면 10억 명의 사람들이 추가로 고향을 떠나야 한다.

지구 표면의 상당 부분이 동물과 식물이 그동안 마주했던 진화적 경험 밖에서 새로운 기후 시스템에 진입하면서 6,500만 년 전 공룡의 종말 이후로 최악의 대량 멸종 사태가 발생한다. 현재 북극의 해빙 지대에 있는 1조 톤의 탄소와 함께, 영구 동토층의 되먹임은 속도를 최고 기어로 올리고 있으며 그에 따라 온난화에 박차를 가하는 중이다.

최종 경고: 6도의 멸종

6℃ 온난화를 향해

'기후 행동 추적자'의 최신 보고에 따르면, "현재의 정책이 계속될 때 21세기 말까지 온난화 상승폭이 4℃를 초과할 가능성이 10~25퍼센트다."[4] 하지만 이것은 북극 영구 동토층이 녹고 아마존 열대우림이 붕괴하는 것 같은 되먹임의 영향을 고려하지 않은 결과다. 이런 영향을 추가했을 때, 현재의 정책으로는 이번 세기가 끝날 때까지 5℃ 상승의 영역으로 끌려 들어갈 위험이 높아진다. 미래에 배출량이 더 증가하는 것은 상관하지 않는다 해도 말이다. 'RCP 8.5'라고 불리는 IPCC의 화석 연료 집약적 개발 시나리오에 따르면, 그동안 석탄 사용량이 6배 증가했기 때문에 이산화탄소 배출량도 이번 세기말까지 계속 증가할 것이라고 예상된다. 평균 상승치가 4.3℃라면 가능한 상승치의 범위는 5.4℃까지 확장되어 6℃ 상승의 세계로도 나아갈 수 있다. 하지만 많은 사람이 이 시나리오의 타당성에 의문을 제기했다. 인류가 반세기 뒤에도 석탄 소비를 계속 늘릴 것인가? 그러지 않기를 바라야 할 것이다. 그러나 이 시나리오는 불행하게도 북극이나 다른 곳에서 양의 되먹임이 일어나 간접적인 방법으로 탄소 배출량이 추가된 상황을 반영할지도 모른다. 더욱이 작성 당시 전 지구적인 배출량은 다른 IPCC 시나리오보다 RCP 8.5에 더 가까웠으며 배출량이 정점에 도달했다는 조짐은 전혀 보이지 않았다.

이들 '기후 행동 추적자'에 따르면 현 정부 정책이 우리를 5℃ 세계의 초기 단계로 인도할 가능성은 4분의 1 정도라고 한다. 이제 예전에는 인류 문명의 중심지였던 모든 열대와 아열대 지방이 1년 내내 '죽을 듯한 더위'에 시달리며 고온 현상 때문에 생물이 전혀 살 수 없는 곳이 되었다. 또 전 세계 식량 생산량은 심하게 줄었고, 위도가 무척 높거나 해저 대륙 주변부처럼 점점 줄어드는 거주 가능한 장소에서만 농경이 가능하다. 살아남은 사람들은 그린란드나 남극반도 같은 '피난처'에 욱여넣어진다. 이제 지구의 상당 부분은 뜨겁게 정체된 대양으로 둘러싸인 바위 대륙의 황무지다. 기온은 5,000만 년 전 초기 에오세 이후로 가장 높다. 이 행성의 모든 얼음은 이제 사라질 운명이고, 그에 따라 결국 해수면이 수십 미터나 상승한다. 상상할 수 없을 만큼 사나운 허리케인이 전 세계의 해안선을 샅샅이 훑고 지나가며 심지어 극지방까지 도달한다. 아직도 살아남은 생물종들은 이전에 살았던 기후대에서 5,000킬로미터는 떨어진 곳에서 살 만한 장소를 발견한다. 맹렬한 더위로 야생동물이 멸종되면서 남은 인간들은 조용하고 섬뜩한 세계에서 살아가고 있다.

6℃ 상승한 세계에서는 지구상에서 가장 큰 규모의 멸종이 일어나는데, 90퍼센트의 생물 종을 산 채로 죽음으로 내몰았던 페름기 말의 재앙보다도 더 심각하다. 내가 이 글을 쓸 때 인류의 탄소 배출 속도는 페름기 말의 대격변이 촉발되었을 때보다 최소한 10배는 더 빠르다. 사실 우리는 복잡한 생명체가 진화한 이래로 지질학적 역사상 전례 없는 속도로 대기권에 탄소를 주입하고 있다. 이 정도 수준의 온난화는 인류라는 종의 생존마저 위태롭게 한다. 대부분의 다른 생명체가 이미 사라진 상황에서, 동물의 썩어가는 사체와 결합된 식물의 잔해는 산소

가 고갈된 바다의 가장자리를 따라 씻겨 내려가 매트 같은 부유물을 형성한다. 더 장기적으로, 이런 극단적인 온난화는 바닷물을 증발시키고 생물권을 절멸시키는 단계까지 나아가 지구를 10억 년쯤 빨리 금성 같은 상태로 바꾸고 말 것이다.

생명을 선택하라

이 모든 이야기가 버겁게 들린다면 한 가지를 기억하라. 아직은 전부 망치지 않았다는 것이다. 만약 당장 내일부터 전 지구적으로 탄소 배출을 멈춘다면, 온난화는 1.5℃도 일어나지 않을 것이다. 물론 약간의 추가 온난화와 빙하 융해가 이미 진행 중이어서 어쩔 수 없지만, 그렇게 비중이 크지는 않다. 탄소 관련 전 세계 온도 조절 장치는 여전히 우리가 통제할 수 있는 범위 안에 있다. 앞으로 건설될 공항 활주로, 불이 붙을 석탄 보일러, 시동이 걸릴 가솔린 엔진처럼 아직 완결되지 않은 선택지들이 우리의 미래가 얼마나 뜨거워지고 생명을 죽음으로 몰아넣을지 결정하게 될 것이다. 내가 이 책을 쓴 이유는 피할 수 없는 종말론에 대한 불길한 예언을 하기 위해서가 아니라 우리가 직면한 선택지에 대해 설명하고 경고하기 위해서였다. 내가 이 책에서 제시한 증거를 인류의 미래를 바꾸기에는 '너무 늦었다'라고 선언해야 할 이유로 삼는 사람들이 있다면, 의도적으로 내 메시지를 잘못 해석하고 있는 셈이다.

또한 우리는 청정에너지로 향하는 경로가 많다는 사실을 기억해야한다. 어떤 나라들은 지열 자원이 풍부하다. 내가 살고 있는 영국 같은 몇몇 국가는 강력한 해안풍에서 이익을 얻을 수 있다. 개발도상국의 상당수를 포함한 아열대와 열대 지역의 국가들은 공짜이고 무한한 태양 에너지를 기반으로 한 미래를 선택할 수 있다. 차세대 원전에 익숙한 국가들도 이런 선택권을 가져야 한다. 우리는 탄소 문제에 마음을 다해 모든 것을 던져야 한다. 개별 국가 수준에서는 부유한 나라일수록 육류 소비를 줄이고, 항공 여행을 줄이며, 야생동물을 다시 풀어놓는 등의 '자연적 기후 해결책'을 위해 토지를 사용하고, 전기 운송 시스템으로 더 빠르게 전환해야 한다. 우리는 기후 비상사태를 선포하고 선출된 대표들이 화석 연료를 신속하게 단계적으로 폐기하기 위해 법적 구속력이 있는 계획을 세우도록 설득할 수도 있다. 또한 탄소 로비에 맞서서 화석 연료를 소비하는 데 우리의 돈이 빠져나가지 않게 할 수도 있고, 기후를 파괴하는 회사들이 운영에 필요한 경제적 자원이나 사회적 허가를 받지 못하게 운동을 벌일 수 있다.

나는 바이오매스를 활용한 탄소 격리법을 통해 대량으로 이산화탄소를 제거하는 방식은 그다지 큰 역할을 하지 못할 것이라고 생각한다. 왜냐하면 그 방식은 토지를 너무 많이 사용해 생태계가 더 황폐해지고 식량 생산이 더 제한될 것이기 때문이다. 다시 말해 이것은 우리가 아직 발명되지 않은 기술적 수단에 의해 탄소를 나중에 제거할 수 있다는 막연한 희망을 갖고 대기 중으로 더 많은 탄소를 방출하는 '오버슈팅' 시나리오를 그렇게 진지하게 생각해서는 안 된다는 것을 의미한다. 이런 종류의 아이디어들은 마치 마약 중독자에게 마지막 한 방을 약속하는 현혹 논리다. 우리 모두는 지금 무엇을 해야 할지 알고 있다. 기존의 탄소 배출 습관을 버리고, 각종 펌프를 끄고, 아직 남은 화석 연료는 그대로 땅에 남겨두어야 한다.

기술 낙관주의를 믿는 몇몇 친구에게 양해를 구해야겠지만, 성층권에 황산염을 퍼뜨리는 것 같은 지구공학 프로젝트는 가까운 미래에 어떤 중요한 역할도 할 수 없다고 생각한다. 대부분의 평범한 사람과 마찬가지로, 나는 그저 일상적인 전 지구의 기후와 기상 시스템을 인간이 직접 조작하는 모습을 보고 싶지 않다. 그것은 마치 궁극적인 '파우스트의 거래'인 것처럼 보인다. 미래를 어느 정도 구할 수 있을 테지만 우리의 영혼을 희생해야만 한다. 우리가 존재하게 될 행성은 내가 사랑하고 지키고자 하는 지구는 아닐 것이다. 물론 과학적이고 합리적인 용어를 써 가며 이 입장을 정당화할 수는 없다는 것을 인정한다. 대신 나는 진실하게 이렇게 선언할 것이다. 의도적으로 지구공학에 의해 변화된 우리 행성의 모습에서 나는 도덕적으로, 영적으로 거부감을 느낀다. 물론 아예 죽은 행성보다는 낫겠지만, 그것 이상의 의미는 없다.

지구공학의 지지자들은 탄소 배출량을 줄여서 온난화를 멈추기에는 너무 늦었을 때 공학적으로 햇빛을 가리는 계획을 '비상 선택지'로 생각하자고 주장한다. 하지만 실제로 우리는 지금 이미 비상사태다. 앞서 언급했듯이 현재의 정책이 계속된다면 4℃ 상승한 세계를 맞이할 확률은 25퍼센트에 달하며, 그러면 인류 문명의 광범위한 붕괴를 촉발할 것이다. 우리는 향후 수십 년 동안 신속한 해결책을 찾으리라 기대하며 스스로를 속이지 말아야 한다. 우리는 정말로 지금 당장 행동해야 한다.

　다시 한 번 말하지만 아직 너무 늦지 않았고, 너무 늦지 않을 것이다. 1.5℃의 상승치가 2℃보다는 좋고, 2℃가 3℃보다 좋고, 3℃가 3.5℃보다 좋다. 우리는 결코 포기해서는 안 되며 더 나은 미래에 대한 희망을 버리고 주저앉아서도 안 된다. 여전히 앞으로 수십 년에 걸친 우리의 선택이 이번 세기 동안 온난화가 얼마나 가속되는지에 큰 영향을 미칠 것이다. 다만 내가 한 가지 주장하고 싶은 게 있다면 희생의 짐은 공평하게 나눠서 져야 한다는 것이다. 인류의 빈곤과 불평등을 고착시키거나 악화시키는 희생을 감수하면서까지 탄소 감축을 요구할 수는 없다.

　최종 경고: 6도의 멸종

비관론자들은 가끔 내게 지금 같은 시대에도 아이를 가져야 하는지, 아니면 상황이 너무 안 좋으니 아이 없이 외롭게 보내야 하는지 우울하게 묻는다. 여기에 대해 내가 확실한 답변을 할 수는 없다. 물론 아이는 가져야 한다! 아이들을 낳고, 애정을 쏟은 다음, 당신의 모든 존재를 걸고 아이들의 미래를 위해 싸워라. 내 생각에 파멸을 퍼뜨리는 사람이나 의심을 퍼뜨리는 사람이나 비슷하다. 모든 수단을 동원해서 잃어버린 것에 대해 애도하되 고통의 감정 대신 결심과 새롭게 나타난 희망에 집중하라. 아직 구하기에 늦지 않은 사람이 항상 존재할 것이니 결코 절망하지 말라. 그 사람은 당신의 아이일 수도 있다.

그러니 여러분은 다음 서약에 동참해 달라. 물이 불어나고 사막이 점점 늘어나는 광경을 보더라도 나는 계속 싸울 것이라고 말이다. 나는 결코 포기하지 않을 것이며, 수동적인 태도에 빠진 패배주의자가 되지 않을 것이다. 비록 지금 생동하는 세계의 아름다움이 침식되거나 빛을 잃어도 말이다. 나는 생존 지상주의를 비롯한 자기중심적인 생각을 거부하며, 사람들이 나에게 필요한 것이 있다면 내가 가진 것을 어려운 사람들과 언제나 나눌 것이다. 나는 결코 절망에 굴복하지 않으며 남아 있는 것들을 구하기 위해 계속 싸울 것이다. 필요하다면, 나는 이 열기가 멈추고 우리 아이들의 미래가 보일 때까지 끝없는 결단과 무한정한 애정으로 몇 년, 몇십 년을 계속 싸울 것이다.

◆

감사의 말

◆

　이 책은 지구 기후의 과거와 현재, 미래에 대해 상세하고 엄밀하며 방대한 문헌을 작성한 기후학자들과 과학 전문가들의 작업에 의존하고 있다. 나는 이 사람들에게 빚진 바가 엄청나며, 이 책의 뒷면에 작은 글씨로 표시한다 해도 그런 글을 써 준 데 대한 감사를 전하기에는 너무나 부족하다는 사실을 잘 알고 있다. 모든 사람이 내가 이 자료들을 수집하고 제시한 방식에 동의하기를 기대하지는 않지만, 적어도 내가 언급한 사람들 몇몇에 대해서는 그들의 노력의 결과물을 정당하게 취급했다고 생각한다.

　《6도의 멸종》이 출간된 이후 수년 동안 나에게 이메일과 트윗을 보내며 업데이트 요청을 해준 많은 사람이 아니었다면 나는 이 책을 쓸 자극을 받지 못했을 것이다. 이들 한 사람, 한 사람의 이름을 정확히 언급하지는 못하겠지만 감사하다. 특히 이탈리아 피사의 딜레타 카테니Dilettante Cateni는 페이스북에서 나에게 새로운 판의 부제를 '마지막 경고final warning'로 하는 것이 어떤지 제안해주었다. 이 책은 실제로 영문판 제목이 되었다. 이런 협동 작업은 마치 공동체 사업처럼 느껴진다!

또한 나는 코넬 대학교와 이 학교의 '과학을 위한 코넬 동맹' 사람들에게 큰 도움을 받았다. 세라 에바네가Sarah Evanega 박사, 조앤 콘로Joan Conrow, 바네사 그린리Vanessa Greenlee를 비롯한 이 팀 사람들은 모두 자기들의 이데올로기를 지탱하기 위해 진리와 증거 기반의 사고를 공격하고 훼손하는 사람들에 맞서 모든 분야에서 과학을 위해 싸우는 일이 얼마나 중요한지를 매일 상기시킨다.

이 책 원고의 대부분이 작성된 헤이온와이에서 나를 도와주고 지지해 준 모든 사람에게도 무척 고맙게 생각하고 있다. 그 가운데는 헤이 축제의 모든 이들, 셰퍼드의 직원들(웨일스 국경 지대에서 최고의 커피를 제공하는 사람들), 핀 비어스Finn Beales, 스콧 월리스Scott Wallace, 클레어 퍼셀Claire Purcell, 엠마 비글Emma Beagle을 비롯한 우리 작은 사무실의 여러 사람들, 앤디 프라이어스Andy Fryers, 멜 뉴턴Mel Newton, 캐드완 농장의 폴Paul과 던디Dundy, 코린Corin, 버지스Burgess 가족, 팻 스털링Pat Stirling이 포함된다. 지역 리와일딩Rewilding(멸종 위기 동물의 종을 방생하거나 황무지를 복원 및 보호하는 등의 환경보호) 그룹, 그리고 새로운 프리스비 팀인 헤이 얼티밋, 브로드메도 거리의 모든 이들도 빼놓을 수 없다. 특히 조지 몬비오트Gorge Monbiot와 레베카 리글리Rebecca Wrigley에게 고마움을 표한다. 이들과 나눈 우정 때문만이 아니다. 그들은 기후붕괴의 시대에도 리와일딩에 대한 긍정적인 시각을 가진 사람들이다.

나는 운 좋게도 니콜라스 피어슨 출판사의 지식이 뛰어나고 섬세한 담당 편집자와 만났고, 《6도의 멸종》이 성공을 거둔 뒤 이 책 또한 맡아 주어 감사하다. 다소 육중했던 이 책의 초안을 개선하고 읽기 쉽게 하고자 지칠 줄 모르고 일했던 아이린 헌트Iain Hunt와 교정을 맡은 앤서니 히피슬리Anthony Hippisley에게도 고맙다. 저자로서의 내 생활은 에이전트인 안토니우스 하우드Antony Harwood와 처음부터 끝까지 함께했다. 더 나은 사람은 정말 없을 것이다.

진부한 표현이라는 걸 알지만 사실 가족의 일상적인 지원과 사랑이 없었다면 정말 이 책을 완성하지 못했을 것이다. 초판을 썼을 때만 해도 조그마했던 내 아이들 톰Tom과 로사Rosa는 지금 이 주제에 대해 미래가 걸린 젊은이들처럼 몰두하며 의견을 말하고 있다. 나의 대자 代子인 디디에 델고르게Didier Delgorge와 알렉스 델고르게Alex Delgorge 도 영감을 주었다. 내 부모님인 브리 라이너스Bry Lynas와 발 라이너스 Val Lynas, 형제인 제니Jenny, 리처드Richard, 수전Suzanne은 항상 열정적 인 모습을 보여준다. 또 나더러 정규 업무에서 한 발짝 물러나 이 책을 쓰는 데 집중하라고 종용했던 나의 멋진 아내 마리아Maria가 무엇보다 큰 감사를 받을 자격이 있다. 여러 가지로 이 책은 정말 우리 모두의 노 력이 합해진 결과물이다. 오래전 나는 보이 스카우트의 어린이 단원인 컵 스카우트 대원이었는데, 스카우트들은 어떤 면에서 이 책의 적절한 모토를 하나 갖고 있었다. '대비하라'가 그것이다. 나는 《6도의 멸종》의 이 새로운 판이 독자들에게 더 뜨거워진 미래를 준비하도록 돕고, 사 람들이 배기가스를 줄이기 위한 새로운 조치를 취하도록 고무시켜 내 가 이 책의 후반부에서 설명했던 종류의 황폐화를 피하게 되기를 바란 다. 사랑은 오래가고, 희망도 그러하다.

◆

옮긴이의 말

◆

이 책은 저자가 2007년에 《6도의 멸종》을 출간한 이후로 10여 년 만에 전면 개정하여 새롭게 출간하였다. 2007년의 책에서 저자는 이번 세기 내에 2℃ 이하의 상승폭으로 온난화를 통제하지 못한다면 돌이킬 수 없는 선을 넘을 수도 있다고 강조한다. 그래서 2015년, 그러니까 초판을 출간했을 시점에서 8년 안에 이산화탄소 배출량이 정점에 달해야 한다고 말한다. 그렇다면 한국어판이 출간되는 2021년이 되어 상황은 어떻게 달라졌을까?

불행히도 그렇게 좋아진 것 같지는 않다. 사실 무척 심각해졌다. 저 자가 이 책에서 많은 자료를 인용해 가면서 보여주었듯이 남극의 빙상 은 연평균 100~200기가톤의 규모로 녹아 없어졌고, 빙하 유실이 심 각해 4개월마다 알프스 하나만큼 사라진다고도 한다. 빙하가 녹는 사 진을 보면 그 양이 정말 어마어마한데, 한번 녹으면 다시 돌아오지 못 한다고 생각하니 안타깝다. 게다가 기후변화로 생물 종과 개체수가 사 라지는 속도도 엄청나다는 뉴스가 보인다. 역시 한번 망가지면 돌이킬 수 없다.

상황이 더 심각해졌다면 《최종 경고: 6도의 멸종》에서 저자가 말하는 해결 방안도 바뀌었을까? 초판에서는 지금과 같은 화석 연료 사용에 당장 제동을 걸어야 하며 일종의 탄소 배급제를 통해 국가별, 개인별로도 탄소 사용량을 제한해야 한다고 말한다. 희생이 따르더라도 지금 같은 생활양식을 획기적으로 전환해야 한다는 것이다. 이 책에서도 당장 행동에 돌입해야 한다고 촉구하는 건 똑같다. 그리고 화석 연료를 기반으로 한 산업을 그대로 유지해 지금 같은 배출량을 지속시킨다면 온난화 상승폭은 2℃를 넘어 3℃, 4℃, 심하면 5℃, 6℃까지도 갈 수 있다고 한다. 이 책에서 자세히 설명하듯 뒤로 갈수록 상황은 거의 재난영화 급이 되어 간다. 해결 방안은 역시 우리가 각성해 탄소 사용량에 제동을 걸고 생활방식을 바꾸는 것이다.

저자가 말하는 방안은 급진적인 것과 그나마 현실적인 것이 있다. 1.5℃ 상승의 목표를 이루려면 앞으로 20년도 채 되지 않는 기간 안에 순 제로 배출을 달성해야 한다. 그러려면 화석 연료와 관련된 공장, 자동차나 항공기를 가동하지 않거나 생산을 중단하고 앞으로 그런 시설을 계획하지도 말아야 한다. 이런 방식이 너무 힘들다면 1.5℃의 목표를 포기하고 2℃를 목표로 잡으면 되지만, 그러면 북극의 빙하를 잃고 양의 되먹임에 의해 온난화가 더 가속될 위험성이 있다.

그래도 책의 맨 뒷부분에서 저자는 아직 희망이 있다고 말한다. 인류가 속수무책으로 당하기만 하는 건 아니고, 그나마 선택권과 변화의 열쇠를 주도적으로 쥐고 있다는 것이다. 어떻게 보면 인류가 이런 상황을 만든 주범이었을 테니 당연한 일인 듯도 싶다. 빙하가 사라지고, 재앙에 가깝게 생물이 멸종한다는 소식을 날마다 듣는 2021년이지만 저자에 따르면 아직 늦지 않았다. 책의 맨 뒷부분에서 저자의 어조는 마치 종말을 다룬 영화에서 아이를 지키고 현실과 맞서 싸우기로 한 아버지의 다짐처럼 비장하게 들린다. 우리는 심각하게 상황을 받아들이고 스스로 할 수 있는 일을 찾아 당장 실천에 옮겨야 할 것 같다. 이 책을 읽는 분들도 희망의 불씨와 함께 맞서 싸울 의지를 찾았으면 한다.

김아림

들어가기 전에

1. IPCC, *2014: Climate Change 2014: Synthesis Report.* Contribution of Working Groups I, II and III to the Fifth Assessment Report of the Intergovernmental Panel on Climate Change, Core writing team, R.K. Pachauri and L.A. Meyer (eds). IPCC, Geneva, Switzerland. www.ipcc.ch/site/assets/uploads/2018/02/SYR_AR5_FINAL_full.pdf

2. blogs.scientificamerican.com/observations/five-sigmawhats-that

Chapter 1 1°C 상승

1. Dutton, A. et al., 2015: 'Sea-level rise due to polar ice-sheet mass loss during past warm periods', *Science,* 349 (6244), aaa4019

2. Cheng, L. et al., 2019: 'How fast are the oceans warming?', *Science,* 363 (6423), 128–9

3. IPCC, 2019: 'Chapter 5: Changing Ocean, Marine Ecosystems, and Dependent Communities'. In: *IPCC Special Report on the Ocean and Cryosphere in a Changing Climate* [H.-O. Portner et al.(eds)], In press, pp. 5–14

4. Harvey, C., 2018: 'the Oceans Are Heating Up Faster Than Expected', *E&E News.* www.scientificamerican.com/article/the-oceans-are-heating-up-faster-than-expected

5. Cook, J., 2013: '4 Hiroshima bombs worth of heat per second', Skeptical Science blog. www.skepticalscience.com/4-Hiroshima-bombs-worth-of-heat-per-second.html. 나는 이 추정치를 최신 해양 열 함량 추정치에 따라 8제타줄/년에서 6제타줄/년으로 조정했다.

6. World Meteorological Organization, 2018: 'WMO climate statement: past 4 years warmest on

record'. public.wmo.int/en/media/press-release/climate-change-signals-and-impacts-continue-2018

7. Keeling, C., 1998: 'Rewards and Penalties of Monitoring the Earth', *Annual Review of Energy and the Environment,* 23, 25–82

8. Keeling, R., 2008: 'Recording Earth's Vital Signs', *Science,* 319 (5871), 1771–2

9. Keeling, C., 1998: 'Rewards and Penalties of Monitoring the Earth'. Figure 3을 참조하라.

10. Scripps, 2013: 'Carbon dioxide at Mauna Loa Observatory reaches new milestone: Tops 400 ppm', 언론 보도. scripps.ucsd.edu/news/7992

11. 다음 사이트를 참조하라. www.globalcarbonproject.org/carbonbudget/index.htm

12. Jackson, R. et al., 2017: 'Warning signs for stabilizing global CO_2 emissions', *Environmental Research Letters,* 12 (11), 110202

13. *BP, 2019: BP Statistical Review of World Energy.* https://www.bp.com/content/dam/bp/business-sites/en/global/corporate/pdfs/energy-economics/statistical-review/bp-stats-review-2019-fullreport.pdf p. 11

14. Pielke Jr, R., 2019: 'the world is not going to halve carbon emissions by 2030, so now what?', *Forbes.* www.forbes.com/sites/rogerpielke/2019/10/27/the-world-is-not-going-to-reducecarbon-dioxide-emissions-by-50-by-2030-now-what

15. Malamud, B. et al., 2011: 'Temperature trends at the Mauna Loa observatory, Hawaii', *Climate of the Past,* 7, 975–83

16. Neukom, R. et al., 2019: 'No evidence for globally coherent warm and cold periods over the preindustrial Common Era', *Nature,* 571 (7766), 550–4

17. Marcott, S. et al., 2013: 'A reconstruction of regional and global temperature for the past 11,300 years', Science, 339 (6124), 1198–201

18. Schreve, D., 2009: 'A new record of Pleistocene hippopotamus from River Severn terrace deposits, Gloucester, UK –palaeoenvironmental setting and stratigraphical significance', *Proceedings of the Geologists' Association,* 120 (1), 58–64

19. Pedersen, R. et al., 2017: 'the last interglacial climate: comparing direct and indirect impacts of insolation changes', *Climate Dynamics,* 48 (9–10), 3391–407

20. McFarlin, J. et al., 2018: 'Pronounced summer warming in northwest Greenland during the Holocene and Last Interglacial', *PNAS,* 115 (25), 6357–62

21. Stein, R. et al., 2017: 'Arctic Ocean sea ice cover during the penultimate glacial and the last interglacial', *Nature Communications,* 8 (373), 1–13

22. Dutton, A. et al., 2015: 'Sea-level rise due to polar ice-sheet mass loss during past warm periods'

23. Yau, A. et al., 2016: 'Reconstructing the last interglacial at Summit, Greenland: Insights from GISP2', *PNAS,* 113 (35), 9710–15

24. Howat, I. et al., 2013: 'Brief Communication: "Expansion of meltwater lakes on the Greenland Ice Sheet"', *The Cryosphere,* 7 (1), 201–4

25. van As, D. et al., 2018: 'Reconstructing Greenland Ice Sheet meltwater discharge through the Watson River (1949–2017)', *Arctic, Antarctic, and Alpine Research,* 50 (1), e1433799

26. Goldberg, S., 2012: 'Greenland ice sheet melted at unprecedented rate during July', *Guardian.* www.theguardian.com/environment/2012/jul/24/greenland-icesheet-thaw-nasa

27. Nghiem, S. et al., 2012: 'The extreme melt across the Greenland ice sheet in 2012', *Geophysical Research Letters,* 39 (20), L20502

28. Trusel, L. et al., 2018: 'Nonlinear rise in Greenland runoff in response to post-industrial Arctic warming', *Nature,* 564 (7734), 104–8

29. Noe l, B. et al., 2019: 'Rapid ablation zone expansion amplifies north Greenland mass loss', *Science Advances,* 5 (9), eaaw0123

30. Oltmanns, M. et al., 2019: 'Increased Greenland melt triggered by large-scale, year-round cyclonic moisture intrusions', *The Cryosphere,* 13 (3), 815–25

31. Noe l, B. et al., 2019: 'Rapid ablation zone expansion amplifies north Greenland mass loss'

32. Saros, J. et al., 2019: 'Arctic climate shifts drive rapid ecosystem responses across the West Greenland landscape', *Environmental Research Letters,* 14 (7), 074027

33. 같은 책.

34. Witze, A., 2019: 'Dramatic sea-ice melt caps tough Arctic summer', *Nature,* 573 (7744), 320–1

35. Shankman, S., 2019: 'Greenland's melting: Heat waves are changing the landscape before their eyes', *InsideClimateNews* insideclimatenews.org/news/01082019/greenland-climate-changeice-sheet-melt-heat-wave-sea-level-rise-fish-global-warming

36. Witze, A., 2019: 'Dramatic sea-ice melt caps tough Arctic summer', *Nature,* 573, 320–1

37. Screen, J., 2017: 'Far-fl ung effects of Arctic warming', *Nature Geoscience,* 10 (4), 253–4

38. Moore, G., 2016: 'the December 2015 North Pole warming event and the increasing occurrence of such events', *Scientific Reports,* 6, 39084

39. Overland, J. & Wang, M., 2016: 'Recent extreme Arctic temperatures are due to a split Polar Vortex', *Journal of Climate,* 29 (11), 5609–16

40. Kim, B.-M. et al., 2017: 'Major cause of unprecedented Arctic warming in January 2016: Critical role of an Atlantic windstorm', *Scientific Reports,* 7, 40051

41. Samenow, J., 2016: 'Weather buoy near North Pole hits melting point', *Washington Post.* www.washingtonpost.com/news/capital-weather-gang/wp/2016/12/22/weather-buoy-near-northpole-hits-melting-point

42. Hegyi, B. & Taylor, P., 2018: 'the unprecedented 2016–2017 Arctic sea ice growth season: the

crucial role of atmospheric rivers and longwave fluxes', *Geophysical Research Letters,* 45 (10), 5204–12

43. National Snow and Ice Data Center, 2016: 'Sea ice hits record lows'. nsidc.org/arcticseaicenews/2016/12/arctic-and-antarcticat-record-low-levels

44. Kahn, B., 2016: 'the Arctic is a seriously weird place right now', Climate Central. www.climatecentral.org/news/arctic-seaice-record-low-20903

45. World Weather Attribution, 2016: 'Unusually high temperatures at the North Pole, winter 2016'. www.worldweatherattribution.org/north-pole-nov-dec-2016

46. Serreze, M. & Meier, W., 2018: 'the Arctic's sea ice cover: trends, variability, predictability, and comparisons to the Antarctic', *Annals of the New York Academy of Sciences,* 1436 (1), 36–53

47. Screen, J., 2017: 'Far-flung effects of Arctic warming'

48. McSweeney, R., 2018: 'Arctic sea ice summer minimum in 2018 is sixth lowest on record', Carbon Brief. www.carbonbrief.org/arctic-sea-ice-summer-minimum-in-2018-issixth-lowest-on-record

49. Simpkins, G., 2017: 'Extreme Arctic heat', *Nature Climate Change,* 7 (2), 95

50. Sun, L. et al., 2018: 'Drivers of 2016 record Arctic warmth assessed using climate simulations subjected to Factual and Counterfactual forcing', *Weather and Climate Extremes,* 19, 1–9

51. National Snow and Ice Data Center, 2018: 'September Arctic sea ice extent at 6th lowest in the satellite record'. nsidc.org/news/newsroom/arctic-sea-ice-extent-6th-lowest-september

52. Francis, J. & Vavrus, S., 2012: 'Evidence linking Arctic amplification to extreme weather in mid-latitudes', *Geophysical Research Letters,* 39 (6), L06801

53. *Nature,* 2019: 'Telescope windfall, genius grants and Arctic ice loss', the Week in Science: 27 September–3 October 2019

54. Timmermans, M.-L. et al., 2018: 'Warming of the interior Arctic Ocean linked to sea ice losses at the basin margins', *Science Advances,* 4 (8), eaat6773

55. Notz, D. & Stroeve, J., 2016: 'Observed Arctic sea-ice loss directly follows anthropogenic CO_2 emission', *Science,* 354 (6313), 747–50

56. Steig, E., 2019: 'How fast will the Antarctic ice sheet retreat?', *Science,* 364 (6444), 936–7

57. Pagano, A. et al., 2018: 'High-energy, high-fat lifestyle challenges an Arctic apex predator, the polar bear', *Science,* 359 (6375), 568–72

58. twitter.com/AEDerocher/status/1057390924517408769

59. Amstrup, S. et al., 2010: 'Greenhouse gas mitigation can reduce sea-ice loss and increase polar bear persistence', *Science,* 468, 955–8

60. Hauser, D. et al., 2018: 'Vulnerability of Arctic marine mammals to vessel traffic in the increasingly ice-free Northwest Passage and Northern Sea Route', *PNAS,* 115 (29), 7617–22

61. Fossheim, M. et al., 2015: 'Recent warming leads to a rapid borealization of fish communities in the

Arctic', *Nature Climate Change*, 5, 673–7

62. Divoky, G. et al., 2015: 'effects of recent decreases in Arctic sea ice on an ice-associated marine bird', *Progress in Oceanography*, 136, 151–61

63. Waters, H., 2017: 'Can these seabirds adapt fast enough to survive a melting Arctic?', *Audubon*. www.audubon.org/magazine/winter-2017/can-these-seabirds-adapt-fast-enough-survive

64. Duffy-Anderson, J. et al., 2019: 'Responses of the Northern Bering Sea and Southeastern Bering Sea pelagic ecosystems following record-breaking low winter sea ice', *Geophysical Research Letters*, 46 (16), 9833–42

65. Schmidt, M. et al., 2019: 'An ecosystem-wide reproductive failure with more snow in the Arctic', *PLOS Biology*, 17 (10), e3000392

66. Cvijanovic, I. et al., 2017: 'Future loss of Arctic sea-ice cover could drive a substantial decrease in California's rainfall', *Nature Communications*, 8, 1947

67. Kim, J.-S. et al., 2017: 'Reduced North American terrestrial primary productivity linked to anomalous Arctic warming', *Nature Geoscience*, 10, 572–6

68. Budikova, D. et al., 2019: 'United States heat wave frequency and Arctic Ocean marginal sea ice variability', *Journal of Geophysical Research: Atmospheres*, 124 (12), 6247–64

69. Len, Y.-D. et al., 2018: 'Extreme weather in Europe linked to less sea ice and warming in the Barents Sea', *The Conversation* theconversation.com/extreme-weather-in-europe-linked-to-less-seaice-and-warming-in-the-barents-sea-100628

70. Screen, J. & Simmonds, I., 2013: 'Caution needed when linking weather extremes to amplified planetary waves', *PNAS*, 110 (26), E2327

71. Petoukhov, V. et al., 2013: 'Quasiresonant amplification of planetary waves and recent Northern Hemisphere weather extremes', *Science*, 110 (14), 5336–41

72. Mann, M. et al., 2017: 'Influence of anthropogenic climate change on planetary wave resonance and extreme weather events', *Scientific Reports*, 7, 45242

73. 같은 책.

74. Kretschmer, M. et al., 2018: 'More-persistent weak stratospheric polar vortex states linked to cold extremes', *Bulletin of the American Meteorological Society*, January 2018, 49–60

75. Zhang, J. et al., 2016: 'Persistent shift of the Arctic polar vortex towards the Eurasian continent in recent decades', *Nature Climate Change*, 6, 1094–9

76. Kug, J.-S. et al., 2015: 'Two distinct influences of Arctic warming on cold winters over North America and East Asia', *Nature Geoscience*, 8, 759–62

77. Bellprat, O. et al., 2016: 'the role of Arctic sea ice and sea surface temperatures on the cold 2015 February over North America' [in *Explaining Extremes of 2015 from a Climate Perspective supplement*].

Bulletin of the American Meteorological Society, 97 (12), S36–S42

78. Watts, J., 2018: 'Summer weather is getting "stuck" due to Arctic warming', *Guardian*. www.theguardian.com/environment/2018/aug/20/summer-weather-is-getting-stuck-due-to-arctic-warming

79. Helmore, E., 2019: '"Unprecedented": more than 100 Arctic wildfires burn in worst ever season', *Guardian*. www.theguardian.com/world/2019/jul/26/unprecedented-more-than-100-wildfires-burning-in-the-arctic-in-worst-ever-season

80. Freedman, A., 2019: 'Greenland wildfire part of unusual spike in Arctic blazes this summer', *Washington Post*. www.washingtonpost.com/weather/2019/07/18/greenland-wildfire-partunusual-spike-arctic-blazes-this-summer

81. Vaughan, A., 2019: 'Huge Arctic fires have now emitted a record-breaking amount of CO_2', *New Scientist*. www.newscientist.com/article/2211013-huge-arctic-fires-have-nowemitted-a-record-breaking-amount-of-co2

82. Bromley, G., 2018: 'Interstadial rise and Younger Dryas demise of Scotland's last icefields', *Paleoceanography and Paleoclimatology*, 33, 412–29

83. Henry, L. et al., 2016: 'North Atlantic ocean circulation and abrupt climate change during the last glaciation', *Science*, 353 (6298), 470–4

84. Weijer, W. et al., 2019: 'Stability of the Atlantic Meridional Overturning Circulation: A review and synthesis', *Journal of Geophysical Research: Oceans*, 124, 5336–75

85. 같은 책.

86. Roughly 0.9 petawatts; 1 PW is 1015 W, while 1 GW is 109 W. Each nuclear power station might be 1.5–2 GW.

87. Buckley, M. et al., 2016: 'Observations, inferences, and mechanisms of Atlantic Meridional Overturning Circulation variability: A review', *Reviews of Geophysics*, 54, 5–63

88. Caesar, L. et al., 2018: 'Observed fingerprint of a weakening Atlantic Ocean overturning circulation', *Nature*, 556, 191–6

89. Thornalley, D. et al., 2018: 'Anomalously weak Labrador Sea convection and Atlantic overturning during the past 150 years', *Nature*, 556, 227–30

90. Smeed, D.A. et al., 2018: 'the North Atlantic Ocean is in a state of reduced overturning', *Geophysical Research Letters*, 45, 1527–33

91. Jackson, L. et al., 2016: 'Recent slowing of Atlantic overturning circulation as a recovery from earlier strengthening', *Nature Geoscience*, 9, 518–22

92. Potsdam Institute for Climate Impact Research(PIK), 2018: 'Stronger evidence for a weaker Atlantic overturning', 언론 보도. www.pik-potsdam.de/news/press-releases/stronger-evidence-for-a-weaker-

atlantic-overturning

93. Sgubin, G. et al., 2017: 'Abrupt cooling over the North Atlantic in modern climate models', *Nature Communications,* 8, 14375

94. Geggel, L., 2018: 'Iceberg 4.5 times the size of Manhattan breaks off Antarctic glacier', Livescience. www.livescience.com/60530-pine-island-glacier-calves-in-antarctica.html

95. Geggel, L., 2018: 'Huge iceberg poised to break off Antarctica's Pine Island Glacier', *Livescience.* www.livescience.com/63782-pine-island-glacier-rift .html

96. Christianson, K. et al., 2016: 'Sensitivity of Pine Island Glacier to observed ocean forcing', *Geophysical Research Letters,* 43, 10817–25

97. Feldman, J. & Levermann, A., 2015: 'Collapse of the West Antarctic Ice Sheet after local destabilization of the Amundsen Basin', *PNAS,* 112 (46), 14191–6

98. Bamber, J. et al., 2009: 'Reassessment of the potential sea-level rise from a collapse of the West Antarctic Ice Sheet', *Science,* 324 (5929), 901–3

99. Jenkins, A. et al., 2018: 'West Antarctic Ice Sheet retreat in the Amundsen Sea driven by decadal oceanic variability', *Nature Geoscience,* 11, 733–73

100. Shepherd, A. et al., 2019: 'Trends in Antarctic Ice Sheet elevation and mass', *Geophysical Research Letters,* 46, 8174–83

101. American Geophysical Union, 2019: 'Study finds 24 percent of West Antarctic ice is now unstable', 언론 보도. news.agu.org/press-release/study-finds-24-percent-of-west-antarctic-ice-isnow-unstable

102. Bell, R. et al., 2017: 'Antarctic ice shelf potentially stabilized by export of meltwater in surface river', *Nature,* 544, 344–8

103. Bell, R. et al., 2018: 'Antarctic surface hydrology and impacts on ice-sheet mass balance', *Nature Climate Change,* 8, 1044–52

104. Stokes, C. et al., 2019: 'Widespread distribution of supraglacial lakes around the margin of the East Antarctic Ice Sheet', *Scientific Reports,* 9, 13823

105. Rondanelli, R. et al., 2019: 'Strongest MJO on record triggers extreme Atacama rainfall and warmth in Antarctica', *Geophysical Research Letters,* 46, 3482–91

106. Kuipers Munneke, P. et al., 2018: 'Intense winter surface melt on an Antarctic ice shelf ', *Geophysical Research Letters,* 45, 7615–23

107. Massom, R. et al., 2018: 'Antarctic ice shelf disintegration triggered by sea ice loss and ocean swell', *Nature,* 558, 383–9

108. Hogg, A. & Hilmar Gudmundsson, G., 2017: 'Impacts of the Larsen-C Ice Shelf calving event', *Nature Climate Change,* 7, 540–2

109. Rignot, E. et al., 2019: 'Four decades of Antarctic Ice Sheet mass balance from 1979–2017', *PNAS,*

116, 1095–103

110. Medley, B. & Thomas, E., 2018: 'Increased snowfall over the Antarctic Ice Sheet mitigated twentieth-century sea-level rise', *Nature Climate Change*, 9, 34–9

111. Mooney, C. & Dennis, B., 2019: 'Ice loss from Antarctica has sextupled since the 1970s, new research finds', *Washington Post*. www.washingtonpost.com/energy-environment/2019/01/14/ice-loss-antarctica-has-sextupled-since-s-newresearch-finds

112. Konrad, H. et al., 2018: 'Net retreat of Antarctic glacier grounding lines', *Nature Geoscience*, 11, 258–62

113. Sutherland, D. et al., 2019: 'Direct observations of submarine melt and subsurface geometry at a tidewater glacier', Science, 365, 6451, 369–74

114. Buytaert, W. et al., 2017: 'Glacial melt content of water use in the tropical Andes', *Environmental Research Letters*, 12 (11), 114014

115. Rabatel, A. et al., 2013: 'Current state of glaciers in the tropical Andes: a multi-century perspective on glacier evolution and climate change', *The Cryosphere*, 7, 81–102

116. Dussaillant, I. et al., 2019: 'Two decades of glacier mass loss along the Andes', *Nature Geoscience*, 12, 802–8

117. Zemp, M. et al., 2019: 'Global glacier mass changes and their contributions to sea-level rise from 1961 to 2016', *Nature*, 568, 382–6

118. Zemp, M. et al., 2015: 'Historically unprecedented global glacier decline in the early 21st century', *Journal of Glaciology*, 61 (228), 745–62

119. Belmecheri, S. et al., 2016: 'Multi-century evaluation of Sierra Nevada snowpack', *Nature Climate Change*, 6, 2–3

120. 같은 책.

121. Colucci, R. et al., 2017: 'Unprecedented heat wave in December 2015 and potential for winter glacier ablation in the eastern Alps', *Scientific Reports*, 7, 7090

122. Stoff el, M. & Corona, C., 2018: 'Future winters glimpsed in the Alps', *Nature Geoscience*, 11, 458–60

123. Fontrodona Bach, A. et al., 2018: 'Widespread and accelerated decrease of observed mean and extreme snow depth over Europe', *Geophysical Research Letters*, 45, 12312–19

124. Mohdin, A., 2019: 'UK experiences hottest winter day ever as 21.2C is recorded in London', *Guardian*. www.theguardian.com/uk-news/2019/feb/26/uk-hottest-winter-day-ever

125. Evans, K., 2019: 'A hiker found this beautiful lake in the Alps. there's just one small problem', *IFL Science*. www.iflscience.com/environment/a-lake-popped-up-unexpectedly-in-the-alpsthanks-to-last-months-heatwave

126. Hoegh-Guldberg, O. et al., 2018: 'Impacts of 1.5°C global warming on natural and human systems'. In: *Global Warming of 1.5°C. An IPCC Special Report on the Impacts of Global Warming of 1.5°C above Pre-Industrial Levels and Related Global Greenhouse Gas Emission Pathways, in the Context of Strengthening the Global Response to the Threat of Climate Change, Sustainable Development, and Efforts to Eradicate Poverty,* Masson-Delmotte, V. et al. (eds). In press, p. 201

127. Dai, A., 2016: 'Historical and future changes in streamflow and continental runoff'. In: *Terrestrial Water Cycle and Climate Change: Natural and Human-Induced Impacts,* Tang, Q. and Oki, T. (eds). American Geophysical Union (AGU), Washington DC, USA, pp. 17–37

128. Do, H.-X. et al., 2017: 'A global-scale investigation of trends in annual maximum streamflow', *Journal of Hydrology,* 552, 28–43

129. Fischer, E. & Knutti, R., 2016: 'Observed heavy precipitation increase confirms theory and early models', *Nature Climate Change,* 6, 986–91

130. Hoegh-Guldberg, O. et al., 2018: 'Impacts of 1.5°C Global Warming on Natural and Human Systems'. In: *Global Warming of 1.5°C. An IPCC Special Report on the Impacts of Global Warming of 1.5°C above Pre-Industrial Levels and Related Global Greenhouse Gas Emission Pathways, in the Context of Strengthening the Global Response to the Threat of Climate Change, Sustainable Development, and Efforts to Eradicate Poverty,* Masson-Delmotte, V. et al. (eds). In press, p. 193

131. Schleussner, C.-F. et al., 2017: 'In the observational record half a degree matters', *Nature Climate Change,* 7, 460–2

132. Li, C. et al., 2019: 'Larger increases in more extreme local precipitation events as climate warms', *Geophysical Research Letters,* 46, 6885–91

133. Lehmann, J. et al., 2015: 'Increased record-breaking precipitation events under global warming', *Climatic Change,* 132, 501–15

134. Demaria, E.M.C. et al., 2019: 'Intensification of the North American Monsoon rainfall as observed from a long-term high-density gauge network', *Geophysical Research Letters,* 46, 6839–47

135. Roxy, M. et al., 2017: 'A threefold rise in widespread extreme rain events over central India', *Nature Communications,* 8, 708

136. Donat, M. et al., 2016: 'More extreme precipitation in the world's dry and wet regions', *Nature Climate Change,* 6, 508–13

137. Taylor, C. et al., 2017: 'Frequency of extreme Sahelian storms tripled since 1982 in satellite observations', *Nature,* 544, 475–8

138. Yuan, X. et al., 2018: 'Anthropogenic intensification of Southern African flash droughts as exemplified by the 2015/16 season' [in *Explaining Extreme Events of 2016 from a Climate Perspective supplement*]. *Bulletin of the American Meteorological Society,* 99 (1), S86–S90

139. Zhou, C. et al., 2018: 'Attribution of the July 2016 extreme precipitation event over China's Wuhan' [in *Explaining Extreme Events of 2016 from a Climate Perspective supplement*]. Bulletin of the American Meteorological Society, 99 (1), S107–S112

140. Feng, Z. et al., 2016: 'More frequent intense and long-lived storms dominate the springtime trend in central US rainfall', *Nature Communications,* 7, 13429

141. Fischer, E. & Knutti, R., 2016: 'Observed heavy precipitation increase confirms theory and early models'

142. Sharma, A. et al., 2018: 'If precipitation extremes are increasing, why aren't floods?' *Water Resources Research,* 54, 8545–51

143. www.ksbw.com/article/east-texas-county-tellsresidents- get-out-or-die/12142731

144. www.ksbw.com/article/harvey-bodies-of-6-houstonfamily-members-recovered/12140867

145. www.ksbw.com/article/harvey-horror-shivering-girl-3-clinging-to-drowned-mom/12145338

146. Blake, E. & Zelinsky, D., 2017: 'National Hurricane Center tropical cyclone report: Hurricane Harvey'. www.nhc.noaa.gov/data/tcr/AL092017_Harvey.pdf

147. www.chicagotribune.com/news/nationworld/cthurricane-harvey-flooding-houston-20170829-story.html

148. whnt.com/2017/08/26/24-hours-after-making-landfall-harveys-rainfall-prompts-flash-flood-emergencies-in-houston/

149. 계산 방식은 다음과 같다. 폭포의 유량은 22세제곱킬로미터이다. (아래 참고자료를 보라. 이것이 처음 떨어지는 물의 양이다) en.wikipedia.org/wiki/Niagara_Falls에 따르면 나이아가라 폭포는 초당 2,400세제곱미터를 흘려보낸다. 따라서 하루에 흘려보내는 양은 2,400×3,600×24=207,360,000 세제곱미터다. 이것은 약 0.2세제곱킬로미터에 해당한다. 그러므로 110일 동안 흘러가는 양은 22 세제곱킬로미터다.

150. Milliner, C. et al., 2018: 'Tracking the weight of Hurricane Harvey's stormwater using GPS data', *Science Advances,* 4 (9), eaau2477

151. Schlanger, Z., 2017: 'Hurricane Harvey dropped so much rain the US National Weather Service added new colors to its maps', *Quartz.* qz.com/1063945/hurricane-harveys-rainfall-was-soheavy-the-us-national-weather-service-added-new-colors-to-itsmaps

152. www.chicagotribune.com/news/nationworld/ct-hurricane-harvey-flooding-houston-20170829-story.html

153. Blake, E. & Zelinsky, D., 2017: 'National Hurricane Center Tropical Cyclone Report: Hurricane Harvey' (n. 153)

154. Hannam, P., 2017: 'Houston, you have a problem, and some of it of your own making', *Sydney Morning Herald.* www.smh.com.au/environment/climate-change/houston-you-have-aproblem-and-

some-of-it-of-your-own-making-20170828-gy5cmy.html

155. Emanuel, K., 2017: 'Assessing the present and future probability of Hurricane Harvey's rainfall', *PNAS*, 114 (48), 12681–4

156. van Oldenborgh, G. et al., 2017: 'Attribution of extreme rainfall from Hurricane Harvey, August 2017', *Environmental Research Letters*, 12 (12), 124009. 모든 연구 논문의 서로 다른 분석과 접근 방식이 다양한 추정치를 제공하지만, 결론은 현저하게 유사하다. 한 사람은 기후변화가 허리케인 하비의 강우량을 약 38% 증가시켰고 또한 폭풍을 3배 더 발생시켰다는 것을 발견했다. (Risser, M.D. et al., 2017: 'Attributable humaninduced changes in the likelihood and magnitude of the observed extreme precipitation during Hurricane Harvey', *Geophysical Research Letters*, 44, 12457–64) 하지만 또 다른 연구에 따르면 허리케인 하비는 20%라는 극단적인 강수량 증가를 보였고 이것은 1980년대 이후의 지구온난화 때문일 가능성이 있다. (Wang, S.-Y. et al., 2018: 'Quantitative attribution of climate eff ects on Hurricane Harvey's extreme rainfall in Texas', *Environmental Research Letters*, 13, 054014).

157. Trenberth, K.E. et al., 2018: 'Hurricane Harvey links to ocean heat content and climate change adaptation', *Earth's Future*, 6, 730–44

158. Kossin, J., 2018: 'A global slowdown of tropical-cyclone translation speed', *Nature*, 558, 104–7

159. Masters, J., 2019: 'Hurricane Dorian was worthy of a Category 6 rating', *Scientific American*. blogs. scientificamerican.com/eye-of-the-storm/hurricane-dorian-was-worthy-of-acategory-6-rating

160. Klotzbach, P. et al., 2018: 'the extremely active 2017 North Atlantic hurricane season', *Monthly Weather Review*, 146, 3425–43

161. Keellings, D. & Hernandez Ayala, J., 2019: 'Extreme rainfall associated with Hurricane Maria over Puerto Rico and its connections to climate variability and change', *Geophysical Research Letters*, 46, 2964–73

162. Murakami, H. et al., 2018: 'Dominant effect of relative tropical Atlantic warming on major hurricane occurrence', *Science*, 362 (6416), 794–9

163. IPCC, 2019: 'Chapter 6: Extremes, Abrupt Changes and Managing Risks'. In: *IPCC Special Report on the Ocean and Cryosphere in a Changing Climate*, H.-O. Portner et al. (eds). In press, pp. 6–56

164. Paerl, H. et al., 2019: 'Recent increase in catastrophic tropical cyclone flooding in coastal North Carolina, USA: Long-term observations suggest a regime shift ', *Scientific Reports*, 9, 10620

165. Patricola, C. & Wehner, M., 2018: 'Anthropogenic influences on major tropical cyclone events', *Nature*, 563, 339–46

166. Rahmstorf, S., 2017: 'Rising hazard of storm-surge flooding', *PNAS*, 114 (45), 11806–8

167. Balaguru, K. et al., 2018: 'Increasing magnitude of hurricane rapid intensification in the central and eastern tropical Atlantic', *Geophysical Research Letters*, 45, 4238–47

168. Bhatia, K. et al., 2019: 'Recent increases in tropical cyclone intensification rates', *Nature Communications*, 10, 635

169. Rogers, R. & Aberson, S., 2017: 'Rewriting the tropical record books: the extraordinary intensification of Hurricane Patricia(2015)', *Bulletin of the American Meteorological Society*, 2091–112

170. Mei, W. & Xie, S.-P., 2016: 'Intensification of landfalling typhoons over the northwest Pacific since the late 1970s', *Nature Geoscience*, 9, 753–7

171. Kang, N.-Y. & Elsner, J., 2015: 'Trade-off between intensity and frequency of global tropical cyclones', *Nature Climate Change*, 5, 661–4

172. IPCC, 2019: 'Chapter 6: Extremes, Abrupt Changes and Managing Risks'

173. Nerem, R. et al., 2018: 'Climate-change-driven accelerated sea-level rise detected in the altimeter era', *PNAS*, 115 (9), 2022–5. Roughly 3mm/year "× 18.

174. Kench, P. et al., 2018: 'Patterns of island change and persistence off er alternate adaptation pathways for atoll nations', *Nature Communications*, 9, 605

175. Sallenger Jr, A. et al., 2012: 'Hotspot of accelerated sea-level rise on the Atlantic coast of North America', *Nature Climate Change*, 2, 884–8

176. Kirwan, M. & Gedan, K., 2019: 'Sea-level driven land conversion and the formation of ghost forests', *Nature Climate Change*, 9, 450–7

177. Upton, J., 2016: 'Ghost forests are eerie evidence of rising seas', grist.org/article/ghost-forests-are-eerie-evidence-ofrising-seas (cross-posted from Climate Central)

178. Sweet, W. et al., 2016: 'In tide's way: Southeast Florida's September 2015 sunny-day flood' [in *Explaining Extremes of 2015 from a Climate Perspective supplement*]. *Bulletin of the American Meteorological Society*, 97 (12), S25–S30

179. National Oceanic and Atmospheric Administration, 2018: *National Climate Report–May 2018. 2017 State of U.S. High Tide Flooding and a 2018 Outlook*. www.ncdc.noaa.gov/sotc/national/2018/05/supplemental/page-1

180. Albert, S. et al., 2016: 'Interactions between sea-level rise and wave exposure on reef island dynamics in the Solomon Islands', *Environmental Research Letters*, 11 (5), 054011

181. Garcin, M. et al., 2016: 'Lagoon islets as indicators of recent environmental changes in the South Pacific – The New Caledonian example', *Continental Shelf Research*, 122, 120–40

182. Duvat, V., 2018: 'A global assessment of atoll island planform changes over the past decades', *WIREs Climate Change*, 10 (1), e557

183. Hughes, T., 2018: '"Like the gates of hell opened up": Thousands fled Paradise ahead of Camp Fire', *USA Today*.eu.usatoday.com/story/news/nation-now/2018/11/10/california-fires-thousands-fled-paradise-flames-roared/1962141002

184. Chavez, N., 2018: 'Paradise lost: How California's deadliest wildfire unfolded', *CNN*. edition.cnn.com/2018/11/17/us/california-fires-wrap/index.html

185. Lam, K., 2018: 'Camp Fire: At least 196 people still on missing list; death toll remains at 88', *USA Today*. eu.usatoday.com/story/news/2018/11/28/camp-fire-death-toll-holds-steady-88-california/2146081002

186. twitter.com/Weather_West/status/1061316105308753920

187. Hay, A., 2018: 'Deadly "megafires" the new normal in California', *Reuters*. uk.reuters.com/article/us-california-wildfiresmegafires/deadly-megafires-the-new-normal-in-californiaidUKKCN1NI2OG

188. Swain, D. et al., 2018: 'Increasing precipitation volatility in twenty-first-century California', *Nature Climate Change*, 8, 427–33(특히 Figure S7를 참조하라)

189. Williams, A.P. et al., 2019: 'Observed impacts of anthropogenic climate change on wildfire in California', *Earth's Future*, 7 (8), 892–910

190. 같은 책.

191. Holden, Z., 2018: 'Decreasing fire season precipitation increased recent western US forest wildfire activity', *PNAS*, 115 (36) E8349–E8357

192. Dennison, P. et al., 2014: 'Large wildfire trends in the western United States, 1984–2011', *Geophysical Research Letters*, 41 (8), 2928–33

193. Abatzoglou, J. & Williams, A.P., 2016: 'Impact of anthropogenic climate change on wildfire across western US forests', *PNAS*, 113 (42), 11770–5

194. Petoukhov, V. et al., 2018: 'Alberta wildfire 2016: Apt contribution from anomalous planetary wave dynamics', *Scientific Reports*, 8, 12375

195. Kirchmeier-Young, M. et al., 2019: 'Attribution of the influence of human-induced climate change on an extreme fire season', *Earth's Future*, 7, 2–10

196. Editorial, 2017: 'Spreading like wildfire', *Nature Climate Change*, 7, 755

197. Jolly, W.M. et al., 2015: 'Climate-induced variations in global wildfire danger from 1979 to 2013', *Nature Communications*, 6, 7357

198. Jones, J., 2018: 'One of the California wildfires grew so fast it burned the equivalent of a football field every second', CNN.edition.cnn.com/2018/11/09/us/california-wildfires-superlatives-wcx/index.html

199. Christidis, N. et al., 2015: 'Dramatically increasing chance of extremely hot summers since the 2003 European heatwave', *Nature Climate Change*, 5, 46–50

200. Chapman, S. et al., 2019: 'Warming trends in summer heatwaves', *Geophysical Research Letters*, 46 (3), 1634–40

201. BBC, 2019: 'UK heatwave: Met Office confirms record temperature in Cambridge'. www.bbc.

co.uk/news/uk-49157898

202. Schiermeier, Q., 2019: 'Climate change made Europe's mega-heatwave five times more likely', *Nature,* 571, 155

203. Samenow, J., 2018: 'A city in Oman just posted the world's hottest low temperature ever recorded: 109 degrees', *Washington Post.* www.washingtonpost.com/news/capital-weather-gang/wp/2018/06/27/a-city-in-oman-just-set-the-worlds-hottest-lowtemperature-ever-recorded-109-degrees

204. BBC, 2018: 'Five places that have just broken heat records'. www.bbc.co.uk/news/world-44779367

205. Vogel, M. et al., 2019: 'Concurrent 2018 hot extremes across Northern Hemisphere due to human-induced climate change', *Earth's Future,* 7, 692–703

206. Mann, M. et al., 2017: 'Record temperature streak bears anthropogenic fingerprint', *Geophysical Research Letters,* 44 (15), 7936–44

207. Robine, J.-M. et al., 2008: 'Death toll exceeded 70,000 in Europe during the summer of 2003', *Comptes Rendus Biologies,* 331, 171–8

208. Watts, N. et al., 2018: 'The 2018 report of the *Lancet* Countdown on health and climate change: shaping the health of nations for centuries to come', *the Lancet,* dx.doi.org/10.1016/S0140-6736(18)32594-7

209. Astrom, C. et al., 2019: 'High mortality during the 2018 heatwave in Sweden', *Lakartidningen,* 116

210. Hayashida, K. et al., 2019: 'Severe heatwave in Japan', *Acute Medicine & Surgery,* 6, 206–7

211. Staten, P. et al., 2018: 'Re-examining tropical expansion', *Nature Climate Change,* 8, 768–75

212. Thomas, N. & Nigam, S., 2017: 'Twentieth-century climate change over Africa: Seasonal hydroclimate trends and Sahara Desert expansion', *Journal of Climate,* 31, 3349–70

213. Gudmundsson, L. & Seneviratne, S., 2016: 'Anthropogenic climate change affects meteorological drought risk in Europe', *Environmental Research Letters,* 11 (4), 044005

214. Cook, B. et al., 2016: 'Spatiotemporal drought variability in the Mediterranean over the last 900 years', *Journal of Geophysical Research: Atmospheres,* 121 (5), 2060–74

215. Kelley, C. et al., 2015: 'Climate change in the Fertile Crescent and implications of the recent Syrian drought', *PNAS,* 112 (11), 3241–6

216. Schleussner, C.-F. et al., 2016: 'Armedconflict risks enhanced by climate-related disasters in ethnically fractionalized countries', *PNAS,* 113 (33), 9216–9221

217. Hoegh-Guldberg, O. et al., 2018: 'Impacts of 1.5°C Global Warming on Natural and Human Systems'. In: *Global Warming of 1.5°C. An IPCC Special Report on the Impacts of Global Warming of 1.5°C above Pre-Industrial Levels and Related Global Greenhouse Gas Emission Pathways, in the Context*

of *Strengthening the Global Response to the Threat of Climate Change, Sustainable Development, and Efforts to Eradicate Poverty,* Masson-Delmotte, V. et al. (eds). In press, p. 218

218. Devictor, V. et al., 2012: 'Differences in the climatic debts of birds and butterflies at a continental scale', *Nature Climate Change,* 2, 121–4

219. McKinnon, L. et al., 2012: 'Timing of breeding, peak food availability, and effects of mismatch on chick growth in birds nesting in the High Arctic', *Canadian Journal of Zoology,* 90 (8), 961–71

220. Burgess, M. et al., 2018: 'Tritrophic phenological match–mismatch in space and time', *Nature Ecology & Evolution,* 2, 970–5

221. Both, C. et al., 2006: 'Climate change and population declines in a long-distance migratory bird', *Nature,* 441, 81–3

222. Freeman, B. et al., 2018: 'Climate change causes upslope shifts and mountaintop extirpations in a tropical bird community', *PNAS,* 115 (47), 11982–7

223. Iknayan, K. & Beissinger, S., 2018: 'Collapse of a desert bird community over the past century driven by climate change', *PNAS,* 115 (34), 8597–602

224. Wiens, J., 2016: 'Climate-related local extinctions are already widespread among plant and animal species', *PLOS Biology, 14* (12), e2001104

225. Howard, B.C., 2019: 'First mammal species recognized as extinct due to climate change', *National Geographic.* news.nationalgeographic.com/2016/06/first-mammal-extinct-climate-change-bramble-cay-melomys

226. BBC, 2019: 'Bramble Cay melomys: Climate changeravaged rodent listed as extinct'. www.bbc.co.uk/news/worldaustralia-47300992

227. Hannam, P., 2019: '"Our little brown rat": first climate change-caused mammal extinction', *Sydney Morning Herald.* www.smh.com.au/environment/climate-change/our-little-brown-rat-firstclimate-change-caused-mammal-extinction-20190219-p50yry.html

228. Woinarski, J. et al., 2016: 'The contribution of policy, law, management, research, and advocacy failings to the recent extinctions of three Australian vertebrate species', *Conservation Biology,* 31 (1), 13–23

229. Ripple, W. et al., 2015: 'Collapse of the world's largest herbivores', *Science Advances,* 1 (4), e1400103

230. 같은 책.

231. McCauley, D. et al., 2015: 'Marine defaunation: Animal loss in the global ocean', *Science,* 347 (6219), 1255641

232. Ceballos, G. et al., 2017: 'Biological annihilation via the ongoing sixth mass extinction signaled by vertebrate population losses and declines', *PNAS,* 114 (30), E6089–E6096

233. Rosenberg, K. et al., 2019: 'Decline of the North American avifauna', *Science,* 366 (6461), 120–4

234. Law, J., 2019: 'America's 3 billion missing birds: where did they go?', BirdLife. www.birdlife.org/worldwide/news/america%E2%80%99s-3-billion-missing-birds-where-did-they-go

235. Hallmann, C. et al., 2017: 'More than 75 percent decline over 27 years in total flying insect biomass in protected areas', *PLOS One,* 12 (10), e0185809

236. Lister, B. & Garcia, A., 2018: 'Climate-driven declines in arthropod abundance restructure a rainforest food web', *PNAS,* 115 (44), E10397–E10406

237. Sanchez-Bayo, F. & Wyckhuys, C., 2019: 'Worldwide decline of the entomofauna: A review of its drivers', *Biological Conservation,* 232, 8–27

238. Wepprich, T. et al., 2019: 'Butterfl y abundance declines over 20 years of systematic monitoring in Ohio, USA', *PLOS One,* 14 (7), e0216270

239. Sales, K. et al., 2018: 'Experimental heatwaves compromise sperm function and cause transgenerational damage in a model insect', *Nature Communications,* 9, 4771

240. Scheele, B. et al., 2019: 'Amphibian fungal panzootic causes catastrophic and ongoing loss of biodiversity', *Science,* 363 (6434), 1459–63

241. Greenberg, D. & Palen, W., 2019: 'A deadly amphibian disease goes global', *Science,* 363 (6434), 1386–8

242. Cohen, J. et al., 2018: 'An interaction between climate change and infectious disease drove widespread amphibian declines', *Global Change Biology,* 25 (3), 927–37

243. Patrut, A. et al., 2018: 'the demise of the largest and oldest African baobabs', *Nature Plants,* 4, 423–6

244. Yong, E., 2018: 'Trees that have lived for millennia are suddenly dying', *The Atlantic.* www.theatlantic.com/science/archive/2018/06/baobab-trees-dying-climate-change/562499/

245. Clement-Davies, D., 2017: 'the enduring legacy of Chapman's Baobab', *Geographical.* geographical.co.uk/places/deserts/item/2137-the-enduring-legacy-of-the-fallen-baobab

246. Vidal, J., 2018: 'From Africa's baobabs to America's pines: Our ancient trees are dying', *HuffPost US.* www.huffingtonpost.co.uk/entry/trees-dying-climate-change-baobabs_us_5b2395c4e4b07cb1712d8ea1

247. Anderegg, W. et al., 2013: 'Consequences of widespread tree mortality triggered by drought and temperature stress', *Nature Climate Change,* 3, 30–6

248. Allen, C. et al., 2010: 'A global overview of drought and heat-induced tree mortality reveals emerging climate change risks for forests', *Forest Ecology and Management,* 259 (4), 660–84

249. Davis, K. et al., 2019: 'Wildfires and climate change push low-elevation forests across a critical climate threshold for tree regeneration', *PNAS,* 116 (13), 6193–8

250. Young, D. et al., 2016: 'Long-term climate and competition explain forest mortality patterns under extreme drought', *Ecology Letters,* 20 (1), 78–86

251. Allen, C. et al., 2010: 'A global overview of drought and heat-induced tree mortality reveals emerging climate change risks for forests'

252. Goulden, M. & Bales, R., 2019: 'California forest die-off linked to multi-year deep soil drying in 2012–2015 drought', *Nature Geoscience,* 12, 632–7

253. Zhu, Z. et al., 2016: 'Greening of the Earth and its drivers', *Nature Climate Change,* 6, 791–5

254. Yuan, W. et al., 2019: 'Increased atmospheric vapor pressure deficit reduces global vegetation growth', *Science Advances,* 5 (8), eaax1396

255. Hurd, C. et al., 2018: 'Current understanding and challenges for oceans in a higher-CO_2 world', *Nature Climate Change,* 8, 686–94

256. Sulpis, O. et al., 2018: 'Current $CaCO_3$ dissolution at the seafloor caused by anthropogenic CO_2', *PNAS,* 115 (46), 11700–5

257. Schmidtko, S. et al., 2017: 'Decline in global oceanic oxygen content during the past five decades', *Nature,* 542, 335–9

258. Breitburg, D. et al., 2018: 'Declining oxygen in the global ocean and coastal waters', *Science,* 359 (6371), eaam7240

259. Welch, C., 2015: 'Mass death of seabirds in Western U.S. is "unprecedented"', *National Geographic.* news. nationalgeographic.com/news/2015/01/150123-seabirds-massdie-off -auklet-california-animals-environment

260. University of Washington, 2015: '"Warm blob" in Pacific Ocean linked to weird weather across the US', 언론 보도. www.sciencedaily.com/releases/2015/04/150409143041.htm

261. Jones, T. et al., 2018: 'Massive mortality of a planktivorous seabird in response to a marine heatwave', *Geophysical Research Letters,* 45, 3193–202

262. National Oceanic and Atmospheric Administration Fisheries, undated: '2015–2016 Large whale unusual mortality event in the Western Gulf of Alaska, United States and British Columbia'. www.fisheries.noaa.gov/national/marine-life-distress/2015-2016-large-whale-unusual-mortality-event-western-gulf-alaska

263. National Oceanic and Atmospheric Administration Fisheries, undated: '2015–2019 Guadalupe fur seal unusual mortality event in California, Oregon and Washington'. www.fisheries.noaa.gov/national/marine-life-distress/2015-2018-guadalupe-fur-sealunusual-mortality-event-california

264. Di Lorenzo, E. & Mantua, N., 2016: 'Multi-year persistence of the 2014/15 North Pacific marine heatwave', *Nature Climate Change,* 6, 1042–7

265. Manta, G. et al., 2018: 'the 2017 record marine heatwave in the Southwestern Atlantic shelf ',

Geophysical Research Letters, 45, 12449–56

266. Arias-Ortiz, A. et al., 2018: 'A marine heatwave drives massive losses from the world's largest seagrass carbon stocks', *Nature Climate Change,* 8, 338–44

267. Wild, S. et al., 2019: 'Long-term decline in survival and reproduction of dolphins following a marine heatwave', *Current Biology,* 29 (7), R239–R240

268. Frolicher, T. et al., 2018: 'Marine heatwaves under global warming', *Nature,* 560, 360–4

269. Smale, D. et al., 2019: 'Marine heatwaves threaten global biodiversity and the provision of ecosystem services', *Nature Climate Change,* 9, 306–12

270. Carrington, D., 2019: 'Heatwaves sweeping oceans "like wildfires", scientists reveal', *Guardian.* www.theguardian.com/environment/2019/mar/04/heatwaves-sweeping-oceans-likewildfires-scientists-reveal

271. Hughes, T. et al., 2018: 'Global warming transforms coral reef assemblages', *Nature,* 556, 492–6

272. 같은 책.

273. Hughes, T. et al., 2018: 'Spatial and temporal patterns of mass bleaching of corals in the Anthropocene', *Science,* 359 (6371), 80–3

274. Hughes, T. et al., 2017: 'Global warming and recurrent mass bleaching of corals', *Nature,* 543, 373–7

275. Leggat, W. et al., 2019: 'Rapid coral decay is associated with marine heatwave mortality events on reefs', *Current Biology,* 29 (16), P2723–P2730

276. Stuart-Smith, R. et al., 2018: 'Ecosystem restructuring along the Great Barrier Reef following mass coral bleaching', *Nature,* 560, 92–6

277. Schramek, T. et al., 2018: 'Depth-dependent thermal stress around corals in the tropical Pacific Ocean', *Geophysical Research Letters,* 45, 9739–47

278. Burt, J. et al., 2019: 'Causes and consequences of the 2017 coral bleaching event in the southern Persian/Arabian Gulf ', *Coral Reefs,* 38 (4), 567–89

279. EurekAlert, 2018: 'Global warming is transforming the Great Barrier Reef '. www.eurekalert.org/pub_releases/2018-04/acoe-gwi041718.php

280. Conroy, G., 2019: '"Ecological grief " grips scientists witnessing Great Barrier Reef 's decline', *Nature,* 573, 318–19

281. Hughes, T. et al., 2018: 'Ecological memory modifies the cumulative impact of recurrent climate extremes', *Nature Climate Change,* 9, 40–3

282. Price, N. et al., 2019: 'Global biogeography of coral recruitment: tropical decline and subtropical increase', *Marine Ecology Progress Series,* 621, 1–17

283. Hughes, T. et al., 2019: 'Global warming impairs stock–recruitment dynamics of corals', *Nature,*

568, 387–90

284. Shlesinger, T. & Loya, Y., 2019: 'Breakdown in spawning synchrony: A silent threat to coral persistence', *Science,* 365 (6457), 1002–17

Chapter 2 2°C 상승

1. Fischer, H. et al., 2018: 'Palaeoclimate constraints on the impact of 2°C anthropogenic warming and beyond', *Nature Geoscience,* 11, 474–85

2. Screen, J. & Williamson, D., 2017: 'Ice-free Arctic at 1.5°C?', *Nature Climate Change,* 7, 230–3

3. Jahn, A., 2018: 'Reduced probability of ice-free summers for 1.5°C compared to 2°C warming', *Nature Climate Change,* 8, 409–13

4. Niederdrenk, A.L. & Notz, D., 2018: 'Arctic sea ice in a 1.5°C warmer world', *Geophysical Research Letters,* 45, 1963–71. 이 값은 월별 평균이므로 아주 짧은 기간에 걸친 이전 참고자료의 값과 직접 비교할 수 없다. 그래서 나는 논문에서 참고한 더 민감한 모델의 추정치를 사용한다.

5. Sanderson, B. et al., 2017: 'Community climate simulations to assess avoided impacts in 1.5 and 2°C futures', *Earth System Dynamics,* 8, 827–47

6. Notz, D. & Stroeve, J., 2016: 'Observed Arctic sea-ice loss directly follows anthropogenic CO_2 emission', *Science,* 354 (6313), 747–50

7. Massonnet, F. et al., 2012: 'Constraining projections of summer Arctic sea ice', *The Cryosphere,* 6, 1383–94

8. Wang, M. & Overland, J., 2009: 'A sea ice free summer Arctic within 30 years?', *Geophysical Research Letters,* 36 (7), L07502

9. Wang, M. & Overland, J., 2012: 'A sea ice free summer Arctic within 30 years: An update from CMIP5 models', *Geophysical Research Letters,* 39, L18501

10. Stein, R. et al., 2016: 'Evidence for ice-free summers in the late Miocene central Arctic Ocean', *Nature Communications,* 7, 11148

11. Sun, L., 2018: 'Evolution of the global coupled climate response to Arctic sea ice loss during 1990–2090 and its contribution to climate change', *Journal of Climate,* 7823–43

12. Chemke, R. et al., 2019: 'The effect of Arctic sea ice loss on the Hadley circulation', *Geophysical Research Letters,* 46, 963–72

13. Deser, C. et al., 2015: 'The role of ocean atmosphere coupling in the zonal-mean atmospheric response to Arctic sea ice loss', *Journal of Climate,* 28, 2168–86

14. Sun, L., 2018: 'Evolution of the global coupled climate response to Arctic sea ice loss during 1990–

2090 and its contribution to climate change'

15. Bintanja, R. & Andry O., 2017: 'Towards a rain-dominated Arctic', *Nature Climate Change*, 7, 263–7

16. Tyler, N., 2010: 'Climate, snow, ice, crashes, and declines in populations of reindeer and caribou (Rangifer tarandus L.)', *Ecological Monographs*, 80 (2), 197–219

17. Van Dusen, J., 2017: 'Starvation after weather event killed caribou on remote Arctic island', *CBC News*. www.cbc.ca/news/canada/north/mystery-caribou-deaths-arctic-island-1.3962747

18. Joyce, C., 2009: 'When rain falls on snow, arctic animals may starve', National Public Radio. www.npr.org/templates/story/story.php?storyId=111109436

19. Hansen, B. et al., 2013: 'Climate events synchronize the dynamics of a resident vertebrate community in the High Arctic', Science, 339 (6117), 313–15

20. Trainer, V. et al., 2019: 'Where the sea ice recedes, so does an Alaska way of life', *New York Times*. www.nytimes.com/2019/09/25/opinion/climate-change-ocean-Arctic.html

21. Mittermeier, C., 2018: 'Starving-polar-bear photographer recalls what went wrong', *National Geographic*. www.nationalgeographic.com/magazine/2018/08/explore-through-thelens-starving-polar-bear-photo

22. Pilfold, N. et al., 2016: 'Mass loss rates of fasting polar bears', *Physiological and Biochemical Zoology*, 89, 5

23. 71 'emaciated polar bears'. Rode, K. et al., 2010: 'Reduced body size and cub recruitment in polar bears associated with sea ice decline', *Ecological Applications*, 20 (3), 768–82

24. Regehr, E. et al., 2016: 'Conservation status of polar bears (Ursus maritimus) in relation to projected sea-ice declines', *Biology Letters*, 12, 12

25. Hjort, J. et al., 2018: 'Degrading permafrost puts Arctic infrastructure at risk by mid-century', *Nature Communications*, 9, 5147

26. Chadburn, S. et al., 2017: 'An observation-based constraint on permafrost loss as a function of global warming', *Nature Climate Change*, 7, 340–4

27. Comyn-Platt, E. et al., 2018: 'Carbon budgets for 1.5 and 2°C targets lowered by natural wetland and permafrost feedbacks', *Nature Geoscience*, 11, 568–73

28. Burke, E. et al., 2018: 'CO_2 loss by permafrost thawing implies additional emissions reductions to limit warming to 1.5 or 2°C', *Environmental Research Letters*, 13, 2, 024024

29. Knoblauch, C. et al., 2018: 'Methane production as key to the greenhouse gas budget of thawing permafrost', *Nature Climate Change*, 8, 309–12

30. Chadburn, S. et al., 2017: 'An observation-based constraint on permafrost loss as a function of global warming'

최종 경고: 6도의 멸종

31. Comyn-Platt, E. et al., 2018: 'Carbon budgets for 1.5 and 2°C targets lowered by natural wetland and permafrost feedbacks'

32. Burke, E. et al., 2018: 'CO$_2$ loss by permafrost thawing implies additional emissions reductions to limit warming to 1.5 or 2°C'

33. Parkinson, C., 2019: 'A 40-year record reveals gradual Antarctic sea ice increases followed by decreases at rates far exceeding the rates seen in the Arctic', *PNAS*, 116 (29), 14414–23

34. Hoegh-Guldberg, O. et al., 2018: 'Impacts of 1.5°C Global Warming on Natural and Human Systems'. In: *Global Warming of 1.5°C. An IPCC Special Report on the Impacts of Global Warming of 1.5°C above Pre-Industrial Levels and Related Global Greenhouse Gas Emission Pathways, in the Context of Strengthening the Global Response to the Threat of Climate Change, Sustainable Development, and Efforts to Eradicate Poverty*, Masson-Delmotte, V. et al. (eds). In press, p. 257

35. DeConto, R. & Pollard, D., 2016: 'Contribution of Antarctica to past and future sea-level rise', *Nature*, 531, 591–7

36. Nick, F. et al., 2013: 'Future sea-level rise from Greenland's main outlet glaciers in a warming climate', *Nature*, 497, 235–8

37. Pattyn, F. et al., 2018: 'the Greenland and Antarctic ice sheets under 1.5°C global warming', *Nature Climate Change*, 8, 1053–61

38. Hoffman, J. et al., 2017: 'Regional and global sea-surface temperatures during the last interglaciation', *Science*, 355 (6322), 276–9

39. IPCC, 2019: 'Summary for Policymakers'. In: *IPCC Special Report on the Ocean and Cryosphere in a Changing Climate*, H.-O. Portner et al. (eds). In press

40. Hoegh-Guldberg, O. et al., 2018: 'Impacts of 1.5°C Global Warming on Natural and Human Systems'. In: *Global Warming of 1.5°C. An IPCC Special Report on the Impacts of Global Warming of 1.5°C above Pre-Industrial Levels and Related Global Greenhouse Gas Emission Pathways, in the Context of Strengthening the Global Response to the Threat of Climate Change, Sustainable Development, and Efforts to Eradicate Poverty*, Masson-Delmotte, V. et al. (eds). In press, p. 231

41. Davies, K.F. et al., 2018: 'A universal model for predicting human migration under climate change: examining future sea level rise in Bangladesh', *Environmental Research Letters*, 13 (6), 064030

42. Vousdoukas, M. et al., 2018: 'Global probabilistic projections of extreme sea levels show intensification of coastal flood hazard', *Nature Communications*, 9, 2360

43. Hoegh-Guldberg, O. et al., 2018: 'Impacts of 1.5°C Global Warming on Natural and Human Systems'. In: *Global Warming of 1.5°C. An IPCC Special Report on the Impacts of Global Warming of 1.5°C above Pre-Industrial Levels and Related Global Greenhouse Gas Emission Pathways, in the Context of Strengthening the Global Response to the Threat of Climate Change, Sustainable Development, and*

Efforts to Eradicate Poverty, Masson-Delmotte, V. et al. (eds). In press, p. 231

44. Jevrejeva, S. et al., 2018: 'Flood damage costs under the sea level rise with warming of 1.5°C and 2°C', *Environmental Research Letters,* 13 (7), 074014

45. The Center for Climate Integrity, 2019: *High Tide Tax–The Price to Protect Coastal Communities from Rising Seas.* www.climatecosts2040.org/files/ClimateCosts2040_Report.pdf

46. Storlazzi, C. et al., 2018: 'Most atolls will be uninhabitable by the mid-21st century because of sea-level rise exacerbating wavedriven flooding', *Science Advances,* 4 (4), eaap9741

47. Maldives Independent, 2019: 'Maldives records sharp rise in dengue cases'. reliefweb.int/report/maldives/maldives-recordssharp-rise-dengue-cases

48. World Health Organization, 2019: 'Dengue and severe dengue–key facts'. www.who.int/news-room/fact-sheets/detail/dengue-and-severe-dengue

49. Bhatt, S. et al., 2013: 'the global distribution and burden of dengue', *Nature,* 496, 504–7

50. Hoegh-Guldberg, O. et al., 2018: 'Impacts of 1.5°C Global Warming on Natural and Human Systems'. In: *Global Warming of 1.5°C. An IPCC Special Report on the Impacts of Global Warming of 1.5°C above Pre-Industrial Levels and Related Global Greenhouse Gas Emission Pathways, in the Context of Strengthening the Global Response to the Threat of Climate Change, Sustainable Development, and Efforts to Eradicate Poverty,* Masson-Delmotte, V. et al. (eds). In press, p. 241

51. Ogden, N. et al., 2014: 'Recent and projected future climatic suitability of North America for the Asian tiger mosquito *Aedes albopictus',* *Parasites and Vectors,* 7, 532

52. Colon-Gonzalez, F. et al., 2013: 'the effects of weather and climate change on dengue', *PLOS Neglected Tropical Diseases,* 7 (11), e2503

53. Bouzid, M. et al., 2014: 'Climate change and the emergence of vector-borne diseases in Europe: case study of dengue fever', *BMC Public Health,* 14, 781

54. Mweya, C. et al., 2016: 'Climate change influences potential distribution of infected *Aedes aegypti* co-occurrence with dengue epidemics risk areas in Tanzania', *PLOS One,* 11 (9), e0162649

55. Colon-Gonzalez, F. et al., 2018: 'Limiting global-mean temperature increase to 1.5–2°C could reduce the incidence and spatial spread of dengue fever in Latin America', *PNAS,* 115 (24), 6243–8

56. Reiter, P. et al., 2003: 'Texas lifestyle limits transmission of dengue virus', *Emerging Infectious Diseases,* 9 (1), 86–9

57. Centers for Disease Control and Prevention, undated: Dengue and Dengue Hemorrhagic Fever. www.cdc.gov/dengue/resources/denguedhf-information-for-health-care-practitioners_2009.pdf

58. Lynas, M., 2016: 'Alert! there's a dangerous new viral outbreak: Zika conspiracy theories', *Guardian.* www.theguardian.com/world/2016/feb/04/alert-theres-a-dangerous-new-viraloutbreak-zika-conspiracy-theories

최종 경고: 6도의 멸종

59. Target Malaria, undated: 'Why malaria matters'. targetmalaria.org/why-malaria-matters

60. Ray, D. et al., 2019: 'Climate change has likely already affected global food production', *PLOS ONE,* 14 (5), e0217148

61. Springmann, M. et al., 2016: 'Global and regional healtheffects of future food production under climate change: a modelling study', *the Lancet,* 387 (10031), 1937–46

62. Lobell, D. et al., 2011: 'Nonlinear heat effects on African maize as evidenced by historical yield trials', *Nature Climate Change,* 1, 42–5

63. Lynas, M., 2017: 'Tanzania is burning GM corn while people go hungry', *Little Atoms.* littleatoms. com/scienceworld/tanzania-burning-GM-corn-while-people-go-hungry

64. Zampieri, M. et al., 2019: 'When will current climate extremes affecting maize production become the norm?' *Earth's Future,* 7, 113–22

65. Zhao, C. et al., 2017: 'Temperature increase reduces global yields of major crops in four independent estimates', *PNAS,* 114 (35), 9326–31

66. Asseng, S. et al., 2014: 'Rising temperatures reduce global wheat production', *Nature Climate Change,* 5, 143–7; Liu, B. et al., 2016: 'Similar estimates of temperature impacts on global wheat yield by three independent methods', *Nature Climate Change,* 6, 1130–6

67. Deutsch, C. et al., 2018: 'Increase in crop losses to insect pests in a warming climate', *Science,* 361, 916–19

68. Smith, M. & Myers, S., 2018: 'Impact of anthropogenic CO_2 emissions on global human nutrition', *Nature Climate Change,* 8, 834–9

69. Bastin, J.-F. et al., 2019: 'Understanding climate change from a global analysis of city analogues', *PLOS ONE* 14 (7), e0217592

70. Matthews, T. et al., 2017: 'Communicating the deadly consequences of global warming for human heat stress', *PNAS,* 114 (15), 3861–6

71. Sengupta, S., 2019: 'Red Cross to world's cities: Here's how to prevent heat wave deaths', *New York Times.* www.nytimes.com/2019/07/16/climate/red-cross-heat-waves.html

72. *BBC News,* 2012: 'Death rate doubles in Moscow as heatwave continues'. www.bbc.co.uk/news/world-europe-10912658

73. Wingfield-Hayes, R., 2010: 'Russian deaths mount as heatwave and vodka mix', *BBC News.* www.bbc.co.uk/news/world-europe-10646106

74. Hermant, N., 2010: 'Morgues fill as deaths double in sweltering Moscow', *ABC News.* www.abc.net.au/news/2010-08-10/morgues-fill-as-deaths-double-in-sweltering-moscow/938856

75. Kramer, A., 2010: 'Russia, crippled by drought, bans grain exports', *New York Times.* www.nytimes.com/2010/08/06/world/europe/06russia.html

76. Barriopedro, D. et al., 2011: 'the hot summer of 2010: redrawing the temperature record map of europe', *Science*, 332 (6026), 220–4

77. 같은 책.

78. Met Office, undated: 'the Russian heatwave of summer 2010'. www.metoffice.gov.uk/weather/learn-about/weather/case-studies/russian-heatwave

79. National Weather Service, undated: 'Heat'. www.weather.gov/bgm/heat

80. National Weather Service, undated: 'Heat cramps, exhaustion, stroke'. www.weather.gov/safety/heat-illness

81. Mitchell, D. et al., 2018: 'Extreme heatrelated mortality avoided under Paris Agreement goals', *Nature Climate Change*, 8, 551–3

82. Barriopedro, D. et al., 2011: 'The Hot Summer of 2010: Redrawing the Temperature Record Map of Europe'

83. Sanchez-Benitez, A. et al., 2018: 'June 2017: The earliest European summer mega-heatwave of reanalysis period', *Geophysical Research Letters*, 45, 1955–62

84. Suarez-Gutierrez, L. et al., 2018: 'Internal variability in European summer temperatures at 1.5°C and 2°C of global warming', *Environmental Research Letters*, 13, 064026

85. King, A., 2018: 'Reduced heat exposure by limiting global warming to 1.5°C', *Nature Climate Change*, 8, 549–51

86. King, A. & Karoly, D., 2017: 'Climate extremes in Europe at 1.5 and 2 degrees of global warming', *Environmental Research Letters*, 12, 114031

87. *The Lancet & CPME, 2018: Lancet Countdown 2018 Report: Briefing for EU Policymakers*. www.lancetcountdown.org/media/1420/2018-lancet-countdown-policy-brief-eu.pdf

88. Australian Government Bureau of Meteorology, *2013: Special Climate Statement 43—Extreme Heat in January 2013*. www.bom.gov.au/climate/current/statements/scs43e.pdf

89. Lewis, S. & Karoly, D., 2013: 'Anthropogenic contributions to Australia's record summer temperatures of 2013', *Geophysical Research Letters*, 40 (14), 3705–9

90. King, A. et al., 2017: 'Australian climate extremes at 1.5°C and 2°C of global warming', *Nature Climate Change*, 7, 412–16

91. Lewis, S. et al., 2017: 'Australia's unprecedented future temperature extremes under Paris limits to warming', *Geophysical Research Letters*, 44, 9947–56

92. Sun, Y. et al., 2018: 'Substantial increase in heat wave risks in China in a future warmer world', *Earth's Future*, 6, 1528–38; Lin, L. et al., 2018: 'Additional intensification of seasonal heat and flooding extreme over China in a 2°C warmer world compared to 1.5°C', *Earth's Future*, 6, 968–78

93. Zhan, M. et al., 2018: 'Changes in extreme maximum temperature events and population exposure

in China under global warming scenarios of 1.5 and 2.0°C: analysis using the regional climate model COSMO-CLM', *Journal of Meteorological Research,* 32 (1), 99–112

94. *BBC News,* 2018: 'Japan heatwave declared natural disaster as death toll mounts'. www.bbc.co.uk/news/world-asia-44935152

95. Imada, Y. et al., 2019: 'the July 2018 high temperature event in Japan could not have happened without human-induced global warming', *Scientific Online Letters on the Atmosphere,* 15A, 8–11

96. Dosio, A. et al., 2018: 'Extreme heat waves under 1.5°C and 2°C global warming', *Environmental Research Letters,* 13, 054006

97. 같은 책.

98. Matthews, T. et al., 2019: 'An emerging tropical cyclone–deadly heat compound hazard', *Nature Climate Change,* 9, 602–6

99. Agarwal, V., 2016: 'Indian heat wave breaks record for highest temperature', *Wall Street Journal.* blogs.wsj.com/indiarealtime/2016/05/20/indian-heat-wave-breaks-record-for-highest-temperature

100. Mishra, V. et al., 2017: 'Heat wave exposure in India in current, 1.5°C, and 2.0°C worlds', *Environmental Research Letters,* 12, 124012

101. Parkes, B. et al., 2019: 'Climate change in Africa: costs of mitigating heat stress', *Climatic Change,* 154 (3–4), 461–76

102. International Energy Agency, 2018: 'Air conditioning use emerges as one of the key drivers of global electricity demand growth', 언론 보도. www.iea.org/newsroom/news/2018/may/air-conditioning-use-emerges-as-one-of-the-key-drivers-ofglobal-electricity-dema.html

103. World Bank, undated. CO$_2$ *Emissions per Capita.* data. worldbank.org/indicator/EN.ATM.CO2E.PC?locations=EU

104. Lehner, F. et al., 2017: 'Projected drought risk in 1.5°C and 2°C warmer climates', *Geophysical Research Letters,* 44, 7419–28. Figure 1을 참조하라.

105. Mguni, M., 2014: 'A requiem as Gaborone Dam gives up the ghost', *Mmegi Online.* www.mmegi.bw/index. php?aid=46594&dir=2014/october/10

106. Maure, G. et al., 2018: 'the southern African climate under 1.5°C and 2°C of global warming as simulated by CORDEX regional climate models', *Environmental Research Letters,* 13, 065002

107. Monitor dam levels and water supplies to different Botswanan towns and cities here: www.wuc.bw/wuc-content/id/471/dam-levels

108. Batlotleng, B., 2017: 'Gaborone Dam overflows after 10 years', *Botswana Daily News.* www.dailynews.gov.bw/newsdetails. php?nid=34266

109. Cullen, N. et al., 2013: 'A century of ice retreat on Kilimanjaro: the mapping reloaded', *the Cryosphere,* 7, 419–31

110. Prinz, R. et al., 2018: 'Mapping the loss of Mt. Kenya's glaciers: an example of the challenges of satellite monitoring of very small glaciers', *Geosciences*, 8 (5), 174

111. Poveda, G. & Pineda, K., 2009: 'Reassessment of Colombia's tropical glaciers retreat rates: are they bound to disappear during the 2010–2020 decade?' *Advances in Geosciences*, 22, 107–16; Instituto de Hidrologia, Meteorologia y Estudios Ambientales, undated: *Informe del Estado de los Glaciares Colombianos*. www.ideam.gov.co/documents/24277/72621342/Informe+del+Estado+de+los+glaciare s+colombianos.pdf/26773334-c132-4672-91db-f620e8a989f9

112. Schauwecker, S. et al., 2017: 'the freezing level in the tropical Andes, Peru: An indicator for present and future glacier extents', *Journal of Geophysical Research: Atmospheres*, 122, 5172–89

113. Zemp, M., 2019: 'Global glacier mass changes and their contributions to sea-level rise from 1961 to 2016', *Nature*, 568, 382–6

114. Kraaijenbrink, P. et al., 2017: 'Impact of a global temperature rise of 1.5 degrees Celsius on Asia's glaciers', *Nature*, 549, 257–60

115. Marzeion, B. et al., 2018: 'Limited influence of climate change mitigation on short-term glacier mass loss', *Nature Climate Change*, 8, 305–8

116. Huss, M. & Hock, R., 2018: 'Global-scale hydrological response to future glacier mass loss', *Nature Climate Change*, 8, 135–40

117. Biemans, H. et al., 2019: 'Importance of snow and glacier meltwater for agriculture on the Indo-Gangetic Plain', *Nature Sustainability*, 2, 594–601

118. Pritchard, H., 2019: 'Asia's shrinking glaciers protect large populations from drought stress', *Nature*, 569, 649–54

119. Sorg, A. et al., 2014: 'The days of plenty might soon be over in glacierized Central Asian catchments', *Environmental Research Letters*, 9, 104018

120. Bosson, J.-B. et al., 2019: 'Disappearing World Heritage glaciers as a keystone of nature conservation in a changing climate', *Earth's Future*, 7, 469–79

121. Wang, S.-Y. et al., 2011: 'Pakistan's two-stage monsoon and links with the recent climate change', *Journal of Geophysical Research: Atmospheres*, 116, D16

122. Houze Jr, R. et al., 2011: 'Anomalous atmospheric events leading to the summer 2010 floods in Pakistan', *Bulletin of the American Meteorological Society*, 291–8

123. Webster, P. et al., 2011: 'Were the 2010 Pakistan floods predictable?', *Geophysical Research Letters*, 38 (4), L04806

124. McGivering, J., 2010: '"Elation and unease" at helping Pakistan flood child', *BBC News*. news.bbc.co.uk/1/hi/programmes/from_our_own_correspondent/8965711.stm

125. Zhang, W. et al., 2018: 'Reduced exposure to extreme precipitation from 0.5°C less warming in

global land monsoon regions', *Nature Communications,* 9, 3153

126. Uhe, P. et al., 2019: 'Enhanced flood risk with 1.5°C global warming in the Ganges–Brahmaputra–Meghna basin', *Environmental Research Letters,* 14, 074031

127. Betts, R.A. et al., 2018: 'Changes in climate extremes, fresh water availability and vulnerability to food insecurity projected at 1.5°C and 2°C global warming with a higher-resolution global climate model', *Philosophical Transactions of the Royal Society,* A376, 20160452

128. Ali, H. & Mishra, V., 2018: 'Increase in subdaily precipitation extremes in India under 1.5 and 2.0°C warming worlds', *Geophysical Research Letters,* 45, 6972–82

129. Mohammed, K. et al., 2017: 'Extreme flows and water availability of the Brahmaputra River under 1.5 and 2°C global warming scenarios', *Climatic Change,* 145 (1–2), 159–75

130. Lee, D. et al., 2018: 'Impacts of half a degree additional warming on the Asian summer monsoon rainfall characteristics', *Environmental Research Letters,* 13, 044033

131. Reuters, 2019: 'More than 1,600 die in India's heaviest monsoon season for 25 years'. uk.reuters.com/article/us-india-floods/more-than-1600-die-in-indias-heaviest-monsoon-season-for-25-years-idUKKBN1WG3N5

132. Li, W. et al., 2018: 'Additional risk in extreme precipitation in China from 1.5°C to 2.0°C global warming levels', *Science Bulletin,* 63 (4), 228–34

133. Alfieri, L. et al., 2015: 'Global warming increases the frequency of river floods in Europe', *Hydrology and Earth System Sciences,* 19, 2247–60

134. Mallakpour, I. et al., 2019: 'Climate-induced changes in the risk of hydrological failure of major dams in California', *Geophysical Research Letters,* 46, 2130–9

135. Doll, P. et al., 2018: 'Risks for the global freshwater system at 1.5°C and 2°C global warming', *Environmental Research Letters,* 13, 044038

136. Betts, R.A. et al., 2018: 'Changes in climate extremes, fresh water availability and vulnerability to food insecurity projected at 1.5°C and 2°C global warming with a higher-resolution global climate model'

137. Hoegh-Guldberg, O. et al., 2018: 'Impacts of 1.5°C Global Warming on Natural and Human Systems'. In: *Global Warming of 1.5°C. An IPCC Special Report on the Impacts of Global Warming of 1.5°C above Pre-Industrial Levels and Related Global Greenhouse Gas Emission Pathways, in the Context of Strengthening the Global Response to the Threat of Climate Change, Sustainable Development, and Efforts to Eradicate Poverty,* Masson-Delmotte, V. et al. (eds). In press, p. 203

138. United Nations Office for the Coordination of Humanitarian Aff airs, 2019: 'Mozambique: Cyclone Idai & Floods Situation Report No. 14 (as of 15 April 2019)', *ReliefWeb.* reliefweb.int/report/mozambique/mozambique-cyclone-idai-floods-situationreport-no-14-15-april-2019

139. Batlotleng, B., 2017: 'Gaborone Dam overflows after 10 years'

140. Muthige, M. et al., 2018: 'Projected changes in tropical cyclones over the South West Indian Ocean under different extents of global warming', *Environmental Research Letters*, 13, 065019

141. Hoegh-Guldberg, O. et al., 2018: 'Impacts of 1.5°C Global Warming on Natural and Human Systems'. In: *Global Warming of 1.5°C. An IPCC Special Report on the Impacts of Global Warming of 1.5°C above Pre-Industrial Levels and Related Global Greenhouse Gas Emission Pathways, in the Context of Strengthening the Global Response to the Threat of Climate Change, Sustainable Development, and Efforts to Eradicate Poverty*, Masson-Delmotte, V. et al. (eds). In press, p. 204

142. Wehner, M. et al., 2018: 'Changes in tropical cyclones under stabilized 1.5 and 2.0°C global warming scenarios as simulated by the Community Atmospheric Model under the HAPPI protocols', *Earth Systems Dynamics*, 9, 187–95

143. Burgess, C.P. et al., 2018: 'Estimating damages from climate-related natural disasters for the Caribbean at 1.5°C and 2°C global warming above preindustrial levels', *Regional Environmental Change*, 18 (8), 2297–312

144. Wen, S. et al., 2019: 'Estimation of economic losses from tropical cyclones in China at 1.5C and 2.0C warming using the regional climate model COSMO-CLM', *International Journal of Climatology*, 39, 724–37

145. Li, C. et al., 2018: 'Midlatitude atmospheric circulation responses under 1.5 and 2.0C warming and implications for regional impacts', *Earth Systems Dynamics*, 9, 359–82

146. Barcikowska, M. et al., 2018: 'Euro-Atlantic winter storminess and precipitation extremes under 1.5C vs. 2C warming scenarios', *Earth Systems Dynamics*, 9, 679–99

147. Li, C. et al., 2018: 'Midlatitude atmospheric circulation responses under 1.5 and 2.0C warming and implications for regional impacts'

148. Pfl eiderer, P. et al., 2019: 'Summer weather becomes more persistent in a 2°C world', *Nature Climate Change*, 9, 666–71

149. Wang, G. et al., 2017: 'Continued increase of extreme El Nino frequency long after 1.5°C warming stabilization', *Nature Climate Change*, 7, 568–72

150. World Meteorological Organization, 2017: *WMO Statement on the State of the Global Climate in 2016*. library.wmo.int/doc_num.php?explnum_id=3414

151. Cai, W. et al., 2018: 'Stabilised frequency of extreme positive Indian Ocean Dipole under 1.5°C warming', *Nature Communications*, 9, 1419

152. Xu, L. et al., 2019: 'Global drought trends under 1.5 and 2C warming', *International Journal of Climatology*, 39, 2375–85

153. Liu, W. et al., 2018: 'Global drought and severe droughtaffected populations in 1.5 and 2C warmer

최종 경고: 6도의 멸종

154. Marengo, J. et al., 2018: 'Changes in climate and land use over the Amazon region: current and future variability and trends', *Frontiers in Earth Science*, 6, 228

155. Liu, W. et al., 2018: 'Global drought and severe droughtaffected populations in 1.5 and 2C warmer worlds'

156. Lehner, F. et al., 2017: 'Projected drought risk in 1.5°C and 2°C warmer climates'

157. Brienen, R. et al., 2015: 'Long-term decline of the Amazon carbon sink', *Nature*, 519, 344–8

158. Esquivel-Muelbert, A. et al., 2019: 'Compositional response of Amazon forests to climate change', *Global Change Biology*, 25, 39–56

159. Cox, P. et al., 2000: 'Acceleration of global warming due to carbon-cycle feedbacks in a coupled climate model', *Nature*, 408, 184–7

160. Settele, J. et al., 2014: 'Terrestrial and inland water systems'. In: *Climate Change 2014: Impacts, Adaptation, and Vulnerability. Part A: Global and Sectoral Aspects. Contribution of Working Group II to the Fifth Assessment Report of the Intergovernmental Panel on Climate Change*, Field, C. et al. (eds). Cambridge University Press, Cambridge, UK, p. 309, Box 4.3

161. Gloor, M. et al., 2015: 'Recent Amazon climate as background for possible ongoing and future changes of Amazon humid forests'

162. Marengo, J. & Espinoza, J., 2016: 'Extreme seasonal droughts and floods in Amazonia: causes, trends and impacts', *International Journal of Climatology*, 36, 1033–50

163. Gloor, M. et al., 2015: 'Recent Amazon climate as background for possible ongoing and future changes of Amazon humid forests', *Global Biogeochemical Cycles*, 29, 1384–99

164. Black, R., 2011: 'Amazon drought "severe" in 2010, raising warming fears', *BBC News*. www.bbc.co.uk/news/scienceenvironment-12356835

165. University of Leeds, 2011: 'Two severe Amazon droughts in five years alarms scientists', 뉴스 보도. www.leeds.ac.uk/news/article/1466/ warming fears', *BBC News*. www.bbc.co.uk/news/scienceenvironment-12356835

166. Marengo, J. et al., 2013: 'Two contrasting severe seasonal extremes in tropical South America in 2012: Flood in Amazonia and drought in Northeast Brazil', *Journal of Climate*, 26, 9137–54

167. Yang, J. et al., 2018: 'Amazon drought and forest response: Largely reduced forest photosynthesis but slightly increased canopy greenness during the extreme drought of 2015/2016', *Global Change Biology*, 24, 1919–34

168. Feldpausch, T. et al., 2016: 'Amazon forest response to repeated droughts', *Global Biogeochemical Cycles*, 30, 964–82

169. Esquivel-Muelbert, A. et al., 2019: 'Compositional response of Amazon forests to climate change'

170. Hilker, T. et al., 2014: 'Vegetation dynamics and rainfall sensitivity of the Amazon', *PNAS*, 111 (45), 16041–6

171. Brando, P.M. et al., 2014: 'Abrupt increases in Amazonian tree mortality due to drought–fire interactions', *PNAS*, 111 (17), 6347–52

172. Brienen, R. et al., 2015: 'Long-term decline of the Amazon carbon sink'

173. Phillips, T., 2019: '"Chaos, chaos, chaos": a journey through Bolsonaro's Amazon inferno', *Guardian*. www.theguardian.com/environment/2019/sep/09/amazon-fires-brazil-rainforest

174. *BBC News*, 2019: 'Amazon fires increase by 84% in one year – space agency'. www.bbc.co.uk/news/world-latin-america-49415973

175. Wernick, A., 2019: 'Amazon fires push the forest closer to a dangerous tipping point', Public Radio International. www.pri.org/stories/2019-09-17/amazon-fires-push-forest-closerdangerous-tipping-point

176. Castello, L. & Macedo, M., 2016: 'Large-scale degradation of Amazonian freshwater ecosystems', *Global Change Biology*, 22, 990–1007

177. Steffen, W. et al., 2018: 'Trajectories of the Earth System in the Anthropocene', *PNAS*, 115 (33), 8252–9. 참고 사항.

178. Wang, S. et al., 2018: 'Potential shift from a carbon sink to a source in Amazonian peatlands under a changing climate', *PNAS*, 115 (49), 12407–12

179. Survival International, undated: 'Brazilian Indians'. www.survivalinternational.org/tribes/brazilian

180. Pavid, K., 2019: 'Experts explain the effect of the Amazon wildfires on people, animals and plants', Natural History Museum. www.nhm.ac.uk/discover/news/2019/august/expertsexplain-the-effect-of-the-amazon-wildfires.html

181. Daly, N., 2019: 'What the Amazon fires mean for wild animals', *National Geographic*. www.nationalgeographic.com/animals/2019/08/how-the-amazon-rainforest-wildfires-will-affectwild-animals

182. Warren, R. et al., 2018: 'the projected effect on insects, vertebrates, and plants of limiting global warming to 1.5°C rather than 2°C', *Science*, 360 (6390), 791–5. 참고 사항.

183. Boysen, L. et al., 2017: 'the limits to global-warming mitigation by terrestrial carbon removal', *Earth's Future*, 5, 463–74

184. Griscom, B. et al., 2017: 'Natural Climate Solutions', *PNAS*, 114 (44), 11645-11650

185. www.naturalclimate.solutions/the-letter

186. Smith, P. et al., 2018: 'Impacts on terrestrial biodiversity of moving from a 2°C to a 1.5°C target', *Philosophical Transactions of the Royal Society*, A376, 20160456

187. Hoegh-Guldberg, O. et al., 2018: 'Impacts of 1.5°C Global Warming on Natural and Human

Systems'. In: *Global Warming of 1.5°C. An IPCC Special Report on the Impacts of Global Warming of 1.5°C above Pre-Industrial Levels and Related Global Greenhouse Gas Emission Pathways, in the Context of Strengthening the Global Response to the Threat of Climate Change, Sustainable Development, and Efforts to Eradicate Poverty*, Masson-Delmotte, V. et al. (eds). In press, p. 226 and Box 3.4

188. Schleussner, C.-F. et al., 2016: 'differential climate impacts for policy-relevant limits to global warming: the case of 1.5°C and 2°C', *Earth Systems Dynamics*, 7, 327–51

189. Eyre, B. et al., 2018: 'Coral reefs will transition to net dissolving before end of century', *Science*, 359 (6378), 908–11

190. Kersting, D. & Linares, C., 2019: 'Living evidence of a fossil survival strategy raises hope for warming-affected corals', *Science Advances*, 5 (10), eaax2950

191. Hoegh-Guldberg, O. et al., 2018: 'Impacts of 1.5°C Global Warming on Natural and Human Systems'. In: *Global Warming of 1.5°C. An IPCC Special Report on the Impacts of Global Warming of 1.5°C above Pre-Industrial Levels and Related Global Greenhouse Gas Emission Pathways, in the Context of Strengthening the Global Response to the Threat of Climate Change, Sustainable Development, and Efforts to Eradicate Poverty*, Masson-Delmotte, V. et al. (eds). In press, p. 226 and Box 3.4

192. Duke, N. et al., 2017: 'Large-scale dieback of mangroves in Australia's Gulf of Carpentaria: a severe ecosystem response, coincidental with an unusually extreme weather event', *Marine & Freshwater Research*, 68 (10), 1816–29

193. Valle, M. et al., 2014: 'Projecting future distribution of the seagrass *Zostera noltii* under global warming and sea level rise', *Biological Conservation*, 170, 74–85

Chapter 3 3°C 상승

1. Leakey, M. et al., 1995: 'New four-million-year-old hominid species from Kanapoi and Allia Bay, Kenya', *Nature*, 376, 565–71

2. Cerling, T. et al., 2013: 'Stable isotope-based diet reconstructions of Turkana Basin hominins', *PNAS*, 110 (26), 10501–6

3. Villmoare, B. et al., 2015: 'Early Homo at 2.8 Ma from Ledi-Geraru, Afar, Ethiopia', *Science*, 347 (6228), 1352–5

4. Garcia-Castellanos, D. et al., 2009: 'Catastrophic flood of the Mediterranean after the Messinian salinity crisis', *Nature*, 462, 778–81

5. Tedford, R. & Harington, R., 2003: 'An Arctic mammal fauna from the Early Pliocene of North America', *Nature*, 425, 388–90

6. Ballantyne, A. et al., 2010: 'Significantly warmer Arctic surface temperatures during the Pliocene indicated by multiple independent proxies', *Geology,* 38 (7), 603–6

7. Csank, A. et al., 2011: 'Estimates of Arctic land surface temperatures during the early Pliocene from two novel proxies', *Earth and Planetary Science Letters,* 304 (3–4), 291–9

8. Feng, R. et al., 2019: 'Contributions of aerosol-cloud interactions to mid-Piacenzian seasonally sea ice-free Arctic Ocean', *Geophysical Research Letters,* 46, 9920–9

9. Rees-Owen, R. et al., 2018: 'the last forests on Antarctica: Reconstructing flora and temperature from the Neogene Sirius Group, Transantarctic Mountains', *Organic Geochemistry,* 118, 4–14

10. Chaloner, B. & Kenrick, P., 2015: 'Did Captain Scott's Terra Nova expedition discover fossil *Nothofagus in Antarctica?' the Linnean,* 31 (2), 11–17

11. Cook, C. et al., 2013: 'Dynamic behaviour of the East Antarctic ice sheet during Pliocene warmth', *Nature Geoscience,* 6, 765–9

12. Bertram, R. et al., 2018: 'Pliocene deglacial event timelines and the biogeochemical response off shore Wilkes Subglacial Basin, East Antarctica', *Earth and Planetary Science Letters,* 494, 109–16

13. Naish, T. et al., 2009: 'Obliquity-paced Pliocene West Antarctic ice sheet oscillations', *Nature,* 458, 322–8

14. Dolan, A. et al., 2015: 'Using results from the PlioMIP ensemble to investigate the Greenland Ice Sheet during the mid-Pliocene Warm Period', *Climate of the Past,* 11, 403–24; Koenig, S., 2015: 'Ice sheet model dependency of the simulated Greenland Ice Sheet in the mid-Pliocene', *Climate of the Past,* 11, 369–81

15. Bierman, P. et al., 2014: 'Preservation of a preglacial landscape under the center of the Greenland Ice Sheet', *Science,* 344 (6182), 402–5

16. Miller, K. et al., 2012: 'High tide of the warm Pliocene: Implications of global sea level for Antarctic deglaciation', *Geology,* 40 (5), 407–10

17. Rovere, A. et al., 2014: 'the Mid-Pliocene sea-level conundrum: Glacial isostasy, eustasy and dynamic topography', *Earth and Planetary Science Letters,* 387, 27–33

18. Berends, C. et al., 2019: 'Modelling ice sheet evolution and atmospheric CO_2 during the Late Pliocene', *Climate of the Past,* 15, 1603–19

19. Willeit, M. et al., 2019: 'Mid-Pleistocene transition in glacial cycles explained by declining CO_2 and regolith removal', *Science Advances,* 5 (4), eaav7337

20. Koenig, S. et al., 2014: 'Impact of reduced Arctic sea ice on Greenland ice sheet variability in a warmer than present climate', *Geophysical Research Letters,* 41, 3934–43

21. Tan, N. et al., 2018: 'Dynamic Greenland ice sheet driven by pCO2 variations across the Pliocene Pleistocene transition', *Nature Communications,* 9, 4755

22. Burke, K. et al., 2018: 'Pliocene and Eocene provide best analogs for near-future climates', *PNAS,* 115 (52), 13288–93

23. Shepherd, A. et al., 2004: 'Warm ocean is eroding West Antarctic Ice Sheet', *Geophysical Research Letters,* 31, 23

24. van den Broeke, M., 2005: 'Strong surface melting preceded collapse of Antarctic Peninsula ice shelf ', *Geophysical Research Letters,* 32, 12

25. Banwell, A. et al., 2013: 'Breakup of the Larsen B Ice Shelf triggered by chain reaction drainage of supraglacial lakes', *Geophysical Research Letters,* 40, 22, 5872–6

26. MacAyeal, D. et al., 2003: 'Catastrophic ice-shelf break-up by an ice-shelf-fragment-capsize mechanism', *Journal of Glaciology,* 49 (164), 22–36

27. DeConto, R. & Pollard, D., 2016: 'Contribution of Antarctica to past and future sea-level rise', *Nature,* 531, 591–7

28. Golledge, N. et al., 2015: 'The multi-millennial Antarctic commitment to future sea-level rise', *Nature,* 526, 421–5

29. Shakun, J. et al., 2018: 'Minimal East Antarctic Ice Sheet retreat onto land during the past eight million years', *Nature,* 558, 284–7

30. Aschwanden, A. et al., 2019: 'Contribution of the Greenland Ice Sheet to sea level over the next millennium', *Science Advances,* 5, eaav9396

31. Le Bars, D. et al., 2017: 'A high-end sea level rise probabilistic projection including rapid Antarctic ice sheet mass loss', *Environmental Research Letters,* 12, 044013

32. Rasmussen, D. et al., 2018: 'Extreme sea level implications of 1.5°C, 2.0°C, and 2.5°C temperature stabilization targets in the 21st and 22nd centuries', *Environmental Research Letters,* 13, 034040

33. 같은 책.

34. City of New York, 2013: *Plan NYC–A Stronger, More Resilient New York.* s-media.nyc.gov/agencies/sirr/SIRR_singles_Lo_ res.pdf

35. Barnard, P. et al., 2019: 'Dynamic flood modeling essential to assess the coastal impacts of climate change', *Scientific Reports,* 9, 4309

36. Brown, S. et al., 2018: 'What are the implications of sea-level rise for a 1.5, 2 and 3°C rise in global mean temperatures in the Ganges-Brahmaputra-Meghna and other vulnerable deltas?', *Regional Environmental Change,* 18, 1829–42

37. Karim, M.F. & Mimura, N., 2008: 'Impacts of climate change and sea-level rise on cyclonic storm surge floods in Bangladesh', *Global Environmental Change,* 18 (3), 490–500

38. Dasgupta, S. et al., 2011: 'Climate proofing infrastructure in Bangladesh: the incremental cost of limiting future flood damage', *The Journal of Environment & Development,* 20 (2), 167–90

39. Frank, T., 2019: 'After a $14-billion upgrade, New Orleans' levees are sinking', *E&E News*. www. scientificamerican.com/article/after-a-14-billion-upgrade-new-orleans-levees-are-sinking/

40. The Center for Climate Integrity, 2019: *High Tide Tax – the Price to Protect Coastal Communities from Rising Seas*. www.climatecosts2040.org/files/ClimateCosts2040_Report.pdf

41. 같은 책.

42. Marzeion, B. & Levermann, A., 2014: 'Loss of cultural world heritage and currently inhabited places to sea-level rise', *Environmental Research Letters*, 9, 034001

43. 같은 책.

44. Cazenave, A., 2014: 'Anthropogenic global warming threatens world cultural heritage', *Environmental Research Letters*, 9, 051001

45. Jevrejeva, S. et al., 2016: 'Coastal sea level rise with warming above 2°C', *PNAS*, 113 (47), 13342–7

46. twitter.com/edking_I/status/1138159252323864576

47. *Business Today*, 2019: 'Delhi heat wave: IMD issues red warning, temp expected to cross 45 degrees in the next 2 days'. www.businesstoday.in/current/economy-politics/delhi-heat-waveimd-issues-red-warning-temp-expected-to-cross-45-degrees-in-thenext-2-days/story/354800.html

48. Sharma, P., 2019: 'Delhi simmers: Amid scorching heat, doctors say heat stroke cases are rising in city', *India Today*. www.indiatoday.in/mail-today/story/delhi-simmers-doctors-say-heatstroke-cases-rising-city-1542015-2019-06-04

49. *India Today*, 2019: '4 passengers on board Kerala Express die due to extreme heat in Uttar Pradesh's Jhansi'. www.indiatoday.in/india/story/kerala-express-passengers-deadheatwave-uttar-pradesh-jhansi-1546733-2019-06-11

50. Accuweather, 2019: 'India: Monsoon reaches the south while dangerous heat wave continues in the north'. www.accuweather.com/en/weather-news/dangerous-india-heat-wave-to-worsenwith-temperatures-to-approach-all-time-record-in-new-delhi-thisweekend/70008472

51. Im, E.-S. et al., 2017: 'Deadly heat waves projected in the densely populated agricultural regions of South Asia', *Science Advances*, 3 (8), e1603322

52. Azhar, G. et al., 2014: 'Heat-related mortality in India: excess all-cause mortality associated with the 2010 Ahmedabad heat wave', *PLOS ONE*, 9 (3), e91831

53. Im, E.-S. et al., 2017: 'Deadly heat waves projected in the densely populated agricultural regions of South Asia'

54. Weber, T. et al., 2018: 'Analyzing regional climate change in Africa in a 1.5, 2, and 3°C global warming world', *Earth's Future*, 6, 643–55

55. 1Rohat, G. et al., 2019: 'Projections of human exposure to dangerous heat in African cities under multiple socioeconomic and climate scenarios', *Earth's Future*, 7, 528–46

56. Tebaldi, C. & Wehner, M., 2018: 'Benefits of mitigation for future heat extremes under RCP4.5 compared to RCP8.5', *Climatic Change*, 146, 349

57. Lo, Y.T.E. et al., 2019: 'Increasing mitigation ambition to meet the Paris Agreement's temperature goal avoids substantial heatrelated mortality in U.S. cities', *Science Advances*, 5 (6), eaau4373

58. Mora, C. et al., 2017: 'Global risk of deadly heat', *Nature Climate Change*, 7, 501–6

59. Rasmijn, L. et al., 2018: 'Future equivalent of 2010 Russian heatwave intensified by weakening soil moisture constraints', *Nature Climate Change*, 8, 381–5

60. Andrews, O. et al., 2018: 'Implications for workability and survivability in populations exposed to extreme heat under climate change: a modelling study', *the Lancet Planetary Health*, 2, e540–7

61. Turco, M. et al., 2018: 'Exacerbated fires in Mediterranean Europe due to anthropogenic warming projected with non-stationary climate-fire models', *Nature Communications*, 9, 3821

62. Prudhomme, C. et al., 2014: 'Hydrological droughts in the 21st century, hotspots and uncertainties from a global multimodel ensemble experiment', *PNAS*, 111 (9), 3262–7

63. Guiot, J. & Cramer, W., 2016: 'Climate change: the 2015 Paris Agreement thresholds and Mediterranean basin ecosystems', *Science*, 354 (6311), 465–8

64. Samaniego, L. et al., 2018: 'Anthropogenic warming exacerbates European soil moisture droughts', *Nature Climate Change*, 8, 421–6

65. Orth, R. et al., 2016: 'Record dry summer in 2015 challenges precipitation projections in Central Europe', *Scientific Reports*, 6, 28334

66. Huang, J. et al., 2016: 'Accelerated dryland expansion under climate change', *Nature Climate Change*, 6, 166–71

67. Schewe, J. et al., 2014: 'Multimodel assessment of water scarcity under climate change', *PNAS*, 111 (9), 3245–50

68. Naumann, G. et al., 2018: 'Global changes in drought conditions under different levels of warming', *Geophysical Research Letters*, 45, 3285–96

69. Cairns, J. et al., 2013: 'Adapting maize production to climate change in sub-Saharan Africa', *Food Security*, 5, 345

70. Rippke, U. et al., 2016: 'Timescales of transformational climate change adaptation in sub-Saharan African agriculture', *Nature Climate Change*, 6, 605–609

71. Lobell, D. et al., 2012: 'Extreme heat effects on wheat senescence in India', *Nature Climate Change*, 2, 186–9

72. Schlenker, W. & Roberts, M., 2009: 'Nonlinear temperature effects indicate severe damages to U.S. crop yields under climate change', *PNAS*, 106 (37), 15594–8

73. Teixeira, E. et al., 2013: 'Global hot-spots of heat stress on agricultural crops due to climate change',

Agricultural and Forest Meteorology, 170, 206–15

74. Easterling, W. et al., 2007: 'Food, fibre and forest products'. In: *Climate Change 2007: Impacts, Adaptation and Vulnerability. Contribution of Working Group II to the Fourth Assessment Report of the Intergovernmental Panel on Climate Change,* M.L. Parry et al. (eds). Cambridge University Press, Cambridge, UK, 273–313

75. Qian, B. et al., 2019: 'Climate change impacts on Canadian yields of spring wheat, canola and maize for global warming levels of 1.5°C, 2.0°C, 2.5°C and 3.0°C', *Environmental Research Letters,* 14 (7), 074005

76. Battisti, D. & Naylor, R., 2009: 'Historical warnings of future food insecurity with unprecedented seasonal heat', *Science,* 323 (5911), 240–4

77. Berazneva, J. & Lee, D., 2013: 'Explaining the African food riots of 2007–2008: An empirical analysis', *Food Policy,* 39, 28–39

78. Thomas, K., 2018: 'Hexagon KH-9: Meeting the challenge', *SPIE magazine.* spie.org/news/spie-professionalmagazine/2018-october/hexagon-kh-9-meeting-the-challenge?SSO=1

79. Maurer, J. et al., 2019: 'Acceleration of ice loss across the Himalayas over the past 40 years', *Science Advances,* 5 (6), eaav7266

80. Marzeion, B. et al., 2018: 'Limited infl uence of climate change mitigation on short-term glacier mass loss', *Nature Climate Change,* 8, 305–8

81. Kraaijenbrink, P. et al., 2017: 'Impact of a global temperature rise of 1.5 degrees Celsius on Asia's glaciers', *Nature,* 549, 257–60

82. Zemp, M. et al., 2019: 'Global glacier mass changes and their contributions to sea-level rise from 1961 to 2016', *Nature,* 568, 382–6

83. Huss, M. & Hock, R., 2015: 'A new model for global glacier change and sea-level rise', *Frontiers in Earth Science,* 3, 54

84. Bosson, J.-B. et al., 2019: 'Disappearing World Heritage glaciers as a keystone of nature conservation in a changing climate', *Earth's Future,* 7, 469–79

85. Dottori, F. et al., 2018: 'Increased human and economic losses from river flooding with anthropogenic warming', *Nature Climate Change,* 8, 781–6

86. Guerreiro, S. et al., 2018: 'Future heat-waves, droughts and floods in 571 European cities', *Environmental Research Letters,* 13, 034009

87. Alfieri, L. et al., 2018: 'Multi-model projections of river flood risk in Europe under global warming', *Climate,* 6 (1), 6

88. Thober, S. et al., 2018: 'Multi-model ensemble projections of European river floods and high flows at 1.5, 2, and 3 degrees global warming', *Environmental Research Letters,* 13, 014003

89. Wobus, C. et al., 2019: 'Projecting changes in expected annual damages from riverine flooding in the United States', *Earth's Future,* 7, 516–27

90. Huang, S. et al., 2018: 'Multimodel assessment of flood characteristics in four large river basins at global warming of 1.5, 2.0 and 3.0 K above the pre-industrial level', *Environmental Research Letters,* 13, 124005

91. Arnell, N. & Gosling, S., 2014: 'the impacts of climate change on river flood risk at the global scale', *Climatic Change,* 134 (3), 387–401

92. Warren, R. et al., 2018: 'the projected effect on insects, vertebrates, and plants of limiting global warming to 1.5°C rather than 2°C', *Science,* 360 (6390), 791–5

93. 같은 책. 참고 사항.

94. Wiens, J., 2016: 'Climate-related local extinctions are already widespread among plant and animal species', *PLOS Biology,* 14 (12), e2001104

95. Schloss, C., 2012: 'Dispersal will limit ability of mammals to track climate change in the Western Hemisphere', *PNAS,* 109 (22), 8606–11

96. Bateman, B. et al., 2019: 'North American birds require mitigation and adaptation to reduce vulnerability to climate change', in preparation. *Audubon,* 2019: 'Five climate-threatened birds and how you can help them'. www.audubon.org/magazine/fall-2019/five-climate-threatened-birds-and-howyou-can-help

97. *Audubon,* 2019: 'New Audubon science: two-thirds of North American birds at risk of extinction due to climate change', 뉴스 보도. www.audubon.org/news/new-audubon-science-twothirds-north-american-birds-risk-extinction-due-climate

98. Ash, C., 2019: 'thermal intolerance', *Science,* 365 (6450), 246–7

99. Foden, W., 2013: 'Identifying the world's most climate change vulnerable species: a systematic trait-based assessment of all birds, amphibians and corals', *PLOS One,* 8 (6), e65427

100. Trathan, P. et al., 2019: 'the emperor penguin–Vulnerable to projected rates of warming and sea ice loss', *Biological Conservation.* In press

101. Krushelnycky, P. et al., 2012: 'Climate-associated population declines reverse recovery and threaten future of an iconic high-elevation plant', *Global Change Biology,* 19 (3), 911–22

102. Zarco-Perello, S. et al., 2017: 'Tropicalization strengthens consumer pressure on habitat-forming seaweeds', *Scientific Reports,* 7, 820

103. Wernberg, T. et al., 2016: 'Climate-driven regime shift of a temperate marine ecosystem', *Science,* 353 (6295), 169–72

104. Lotze, H. et al., 2019: 'Global ensemble projections reveal trophic amplification of ocean biomass declines with climate change', *PNAS,* 116 (26), 12907–12

105. Till, A. et al., 2019: 'Fish die-off s are concurrent with thermal extremes in north temperate lakes', *Nature Climate Change,* 9, 637–41

106. Zhang, L. et al., 2019: 'Global assessment of primate vulnerability to extreme climatic events', *Nature Climate Change,* 9, 554–61

107. Garcia Molinos, J. et al., 2015: 'Climate velocity and the future global redistribution of marine biodiversity', *Nature Climate Change,* 6, 83–8

108. Marris, E., 2016: 'Tasmanian bushfires threaten iconic ancient forests', *Nature,* 530, 137–8

109. Fu, R. et al., 2013: 'Increased dry-season length over southern Amazonia in recent decades and its implication for future climate projection', *PNAS,* 110 (45), 18110–15

110. Erfanian, A. et al., 2017: 'Unprecedented drought over tropical South America in 2016: significantly under-predicted by tropical SST', *Scientific Reports,* 7, 5811

111. Brienen, R., 2015: 'Long-term decline of the Amazon carbon sink', *Nature,* 519, 344–8

112. Watts, J., 2019: 'Jair Bolsonaro claims NGOs behind Amazon forest fire surge–but provides no evidence', *Guardian.* www.theguardian.com/world/2019/aug/21/jair-bolsonaroaccuses-ngos-setting-fire-amazon-rainforest

113. Jones, C., 2009: 'Committed terrestrial ecosystem changes due to climate change', *Nature Geoscience,* 2, 484–7

114. Huntingford, C. et al., 2013: 'Simulated resilience of tropical rainforests to CO_2-induced climate change', Nature Geoscience, 6, 268–273

115. Salazar, L.F. & Nobre, C., 2010: 'Climate change and thresholds of biome shifts in Amazonia', *Geophysical Research Letters,* 37, L17706

116. Baker, J. & Spracklen, D., 2019: 'Climate Benefits of Intact Amazon Forests and the Biophysical Consequences of Disturbance', *Frontiers in Forests and Global Change,* 2, 47

117. Zemp, D.C. et al., 2017: 'Self-amplified Amazon forest loss due to vegetation-atmosphere feedbacks', *Nature Communications,* 8, 14681

118. Boisier, J. et al., 2015: 'Projected strengthening of Amazonian dry season by constrained climate model simulations', *Nature Climate Change,* 5, 656–60

119. Feeley, K. & Rehm, E., 2012: 'Amazon's vulnerability to climate change heightened by deforestation and man-made dispersal barriers', *Global Change Biology,* 18, 3606–14

120. Gomes, V. et al., 2019: 'Amazonian tree species threatened by deforestation and climate change', *Nature Climate Change,* 9, 547–53

121. Rahman, M. et al., 2018: 'Tree radial growth is projected to decline in South Asian moist forest trees under climate change', *Global and Planetary Change,* 170, 106–19

122. Clark, D. et al., 2013: 'Field-quantified responses of tropical rainforest above ground productivity

최종 경고: 6도의 멸종

to increasing CO_2 and climatic stress, 1997–2009', *Journal of Geophysical Research: Biogeosciences,* 118, 783–94

123. Lyra, A. et al., 2016: 'Projections of climate change impacts on central America tropical rainforest', *Climatic Change,* 141, 93

124. Brando, P.M. et al., 2014: 'Abrupt increases in Amazonian tree mortality due to drought–fire interactions', *PNAS,* 111 (17), 6347–52

125. Le Page, Y. et al., 2017: 'Synergy between land use and climate change increases future fire risk in Amazon forests', *Earth System Dynamics,* 8, 1237–46

126. Rappaport, D. et al., 2018: 'Quantifying long-term changes in carbon stocks and forest structure from Amazon forest degradation', *Environmental Research Letters,* 13, 065013

127. Brienen, R. et al., 2015: 'Long-term decline of the Amazon carbon sink'

128. Le Page, Y. et al., 2017: 'Synergy between land use and climate change increases future fire risk in Amazon forests'

129. Schuur, E. et al., 2015: 'Climate change and the permafrost carbon feedback', *Nature,* 520, 171–9

130. Chadburn, S. et al., 2017: 'An observation-based constraint on permafrost loss as a function of global warming', *Nature Climate Change,* 7, 340–4

131. Schneider von Deimling, T. et al., 2015: 'Observationbased modelling of permafrost carbon fluxes with accounting for deep carbon deposits and thermokarst activity', *Biogeosciences,* 12, 3469–88

132. Schuur, E. et al., 2015: 'Climate change and the permafrost carbon feedback'

133. Dmitrenko, I. et al., 2011: 'Recent changes in shelf hydrography in the Siberian Arctic: Potential for subsea permafrost instability', *Journal of Geophysical Research,* 116, C10027

134. Whiteman, G. et al., 2013: 'Vast costs of Arctic change', *Nature,* 499, 401–3

135. Connor, S., 2011: 'Vast methane "plumes" seen in Arctic ocean as sea ice retreats', *Independent.* www.independent.co.uk/news/science/vast-methane-plumes-seen-in-arctic-ocean-as-sea-iceretreats-6276278.html

136. Shakhova, N. et al., 2010: 'Extensive methane venting to the atmosphere from sediments of the East Siberian Arctic Shelf', *Science,* 327 (5970), 1246–50

137. Anthony, K.W. et al., 2018: '21st-century modeled permafrost carbon emissions accelerated by abrupt thaw beneath lakes', *Nature Communications,* 9, 3262

138. Turetsky, M. et al., 2019: 'Permafrost collapse is accelerating carbon release', *Nature,* 569, 32–4

139. Farquharson, L. et al., 2019: 'Climate change drives widespread and rapid thermokarst development in very cold permafrost in the Canadian High Arctic', *Geophysical Research Letters,* 46, 6681–9

140. Turetsky, M. et al., 2019: 'Permafrost collapse is accelerating carbon release'

141. Schuur, E. et al., 2015: 'Climate change and the permafrost carbon feedback'

142. Hayes, D. et al., 2011: 'Is the northern high-latitudeland-based CO_2 sink weakening?', *Global Biogeochemical Cycles*, 25, GB3018

143. Sigmond, M. et al., 2018: 'Ice-free Arctic projections under the Paris Agreement', *Nature Climate Change*, 8, 404–8

144. Laliberte, F. et al., 2016: 'Regional variability of a projected sea ice-free Arctic during the summer months', *Geophysical Research Letters*, 43, 256–63

145. Meier, W. et al., 2014: 'Arctic sea ice in transformation: A review of recent observed changes and impacts on biology and human activity', *Reviews of Geophysics*, 51, 185–217

146. Cohen, J. et al., 2014: 'Recent Arctic amplification and extreme mid-latitude weather', *Nature Geoscience*, 7, 627–37

147. Moore, G. et al., 2018: 'Collapse of the 2017 winter Beaufort High: A response to thinning sea ice?' *Geophysical Research Letters*, 45, 2860–9

148. Screen, J. et al., 2018: 'Consistency and discrepancy in the atmospheric response to Arctic sea-ice loss across climate models', *Nature Geoscience*, 11, 155–63

149. Pistone, K. et al., 2019: 'Radiative heating of an ice-free arctic ocean', *Geophysical Research Letters*, 46, 7474–80

Chapter 4 4°C 상승

1. Matthews, T. et al., 2017: 'Communicating the deadly consequences of global warming for human heat stress', *PNAS*, 114 (15), 3861–6

2. Liu, Z. et al., 2017: 'Global and regional changes in exposure to extreme heat and the relative contributions of climate and population change', *Scientific Reports*, 7, 43909

3. Zhao, Y. et al., 2015: 'Estimating heat stress from climate-based indicators: present-day biases and future spreads in the CMIP5 global climate model ensemble', *Environmental Research Letters*, 10, 084013

4. Fitzpatrick, M. & Dunn, R., 2019: 'Contemporary climatic analogs for 540 North American urban areas in the late 21st century', *Nature Communications*, 10, 614

5. Dahl, K. et al., 2019: 'Increased frequency of and population exposure to extreme heat index days in the United States during the 21st century', *Environmental Research Communications*, 1, 075002

6. Wobus, C. et al., 2018: 'Reframing future risks of extreme heat in the United States', *Earth's Future*, 6, 1323–35

7. Mora, C. et al., 2017: 'Global risk of deadly heat', *Nature Climate Change*, 7, 501–6

8. Im, E.-S. et al., 2018: 'Projections of rising heat stress over the western Maritime Continent from dynamically downscaled climate simulations', *Global and Planetary Change*, 165, 160–72

9. Coff el, E. et al., 2017: 'Temperature and humidity based projections of a rapid rise in global heat stress exposure during the 21st century', *Environmental Research Letters*, 13, 014001

10. Ahmadalipour, A. et al., 2019: 'Mortality risk from heat stress expected to hit poorest nations the hardest', *Climatic Change*, 152, 569

11. Coffel, E. et al., 2017: 'Temperature and humidity based projections of a rapid rise in global heat stress exposure during the 21st century'

12. Ryan, S. et al., 2019: 'Global expansion and redistribution of Aedes-borne virus transmission risk with climate change', *PLOS Neglected Tropical Diseases*, 13 (3), e0007213

13. Sherwood, S. & Huber, M., 2010: 'An adaptability limit to climate change due to heat stress', *PNAS*, 107 (21), 9552–5

14. Schar, C., 2016: 'the worst heat waves to come', *Nature Climate Change*, 6, 128–9

15. Pal, J. & Eltahir, E., 2015: 'Future temperature in southwest Asia projected to exceed a threshold for human adaptability', *Nature Climate Change*, 6, 197–200

16. Burt, C., 2016: 'Hottest reliably measured air temperatures on Earth', *Weather Underground*. www. wunderground.com/blog/weatherhistorian/hottest-reliably-measured-airtemperatures-on-earth.html

17. Kang, S. et al., 2019: 'Future heat stress during Muslim pilgrimage (Hajj) projected to exceed "extreme danger" levels', *Geophysical Research Letters*, 46, 10094–100

18. Im, E.-S. et al., 2017: 'Deadly heat waves projected in the densely populated agricultural regions of South Asia', *Science Advances*, 3 (8), e1603322

19. Kang, S. & Eltahir, E., 2018: 'North China Plain threatened by deadly heatwaves due to climate change and irrigation', *Nature Communications*, 9, 2894

20. Matthews, T. et al., 2019: 'An emerging tropical cyclone– deadly heat compound hazard', *Nature Climate Change*, 9, 602–6

21. Crenshaw, Z., 2018: 'Father contracts Valley Fever, dies weeks after moving to Arizona', *ABC 15*. www.abc15.com/news/region-southeast-valley/mesa/father-contracts-valley-fever-diesweeks-after-moving-to-arizona

22. Tong, D. et al., 2017: 'Intensified dust storm activity and Valley fever infection in the southwestern United States', *Geophysical Research Letters*, 44, 4304–12

23. Gorris, M. et al., 2019: 'Expansion of coccidioidomycosis endemic regions in the United States in response to climate change', *GeoHealth*, 3 (10), 308–27

24. Ault, T. et al., 2016: 'Relative impacts of mitigation, temperature, and precipitation on 21st-century

megadrought risk in the American Southwest', *Science Advances,* 2 (10), e1600873

25. Williams, A.P. et al., 2013: 'Temperature as a potent driver of regional forest drought stress and tree mortality', *Nature Climate Change,* 3, 292–7

26. Park, C.-E. et al., 2018: 'Keeping global warming within 1.5°C constrains emergence of aridification', *Nature Climate Change,* 8, 70–4

27. Feng, S. & Fu, Q., 2013: 'Expansion of global drylands under a warming climate', *Atmospheric Chemistry and Physics,* 13, 10081–94

28. Huang, J. et al., 2015: 'Accelerated dryland expansion under climate change', *Nature Climate Change,* 6, 166–71

29. Koutroulis, A., 2019: 'Dryland changes under different levels of global warming', *Science of the Total Environment,* 655, 482–511

30. Spinoni, J. et al., 2017: 'Will drought events become more frequent and severe in Europe?', *International Journal of Climatology,* 38 (4), 1718–36

31. Koutroulis, A., 2019: 'Global water availability under high-end climate change: A vulnerability based assessment', *Global and Planetary Change,* 175, 52–63

32. Wanders, N. et al., 2015: 'Global hydrological droughts in the 21st century under a changing hydrological regime', *Earth Systems Dynamics,* 6, 1–15

33. Sylla, M.B. et al., 2018: 'Projected increased risk of water deficit over major West African river basins under future climates', *Climatic Change,* 151 (2), 247–58

34. Sandeep, S. et al., 2018: 'Decline and poleward shift in Indian summer monsoon synoptic activity in a warming climate', *PNAS,* 115 (11), 2681–6

35. Schlaepfer, D. et al., 2017: 'Climate change reduces extent of temperate drylands and intensifies drought in deep soils', *Nature Communications,* 8, 14196

36. Redding, W. et al., 2019: 'Impacts of environmental and socio-economic factors on emergence and epidemic potential of Ebola in Africa', *Nature Communications,* 10, 4531

37. Ford, B. et al., 2018: 'Future fire impacts on smoke concentrations, visibility, and health in the contiguous United States', *GeoHealth,* 2, 229–47

38. Barbero, R. et al., 2015: 'Climate change presents increased potential for very large fires in the contiguous United States', *International Journal of Wildland Fire,* 24 (7), 892–9

39. Bowman, D. et al., 2017 'Human exposure and sensitivity to globally extreme wildfire events', *Nature Ecology & Evolution,* 1, 0058

40. Turco, M. et al., 2018: 'Exacerbated fires in Mediterranean Europe due to anthropogenic warming projected with non-stationary climate-fire models', *Nature Communications,* 9, 3821

41. Lang, T. & Rutledge, S., 2006: 'Cloud-to-ground lightning downwind of the 2002 Hayman forest

fire in Colorado', *Geophysical Research Letters,* 33 (3), L03804

42. Cunningham, P. & Reeder, M., 2009: 'Severe convective storms initiated by intense wildfires: Numerical simulations of pyroconvection and pyro-tornadogenesis', *Geophysical Research Letters,* 36 (12), L12812; McRae, R. et al., 2012: 'An Australian pyrotornadogenesis event', *Natural Hazards,* 65 (3), 1801–11

43. Fromm, M. et al., 2006: 'Violent pyro-convective storm devastates Australia's capital and pollutes the stratosphere', *Geophysical Research Letters,* 33, L05815

44. McRae, R. et al., 2015: 'Linking local wildfire dynamics to pyroCb development', *Natural Hazards and Earth System Sciences,* 15, 417–28

45. Peterson, D. et al., 2018: 'Wildfire-driven thunderstorms cause a volcano-like stratospheric injection of smoke', *npj Climate and Atmospheric Science,* 1, 30

46. Yu, P. et al., 2019: 'Black carbon loft s wildfire smoke high into the stratosphere to form a persistent plume', *Science,* 365 (6453), 587–90

47. Christian, K. et al., 2019: 'Radiative forcing and stratospheric warming of pyrocumulonimbus smoke aerosols: First modeling results with multisensor (EPIC, CALIPSO, and CATS) views from space', *Geophysical Research Letters,* 46, 10061–71

48. Carrao, H. et al., 2018: 'Global projections of drought hazard in a warming climate: a prime for disaster risk management', *Climate Dynamics,* 50 (5–6), 2137–55

49. Berg, N. & Hall, A., 2017: 'Anthropogenic warming impacts on California snowpack during drought', *Geophysical Research Letters,* 44 (5), 2511–18

50. Schauwecker, S. et al., 2017: 'The freezing level in the tropical Andes, Peru: An indicator for present and future glacier extents', *Journal of Geophysical Research: Atmospheres,* 122 (10), 5172–89

51. Drenkhan, F. et al., 2018: 'Current and future glacier and lake assessment in the deglaciating Vilcanota-Urubamba basin, Peruvian Andes', *Global and Planetary Change,* 169, 105–18

52. Yarleque, C. et al., 2018: 'Projections of the future disappearance of the Quelccaya Ice Cap in the Central Andes', *Scientific Reports,* 8, 15564

53. Kraaijenbrink, P. et al., 2017: 'Impact of a global temperature rise of 1.5 degrees Celsius on Asia's glaciers', *Nature,* 549, 257–60

54. del Ninno, C. et al., 2001: 'The 1998 floods in Bangladesh: Disaster impacts, household coping strategies, and response', *Research Reports: No. 122,* the International Food Policy Research Institute (IFPRI)

55. Monirul Qader Mirza, M., 2002: 'Global warming and changes in the probability of occurrence of floods in Bangladesh and implications', *Global Environmental Change,* 12 (2), 127–38

56. Mohammed, K. et al., 2018: 'Future floods in Bangladesh under 1.5°C, 2°C, and 4°C global

warming scenarios', *Journal of Hydrologic Engineering,* 23 (12), 04018050

57. Rahman, S. et al., 2019: 'Projected changes of inundation of cyclonic storms in the Ganges–Brahmaputra–Meghna delta of Bangladesh due to SLR by 2100', *Journal of Earth System Science,* 128, 145

58. Hirabayashi, Y. et al., 2013: 'Global flood risk under climate change', *Nature Climate Change,* 3, 816–21

59. Alfieri, L. et al., 2017: 'Global projections of river flood risk in a warmer world', *Earth's Future,* 5, 171–82

60. Alfieri, L. et al., 2015: 'Ensemble flood risk assessment in Europe under high end climate scenarios', *Global Environmental Change,* 35, 199–212

61. Musselman, K. et al., 2018: 'Projected increases and shifts in rain-on-snow flood risk over western North America', *Nature Climate Change,* 8, 808–12

62. Espinoza, V. et al., 2018: 'Global analysis of climate change projection effects on atmospheric rivers', *Geophysical Research Letters,* 45, 4299–308

63. Bevacqua, E. et al., 2019: 'Higher probability of compound flooding from precipitation and storm surge in Europe under anthropogenic climate change', *Science Advances,* 5 (9), eaaw5531

64. Prein, A. et al., 2017: 'the future intensification of hourly precipitation extremes', *Nature Climate Change,* 7, 48–52

65. Prein, A. et al., 2017: 'Increased rainfall volume from future convective storms in the US', *Nature Climate Change,* 7, 880–4

66. Met Office, undated: 'the Cray XC40 supercomputer'. www.metoffice.gov.uk/about-us/what/technology/supercomputer

67. Murakami, H. et al., 2015: 'Simulation and prediction of Category 4 and 5 hurricanes in the high-resolution GFDL HiFLOR coupled climate model', *Journal of Climate,* 28, 9058–79

68. Bhatia, K. et al., 2018: 'Projected response of tropical cyclone intensity and intensification in a global climate model', *Journal of Climate,* 31, 8281–303

69. Yoshida, K. et al., 2017: 'Future changes in tropical cyclone activity in high-resolution large-ensemble simulations', *Geophysical Research Letters,* 44, 9910–17

70. Sugi, M. et al., 2016: 'Projection of future changes in the frequency of intense tropical cyclones', *Climate Dynamics,* 49 (1–2), 619–32

71. Emanuel, K., 2017: 'Assessing the present and future probability of Hurricane Harvey's rainfall', *PNAS,* 114 (48), 12681–4

72. Tory, K. & Dare, R., 2015: 'Sea surface temperature thresholds for tropical cyclone formation', *Journal of Climate,* 28, 8171–83

73. Murakami, H. et al., 2017: 'Increasing frequency of extremely severe cyclonic storms over the Arabian Sea', *Nature Climate Change,* 7, 885–9

74. Gonzalez-Aleman, J. et al., 2019: 'Potential increase in hazard from Mediterranean hurricane activity with global warming', *Geophysical Research Letters,* 46, 1754–64

75. Jung, C. & Lackmann, G., 2019: 'Extratropical transition of Hurricane Irene (2011) in a changing climate', *Journal of Climate,* 32, 4847–71

76. Muthige, M. et al., 2018: 'Projected changes in tropical cyclones over the South West Indian Ocean under different extents of global warming', *Environmental Research Letters,* 13, 065019

77. Lin, N. & Emanuel, K., 2015: 'Grey swan tropical cyclones', *Nature Climate Change,* 6, 106–11

78. Schauberger, B. et al., 2017: 'Consistent negative response of US crops to high temperatures in observations and crop models', *Nature Communications,* 8, 13931

79. 같은 책.

80. Glotter, M. & Elliott, J., 2016: 'Simulating US agriculture in a modern Dust Bowl drought', *Nature Plants,* 3, 16193

81. Tigchelaar, M. et al., 2018: 'Future warming increases probability of globally synchronized maize production shocks', *PNAS,* 115 (26), 6644–9

82. Trnka, M. et al., 2019: 'Mitigation Efforts will not fully alleviate the increase in water scarcity occurrence probability in wheatproducing areas', *Science Advances,* 5, eaau2406

83. Scheelbeek, P. et al., 2018: 'effect of environmental changes on vegetable and legume yields and nutritional quality', *PNAS,* 115 (26), 6804–9

84. Rojas-Downing, M. et al., 2017: 'Climate change and livestock: Impacts, adaptation, and mitigation', *Climate Risk Management,* 16, 145–63

85. King, M. et al., 2018: 'Northward shift of the agricultural climate zone under 21st-century global climate change', *Scientific Reports,* 8, 7904

86. Annan, J. & Hargreaves, J., 2013: 'A new global reconstruction of temperature changes at the Last Glacial Maximum', *Climate of the Past,* 9, 367–76

87. Burke, K. et al., 2018: 'Pliocene and Eocene provide best analogs for near-future climates', *PNAS,* 115 (52), 13288–93

88. Nolan, C. et al., 2018: 'Past and future global transformation of terrestrial ecosystems under climate change', *Science,* 361 (6405), 920–3

89. Urban, M., 2015: 'Accelerating extinction risk from climate change', *Science,* 348 (6234), 571–3

90. Warszawski, L., 2013: 'A multi-model analysis of risk of ecosystem shifts under climate change', *Environmental Research Letters,* 8, 044018

91. Williams, J. et al., 2007: 'Projected distributions of novel and disappearing climates by 2100 AD',

PNAS, 104 (14), 5738–42

92. Munoz, N. et al., 2015: 'Adaptive potential of a Pacific salmon challenged by climate change', *Nature Climate Change,* 5, 163–6

93. Guiot, J. & Cramer, W., 2016: 'Climate change: the 2015 Paris Agreement thresholds and Mediterranean basin ecosystems', *Science,* 354 (6311), 465–8

94. Gonzalez, P. et al., 2018: 'Disproportionate magnitude of climate change in United States national parks', *Environmental Research Letters,* 13, 104001

95. Newbold, T., 2018: 'Future effects of climate and land-use change on terrestrial vertebrate community diversity under different scenarios', *Proceedings of the Royal Society B: Biological Sciences,* 285, 1881

96. Heyder, U. et al., 2011: 'Risk of severe climate change impact on the terrestrial biosphere', *Environmental Research Letters,* 6, 034036

97. Sampaio, G. et al., 2019: 'Assessing the possible impacts of a 4°C or higher warming in Amazonia'. In: Nobre C. et al. (eds), *Climate Change Risks in Brazil.* Springer International Publishing, Cham

98. Cardoso da Silva, J.-M. et al., 2005: 'the fate of the Amazonian areas of endemism', *Conservation Biology,* 19 (3), 689–94

99. Frolicher, T. et al., 2018: 'Marine heatwaves under global warming', *Nature,* 560, 360–4

100. Stuart-Smith, R. et al., 2015: 'thermal biases and vulnerability to warming in the world's marine fauna', *Nature,* 528, 88–92

101. Bruno, J. et al., 2018: 'Climate change threatens the world's marine protected areas', *Nature Climate Change,* 8, 499–503

102. Ramirez, F. et al., 2017: 'Climate impacts on global hot spots of marine biodiversity', *Science Advances,* 3 (2), e1601198

103. Tulloch, V. et al., 2019: 'Future recovery of baleen whales is imperiled by climate change', *Global Change Biology,* 25 (4), 1263–81

104. Negrete-Garcia, G. et al., 2019: 'Sudden emergence of a shallow aragonite saturation horizon in the Southern Ocean', *Nature Climate Change,* 9, 313–17

105. Riebesell, U. et al., 2018: 'Toxic algal bloom induced by ocean acidification disrupts the pelagic food web', *Nature Climate Change,* 8, 1082–6

106. Segschneider, J. & Bendtsen, J., 2013: 'Temperaturedependent remineralization in a warming ocean increases surface pCO_2 through changes in marine ecosystem composition', *Global Biogeochemical Cycles,* 27, 1214–25

107. Cassou, C. & Cattiaux, J., 2016: 'Disruption of the European climate seasonal clock in a warming world', *Nature Climate Change,* 6, 589–94

108. Manzini, E. et al., 2018: 'Nonlinear response of the stratosphere and the North Atlantic-European climate to global warming', *Geophysical Research Letters*, 45, 4255–63

109. Cai, W. et al., 2014: 'Increasing frequency of extreme El Nino events due to greenhouse warming', *Nature Climate Change*, 4, 111–16

110. 같은 책.

111. Jackson, L. et al., 2015: 'Global and European climate impacts of a slowdown of the AMOC in a high resolution GCM', Climate Dynamics, 45 (11–12), 3299–316

112. Liu, W. et al., 2017: 'Overlooked possibility of a collapsed Atlantic Meridional Overturning Circulation in warming climate', *Science Advances*, 3 (1), e1601666

113. Weijer, W. et al., 2019: 'Stability of the Atlantic Meridional Overturning Circulation: A review and synthesis', *Journal of Geophysical Research: Oceans*, 124, 5336–75

114. Goddard, P. et al., 2015: 'An extreme event of sea-level rise along the Northeast coast of North America in 2009– 2010', *Nature Communications*, 6, 6346

115. Rintoul, S. et al., 2018: 'Choosing the future of Antarctica', *Nature*, 558, 233–41

116. Trusel, L. et al., 2015: 'Divergent trajectories of Antarctic surface melt under two twenty-first-century climate scenarios', *Nature Geoscience*, 8, 927–32

117. Bell, R. et al., 2018: 'Antarctic surface hydrology and impacts on ice-sheet mass balance', *Nature Climate Change*, 8, 1044–52

118. Rintoul, S. et al., 2018: 'Choosing the future of Antarctica'

119. Clark, P. et al., 2016: 'Consequences of twenty-first-century policy for multi-millennial climate and sea-level change', *Nature Climate Change*, 6, 360–9

120. Strauss, B. et al., 2015: 'Carbon choices determine US cities committed to futures below sea level', *PNAS*, 112 (44), 13508–13

121. Hauer, M., 2017: 'Migration induced by sea-level rise could reshape the US population landscape', *Nature Climate Change*, 7 (5), 321–5

122. Neumann, J. et al., 2014: 'Joint effects of storm surge and sea-level rise on US Coasts: new economic estimates of impacts, adaptation, and Benefits of mitigation policy', *Climatic Change*, 129, 337

123. Vousdoukas, M. et al., 2018: 'Climatic and socioeconomic controls of future coastal flood risk in Europe', *Nature Climate Change*, 8, 776–80

124. Jevrejeva, S. et al., 2016: 'Coastal sea level rise with warming above 2°C', *PNAS*, 113 (47), 13342–7

125. 같은 책.

126. Jevrejeva, S. et al., 2014: 'Upper limit for sea level projections by 2100', *Environmental Research*

Letters, 9, 104008

127. Le Bars, D. et al., 2017: 'A high-end sea level rise probabilistic projection including rapid Antarctic ice sheet mass loss', *Environmental Research Letters*, 12, 044013

128. Nicholls, R. et al., 2011: 'Sea-level rise and its possible impacts given a "beyond 4°C world" in the twentyfirst century', *Philosophical Transactions of the Royal Society A: Mathematical, Physical and Engineering Sciences*, 369, 161–81

129. Kulp, S. & Strauss, B., 2019: 'New elevation data triple estimates of global vulnerability to sea-level rise and coastal flooding', *Nature Communications*, 10, 4844

130. Jevrejeva, S. et al., 2018: 'Flood damage costs under the sea level rise with warming of 1.5°C and 2°C', *Environmental Research Letters*, 9, 104008

131. Kleinen, T. & Brovkin, V., 2018: 'Pathwaydependent fate of permafrost region carbon', *Environmental Research Letters*, 13, 094001

132. Gedney, N. et al., 2019: 'Significant feedbacks of wetland methane release on climate change and the causes of their uncertainty', *Environmental Research Letters*, 14, 084027

133. Walker, X. et al., 2019: 'Increasing wildfires threaten historic carbon sink of boreal forest soils', *Nature*, 572, 520–3

134. Koven, C. et al., 2015: 'A simplified, dataconstrained approach to estimate the permafrost carbon–climate feedback', *Philosophical Transactions of the Royal Society A: Mathematical, Physical and Engineering Sciences*, 373, 20140423

135. Plaza, P. et al., 2019: 'Direct observation of permafrost degradation and rapid soil carbon loss in tundra', *Nature Geoscience*, 12, 627–31

136. McGuire, A. et al., 2018: 'Dependence of the evolution of carbon dynamics in the northern permafrost region on the trajectory of climate change', *PNAS*, 115 (15), 3882–7

137. Global Carbon Project, 2018: Global Carbon budget. www.globalcarbonproject.org/carbonbudget/18/highlights.htm

138. Schaefer, K. et al., 2014: 'the impact of the permafrost carbon feedback on global climate', *Environmental Research Letters*, 9, 085003

Chapter 5 5°C 상승

1. Mora, C. et al., 2017: 'Global risk of deadly heat', *Nature Climate Change*, 7, 501–6

2. Rohat, G. et al., 2019: 'Projections of human exposure to dangerous heat in African cities under multiple socioeconomic and climate scenarios', *Earth's Future*, 7, 528–46

3. Tigchelaar, M. et al., 2018: 'Future warming increases probability of globally synchronized maize production shocks', *PNAS*, 115 (26), 6644–9

4. Oxfam, 2017: 'Just 8 men own same wealth as half the world', 언론 보도. www.oxfam.org/en/pressroom/pressreleases/2017-01-16/just-8-men-own-same-wealth-half-world

5. Gardiner, B., 2019: 'For Europe's far-right parties, climate is a new battleground', *Yale Environment 360*. e360. yale.edu/features/for-europes-far-right-parties-climate-is-a-new-battleground

6. Le Bars, D. et al., 2017: 'A high-end sea level rise probabilistic projection including rapid Antarctic ice sheet mass loss', *Environmental Research Letters*, 12, 044013

7. Brown, S. et al., 2018: 'Quantifying land and people exposed to sea-level rise with no mitigation and 1.5C and 2.0C rise in global temperatures to year 2300', *Earth's Future*, 6, 583–600

8. Jevrejeva, S. et al., 2016: 'Coastal sea level rise with warming above 2°C', *PNAS*, 113 (47), 13342–7

9. Hinkel, J. et al., 2014: 'Coastal flood damage and adaptation costs under 21st century sea-level rise', *PNAS*, 111 (9), 3292–7

10. DeConto, R. & Pollard, D., 2016: 'Contribution of Antarctica to past and future sea-level rise', *Nature*, 531, 591–7

11. Nicholls, R. et al., 2018: 'Stabilization of global temperature at 1.5°C and 2.0°C: implications for coastal areas', *Philosophical Transactions of the Royal Society A: Mathematical, Physical and Engineering Sciences*, 376 (2119), 20160448

12. Aschwanden, A. et al., 2019: 'Contribution of the Greenland Ice Sheet to sea level over the next millennium', *Science Advances*, 5 (6), eaav9396

13. DeConto, R. & Pollard, D., 2016: 'Contribution of Antarctica to past and future sea-level rise'

14. Bamber, J. et al., 2019: 'Ice sheet contributions to future sea-level rise from structured expert judgment', *PNAS*, 116 (23), 11195–200

15. Winkelmann, R. et al., 2015: 'Combustion of available fossil fuel resources sufficient to eliminate the Antarctic Ice Sheet', *Science Advances*, 1 (8), e1500589

16. Keep tabs here: trillionthtonne.org

17. Lee, J. et al., 2017: 'Climate change drives expansion of Antarctic ice-free habitat', *Nature*, 547, 49–54

18. Jenouvrier, S. et al., 2019: 'the Paris Agreement objectives will likely halt future declines of emperor penguins', *Global Change Biology*. In press

19. Zhu, J. et al., 2019: 'Simulation of Eocene extreme warmth and high climate sensitivity through cloud feedbacks', *Science Advances*, 5 (9), eaax1874

20. Chen, C. et al., 2018: 'Estimating regional flood discharge during Palaeocene-Eocene global warming', *Scientific Reports*, 8, 13391

21. Pujalte, V., 2019: 'Microcodium-rich turbidites in hemipelagic sediments during the T Paleocene–Eocene thermal Maximum: Evidence for extreme precipitation events in a Mediterranean climate (Rio Gor section, southern Spain)', *Global and Planetary Change,* 178, 153–67

22. Kraus, M. et al., 2013: 'Paleohydrologic response to continental warming during the Paleocene–Eocene thermal Maximum, Bighorn Basin, Wyoming', *Palaeogeography, Palaeoclimatology, Palaeoecology,* 370, 196–208

23. Foreman, B. et al., 2012: 'Fluvial response to abrupt global warming at the Palaeocene/Eocene boundary', *Nature,* 491, 92–5

24. Suan, G. et al., 2017: 'Subtropical climate conditions and mangrove growth in Arctic Siberia during the early Eocene', *Geology,* 45 (6), 539–42

25. Eberle, J. & Greenwood, D., 2012: 'Life at the top of the greenhouse Eocene world–A review of the Eocene flora and vertebrate fauna from Canada's High Arctic', *GSA Bulletin,* 124 (1–2), 3–23

26. Denis, E. et al., 2017: 'Fire and ecosystem change in the Arctic across the Paleocene–Eocene thermal Maximum', *Earth and Planetary Science Letters,* 467, 149–56

27. Eberle, J. & Greenwood, D., 2012: 'Life at the top of the greenhouse Eocene world'

28. Willard, D. et al., 2019: 'Arctic vegetation, temperature, and hydrology during Early Eocene transient global warming events', *Global and Planetary Change,* 178, 139–52

29. Harrington, G. et al., 2012: 'Arctic plant diversity in the Early Eocene greenhouse', *Proceedings of the Royal Society B: Biological Sciences,* 279, 1515–21

30. Pross, J. et al., 2012: 'Persistent neartropical warmth on the Antarctic continent during the early Eocene epoch', *Nature,* 488 (7409), 73–7

31. Frieling, J. et al., 2017: 'Extreme warmth and heatstressed plankton in the tropics during the Paleocene-Eocene thermal Maximum', *Science Advances,* 3 (3), e1600891

32. Aze, T. et al., 2014: 'Extreme warming of tropical waters during the Paleocene–Eocene thermal Maximum' *Geology,* 42 (9), 739–42

33. Kiessling, W. et al., 2011: 'On the potential for ocean acidification to be a general cause of ancient reef crises', *Global Change Biology,* 17 (1), 56–67

34. Speijer, R. et al., 2012: 'Response of marine ecosystems to deep-time global warming: A synthesis of biotic patterns across the Paleocene-Eocene thermal maximum (PETM)', *Austrian Journal of Earth Sciences,* 105 (1), 6–16

35. Weiss, A. & Martindale, R., 2019: 'Paleobiological traits that determined Scleractinian coral survival and proliferation during the Late Paleocene and Early Eocene hyperthermals', *Paleoceanography and Paleoclimatology,* 34 (2), 252–74

36. Zamagni, J. et al., 2012: 'the evolution of mid Paleocene-early Eocene coral communities: How to

survive during rapid global warming', *Palaeogeography, Palaeoclimatology, Palaeoecology,* 317, 48–65

37. Bralower, T. et al., 2018: 'Evidence for shelf acidification during the onset of the Paleocene-Eocene thermal Maximum', *Paleoceanography and Paleoclimatology,* 33 (12), 1408–26

38. Babila, T. et al., 2018: 'Capturing the global signature of surface ocean acidification during the Palaeocene–Eocene thermal Maximum', *Philosophical Transactions of the Royal Society A: Mathematical, Physical and Engineering Sciences,* 376 (2130), 20170072

39. Gibbs, S. et al., 2016: 'Ocean warming, not acidification, controlled coccolithophore response during past greenhouse climate change', *Geology,* 44 (1), 59–62

40. Yao, W. et al., 2018: 'Large-scale ocean deoxygenation during the Paleocene-Eocene thermal Maximum', *Science,* 361 (6404), 804–6

41. Cramwinckel, M. et al., 2019: 'Harmful algae and export production collapse in the equatorial Atlantic during the zenith of Middle Eocene Climatic Optimum warmth', *Geology,* 47 (3), 247–50

42. Winguth, A. et al., 2012: 'Global decline in ocean ventilation, oxygenation, and productivity during the Paleocene-Eocene thermal Maximum: Implications for the benthic extinction', *Geology,* 40 (3), 263–6

43. Troll, V. et al., 2019: 'A large explosive silicic eruption in the British Palaeogene Igneous Province', *Scientific Reports,* 9 (1), 494

44. Saunders, A., 2016: 'Two LIPs and two Earth-system crises: the impact of the North Atlantic Igneous Province and the Siberian Traps on the Earth-surface carbon cycle', *Geological Magazine,* 153 (2), 201–22

45. Gutjahr, M. et al., 2017: 'Very large release of mostly volcanic carbon during the Palaeocene–Eocene thermal Maximum', *Nature,* 548 (7669), 573

46. Saunders, A., 2016: 'Two LIPs and two Earthsystem crises'

47. Frieling, J. et al., 2019: 'Widespread warming before and elevated barium burial during the Paleocene- Eocene thermal maximum: Evidence for methane hydrate release?' *Paleoceanography and Paleoclimatology,* 34 (4), 546–566

48. DeConto, R. et al., 2012: 'Past extreme warming events linked to massive carbon release from thawing permafrost', *Nature,* 484 (7392), 87

49. Armstrong McKay, D. & Lenton, T., 2018: 'Reduced carbon cycle resilience across the Palaeocene-Eocene thermal Maximum', *Climate of the Past,* 14, 1515–1527

50. Frieling, J. et al., 2019: 'Widespread Warming Before and Elevated Barium Burial During the Paleocene-Eocene thermal Maximum'

51. Westerhold, T. et al., 2018: 'Late Lutetian thermal Maximum–Crossing a thermal threshold in Earth's climate system?' *Geochemistry, Geophysics, Geosystems,* 19 (1), 73–82

52. Harper, D. et al., 2018: 'Subtropical sea-surface warming and increased salinity during Eocene thermal Maximum 2', *Geology*, 46 (2), 187–90

53. Zeebe, R. et al., 2016: 'Anthropogenic carbon release rate unprecedented during the past 66 million years', *Nature Geoscience*, 9 (4), 325

54. 같은 책.

55. Ridgwell, A. & Schmidt, D., 2010: 'Past constraints on the vulnerability of marine calcifiers to massive carbon dioxide release', *Nature Geoscience*, 3 (3), 196

56. Gingerich, P., 2019: 'Temporal scaling of carbon emission and accumulation rates: Modern anthropogenic emissions compared to estimates of PETM onset accumulation', *Paleoceanography and Paleoclimatology*, 34 (3), 329–35

57. Warren, R. et al., 2018: 'the projected effect on insects, vertebrates, and plants of limiting global warming to 1.5°C rather than 2°C', *Science*, 360 (6390), 791–5

58. 같은 책. 참고 사항.

59. Rothman, D., 2017: 'Th resholds of catastrophe in the Earth System', *Science Advances*, 3, e1700906

Chapter 6 6°C 상승

1. Sanderson, B. et al., 2011: 'the response of the climate system to very high greenhouse gas emission scenarios', *Environmental Research Letters*, 6 (3), 034005

2. Tokarska, K. et al., 2016: 'the climate response to five trillion tonnes of carbon', *Nature Climate Change*, 6 (9), 851

3. Winkelmann, R. et al., 2015: 'Combustion of available fossil fuel resources sufficient to eliminate the Antarctic Ice Sheet', *Science Advances*, 1 (8), e1500589

4. Sherwood, S. & Huber, M., 2010: 'An adaptability limit to climate change due to heat stress', *PNAS*, 107 (21), 9552–5

5. Korty, R. et al., 2017: 'Tropical cyclones downscaled from simulations with very high carbon dioxide levels', *Journal of Climate*, 30 (2), 649–67

6. Cramwinckel, M. et al., 2018: 'Synchronous tropical and polar temperature evolution in the Eocene', *Nature*, 559 (7714), 382

7. Huber, B. et al., 2018: 'the rise and fall of the Cretaceous Hot Greenhouse climate', *Global and Planetary Change*, 167, 1–23

8. Fischer, V. et al., 2016: 'Extinction of fishshaped marine reptiles associated with reduced evolutionary rates and global environmental volatility', *Nature Communications*, 7, 10825

9. Clarkson, M. et al., 2018: 'Uranium isotope evidence for two episodes of deoxygenation during Oceanic Anoxic Event 2', *PNAS*, 115 (12), 2918–23

10. Jenkyns, H., 2018: 'Transient cooling episodes during Cretaceous Oceanic Anoxic Events with special reference to OAE 1a (Early Aptian)', *Philosophical Transactions of the Royal Society A: Mathematical, Physical and Engineering Sciences*, 376 (2130), 20170073

11. Erba, E. et al., 2010: 'Calcareous nannoplankton response to surface-water acidification around Oceanic Anoxic Event 1a', *Science*, 329 (5990), 428–32

12. Wu, C. et al., 2017: 'Mid-Cretaceous desert system in the Simao Basin, southwestern China, and its implications for sea-level change during a greenhouse climate', *Palaeogeography, Palaeoclimatology, Palaeoecology*, 468, 529–44

13. Mays, C. et al., 2017: 'Polar wildfires and conifer serotiny during the Cretaceous global hothouse', *Geology*, 45 (12), 1119–22

14. Hay, W. et al., 2019: 'Possible solutions to several enigmas of Cretaceous climate', *International Journal of Earth Sciences*, 108 (2), 587–620

15. Erba, E. et al., 2010: 'Calcareous nannoplankton response to surface-water acidification around Oceanic Anoxic Event 1a'

16. Clarkson, M. et al., 2018: 'Uranium isotope evidence for two episodes of deoxygenation during Oceanic Anoxic Event 2'

17. Barnet, J. et al., 2018: 'A new high-resolution chronology for the late Maastrichtian warming event: Establishing robust temporal links with the onset of Deccan volcanism', *Geology*, 46 (2), 147–50

18. Zhang, L. et al., 2018: 'Deccan volcanism caused coupled pCO_2 and terrestrial temperature rises, and pre-impact extinctions in northern China', *Geology*, 46 (3), 271–4

19. Artemieva, N. et al., 2017: 'Quantifying the release of climate-active gases by large meteorite impacts with a case study of Chicxulub', *Geophysical Research Letters*, 44 (20), 10–180

20. Vellekoop, J. et al., 2018: 'Shelf hypoxia in response to global warming after the Cretaceous-Paleogene boundary impact', *Geology*, 46 (8), 683–6

21. Brugger, J. et al., 2017: 'Baby, it's cold outside: climate model simulations of the effects of the asteroid impact at the end of the Cretaceous', *Geophysical Research Letters*, 44 (1), 419–27

22. Vellekoop, J. et al., 2018: 'Shelf hypoxia in response to global warming after the Cretaceous-Paleogene boundary impact'

23. Henehan, M. et al., 2019: 'Rapid ocean acidification and protracted Earth system recovery followed the end-Cretaceous Chicxulub impact', *PNAS*, 116 (45), 22500–4

24. Bernardi, M. et al., 2017: 'Late Permian (Lopingian) terrestrial ecosystems: a global comparison with new data from the low-latitude Bletterbach Biota', *Earth-Science Reviews*, 175, 18–43

25. Svensen, H. et al., 2009: 'Siberian gas venting and the end-Permian environmental crisis', *Earth and Planetary Science Letters,* 277 (3–4), 490–500

26. Ogden, D. & Sleep, N., 2012: 'Explosive eruption of coal and basalt and the end-Permian mass extinction', *PNAS,* 109(1), 59–62

27. Shen, S. et al., 2011: 'Calibrating the end-Permian mass extinction', *Science,* 334 (6061), 1367–72

28. Grasby, S. et al., 2011: 'Catastrophic dispersion of coal fly ash into oceans during the latest Permian extinction', *Nature Geoscience,* 4 (2), 104

29. Grasby, S. et al., 2017: 'Isotopic signatures of mercury contamination in latest Permian oceans', *Geology,* 45 (1), 55–8

30. Hochuli, P. et al., 2017: 'Evidence for atmospheric pollution across the Permian-Triassic transition', *Geology,* 45 (12), 1123–6

31. Black, B. et al., 2014: 'Acid rain and ozone depletion from pulsed Siberian Traps magmatism', *Geology,* 42 (1), 67–70

32. Brand, U. et al., 2016: 'Methane hydrate: killer cause of earth's greatest mass extinction', *Palaeoworld,* 25 (4), 496–507

33. Majorowicz, J. et al., 2014: 'Gas hydrate contribution to Late Permian global warming', *Earth and Planetary Science Letters,* 393, 243–53

34. Black, B. et al., 2014: 'Acid rain and ozone depletion from pulsed Siberian Traps magmatism'

35. Benca, J. et al., 2018: 'UV-B–induced forest sterility: Implications of ozone shield failure in Earth's largest extinction', *Science Advances,* 4 (2), e1700618

36. Smith, R. & Botha-Brink, J., 2014: 'Anatomy of a mass extinction: sedimentological and taphonomic evidence for droughtinduced die-offs at the Permo-Triassic boundary in the main Karoo Basin, South Africa', *Palaeogeography, Palaeoclimatology, Palaeoecology,* 396, 99–118

37. Retallack, G. et al., 1996: 'Global coal gap between Permian–Triassic extinction and Middle Triassic recovery of peatforming plants', *Geological Society of America Bulletin,* 108 (2), 195–207

38. Sun, Y. et al., 2012: 'Lethally hot temperatures during the Early Triassic greenhouse', *Science,* 338 (6105), 366–70

39. Shen, S. et al., 2011: 'Calibrating the end-Permian mass extinction'

40. Sun, Y. et al., 2012: 'Lethally hot temperatures during the Early Triassic greenhouse'

41. Penn, J. et al., 2018: 'Temperature-dependent hypoxia explains biogeography and severity of end-Permian marine mass extinction', *Science,* 362 (6419), eaat1327. Song, H. et al., 2014: 'Anoxia/ high temperature double whammy during the Permian-Triassic marine crisis and its aftermath', *Scientific Reports,* 4, 4132

42. Zhang, F. et al., 2018: 'Congruent Permian-Triassic δ238U records at Panthalassic and Tethyan sites:

Confirmation of global-oceanic anoxia and validation of the U-isotope paleoredox proxy', *Geology,* 46 (4), 327–30

43. MacLeod, K. et al., 2017: 'Warming and increased aridity during the earliest Triassic in the Karoo Basin, South Africa', *Geology,* 45 (6), 483–6

44. Joachimski, M. et al., 2012: 'Climate warming in the latest Permian and the Permian–Triassic mass extinction', *Geology,* 40 (3), 195–198

45. Schobben, M. et al., 2014: 'Palaeotethys seawater temperature rise and an intensified hydrological cycle following the end-Permian mass extinction', *Gondwana Research,* 26 (2), 675–83

46. Svensen, H. et al., 2009: 'Siberian gas venting and the end-Permian environmental crisis'

47. Kump, L., 2018: 'Prolonged Late Permian–Early Triassic hyperthermal: failure of climate regulation?' *Philosophical Transactions of the Royal Society A: Mathematical, Physical and Engineering Sciences,* 376 (2130), 20170078

48. Kane, S. et al., 2019: 'Venus as a laboratory for exoplanetary science', *Journal of Geophysical Research: Planets,* 124 (8), 2015–28

49. Wolf, E. & Toon, O., 2014: 'Delayed onset of runaway and moist greenhouse climates for Earth', *Geophysical Research Letters,* 41 (1), 167–72

50. Driscoll, P. & Bercovici, D., 2013: 'Divergent evolution of Earth and Venus: influence of degassing, tectonics, and magnetic fields', *Icarus,* 226 (2), 1447–64

51. Feulner, G., 2017: 'Formation of most of our coal brought Earth close to global glaciation', *PNAS,* 114 (43), 11333–7

52. Popp, M. et al., 2016: 'Transition to a moist greenhouse with CO_2 and solar forcing', *Nature Communications,* 7, 10627

53. Wolf, E. & Toon, O., 2014: 'Delayed onset of runaway and moist greenhouse climates for Earth'

54. 같은 책.

55. 같은 책.

56. Goldblatt, C. et al., 2013: 'Low simulated radiation limit for runaway greenhouse climates', *Nature Geoscience,* 6 (8), 661

57. Wolf, E. & Toon, O., 2015: 'the evolution of habitable climates under the brightening Sun', *Journal of Geophysical Research: Atmospheres,* 120 (12), 5775–94

58. Ramirez, R. et al., 2014: 'Can increased atmospheric CO_2 levels trigger a runaway greenhouse?' *Astrobiology,* 14 (8), 714–31

59. Tokarska, K. et al., 2016: 'the climate response to five trillion tonnes of carbon'

60. Schneider, T. et al., 2019: 'Possible climate transitions from breakup of stratocumulus decks under greenhouse warming', *Nature Geoscience,* 12 (3), 163

Chapter 7 엔드게임

1. Tong, D. et al., 2019: 'Committed emissions from existing energy infrastructure jeopardize 1.5 C climate target', *Nature*, 572 (7769), 373–377

2. Rogelj, J. et al., 2018: 'Mitigation pathways compatible with 1.5°C in the context of sustainable development'. In: *Global warming of 1.5 °C. An IPCC Special Report on the impacts of global warming of 1.5 °C above pre-industrial levels and related global greenhouse gas emission pathways, in the context of strengthening the global response to the threat of climate change, sustainable development, and Efforts to eradicate poverty*, Masson-Delmotte, V. et al. (eds). In press, p. 96

3. 이 요약에 등장하는 사실과 수치들에 대한 자료는 이전 장의 것을 참고하라.

4. Climate Action Tracker, 2019: 'Warming projections global update, September 2019'. climateactiontracker. org/documents/644/CAT_2019-09-19_Briefi ngUNSG_WarmingProjectionsGlobalUpdate_ Sept2019.pdf

최종 경고: 6도의 멸종